"十二五"国家重点图书出版规划项目
国家科学技术学术著作出版基金资助出版
微纳制造的基础研究学术著作丛书

柔性电子制造:材料、器件与工艺

尹周平　黄永安　编著

科学出版社

北　京

内 容 简 介

本书针对柔性显示、能源、传感等新型电子器件高效高精制造需求，从材料、器件与工艺等方面系统介绍了柔性电子制造的前沿研究领域及其进展，主要内容包括：柔性电子的功能材料、柔性功能器件、柔性电子力学与表征、薄膜沉积与器件封装、微纳图案化工艺、卷到卷制造系统以及柔性电子技术应用与展望。

本书对电子器件设计与制造、MEMS 与微纳制造、光机电一体化等领域的科研和工程人员具有重要的参考价值，同时适合作为机械制造、电子信息、材料、物理、化学等高等院校相关专业的研究生教材或参考书。

图书在版编目（CIP）数据

柔性电子制造：材料、器件与工艺/尹周平，黄永安编著. —北京：科学出版社，2016.1

（微纳制造的基础研究学术著作丛书）

ISBN 978-7-03-043098-4

Ⅰ.①柔… Ⅱ.①尹… ②黄… Ⅲ.①电子器件-制作 Ⅳ.①TN

中国版本图书馆 CIP 数据核字（2015）第 016035 号

责任编辑：刘宝莉 孙伯元 / 责任校对：桂伟利
责任印制：徐晓晨 / 封面设计：左 讯

科 学 出 版 社 出版
北京东黄城根北街 16 号
邮政编码：100717
http://www.sciencep.com

北京虎彩文化传播有限公司 印刷
科学出版社发行 各地新华书店经销

*

2016 年 1 月第 一 版 开本：720×1000 1/16
2021 年 4 月第六次印刷 印张：25 3/4
字数：499 000
定价：198.00 元
（如有印装质量问题，我社负责调换）

《微纳制造的基础研究学术著作丛书》序

随着人们认识世界尺度的微观化,制造领域面临着面向极小化的挑战,其基础研究正经历着从可视的厘米、毫米尺度向基于分子、原子的纳米制造技术过渡。纳米制造科学是支撑纳米科技走向应用的基础。国家自然科学基金委员会(以下简称基金委)重大研究计划项目"纳米制造的基础研究"瞄准学科发展前沿、面向国家发展的重大战略需求,针对纳米精度制造、纳米尺度制造和跨尺度制造中的基础科学问题,探索制造过程由宏观进入微观时,能量、运动与物质结构和性能间的作用机理与转换规律,建立纳米制造理论基础及工艺与装备原理。重点研究范围包括基于物理/化学/生物等原理的纳米尺度制造、宏观结构的纳米精度制造、纳/微/宏(跨尺度)制造、纳米制造精度与测量、纳米制造装备新原理等。本重大研究计划旨在通过机械学、物理学、化学、生物学、材料科学、信息科学等相关学科的交叉与融合,探讨基于物理/化学/生物等原理的纳米制造新方法与新工艺,揭示纳米尺度与纳米精度下加工、成形、改性和跨尺度制造中的尺度效应、表面/界面效应等,阐明物质结构演变机理与器件的功能形成规律,建立纳米制造过程的精确表征与计量方法,发展若干原创性的纳米制造工艺与装备原理,为实现纳米制造提供坚实的理论基础,并致力提升我国纳米制造的源头创新能力。正如姚建年院士指出的那样:该重大研究计划意义重大,通过原始创新性研究,旨在推动机械工程学科在基础性、前沿性等方面不断进展,在国际上取得重要地位,在某一领域形成中国学派。同时,他强调了纳米制造研究内容的创新性、学科交叉性、项目实施的计划性等,并期望在基础研究领域产生重大突破,取得重大成果。

《微纳制造的基础研究学术著作丛书》是科学出版社依托基金委"纳米制造的基础研究"重大研究计划项目,经过反复论证之后组织、出版的系列学术著作。该丛书力争起点高、内容新、导向性强,体现科学出版社"三高三严"的优良作风。丛书作者都曾主持过重大研究计划"纳米制造的基础研究"项目或国家自然科学基金其他相关项目,反映该研究中的前沿技术,汇集纳米制造方面的研究成果,形成独特的研究思路和方法体系,积累丰富的经验,具有创新性、实用性和针对性。

《微纳制造的基础研究学术著作丛书》涉及近几年来我国围绕纳米制造科学的国际前沿、国家重大制造工程中所遇到的基础研究难题等方面所取得的主要创新研究成果,包括表面纳米锥的无掩模制造及光电特性,光刻物镜光学零件纳米精度制造基础研究,铜互联层表面的约束刻蚀化学平坦化新方法,大尺度下深纹纳米结构制造方法与机理表征,基于为加工技术的微纳集成制造原理及方法研究,微纳流控系统跨尺度兼容一体化集成制造基础研究，微/纳光学阵列元件的约束刻蚀剂层加工技术与系统的基础研究，等等。

　　毫米制造技术的应用，带动了蒸汽工业革命，推动了英国的振兴；微米制造技术的发展，带来了信息工业革命，带领美国的崛起；纳米制造技术也必将引领第三次工业革命的浪潮，我国的纳米制造业若能把握住历史的机遇，必将屹立于浪潮之巅，为实现中华民族的伟大复兴贡献出强劲的力量。

　　作为基金委重大研究计划项目"纳米制造的基础研究"的指导专家组组长，我深信《微纳制造的基础研究学术著作丛书》的及时出版，必将推动我国纳米制造学科的深入发展，在难题攻克、人才培养、技术推动等方面发挥显著作用。同时，希望广大读者提出建议和指导，以促进丛书的出版工作。

2013 年 10 月 28 日

序

集成电路(integrated circuit,IC)制造业是信息技术(information technology, IT)产业的核心和基石,是计算机、网络、通信、自动控制以及高技术武器等众多领域现代化产品赖以发展的基础,是事关国家经济发展、国防建设与信息现代化的基础性、战略性产业。近半个世纪以来,IC 技术一直遵循着摩尔定律(Moore's Law)(每 18 个月集成度提高 1 倍)高速发展,支撑集成电路密度不断提高的关键制造技术是晶圆上能够制作的晶体管最小特征尺寸不断减小,器件密度的提高带来了电路性能的改善和单位成本的降低。随着晶体管特征尺寸逐渐接近极限,近年来从功能集成的角度提出超越摩尔定律(more-than-Moore),以系统芯片(system on chip,SoC)、系统封装(system in Package,SiP)等方式继续推进电子技术快速发展,应用领域从信息处理扩展到生物传感、人机交互等。

柔性电子(flexible electronics)以大面积、可变形、便携性和多功能集成为主要特征,在信息、能源、医疗、国防等领域具有广泛应用前景,正在并将创造出许多前所未有的新型器件,如可卷曲放入笔筒的显示器、可根据焦距自动调节的人造柔性视网膜、可植入人体的可降解电子器件以及可随身携带的电子纹身等。目前,柔性电子技术正处于从实验室走向工业化应用的关键阶段,将给电子信息产业带来革命性变化。这对柔性电子制造技术提出迫切需求和严峻挑战。由于成本过高、工艺过程复杂、与有机材料不兼容等原因,传统微电子采用的光刻、电子束和离子束刻蚀等硅基制造工艺无法满足柔性电子工业规模化应用所需的大批量、大面积、低成本制造要求。亟须研究全新的柔性电子制造工艺、技术和装备。

柔性电子制造是国际学术和工业界研究的热点,国内外至今还没有较为系统地阐述柔性电子制造的相关著作。该书围绕柔性电子制造关键技术,涵盖了柔性电子制造中涉及的材料、结构和工艺等基础知识,对制造过程的基本科学问题和关键应用技术进行系统深入讨论,系统地反映了本领域的最新研究进展。该书的出版对于揭示柔性电子器件跨尺度制造中的基本科学规律、提升我国电子制造和微纳制造基础研究水平、促进机械/化学/材料/电子等多学科交叉研究等均具有重要意义。

该书作者及其团队长期从事电子制造技术与装备的科研工作,主持和承担了我国电子制造领域首个 973 计划项目、国家自然科学基金的柔性电子制造重点项目等多项国家级重大项目,在该领域权威期刊上发表了一系列高水平学术论文,研发的 RFID 标签制造装备获得国家技术发明奖二等奖,对我国柔性电子制造研究做出了开拓性贡献。

　　作为我国柔性电子制造领域的首部著作,我希望并相信该书的出版对于我国柔性电子制造这一新兴学科及技术的发展将产生积极的推动作用。

熊有伦

2014 年 11 月

前　言

柔性电子是将有机/无机薄膜电子器件制作在柔性塑料或薄金属基板上的新兴电子技术,因其独特的柔性/延展性以及高效、低成本制造工艺,在信息、能源、医疗、国防等领域具有广泛应用前景,如柔性显示器、印刷 RFID、有机发光二极管 OLED、薄膜太阳能电池和柔性 X 射线仪等。柔性电子技术已经并将开辟出许多创新的电子产品应用领域,从而带来一场电子技术革命。*Science* 将有机电子技术进展列为 2000 年世界十大科技成果之一,与人类基因组草图、生物克隆技术等重大发现并列。柔性电子被美国、欧盟、日本、韩国等列为重点支持领域。英国 2010 年公布的新经济发展战略"建设英国的未来"中,将柔性电子作为其先进制造领域的首要发展方向;韩国制定了"韩国绿色 IT 国家战略",2010 年投资 720 亿美元发展 OLED;日本 2011 年成立先进印刷电子技术研发联盟,重点发展印刷及薄膜技术;美国 2012 年的总统报告中,将柔性电子作为先进制造 11 个优先发展方向之一。我国政府高度关注和重视柔性电子技术的研究,国家自然科学基金"十三五"规划将柔性电子制造列为微纳制造的主要发展方向之一。

柔性电子需要在任意形状、柔性衬底上实现纳米特征-微纳结构-宏观器件大面积集成,涉及聚合物、金属、非金属、纳米材料等机电特性迥异材料的功能界面精确形成,对其制造技术提出了极大挑战。柔性电子制造过程通常包括:纳米聚合物材料制备→纳米薄膜沉积→微纳结构图案化→大面积互连封装,其关键是如何实现不同尺寸/材质的结构、器件和系统的跨尺度制造。传统微纳电子采用光刻、电子束和离子束刻蚀等硅基制造工艺实现微纳器件结自上而下微纳复合加工,由于其高昂的制造成本和对环境的苛刻要求很难满足柔性电子大面积、批量化、低成本制造要求。在纳米级薄膜制备、大面积微纳结构图案化、柔性电子器件高可靠封装等柔性电子制造关键技术方面,需要研究全新的制造原理、工艺与装备。

近年来,电子信息技术研究及应用发展迅猛,陆续出现了宏电子(macroelectronics)、塑料电子(plastic electronics)、印刷电子(printed electronics)、有机电子(organic electronics)、聚合体电子(polymer electronics)等与柔性电子相关的新型电子器件,其科学内涵、关键技术和应用领域相互交叉又不尽相同,亟待进一步研究、厘清和明确。柔性电子技术与产业发展同样遵循"一代材料、一代器件、一代工艺"的规律,正如硅基材料、固态电子和光刻技术是微电子赖以生存和发展的基石,柔性基材、有机电子和溶液化工艺将在柔性电子中发挥越来越重要的作用。

本书针对以上特点,从柔性电子器件的材料、器件、力学、工艺、制造和应用等方面进行系统叙述,力图全面展现柔性电子制造关键技术的研究现状和最新进展。本书共 8 章,第 1 章介绍了柔性电子技术的发展历程,阐述了柔性电子器件基本结构,提出了柔性电子制造关键技术及其挑战。第 2~4 章分别从材料、器件、结构等方面介绍了柔性电子的基本概念和特有性质,为阐述和理解柔性电子制造技术奠定基础:第 2 章介绍了柔性电子中常用的功能材料及其应用,特别强调溶液化电子功能材料;第 3 章介绍了柔性功能器件,包括薄膜晶体管、柔性传感器、柔性太阳能电池等;第 4 章介绍了柔性电子变形能力设计及检测表征方法,是不同于微电子设计的重要内容。第 5~7 章重点论述薄膜沉积、微纳结构图案化、卷到卷集成等柔性电子制造关键技术;第 5 章介绍了柔性电子薄膜沉积与封装工艺,重点论述了在柔性电子中的具有重要应用潜力的 ALD 工艺和 OLED 封装要求与检测方法;第 6 章介绍了微纳图案化工艺,重点阐述了低温溶液化工艺与在柔性电子制造中的应用;第 7 章立足于柔性电子大规模制造需求,介绍了卷到卷制造原理、关键技术及典型应用。第 8 章列举了柔性电子的部分重要应用领域及其最新进展。

考虑到柔性电子技术本身的多学科交叉特点以及读者不同的学科背景。本书各章以阐述柔性电子材料、器件与工艺的基本原理为主,辅以大量的研究进展与应用实例,尽可能介绍柔性电子的学术前沿和发展趋势。本书对电子器件设计与制造、微纳制造、光机电一体化等领域的科研和工程人员具有重要的参考价值,同时适合作为机械制造、电子信息、材料、物理、化学等高等院校相关专业的研究生教材或参考书。

作者衷心感谢各位学术前辈、师长和同事们的支持和帮助,特别是熊有伦院士、丁汉院士、雒建斌院士多年来的关心和指导。本书在撰写过程中得到谈发堂博士、陈建魁博士、彭波博士、布宁斌博士以及博士生王小梅、刘慧敏、马亮、段永青、唐伟、潘艳桥、董文涛、丁亚江等的帮助,在此对他们表示感谢。感谢国家自然科学基金项目(51035002、51322507、51175209)、国家 973 计划项目(2009CB724204)等多年来对相关研究工作的支持。特别感谢国家科学技术学术著作出版基金对本书出版的资助!

柔性电子制造涉及机械、电子、材料、物理、化学等多学科交叉,由于作者专业局限和水平限制,本书难免存在不足之处,希望相关领域专家和读者批评指正。

目　　录

《微纳制造的基础研究学术著作丛书》序

序

前言

第1章　柔性电子技术概述 ·· 1

1.1　引言 ·· 1

1.2　柔性电子的发展历程 ·· 5

1.3　柔性电子器件基本结构 ··· 7

1.3.1　电子元件 ··· 8

1.3.2　柔性基板 ··· 9

1.3.3　互联导体 ··· 10

1.3.4　密封层 ··· 11

1.4　柔性电子制造关键技术 ··· 12

1.4.1　多功能电子材料 ··· 12

1.4.2　低成本制造工艺 ··· 13

1.4.3　电子器件可靠性 ··· 15

1.5　柔性电子制造的挑战 ·· 17

参考文献 ··· 18

第2章　柔性电子的功能材料 ·· 22

2.1　柔性电子的材料要求 ·· 22

2.2　材料的选择与制备 ·· 24

2.3　柔性电子绝缘材料 ·· 28

2.3.1　绝缘性 ··· 29

2.3.2　介电性 ··· 30

2.3.3　电击穿 ··· 32

2.3.4　电场极化 ··· 33

2.4　柔性电子半导体材料 ·· 34

2.4.1　硅半导体 ··· 35

2.4.2　金属氧化物半导体 ··· 36

2.4.3　有机聚合物半导体 ··· 39

　　2.5　柔性电子导体材料 ·· 43

　　　　2.5.1　金属导体 ··· 43

　　　　2.5.2　聚合物导体 ·· 44

　　　　2.5.3　纳米材料导体 ··· 50

　　2.6　柔性电子基板材料 ·· 52

　　2.7　电致发光材料 ··· 56

　　2.8　光伏材料 ··· 58

　　　　2.8.1　光伏发电原理 ··· 58

　　　　2.8.2　电子给体材料与受体材料 ·· 59

　　　　2.8.3　光伏器件结构 ··· 63

　　参考文献 ··· 67

第3章　柔性功能器件 ··· 76

　　3.1　薄膜晶体管 ··· 76

　　　　3.1.1　晶体管结构形式 ·· 78

　　　　3.1.2　晶体管工作原理 ·· 83

　　　　3.1.3　有机/无机晶体管 ·· 89

　　　　3.1.4　晶体管性能表征 ·· 93

　　3.2　柔性传感器 ··· 99

　　　　3.2.1　半导体传感器 ·· 101

　　　　3.2.2　应变式传感器 ·· 107

　　　　3.2.3　光传感器 ··· 109

　　　　3.2.4　物理化学传感器 ··· 113

　　　　3.2.5　电容传感器 ·· 114

　　　　3.2.6　压电传感器 ·· 119

　　3.3　柔性太阳能电池 ··· 121

　　　　3.3.1　肖特基型太阳能电池 ·· 121

　　　　3.3.2　pn异质结太阳能电池 ··· 122

　　　　3.3.3　染料敏化太阳能电池 ·· 124

　　　　3.3.4　有机/聚合物电池 ·· 126

　　参考文献 ··· 129

第4章　柔性电子多层膜结构力学与表征 ·· 134

　　4.1　引言 ··· 134

　　4.2　薄膜-基板结构 ··· 134

　　　　4.2.1　膜-基结构概述 ··· 134

　　　　4.2.2　薄膜应力来源 ·· 135

4.2.3　大变形结构设计 ……………………………………… 138
　4.3　膜-基结构失效模式 ……………………………………… 140
4.3.1　膜-基结构断裂机理 …………………………………… 140
4.3.2　膜-基结构裂纹扩展 …………………………………… 144
4.3.3　膜-基结构分层行为 …………………………………… 145
4.3.4　膜-基结构竞争断裂行为 ……………………………… 146
　4.4　膜-基结构弯曲 …………………………………………… 147
4.4.1　薄膜弯曲 ……………………………………………… 147
4.4.2　膜-基结构的弯曲 ……………………………………… 148
4.4.3　薄膜边缘的应力集中 …………………………………… 150
　4.5　膜-基结构屈曲 …………………………………………… 151
4.5.1　屈曲基本理论 ………………………………………… 151
4.5.2　膜-基结构的单向屈曲 ………………………………… 152
4.5.3　膜-基结构的双向屈曲 ………………………………… 155
4.5.4　膜-基结构后屈曲分析 ………………………………… 157
4.5.5　薄膜几何尺寸对膜-基结构屈曲的影响 ……………… 159
4.5.6　膜-基结构可控屈曲 …………………………………… 163
4.5.7　膜-基界面结合缺陷诱导屈曲 ………………………… 164
　4.6　膜-基结构机械性能测量与表征 ………………………… 166
4.6.1　X射线衍射法表征残余应力 ………………………… 166
4.6.2　微拉曼光谱散射测残余应力 ………………………… 168
4.6.3　拉伸法表征膜-基界面机械性能 ……………………… 169
4.6.4　划痕法表征膜-基界面机械性能 ……………………… 170
4.6.5　压痕法表征薄膜机械性能 …………………………… 171
4.6.6　弯曲测试法表征薄膜机械性能 ……………………… 174
4.6.7　剪切法表征膜-基界面机械性能 ……………………… 176
4.6.8　屈曲测试法表征薄膜机械性能 ……………………… 177
参考文献 ………………………………………………………… 179
第5章　薄膜沉积与器件封装 ……………………………………… 184
　5.1　引言 ………………………………………………………… 184
　5.2　物理气相沉积 ……………………………………………… 185
5.2.1　常规物理气相沉积 …………………………………… 185
5.2.2　离子镀 ………………………………………………… 188
　5.3　化学气相沉积 ……………………………………………… 190
5.3.1　热激活化学气相沉积 ………………………………… 192

5.3.2 等离子体增强化学气相沉积 ·········· 193

5.3.3 金属有机化合物化学气相沉积 ·········· 194

5.3.4 光辅助化学气相沉积 ·········· 195

5.3.5 分子束外延生长工艺 ·········· 196

5.4 原子层沉积 ·········· 197

5.5 薄膜封装 ·········· 200

5.5.1 柔性电子器件封装要求 ·········· 200

5.5.2 柔性电子器件失效原因 ·········· 205

5.5.3 薄膜封装工艺 ·········· 206

5.5.4 薄膜封装中的干燥剂集成 ·········· 215

5.6 薄膜阻隔性能检测 ·········· 216

5.6.1 湿度传感器法 ·········· 216

5.6.2 称重法 ·········· 217

5.6.3 钙测试法 ·········· 218

5.6.4 质谱法测量 ·········· 220

5.6.5 氧等离子体 ·········· 221

参考文献 ·········· 221

第6章 微纳图案化工艺 ·········· 227

6.1 引言 ·········· 227

6.2 光刻工艺 ·········· 228

6.3 印刷工艺 ·········· 230

6.4 软刻蚀工艺 ·········· 232

6.4.1 弹性软图章制备 ·········· 233

6.4.2 微接触印刷工艺 ·········· 234

6.4.3 转移印刷工艺 ·········· 236

6.5 纳米蘸笔直写工艺 ·········· 239

6.5.1 工艺原理 ·········· 239

6.5.2 热蘸笔直写工艺 ·········· 242

6.5.3 电镀蘸笔直写工艺 ·········· 243

6.5.4 纳米自来水笔直写工艺 ·········· 244

6.5.5 DPN 技术的阵列化 ·········· 245

6.6 纳米压印工艺 ·········· 247

6.6.1 纳米压印工艺机理 ·········· 249

6.6.2 热压印工艺 ·········· 252

6.6.3 紫外压印工艺 ·········· 255

6.7　激光直写技术 ………………………………………………………… 256

6.8　喷墨打印工艺 ………………………………………………………… 259

　　6.8.1　传统喷墨打印工艺 ……………………………………………… 260

　　6.8.2　电流体动力喷印工艺 …………………………………………… 262

参考文献 ……………………………………………………………………… 270

第7章　卷到卷制造技术 …………………………………………………… 279

7.1　R2R 制造工艺概况 …………………………………………………… 279

　　7.1.1　R2R 制造的优势与挑战 ………………………………………… 279

　　7.1.2　典型 R2R 系统组成 …………………………………………… 281

7.2　R2R 制造对器件性能的影响 ………………………………………… 285

　　7.2.1　R2R 工艺对几何参数的影响 …………………………………… 286

　　7.2.2　R2R 对器件电参数性能的影响 ………………………………… 289

　　7.2.3　R2R 工艺对器件可靠性的影响 ………………………………… 291

7.3　R2R 系统张力控制 …………………………………………………… 293

　　7.3.1　基板张力波动机理 ……………………………………………… 293

　　7.3.2　R2R 基板张力波动控制 ………………………………………… 300

　　7.3.3　基板张力分布控制 ……………………………………………… 303

7.4　R2R 系统纠偏控制 …………………………………………………… 305

　　7.4.1　基板横向动力学建模 …………………………………………… 305

　　7.4.2　R2R 基板纠偏装置 ……………………………………………… 309

　　7.4.3　纠偏控制方法 …………………………………………………… 312

7.5　R2R 集成制造系统 …………………………………………………… 314

　　7.5.1　R2R 薄膜沉积系统 ……………………………………………… 314

　　7.5.2　R2R 印刷制造工艺 ……………………………………………… 316

　　7.5.3　R2R 与纳米压印/微接触印刷 …………………………………… 320

　　7.5.4　R2R 流体自组装 ………………………………………………… 324

参考文献 ……………………………………………………………………… 325

第8章　柔性电子应用 …………………………………………………… 332

8.1　概述 …………………………………………………………………… 332

8.2　柔性显示 ……………………………………………………………… 333

　　8.2.1　电子纸 …………………………………………………………… 334

　　8.2.2　柔性 AMOLED …………………………………………………… 338

　　8.2.3　可延展 OLED …………………………………………………… 342

8.3　柔性能源 ……………………………………………………………… 345

　　8.3.1　柔性薄膜太阳电池 ……………………………………………… 346

　　　8.3.2　智能服装 ·········· 350
　　　8.3.3　可延展电池 ·········· 351
　　8.4　柔性通信 ·········· 358
　　　8.4.1　柔性 RFID ·········· 358
　　　8.4.2　可延展流体天线/导体 ·········· 359
　　　8.4.3　柔性通信雷达 ·········· 363
　　8.5　柔性传感 ·········· 365
　　　8.5.1　人造电子皮肤 ·········· 365
　　　8.5.2　柔性光电传感器 ·········· 368
　　　8.5.3　柔性驱动 ·········· 372
　　8.6　柔性医疗 ·········· 374
　　　8.6.1　柔性智能服饰 ·········· 375
　　　8.6.2　柔性植入式器件 ·········· 377
　　　8.6.3　表皮电子 ·········· 378
　参考文献 ·········· 381
附录　中英文对照表 ·········· 387
索引 ·········· 394

第1章 柔性电子技术概述

1.1 引　　言

柔性电子(flexible electronics)技术是当今最令人激动和最有前景的信息技术(information technology, IT)之一,受到学术界和工业界的广泛关注。柔性电子技术目前处于起步阶段,还没有统一的定义,不同领域的定义和内涵也不尽相同。柔性电子是建立在可弯曲或可延展基板(塑料基板、金属薄板、玻璃薄板、橡胶基板等)上的新兴电子技术,即将主动/被动的有机/无机电子器件制作在柔性基板(flexible substrate)上的技术及其应用,要求柔性电子产品在弯曲、卷曲、压缩或拉伸状态下仍能正常运行。从制造工艺方面考虑,采用印制工艺,如喷墨打印(inkjet printing)、丝网印刷(screen printing)、纳米压印(nanoimprint)或软刻蚀(soft lithography)等工艺,在柔性基板上制备电子电路,称为印制电子;从功能材料方面考虑,采用塑料、有机材料和聚合物作为功能层制备电子器件,称为塑料电子(plastic electronics)、有机电子(organic electronics)或聚合物电子;从产品尺寸方面考虑,在柔性基板上制作面积较大的电子器件,如显示器、传感器等,则称为宏电子(macro electronics)或大面积电子等。尽管目前还没有统一明确定义,但是随着电子科技的不断进步与完善,对电子产品越来越强调人性化、移动化,轻、薄、短、小已成为发展趋势。柔性电子产品更省电、更便宜、更多样化,而且操作简单、容易携带,更符合人体工程学设计。

自 1962 年首次在半导体(semiconductor)上制作晶体管开始,微电子技术主宰了过去 50 年电子工业的发展,成为通信和网络技术的核心,在国民经济、国防建设等领域中发挥着重要的作用。微电子技术以减小功能元器件特征尺寸、提高集成度为主要驱动力,达到增加运行速度和计算能力、降低操作电压的目的。传统微电子采用较硬的硅基板或平面玻璃,产品形状固定而坚硬,虽然有利于保护电子元器件,使其在使用中不会轻易损坏,但不可避免地制约了产品的延展性、柔韧性以及产品开发的灵活性和应用范围。20 世纪 60 年代开始对有机材料电学性能进行研究,20 世纪 70 年代以来,光导有机材料、导电聚合物、共轭半导体聚合物等的相继发现,极大地促进了有机/柔性电子的发展。低成本产品是电子领域发展的主要驱动力,要求低成本材料、低成本工艺、高生产率制造,如卷到卷(roll-to-roll, R2R)制造平台,集成了真空沉积、光刻(lithography)和印制等工艺平台。

柔性电子不仅注重于集成度和性能的提高,而且注重向超轻、超薄、耐摔、耐冲击、可以折叠、挠曲以及形状不规则等方向发展,构造分布式主动系统,将开创许多新的电子应用领域。柔性电子与微电子的主要区别如下:①实现目标不一样,柔性电子以柔性基板取代传统的刚性基板,在满足一定集成度和性能的同时,实现可卷曲折叠、轻质、透明、大面积分布式的电子系统;②采用不同的材料,柔性电子大量采用有机功能材料、纳米功能材料,在采用硅、金属等材料时需要进行特殊结构设计,以满足大变形能力的要求;③采用不同的制造工艺,柔性电子更倾向于大规模采用溶液化工艺,与大面积快速印制和 R2R 制造兼容,极大提高了制造效率,降低了制造成本。如果采用传统的光刻工艺,还需要转印(transfer printing)工艺将制备好的器件或结构转移到柔性基板上。

柔性电子涉及新的材料及制造技术,产生了柔性通信、柔性显示、柔性医疗、柔性传感和柔性能源等新的应用,如图 1.1 所示[1~7],被视为下一代电子技术平台[8]:①大面积的应用,包括柔性显示器(flexible display)、柔性扫描仪、电子纸、盲人阅读设备、飞机的智能蒙皮等;②优异变形性能的应用,如仪表化人造生物假体、柔性电池(flexible cell)、太空膨胀结构的电子系统、柔性照明、仿生电子眼、柔性传感器(flexible sensor)和驱动器等;③多功能集成应用,实现同一平面上集成多个功能,如生物体内传感器,需要集成应变、应力、温度等传感器,并要求实现自供电等。柔性电子能够做什么,应该做什么? 这些仍是现阶段值得研究的课题。

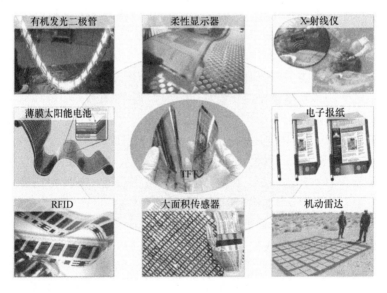

图 1.1 柔性电子的典型应用

从商业角度而言,与传统由光学微影所支配的半导体产业相比,这些新兴的柔性电子器件可采用更便宜的制造工艺方法,柔性电子与传统微电子的比较如表 1.1 所示。硅互补金属氧化物半导体(complementary metal oxide semiconductor,

CMOS)晶元一般造价为 10 $/cm²，复合半导体甚至更贵。如果一个子系统中需要使用非常多的晶片，其成本将非常高。柔性电子与微电子的区别在于[9]：①商业应用层面，将柔软的基材融入电子设计，可以开辟全新的应用市场；②工艺成本层面，印刷工艺可像海报一样快速印制，避免光刻工艺，节约材料，印刷方式会比光刻工艺的成本低很多；③从投资角度层面，柔性电子制造装备投资远低于硅基半导体[10]。传统的半导体厂要数十亿甚至上百亿的投资，但印刷的方式只要投资数千万就可把基本的规模生产能力建立起来。有关微电子和柔性电子大范围使用的价格评估如图 1.2 所示[2]。例如，射频识别（radio frequency identification，RFID）标签在 2006 年是每片 1 美元，2008 年是每片 0.3 美元，印制 RFID 价格因采用不同的基材，最高仅为 0.1 美元，最低为 0.02 美元。

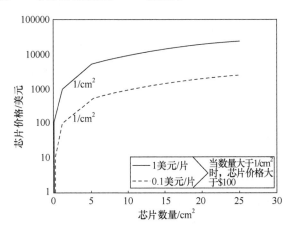

图 1.2　微电子和柔性电子产品大面积使用的价格评估

表 1.1　柔性电子与常规电子比较

比较	柔性电子	微电子
优点	轻质、柔性、分布式、集成度不变的情况下大大降低厚度	机械性能无过高要求、运行速度快
缺点	机械性能与封装要求高	较重、刚性、离散式
制造	印刷、R2R、成本低、溶液化工艺	逐个加工、成本高、效率低、环境要求高
性能	增加集成度或电路层数	增加集成度
基板	柔性基板（塑料基板、柔性薄玻璃基板、柔性不锈钢薄片）	刚性基板（硅基板、玻璃基板）

柔性电子已经表现出巨大潜力和无限商机，据 IDTechEx 统计，2008 年柔性电子的市场销售额高达 15.8 亿美元，预测至 2018 年为 469.4 亿美元，其应用范围将超过传统 IC，至 2028 年为 3010 亿美元，相当于目前传统 IC 产业的两倍。各国

非常重视柔性电子研发。①美国较早开始研究柔性显示器，主要经费来源于军方，美国陆军与亚利桑那州立大学成立柔性显示器中心，在 2006 美国印刷电子产品会议上展出了柔性显示器，并在可绕性、非玻璃基板上开发世界第一个触摸屏有源矩阵显示器，第一次实现即时输入的柔性电子显示器。美国陆军 ManTech 计划近期实施了全彩柔性显示器，以满足陆军转型需要。②欧洲是以欧盟主导的大型计划（FP6／FP7 计划的 ICT 项目）投入为主，主要集中在有机显示材料、有机半导体、印刷工艺技术等方向。③日本整合产、官、学资源，成立先进移动显示材料技术研究协会，专注于卷对卷相关工艺与材料技术的研发。④韩国以三星电子公司、LG 公司为主，重点为全方位产品整合技术，在柔性显示、柔性存储等方面发展迅速。⑤为确保在柔性电子领域的世界领先地位，2009 年 12 月 7 日，英国商业、创新和技能部部长曼德尔森发表了题为 *Plastic Electronics：A UK Strategy for Success* 的柔性电子发展战略，阐述了英国在柔性电子领域的优势和未来的发展目标。⑥我国也非常重视柔性电子的发展，在科技部"十二五"规划中，973 计划、863 计划以及国家自然科学基金委的"十二五"规划都将柔性电子列为重要的研究内容，从基础研究、技术攻关和产业化等方面对柔性电子的功能材料、制造工艺、创新的产品应用等开展研究。

诸多跨国企业与研究机构致力于柔性电子技术的研发。IBM、飞利浦、LG、索尼、夏普、三星、通用显示器等公司投入了大量的人力和资金开发相关的产品，计划将柔性显示器普及到家庭和个人应用[11]。据 Engadget 报道，三星在 2012 年推出弯曲的柔性显示屏，计划在 2013 或 2014 年对其实施量产。虽然目前的 OLED（organic light-emitting diode）屏可实现超薄、弯曲特性，但是它只限于小型显示屏，未来真正使用到像 OLED 电视这样大型显示屏上还尚需时日。通用显示器公司研发的新一代柔性显示屏技术，最终提供视频、无线通信全套解决方案，现在已经被美国军方采用，将应用于显示地图、武器状态以及剩余燃料等信息。

柔性电子相对于微电子具有更加丰富的材料、结构与工艺研究内涵。聚合物实现了从绝缘体到半导体和导体演变，是形态跨度最大的物质，并可与旋涂、喷印、压印等溶液化工艺，以及 R2R 制造兼容，为柔性电子制造带来了巨大的机遇与挑战。随着学科交叉的加深，新的应用不断出现，在新型电子材料与结构、微纳制造工艺和设备等方面不断出现新的研究问题[12]。柔性电子产品整合光、电、感测功能，可以集成显示、传感、能源，形成各种不同形状的电子产品，可以开创全新的应用。柔性电子技术整合电子电路、功能材料、微纳制造等领域技术，同时横跨半导体、封装、检测、材料、化工、印刷电路、显示面板等产业，可提升传统产业附加值。因此，柔性电子技术将为产业结构和人类生活带来革命性的变化。

1.2　柔性电子的发展历程

柔性电子的发展是以应用作为驱动,随着材料的发展,为柔性电子的制造工艺提供了丰富的创新机遇。柔性电子行业目前正在不断的发展中,新的应用和制造工艺不断涌现,在不久的将来将会出现诸多意想不到的新产品和新技术。任何薄的物体都会变柔软,薄膜晶体管(thin film transistor,TFT)的出现为柔性电子的发展奠定了良好的基础。如果将薄膜(thin film)器件与柔性基板的结合视为柔性电子的开始,则柔性电子的发展历史可追溯到 20 世纪 60 年代[1],代表性的研究成果如下:

20 世纪 60 年代,在星际卫星太阳能电池(solar cell)阵列中,将单晶硅晶圆加工得非常薄($\sim 100\mu m$),以获得高的功率-重量比,然后组装到塑料基板上实现柔性。

1973 年,能源危机推动了薄膜太阳能电池的发展,有效降低光伏发电的成本。由于沉积温度相对较低,氢化非晶硅(hydrogenated amorphous silicon,a-Si：H)电池可以直接沉积在柔性金属和聚合物基板上。

1976 年,RCA 实验室的 Wronski 等报道了在不锈钢基板上制作 Pt/a-Si：H 肖特基势垒(Schottky barrier)太阳能电池。在 20 世纪 80 年代早期,Okaniwa 等[13]将 p^+-i-n^+ a-Si：H/ITO 太阳能电池制作在有机聚合物薄膜基板上,并研究了太阳能电池的变形能力。

20 世纪 80 年代中期,采用大面积等离子增强的化学蒸发沉积来实现 a-Si：H 太阳能电池的制造技术,用于 AMLCD(active-matrix liquid-crystal display)工业。20 世纪末,具有实际意义的有机薄膜电子器件相继出现,如有机光伏电池(OPV cell)、OLED 和有机场效应晶体管(organic field-effect transistor,OFET)。

1992 年,美国加州大学 Heeger 研究小组在 *Nature* 上首次报道了柔性 OLED,他们采用聚苯胺(polyaniline,PAN)或聚苯胺混合物,利用旋涂法在柔性透明基板材料聚对苯二甲酸乙二酯(polyethylene terephthalate,PET)上制成导电膜,作为 OLED 发光器件的透明阳极[10],拉开了 OLED 柔性显示的序幕,在可弯曲、柔性显示方面具有潜在优势。

1994 年,Constant 等[14]首次展示了在柔性基板上制造基于薄膜晶体管技术的电路。之后,多家公司和研究团队展示了在柔性基板上采用 a-Si：H、有机材料、有机-无机混合 CMOS 技术等制作电路。

1996 年,Theiss 等[15]首次在柔性不锈钢基板上成功制备高质量的非晶硅 TFT,基板厚度为 200 μm,TFT 的开关电流比为 10^7,关电流为 10^{12} A,具有良好的线性和饱和电流行为,次临界阈值斜率为 0.5 V/decade,线性沟道迁移率(mobility)为 0.5 $cm^2/(V \cdot s)$。这种 TFT 能够经受较大的机械冲击和变形,为投影显示器或自发射显示器等柔性电子提供了途径。

1997年，利用激光退火工艺将多晶硅(poly-Si)TFT制作在塑料基板上。此后，许多研究团队和公司陆续展示了如何在不锈钢基板和塑料基板上制作柔性显示器[16]。

2003年，飞利浦研究实验室展示了一款4.7英寸的柔性四分之一视频传输标准(quarter video graphics array，QVGA)有源矩阵显示器，包含了76800个有机晶体管。日本先锋推出了15英寸像素为160×120全彩无源OLED柔性显示器，其重量仅有3g，亮度为70cd/m^2，驱动电压为9V。

2005年，Plastic Logic公司在第12届国际显示器产品展上展示了其开发的柔性OLED显示屏，这款10英寸的超级视频传输标准(super video graphics array，SVGA)(600×800)有源矩阵性显示屏支持100ppi分辨率，四级灰度，厚度不超过0.4mm。基板采用了DuPont Teijin Films提供的低温PET，为美国E-Ink电子纸前板。这款产品的柔韧性能非常出色，可在显示器下面安放一个压力传感器实现触摸屏的功能，而毫不影响其光学性能[11]。

2005年，Someya等[17]通过在塑料基板上集成有机晶体管和二极管制作出柔性图像扫描仪，提供了一种完全不同于目前普通扫描仪的全新扫描方式。利用有机光电探测器从纸张上白色和黑色部分的反射差进行区分。这种图像扫描设备没有任何光学和机械部件，具有质量轻、耐冲击、携带方便等优点。

2006年，Universal显示公司和Palo Alto研究中心演示了一块柔性有机发光二极管显示器，具有全彩和全动态特性，利用多晶硅TFT背板制作在不锈钢膜片上。Maier Sports研发出带有太阳能电池的冬季户外夹克原型，并在慕尼黑的ISPO国际贸易展览会首次展出。其中的薄膜太阳能电池板由Akzo Nobel公司生产的9块非晶硅太阳能模组组成，在阳光充足的条件下，最大输出功率为2.5W。

2007年，普渡大学和西北大学合作开发的新型透明TFT，结合氧化锌和氧化铟纳米线结构，其实际表现甚至优于传统的TFT，并且可以卷曲，更适于制作在柔性基板上。这种光学透明和机械柔性电路将为下一代显示器技术，包括透明柔性电子的制备迈出关键一步[18]。

2008年，Rogers团队研发出基于单晶硅技术的高性能的半球形电子眼摄像机，采用了非常规、二维压缩阵列的晶圆级光电子，系统包含有弹性体转换单元，在系统制备过程中保持平面，加工完成后可转换为应用所需的半球形[19]。这其中涉及相关的力学理论分析，以便能够更好地将发展成熟的平面器件集成到复杂曲面物体的表面。同年还制作出可伸缩和可折叠的集成电路(integrated circuit，IC)[3]。

2008年，清华大学Xiao等[20]研究发现碳纳米管(carbon nanotube)薄膜在有音频电流通过时，具有类似扬声器的功能。这些扬声器的厚度只有几十纳米，而且是透明、柔软和可伸长的,它们可以被裁剪为任意形状和大小,而且没有磁体或者可移动的部件。该纳米扬声器有望打开制造扬声器和其他声学设备的新应用和新方法,该扬声器事实上可以安置在任何表面,包括墙壁、天花板、窗户、旗帜和衣服等。

2009 年,美国国际消费电子展上,韩国三星展出了一款 4.3 英寸、320×240 像素的透明 OLED 显示器,在关闭显示器的情况下,其透光率可以达到 70%~85%。三星公司宣称,2~3 年内该产品就将投入市场。

2010 年,美国宾夕法尼亚大学、伊利诺伊大学香槟分校和西北大学合作开发一款具有共形、生物界面的硅电子,用于绘制心脏电生理学信号,可以避免目前可植入式的医疗器件的刚性、平面和电极-组织界面等不足,例如起搏器、大脑激励器等,所制备的原型系统具有连续的亚毫米和亚毫秒分辨率[21],为开发界面友好的医疗器械提供了样本。

2011 年,索尼展示了一款柔性 TFT 液晶屏幕,它看上去如同电子纸,具有良好的变形能力,样品尺寸为 13.3 英寸,分辨率达 1600×1200(150 PPI),支持黑白和彩色两个版本。在旧金山 MobileBeat 会议上,惠普展示了最新弯曲显示屏技术,这种新显示屏不但具备很好的柔韧性,而且还可以使用太阳能供电。韩国科技高级研究院将晶体管和忆阻器搭配,制成了一种新的柔性存储器,避免了由于晶体管太近引起的相互干扰,大大提高了柔性存储器的寿命。伊利诺伊大学香槟分校开发出能够完全与皮肤贴合的表皮电子器件,集成了射频天线、无线供电、LED、应变/体温/心电图/肌电图传感器等[22]。

2012 年,美国塔夫斯大学、伊利诺伊大学香槟分校和西北大学合作开发出物理寿命可编程控制的瞬态柔性电子器件,集成了传感器、驱动器、供电系统和无线控制,并给出了材料和制造策略[23]。瞬态柔性电子颠覆了传统硅基电子物理性能和形态的不变性,具有良好的变形性能和物理寿命可控性,可实现与人体内器件完美贴合,并在设定的时间内完全降解,无需二次手术将其取出,可显著减轻手术患者的痛苦,将在生物医疗领域开辟出一系列全新的应用。

2013 年,伊利诺伊大学香槟分校和西北大学合作开发出类似节肢动物眼睛的复眼相机系统,具有大广角、低畸变、高锐度、无限景深等特点[24],提出了阵列化复杂曲面器件的材料、力学和集成策略,可发出近半球形相机(约 160°),集成了弹性光学复合单元,具有可变形薄膜硅光探测器。

1.3 柔性电子器件基本结构

柔性电子技术可应用于各种不同的领域,无论是能源、信息,还是生物、医疗,其基本结构基本相似,至少包含四个部分[25]:电子元件、柔性基板、互联导体和密封层,如图 1.3 所示[26]。柔性电子系统各种组成部分通过黏合层进行结合,黏合层应具有耐热性、结合力和弯曲能力等特性。黏合层除了与结构的可靠性有关外,还与制造工艺息息相关,如在电极薄膜沉积(thin film deposition)工艺中需要预先沉积 Cr 层,在转移工艺中需要利用器件与图章、基板之间不同的黏性实现器件的转移。对于抗氧化、防潮要求较高的电子设备,例如柔性电子显示器和 LED,还需要密封层来保护电路和元件。针对 TFT 结构,又包含栅极、源极、漏极、介电层与半导体层等。与常规微电子一样,柔性电子需关注结构的最小特征尺寸和界面可靠性。除此之外,柔性电子还需要考虑结构的变形能力,这对含有晶体硅和金属的高性能柔性电子器件设计与制造带来了巨大的挑战。

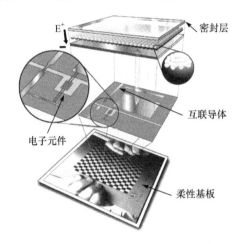

图 1.3　柔性电子的基本结构[26]

1.3.1　电子元件

电子元件是柔性电子器件的基本组成部分,如薄膜晶体管、电感、电容(capacitor)与电阻等,所采用的材料既可以是无机材料,也可以是有机材料,与微电子器件没有本质差别。两者主要在结构设计与制造方面有所不同,柔性电子更关注器件的弯曲、拉伸、折叠等变形能力。

TFT 的器件结构包括栅电极、栅绝缘层、有源层和源/漏电极,属于三端器件。三个电极的相对位置因选用不同的工艺过程可相互变化,产生了具有不同特点的器件结构。多晶或非晶硅 TFT 已经非常成熟,但是在生产过程中需要较高的工艺温度,这与柔性塑料基板不兼容,而利用有机材料实现有机薄膜晶体管(organic thin film transistor,OTFT)可有效避免上述缺点。有机材料的使用为减小元器件重量,提高柔韧性和延展性创造了条件。虽然大多数有机器件和电路都采用了 TFT 结构,但由于有机材料性能难以与无机材料比肩,器件变形时会引起特征结构的变化,这给结构设计带来挑战。

电子元件有两种方式分布在柔性基板上[25]:①先安装在刚性的微胞元岛上,然后将微胞元岛分布到柔性基板上,通过互联结构进行连接。功能元器件材质较脆,在变形过程中易于发生断裂失效,而微胞元岛有利于保护功能元器件,避免弯曲过程中损坏;②直接分布在柔性基板上,例如部分薄膜晶体管,由于本身结构非常薄、采用了有机材料等因素,本身可以承受一定的弯曲变形。随着力学理论的发展,提出了波纹薄膜结构,将无机薄膜元件制作成波纹结构,直接附着在柔性基板上,使得无机材料器件具有较高的变形能力。

1.3.2　柔性基板

柔性基板是柔性电子区别于传统微电子最突出的特点,除了需要具有传统刚性基板的绝缘性、廉价性等特点外,还需质轻、柔软、透明等特性,以实现弯曲、扭曲和伸缩等复杂的机械变形,对材料和器件的机械性能(柔韧性、延展性以及抗疲劳性等)提出了不同于传统电子技术的要求,需要保证在使用和制造过程中不发生屈服、疲劳、断裂等机械、电学失效[25]。另外,由于柔性基板与 R2R 制造工艺兼容,可通过提高制造效率降低成本。柔性基板与刚性基板有诸多共同点如下[25]:①绝缘性,保证电子设备在使用过程中不漏电;②强度,不同器件有不同的要求,如常规柔性显示器,基板起到骨架的作用,需要较高的强度保证器件尺寸的稳定性;③廉价性,基板材料是电路中使用最多的材料之一,只有使用价格低廉的材料才能有效降低电子产品的成本。

柔性基板最常见的是聚合物基板,包括聚对萘二甲酸乙二酯(polyethylene naphthalate two formic acid glycol ester,PEN)、聚酰亚胺(PI)、聚醚酰亚胺(polyetherimide,PEI)、聚对苯二甲酸乙二醇酯(PET)、聚四氟乙烯(polytetrafluoroethylene,PTFE)、聚苯硫醚(polyphenylenesulfide,PPS)、聚甲基丙烯酸甲酯(polymethylmethacrylate,PMMA)、聚二甲基硅氧烷(polydimethylsiloxane,PDMS)等。聚合物基板除要求其透明性好之外,还要有一定的耐温性,在特殊应用领域还需要具有良好的生物兼容性。PET 可以承受 200℃ 以上的温度,目前 PI 可以承受 450℃ 的高温,是柔性电子系统中最为常用的基板材料。PDMS 和 Ecoflex 基板具有良好的伸缩性,在生物传感器领域具有非常广泛的应用前景。这些材料具有良好的变形能力、绝缘性、柔韧性以及强度要求,但要取代玻璃基板,聚合物基板需要进一步提高结构、光学、机械和化学特性,例如实现可控的光学透明性、尺寸、机械和热学稳定性,化学抗腐蚀,低热膨胀系数,表面光洁度,抗氧气和水蒸气渗透能力[27]。

与聚合物基板相比,不锈钢箔基板在相对较高工艺温度下的形状稳定性非常好。在聚合物基板的热不稳定性问题解决之前,不锈钢箔基板仍然是柔性显示器制造的最佳选择。采用不锈钢基板,需要综合考虑的问题有:①由于不透明特性,只限于反射式或自发光模式的显示器件,需要设计与顶发射 OLED 结构相配的 TFT 背板;②基板的传送方法,在进、出制造设备时避免出现下沉;③表面平坦化方法,不锈钢箔的凸起和凹痕会导致显示矩阵的断线缺陷,须降低表面粗糙度;④与 TFT 阵列的绝缘,否则会导致信号线的延迟及串扰。

柔性基板相对于传统刚性基板,具有其自身独有的特性[25]:①柔韧性,柔性电子系统的柔韧性主要通过基板表现出来,对柔韧性要求不同的产品可使用不同材质的基板,例如,电子皮肤(e-skin)采用良好伸缩性的 PDMS,柔性电子显示器采用 PET;②薄膜性,基板在尺寸上已不再是"板",而是薄膜,对于塑料基板、玻璃基板、不锈钢箔基板等,要求尽可能地薄,既降低了材料的成本,又减轻了产品的重量。柔性基板相对于传统刚性基板,也有诸多需要改进的地方:①玻璃化温度,通常聚合物的玻璃态转化温度较低,只能采用低温工艺,从而导致器件的性能无法进一步提高;②表面特性,一般柔性基板的表面平整性还无法与玻璃基板相媲美;③材料强度,聚合物基板具有良好的变形能力,但是材料的强度还有待于进一步提高,以保持器件结构的稳定性和可靠性;④材料稳定性,通常当聚合物基板暴露在空气中或者某些腐蚀性溶液中时容易分解。

1.3.3 互联导体

有机材料在柔性电子中被大量采用,有效提高了器件变形能力,但是器件电学性能难以满足特殊应用的要求。高性能柔性电子所采用的硅和金属导体等材料是典型的脆性材料,通常断裂应变或极限应变为 $1\% \sim 2\%$。目前是将微胞元岛分布在柔性基板上,在微胞元岛上加工功能器件,可有效减小器件变形,提高可靠性,然后通过设计可伸缩的互联结构连接微胞元岛[28]。对于生物医学应用而言,功能器件不仅可以弯曲,而且具有弹性,使得舒适程度大大增加。提高柔性器件的可伸缩性是目前设计的重点,通过在有预应力的柔性基板上设计非共面屈曲(buckling)形式的弹性互联,或者直接在柔性基板上设计共面二维弹簧互联,可以大大提高器件延性。

目前使用较多的金属导电体是铜箔、铝箔和铜镀合金薄膜,其中尤以铜箔最为常见,实验中多采用金薄膜和银薄膜。对互联导体弯曲和拉伸能力的已有大量的研究。①弯曲性能,对塑料基板上无机材料的弯曲性能开展了理论和实验研究,包括膜-基结构(film-on-substrate structure)的相互滑移、剥离和薄膜的断裂等,并给出了界面剪切和剥离应力[29]。研究了 Stoney 公式的局限性,并对其约束进行解除,扩展了 Stoney 公式的适用范围,提出了降低膜-基界面应力(interfacial stress)的材料与结构协同优化方法[30,31]。②延展性能,提出利用屈曲行为设计波纹结构的方法,可实现柔性电子完全可逆拉伸/压缩,可实现柔性电子器件整体 50% 以上的变形[32~38]。根特大学设计和制造出一种共面弯曲的弹性互联,可以实现伸缩率

50%～100%,而不影响电阻值[39~41]。③材料延性,单一的硅/金属薄膜一般在应变超过 1%～2%时发生断裂,然而当其黏合到塑料基板上时可实现 10 倍于断裂应变的塑性变形并保持导电性[34,42,43]。

1.3.4　密封层

密封层主要保护柔性电路不受尘埃、潮气或者化学药品的侵蚀,如 OLED 等器件,增加密封层后大大提高了使用寿命。除此之外,在设计时还需要考虑密封层对器件机械性能的影响,可通过优化密封层,使得电路处于多层薄膜结构的力学中性面,有效地减小弯曲过程中电路所承受的应变。研究表明密封层能够有效降低柔性电路中刚性微胞元岛边缘的应力集中,并且能够抑制电路与柔性基板分离。根据柔性电子系统的特点,需要密封层能够忍受长期弯曲变形,因此密封层材料和基板材料一样,抗疲劳性必需满足一定要求。

用于密封层的常用材料为丙烯酸树脂、环氧树脂以及聚酰亚胺等,这些聚合物材料因易吸收周围环境中的湿气,不可避免地对器件本身的可靠性带来很大影响。图 1.4 描述了不同有机电子器件需要的密封性以及不同材料所能提供密封性[44]。从中可以看出 OLED 对密封性要求最高,对于 TFT 器件和 LCD(liquid crystal display)器件,传统的密封层就可满足要求,而聚合物的密封性难以直接应用于实际。传统方法是将玻璃或者金属通过低渗透型的环氧树脂进行封装,但是这种方法无法应用于柔性电子,因为柔性电子必须采用薄膜封装(thin film encapsulation)来保证其变形特性。目前可通过增加薄膜致密度和采用多层结构两种方法改善密封性。由于有机材料的致密性不够,往往采用无机材料作为密封层,这增加了弯曲下产生裂纹的风险。有关密封层机械延性研究还很少,其主要原因是难以在统计意义上定义失效。进行弯曲/不弯曲的密封性测试,需要大量的样本且耗时,即使如此也无法提供关于断裂密度的定量数据[44]。最近提出一种凸显密封层裂纹缺陷的方法,基本思路是利用活性氧等离子体对密封层中的缺陷进行放大,由于基板快速腐蚀,在显微镜下很容易直接观察到密封层缺陷下形成的缺口,方法快速简单、可成批处理。

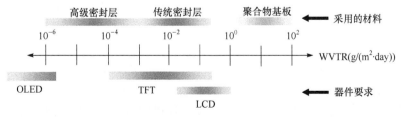

图 1.4　常规柔性电子的 WVTR(water vapor transmission rate)
要求和使用材料的抗渗性能[44]

1.4　柔性电子制造关键技术

柔性电子目前仍处于研究初期，大规模应用之前还有很多技术问题需要解决，如微纳图案化技术、溶液化工艺、有机和无机半导体材料性能、材料的热物理特性、低温处理技术、柔性基板封装与密封技术、电路驱动技术以及大规模柔性基板处理技术等。柔性电子制造工艺主要包括功能材料［金属纳米粒子(nanoimprint)、电活性聚合物等］制备→纳米尺度功能薄膜沉积→微纳结构图案化→大面积互联封装。

柔性电子具有弯、曲、延、展等机械变形性能，需要采用新材料或新结构来实现良好的变形能力，需要采用新的图案化工艺。例如，针对有机材料可溶液化的特性，需要采用相应的溶液化工艺，而采用无机材料时需要进行延性结构设计，基于屈曲力学原理设计的非共面波纹结构需要考虑新的制造工艺。微电子采用光刻、电子束和离子束刻蚀等高能束的硅基制造工艺实现"自上而下"的加工，其制造成本高、对环境要求苛刻、有机材料兼容性差等问题，难以满足柔性电子大面积、高效率、低成本制造要求。虽然已经研发出许多新颖的有机薄膜器件制备技术，可以满足高性能、长寿命的要求，但目前还难以实现大规模制造。提高柔性电子的工作频率并形成产品，还有待于材料科学、器件性能和柔性电子打印技术研究的突破。关键科学技术问题包括：制备高载流子迁移率的有机半导体材料、有机晶体管的场效应作用原理、柔性高密度集成电路的结构设计与微纳加工技术、柔性电子跨尺度制造过程中的精确表达与控制、有机/无机材料异质结构界面结合理论。

1.4.1　多功能电子材料

有机材料实现了从绝缘体到半导体和导体演变，是形态跨度最大的物质，从而可制作全有机晶体管。黑格尔、马克迪尔米德、白川英树等均是在有机电子学方面做出的重大贡献和突出成就而获得了 2000 年诺贝尔化学奖，有机电子学的研究成果与人类基因组草图、克隆技术等被 *Science* 列入当年世界十大科技成果。有机材料可与旋涂或喷印等工艺兼容，直接沉积到各种低成本的基板上，加上有机材料本身的机械柔韧性、低成本、易加工等优点，被认为是柔性电子的理想材料，这为柔性电子产业的蓬勃发展提供了新的机遇。

有机电子正在逐步进入商业化应用，基于有机薄膜材料的柔性电子将很快成为科技发展的支柱。对于性能要求不高的器件，可以充分地利用有机晶体管的优点。有机化合物固体是通过弱范德华力相互连接的，以 $1/R^6$ 速率减小，其中，R 是分子间隙。而无机半导体是共价键，它的强度以 $1/R^2$ 速率减小[45]。有机电子材料比较柔软和松散，而无机半导体材料比较坚硬、易碎，在潮湿、腐蚀溶剂、等离子体中相对稳定。有机材料的松散性为一系列新颖加工方法敞开大门,如软接触打印、喷墨打印等溶液化方法。无机材料的断裂应变比较小,通常情况下无法满足柔性电子的变形要求,如何设计和制造出具有良好弯曲和伸缩性能的器件是目前研究的热点。目前,对无机材料薄膜的弯曲、伸缩、延展和断裂等行为的力学特性进行了大量研究[46]。

柔性电子材料种类相当多,如有机导体、有机半导体、柔性基板、高透明度柔性基材、显示材料、有机半导体材料、印刷型导电材料、印刷型感测材料以及组件保护材料等[47]。①透明性材料:透明性塑料基板有 Dopont-Teijin 的聚酯塑料(PET、PEN)、Teijin 的聚碳酸酯(polycarbonate,PC)塑料、Sumitomo 的聚醚砜树脂(polyethersulfone resin,PES),还有高性能的环烯烃(cyclic olefin copolymer,COC)、PI 等,也有采用石墨烯薄膜作为伸缩电子的透明电极[48]。②印刷型导电材料:网印型银胶、导电 ITO 材料。③有机半导体材料:显示材料则以 Eink 公司及 Sipix 公司生产的电泳材料最为成熟,并五苯(Pentacene)作为高电子迁移率的低分子量半导体,其电子迁移率为 $1cm^2/Vs$,这分别比多晶硅和单晶硅低两到三个数量级。有机电子材料的性能正在不断提高,但大多数有机材料仍无法达到硅材料的性能。

目前功能材料主要挑战在于:①有机晶体管切换速度大概为几千赫兹,满足显示器的使用,但对于无线通信和雷达侦查还远远不够,需要达到千兆赫兹;②塑料材料的熔点低,通常处理温度需要低于 300℃;③热膨胀系数(coeffcient of thermal expasion,CTE)是影响柔性电子产品质量的重要因素,通常塑料基板的临界温度系数(critical temperature coefficient,CTC)为 50ppm/℃,远大于薄膜晶体管的 4ppm/℃;④须解决材料低迁移率、不均匀、低稳定性等问题。

1.4.2　低成本制造工艺

20 世纪 70 年代,传统意义上的绝缘体聚合物中某些品种表现出半导体、导体特性,为溶液化制造工艺提供了可能。已经商业化的有机电子产品是基于 OLED 的高效、高亮、全彩薄显示器,在 OTFT 和有机薄膜光伏电池等领域也取得了巨大的进展。柔性电子制造主要关注生产成本、生产效率、可实现的特征尺寸以及有机材料的相容性等因素,其制造过程通常包括材料制备→沉积→图案化→封装,可通过 R2R 输送系统进行集成。有机电子器件的性能虽然不及无机电子器件,但已经满足甚至超过了一些特定应用的要求,因此其成功与否更多取决于高效率、低成本的制造能力。有机材料能否被广泛采用,除了不断提高自身的性能外,还依赖于在廉价、大面积基板上器件的制造工艺,以尽可能地挖掘有机材料的低成本潜力[45]。

柔性电子理想的图案化工艺应满足低成本、大面积、批量化工艺、低温、加成法、非接触式、可实时调整、三维结构化、易于多层套准、可打印有机物/无机材料等要求。薄膜晶体管是柔性电子的核心器件之一，其制造工艺上主要有：①降低现有低温多晶硅薄膜晶体管工艺温度，直接将晶体管制作在塑料基板上；②将玻璃或硅基板上的电子器件通过转印工艺转移到塑料基板上；③将电子元器件直接制作在薄金属基板上，例如不锈钢薄板；④使用全新的有机材料以喷墨方式来制造有机薄膜晶体管。采用高分辨的功能层图案化技术，缩小沟道的特征尺寸可有效提高输出电流、开关速度等器件性能。光学光刻等能量束技术在微电子器件图案化中得到广泛应用，分辨率高，但因其工艺过程复杂、设备昂贵、溶剂和显影剂无法用于塑料基板，加之耗时费料、仅适用于小面积图案化[49]，在刻蚀底层时环境要求苛刻，去除光刻胶时会破坏有机电子材料的活性和聚合物基板[27]等，在柔性电子制造应用中受限[50]。

按照基板的进给方式，柔性电子器件制造工艺可分为非连续法（片式制造工艺）和连续法（R2R 制造工艺）。低成本制造工艺将最终导致大面积有机电子采用R2R 方法进行打印，该工艺采用旋转的卷轴带动生产线完成全过程柔性电路制备，实现柔性电子高效、高可靠的制造，更适合柔性电子大规模生产。典型 R2R 制造工艺如图 1.5 所示[45]，首先准备好塑料基板，通过液相或气相方法沉积有机材料形成器件活性区，然后沉积金属层，薄膜通过带有浮雕图案的压辊，浮雕图案最终要在表面形成的电极。压辊就可以直接制备图案化的电极，金属层通过干刻蚀方法去除完成电路，最后对基板进行涂层，以保护基板在空气中不会降解，最终通过封装适应的应用需求。图案化工艺可包括喷墨打印、纳米压印、微接触印刷等。如何实现宽幅大跨距柔性基板近零张力传输与精确定位，打印头长行程高速往复运动与微米级定位，任意形状特征结构打印轨迹规划与多轴联动运动控制，多层薄膜打印配准精度保证等是柔性电子器件 R2R 制造亟待解决的问题。

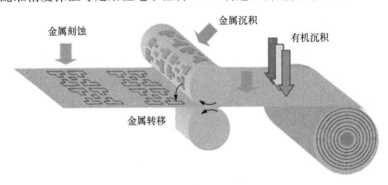

图 1.5　低成本卷到卷制造有机电子器件[45]

在柔性基板上沉积功能薄膜对沉积的温度控制越来越严格。制备方法主要有真空卷绕镀膜技术，即将柔性基材卷绕在真空室里的辊筒上，在转动的过程中镀膜。由于伸缩电子需要实现屈曲的功能薄膜层，可通过低温工艺直接沉积到预应变橡胶基板上,或者通过高温工艺在硅基板上沉积薄膜,然后通过转移工艺将薄膜转移到预应变橡胶基板上。预应变可通过热膨胀方法产生应变,或者通过机械拉伸橡胶。在柔性基材表面制备功能薄膜最常见的是在高分子薄膜上沉积铝薄膜,实现表面金属化,从而大大提高了气密性。薄膜沉积主要包括气相沉积和液相沉积,其中气相沉积可以区分为物理气相沉积(physical vapor deposition,PVD)和化学气相沉积(chemical vapor deposition,CVD)。CVD 沉积温度低,薄膜成分易于控制,膜厚与沉积时间成正比,均匀性、重复性好,台阶覆盖性优良。PVD 通过蒸发、电离或溅射等过程,产生金属粒子并与反应气体反应形成化合物沉积在工件表面,主要包括真空蒸镀、真空溅射和离子镀三种。

器件性能与集成度有直接的关系,有效提高集成度的制造方法如下:①采用高分辨率的图案化工艺,制备更小特征尺寸的结构,这也是微电子技术发展的主要方向;②通过电子器件的三维集成,不仅每层薄膜的正反两面进行图案化,而且可以通过多层进行层叠;③通过引入新的柔性制造和分层技术实现多层线路集成,然后通过互联技术将固态分立器件连通,包括电阻、电容、RF 器件以及超薄芯片等组装在多层柔性层中。

1.4.3　电子器件可靠性

电子器件可靠性是指产品在规定条件下和规定时间内完成规定功能的能力,是电子产品质量的重要组成部分。柔性电子采用了硅、金属等硬质材料和有机材料、橡胶材料等软性材料的混合体,其结构对温度、湿度、应力等非常敏感,而且容易氧化,电学性能不断退化,在使用过程中要求电子器件经得起反复变形。柔性电子的柔韧性、延展性和抗疲劳性对其结构和材料提出了不同于传统电子技术的要求,除了电子技术本身的发展外,如何提高其材料和结构的力学性能也至关重要。如何保证在使用过程中不发生屈服、损伤、断裂等力学失效和破坏对柔性电子的高可靠性设计提出了挑战,需要对柔性电子系统的力学性能和失效机理进行研究。柔性电子力学研究不同于传统材料力学那样只考虑力学本身,电学性能与力学性能之间的相互关系也是重要研究内容。

由于大量采用了有机材料,其电学性能的稳定性也是关系到电子可靠性的重要因素。OFET 已经从用于探测高带宽、低电导率有机半导体中电荷传输的工具转变为一种新兴的电子技术,使得电子功能器件可以集成到柔性塑料基板上。OFET 在真实环境和操作条件下的可靠性已经越来越受到关注。近年来随着材料合成技术的发展,已经制备出同时具有高场效应迁移率和良好环境稳定性的 OFET。如聚噻吩(polythiophene,PT)、聚苯酚等原本具有高迁移率的有机半导体,当暴露在空气或光中,会表现出化学不稳定行为,其中有些材料的环境稳定性和器件寿命已经得到了很大提高。器件性能的退化通常表现为阈值电压的漂移、次临界斜率的增加、场效应迁移率的降低、关电流的增加以及传输特性测量随栅极电压增加或降低表现出来的弛豫现象增加等[51]。

无机薄膜晶体管的电子迁移率要优于有机薄膜晶体管，但无机材料（如硅、铜）变形能力较差，通常临界应变（critical strain）仅为 1％～2％，极大限制了产品的变形能力。如非晶硅在拉应变达到 0.3％时开始形成裂纹，压电陶瓷在应变达到 0.1％时就超过压电工作范围。相对拉应变而言，非晶硅薄膜晶体管更能承受压应变，在压应变小于 2％时没有发现力学失效。当拉应变超过 0.5％或压应变超过 2％时，晶体管薄膜形成明显裂纹，力学和电学特性都发生不可逆失效，如图 1.6 所示[52]。基板可采用有机材料，可大变形，但无机薄膜和有机基板存在严重的力学和物理属性失配，如橡胶基板的临界应变可达 50％，甚至 100％以上。薄膜泊松比可为 0.2～0.3，基板为 0.48～0.50，基板弹性模量的范围为 50kPa～50MPa，热膨胀系数为 16～310ppm/K 等，薄膜的弹性模量可能比橡胶基板的大 5 个量级。

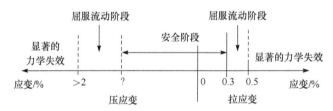

图 1.6　不同应变条件下薄膜晶体管的力学反应[52]

有机柔性基板在使用过程中的力学性能变化是另一个重要研究问题。随着使用时间的延长，高分子聚合物特别是柔性电子器件在使用时产生的热量，促使柔性基板发生蠕变和应力松弛等具有明显黏弹性效应的现象，使其力学等性能发生变化。热效应是电子器件失效的主要因素[53]，柔性电子系统中的热-力耦合作用与失效机理研究刚刚开始。微电子和柔性电子都有热源所产生的温度问题，需要从选用的材料、结构设计等方面协同优化，增加散热速度，另外可以用喷涂的方式添加散热材料。柔性基板温度敏感性并不一定都是不利的，在卷到卷中，可以利用柔性基板的温度敏感性、基板传送过程中的张力以及基板几何厚度等对界面应力的影响，通过优化材料合成技术、R2R 张力、环境温度等工艺参数，有效降低界面应力[54]。利用温度对基板弹性模量的影响，标定出温度与膜-基结构中波纹结构的变化规律，可以制备出利用光学方法测量温度的传感器[30]。

1.5　柔性电子制造的挑战

柔性电子所面临的技术挑战来自于市场方面。技术方面包括材料性能、低成本与低温制造工艺、电子与结构可靠性以及有影响力产品的研发等;其市场挑战包括应用领域拓展、市场培育、产业链开发与市场服务等。研究开发柔性电子技术需要整合多种高科技技术。到目前为止只有简单的制备工艺在生产线上被采用,如在大面积基板表面旋涂聚合物制备单色显示器、结合荫罩进行小分子真空沉积实现彩色显示器,即使是这些初步的研究成果都足以令人记忆深刻。随着更加复杂和多样化工艺的发展和应用,具有独特功能的有机电子将不断出现。

(1) 柔性电子的结构设计与优化。电子技术正在向两个极端尺度发展,微电子遵循摩尔定律(Moore's Law)不断的微型化,柔性电子则不断向分布式柔性方向发展。需要设计出更高性能、更高柔性、更轻质的电子器件,需要对结构进行优化。无机脆性材料与有机柔性材料结合,需要考虑制造和使用过程中存在极端的机械变形和各种物理、化学影响。有机材料在分子结构设计上的多样性是其相对于无机材料的一个重要优势,但是如何更好地根据需要设计满足要求的分子形式还缺乏有力的理论指导。

(2) 低温高分辨率溶液化工艺。针对柔性电子制造的"固相→液相、接触→非接触、无机→有机"的发展趋势,逐步表现出时空跨尺度制造特点,界面演变与产品成形成性规律非常复杂,系统集成的跨尺度效应和异质界面效应十分显著。柔性电子控形控性制造的关键是如何实现不同尺寸/材质的结构、器件和系统的跨尺度制造。全溶液化打印是一个动态过程,墨液的材料形态随着制造进程不断变化,界面和尺度效应的影响亦随制造进程而变化。

(3) 柔性电子器件可靠性。实际制造过程中缺乏有效的检测手段,如不合格率、器件测试、基板尺寸稳定性等都无法在线处理。柔性电子由于采用了柔性薄膜基板,特别是塑料基板,几何尺寸非常不稳定,在制造过程受各种热、力等作用影响大,并要防止水、气的渗透,对多层薄膜结构的层合精确定位十分困难。有机材料本身稳定性相对较差,要实现有机薄膜可靠电连接相当困难,当其暴露在空气、水或紫外线中时,电子学特性会急剧下降。要满足柔性电子器件高效制造要求,必须提出新的大面积跨尺度互联理论与高效高可靠封装技术。

柔性电子是一个典型的交叉学科,是一个崭新的研究方向,既有重要的理论和技术研究意义,又有广泛而重要的实际应用。目前柔性电子研究的关键问题在于材料、结构和工艺的创新,其重大意义在于:①推动材料、制造、信息等相关学科发展,并可与一批新兴学科交叉形成新的研究方向,包括纳米技术、生物技术等;②带动我国柔性电子技术发展,包括有机材料的合成与创新、有机电路/无机电路的低温沉积、柔性电子结构的创新设计、纳米材料的制备以及高效高精度打印装备的研发等，将在制造环境、制造工艺、生产管理和设备平台上带来颠覆性的改变，对未来科技生活产生全面与根本的影响；③扩展相关产业，特别是能源产业，可大范围推广太阳能，使之无处不在，节约能源、提高能源安全，降低污染。

参 考 文 献

[1] Wong W S,Salleo A. Flexible Electronics：Materials and Applications. New York：Springer，2009.

[2] Reuss R H,Chalamala B R,Moussessian A,et al. Macroelectronics：Perspectives on technology and applications. Proceedings of the IEEE,2005,93(7)：1239−1256.

[3] Kim D H,Ahn J H,Choi W M,et al. Stretchable and foldable silicon integrated circuits. Science,2008,320(5875)：507−511.

[4] Crawford G P. Flexible Flat Panel Displays. Chichester：John Wiley & Sons,2005.

[5] Jang J. Displays develop a new flexibility. Materials Today,2006,9(4)：46−52.

[6] Mayer A C,Scully S R,Hardin B E,et al. Polymer-based solar cells. Materials Today,2007, 10(11)：28−33.

[7] Someya T,Kato Y,Sekitani T,et al. Conformable,flexible,large-area networks of pressure and thermal sensors with organic transistor active matrixes. Proceedings of the National Academy of Sciences of the United States of America,2005,102(35)：12321−12325.

[8] Nathan A,Ahnood A,Cole M T,et al. Flexible electronics：The next ubiquitous platform. Proceedings of the IEEE,2012,100(special)：1486−1517.

[9] 洪志明. 呼之欲出的软性电子. 电子技术,2007,34(2)：8−12.

[10] Chason M,Brazis P W,Zhang H,et al. Printed organic semiconducting devices. Proceedings of the IEEE,2005,93(7)：1348−1356.

[11] Rutherford N,彭增辉. 有机显示器和电子器件的柔性基板和封装. 现代显示,2006,59, 60(1)：24−29.

[12] Rogers J A,Someya T,Huang Y G. Materials and mechanics for stretchable electronics. Science,2010,327(5973)：1603−1607.

[13] Okaniwa H,Nakatani K,Yano M,et al. Preparation and properties of a-Si：H solar cells on organic polymer film substrate. Japanese Journal of Applied Physics, 1982, 21（2）：239−244.

[14] Constant A,Gurns S G,Shanks H,et al. Development of thin film transistor based circuits on flexible polyimide substrates//Proceedings of the Second Symposium on Thin Film Transistor Technologies,Pennington,1995：392−400.

[15] Theiss S D,Wagner S. Amorphous silicon thin-film transistors on steel foil substrates. IEEE Electron Device Letters,1996,17(12)：578−580.

[16] Smith P M,Carey P G,Sigmon T W. Excimer laser crystallization and doping of silicon films on plastic substrates. Applied Physics Letters,1997,70(3)：342−344.

[17] Someya T, Kato Y, Iba S, et al. Integration of organic FETs with organic photodiodes for a large area, flexible, and lightweight sheet image scanners. IEEE Transactions on Electron Devices, 2005, 52(11):2502—2511.

[18] Ju S Y, Facchetti A, Xuan Y, et al. Fabrication of fully transparent nanowire transistors for transparent and flexible electronics. Nature Nanotechnology, 2007, 2(6):378—384.

[19] Ko H C, Stoykovich M P, Song J Z, et al. A hemispherical electronic eye camera based on compressible silicon optoelectronics. Nature, 2008, 454(7205):748—753.

[20] Xiao L, Chen Z, Feng C, et al. Flexible, stretchable, transparent carbon nanotube thin film loudspeakers. Nano Letter, 2008, 8(12):4539—4545.

[21] Viventi J, Kim D H, Moss J D, et al. A conformal, bio-interfaced class of silicon electronics for mapping cardiac electrophysiology. Science Translational Medicine, 2010, 2 (24): 22—24.

[22] Kim D H, Lu N S, Ma R, et al. Epidermal electronics. Science, 2011, 333(6044):838—843.

[23] Hwang S W, Tao H, Kim D H, et al. A physically transient form of silicon electronics. Science, 2012, 337(6102):1640—1644.

[24] Song Y M, Xie Y Z, Malyarchuk V, et al. Digital cameras with designs inspired by the arthropod eye. Nature, 2013, 497(7447):95—99.

[25] 许巍, 卢天健. 柔性电子系统及其力学性能. 力学进展, 2008, 38(2):137—150.

[26] Rogers J A. Electronics: Toward paperlike displays. Science, 2001, 291(5508):1502—1503.

[27] Logothetidis S. Flexible organic electronic devices: Materials, process and applications. Materials Science and Engineering B, 2008, 152(1):96—104.

[28] Lacour S P, Jones J, Wagner S, et al. Stretchable interconnects for elastic electronic surfaces. Proceedings of the IEEE, 2005, 93(8):1459—1467.

[29] Park S I, Ahn J H, Feng X, et al. Theoretical and experimental studies of bending of inorganic electronic materials on plastic substrates. Advanced Functional Materials, 2008, 18 (18):2673—2684.

[30] Huang Y A, Yin Z P, Xiong Y L. Thermomechanical analysis of film-on-substrate system with temperature-dependent properties. Journal of Applied Mechanics-Transactions of the ASME, 2010, 77(4):041016.

[31] Feng X, Huang Y, Rosakis A J. Stresses in a multilayer thin film/substrate system subjected to nonuniform temperature. Journal of Applied Mechanics-Transactions of the ASME, 2008, 75(2):021022.

[32] Khang D Y, Jiang H, Huang Y, et al. A ftretchable form of single-crystal silicon for high-performance electronics on rubber substrates. Science, 2006, 311(5758):208—212.

[33] Jiang H, Khang D Y, Song J, et al. Finite deformation mechanics in buckled thin films on compliant supports. Proceedings of the National Academy of Sciences of the United States of America, 2007, 104(40):15607—15612.

[34] Lacour S P,Chan D,Wagner S,et al. Mechanisms of reversible stretchability of thin metal films on elastomeric substrates. Applied Physics Letters,2006,88(20):204103.

[35] Sun Y,Choi W M,Jiang H,et al. Controlled buckling of semiconductor nanoribbons for stretchable electronics. Nature Nanotechnology,2006,1(3):201—206.

[36] Huang Z Y,Hong W,Suo Z. Nonlinear analyses of wrinkles in a film bonded to a compliant substrate. Journal of the Mechanics and Physics of Solids,2005,53(9):2101—2118.

[37] Jiang H,Sun Y,Rogersc J A,et al. Post-buckling analysis for the precisely controlled buckling of thin film encapsulated by elastomeric substrates. International Journal of Solids and Structures,2008,45(7-8):2014—2023.

[38] Wagner S,Lacour S P,Jones J,et al. Electronic skin:Architecture and components. Physica E:Low-dimensional Systems and Nanostructures,2004,25(2-3):326—334.

[39] Brosteaux D,Axisa F,Gonzalez M,et al. Design and fabrication of elastic interconnections for stretchable electronic circuits. IEEE Electron Device Letters,2007,28(7):552—554.

[40] Gonzalez M,Vandevelde B,Christiaens W,et al. Design and implementation of flexible and stretchable systems. Microelectronics Reliability,2011,51(6):1069—1076.

[41] Carta R,Jourand P,Hermans B,et al. Design and implementation of advanced systems in a flexible-stretchable technology for biomedical applications. Sensors and Actuators A-Physical,2009,156(1):79—87.

[42] Gleskova H,Cheng I C,Wagner S,et al. Mechanics of thin-film transistors and solar cells on flexible substrates. Solar Energy,2006,80(6):687—693.

[43] Lacour S P,Wagner S,Huang Z,et al. Stretchable gold conductors on elastomeric substrates. Applied Physics Letters,2003,82(15):2404—2406.

[44] Lewis J. Material challenge for flexible organic devices. Materials Today,2006,9(4):38—45.

[45] Forrest S R. The path to ubiquitous and low-cost organic electronic appliances on plastic. Nature,2004,428(6986):911—918.

[46] Kim D H,Rogers J A. Stretchable electronics:Materials strategies and devices. Advanced Materials,2008,20(24):4887—4892.

[47] 沈志明,苏衍如. 软性电子产业技术发展现况. 电子与电脑,2008,8(3):16—19.

[48] Kim K S,Zhao Y,Jang H,et al. Large-scale pattern growth of graphene films for stretchable transparent electrodes. Nature,2009,457(7230):706—710.

[49] De Gans B J,Duineveld P C,Schubert U S. Inkjet printing of polymers:State of the art and future developments. Advanced Materials,2004,16(3):203—213.

[50] Menard E,Meitl M A,Sun Y G,et al. Micro- and nanopatterning techniques for organic electronic and optoelectronic systems. Chemical Reviews,2007,107(4):1117—1160.

[51] Sirringhaus H. Reliability of organic field-effect transistors. Advanced Materials,2009,21(38-39):3859—3873.

[52] Gleskova H,Cheng I C,Wagner S,et al. Mechanics of thin-film transistors and solar cells on

flexible substrates. Solar Energy,2006,80(6):687—693.

[53] Huang G Y,Tan C M. Device level electrical-thermal-stress coupled-field modeling. Microe-
lectronics and Reliability,2006,46(9-11):1823—1827.

[54] Huang Y A,Chen J K,Yin Z P,et al. Roll-to-roll processing of flexible heterogeneous elec-
tronics with low interfacial residual stress. IEEE Transactions on Components Packaging
and Manufacturing Technology,2011,1(9):1368—1377.

第 2 章　柔性电子的功能材料

2.1　柔性电子的材料要求

柔性电子将有源或无源的有机/无机电子器件制作在柔性/延性基板上,要求柔性电子产品在弯、曲、延、展等复杂变形下仍可正常运行。由于对低成本、高制造效率以及机械柔性、光学透明的要求,柔性电子相对于传统微电子具有更加丰富的材料研究内涵。如何设计具有良好电学特性和机械柔性的材料,并与低成本制造工艺具有良好兼容性是柔性电子材料研究的重点。20 世纪 70 年代导电聚合物的发现促进了材料、信息、能源、制造等学科领域交叉和融合。1974 年,白川英树在实验室中首次合成出具有金属光泽的聚乙炔(polyacetylene,PA)薄膜,但此薄膜为绝缘体。此后,黑格尔、马克迪尔米德和白川英树发现聚乙炔具有导电特性:掺杂后聚乙炔薄膜的导电率在 12 个数量级内急剧变化,具有从半导体到良导体的可调性质[1]。有机聚合物具有良好的柔韧性,在力、电、磁、光等方面具有不同于传统半导体或金属的独特性质,使聚合物成为柔性电子的理想材料之一。

柔性电子的重要特征是能够实现各种复杂的变形功能,由于采用橡胶、聚合物和金属等材料属性迥异的材料,其弹性模量相差 $10^3 \sim 10^5$ 倍、热传导系数相差 $\sim 10^3$ 倍、热膨胀系数相差 $\sim 10^2$ 倍、电学特性相差多个量级,这给柔性电子的设计带来了诸多挑战。柔性电子器件常为异质多层结构,存在显著的界面效应,如不同有机层相互渗透、有机-无机层间黏合剂的黏弹性效应、薄膜-基板的剥离、隔层断裂效应等。多层薄膜结构的失效模式通常为应力作用下裂纹扩展,其形式受黏结层黏弹性效应的影响。可延展柔性电子是一类设计难度较大的柔性电子,甚至要求器件能够承受大于 50% 应变的同时保证器件中材料不超过 $\sim 1\%$ 的极限应变,避免发生机械和电学失效,如电子皮肤、仪表化人造假体、穿戴式医疗产品等。柔性电子可充分利用无机结构屈曲失效、薄膜裂纹网络、平面波纹结构,或者利用特定电学特性的橡胶材料来提高结构延展性[2]。针对如何提高电子产品的伸缩变形性能,从力学设计、制造工艺等方面进行了大量研究,目前已经设计和制造出变形能力超过 100% 的无机可延展柔性电子器件。

柔性电子器件中采用无机材料时,需要对无机结构进行变形分析与设计,如中性层设计、应力隔离设计等,以满足器件的变形性。在拉伸状态时,柔性电子器件会出现隔层断裂效应。当某一层薄膜发生断裂失效时,应力局部释放,往往引起其他脆性层的相继失效,如图 2.1(a)所示[3]:当薄膜 a 的临界应变低于薄膜 b,并先于 b 断裂,然而薄膜 a 的应力可通过聚合物层传递到薄膜 b,导致薄膜 b 的断裂。在弯曲状态下,柔性电子膜基结构的失效模式也非常复杂,依据黏结层的特性,可能会出现三种膜基结构失效模式:薄膜断裂、界面滑移和界面分层[4]。

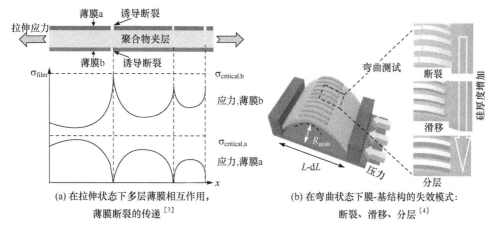

(a) 在拉伸状态下多层薄膜相互作用,薄膜断裂的传递[3]

(b) 在弯曲状态下膜-基结构的失效模式:断裂、滑移、分层[4]

图 2.1　膜-基结构的失效机理

采用具有较大极限应变、良好电学特性(导电性、绝缘性、迁移率)的有机材料可以极大地提高设计的灵活性。常见的导电聚合物有聚乙炔、聚噻吩、聚吡咯(polypyrrole,PPY)、聚苯胺、聚苯撑、聚苯撑乙烯和聚双炔等,如图 2.2 所示。如聚乙炔的电导率(达到 $2\times10^5\,\mathrm{S/cm}$)超过铜(其电导率为 $6\times10^5\,\mathrm{S/cm}$)[5~7],甚至某些聚合物在极低的温度下具有超导电性[8]。聚乙炔具有特殊的光学、电学和磁学性质以及可逆的电化学性质,在光电化学电池方面显示了诱人的应用前景,但在空气中的稳定性较差。聚噻吩和聚吡咯具有将聚乙炔的氢用硫或 NH 取代的结构,尽管电导率没有聚乙炔高,但其稳定性好。导电聚合物的电导率依赖于温度、湿度、气体和杂质等因素,可用于制作温度、湿度、气体、pH 和生物等传感器。

图 2.2　掺杂与未掺杂的半导体聚合物的电导率示意图[1]

　　材料电学稳定性是非常重要的因素,结晶性高分子导电复合材料电阻随温度升高而增大,在某临界温度 T_m 附近,电阻可增大 $2\sim8$ 个数量级,具有正温度系数(positive temperature coefficient,PTC)效应。而当超过 T_m 后,电阻随温度的升高而降低,呈现负温度系数(negative temperature coefficient,NTC)效应。目前公认影响电阻率稳定性的因素有:①聚合物与炭黑粒子分属不同性质的两种物质,炭黑在基体中分散不良,在高温下逐渐位移、团聚,改变了初期的粒子分散状态;②高分子基体与导电电极、导电粒子间热膨胀系数的差异,基体与电极间黏接力差;③高分子材料的高温氧化降解及组成的破坏。尽管有关 PTC/NTC 效应产生的原因及材料的导电机理的研究非常广泛,但是目前还没有完整的模型能够解释所有的实验现象。

　　1966 年,Kohler 发现了非常明显的 PTC 效应,可将电能转变为热能,具有发热功能和自动限定发热温度、自动调节功率的智能特性,以及发热效率高、易成形、低能耗、低成本等特点,引起国际学术界和工业界的广泛关注。大部分填充型导电高分子复合材料均呈现 PTC 效应,尤其是当温度到达熔点时,电阻急剧上升数个数量级。目前解释 PTC 现象的理论模型主要包括导电链与热膨胀模型[9]、隧道导电模型[10,11]、炭粒聚集态结构变化及迁移模型和欧姆导电模型,但都有其局限性。

　　NTC 行为的研究尚停留在推测阶段,大多数研究者认为在基体的熔融温度以上,炭黑有团聚趋势,形成新的导电通路可能是出现 NTC 效应的原因。导电粒子的分布不均匀性与许多因素有关,如粒度、形状、炭黑密度、熔融的冷却工艺等。在结晶性高分子导电复合体系中,导电粒子的不均匀分布是可以预见的。在熔融温度附近,导电粒子的运动发生巨大变化。随温度升高,更多晶体开始熔化,基体黏度降低,导电粒子再分布过程导致更均匀的分散,额外的导电粒子、聚集体或附聚物参与导电过程,产生 NTC 效应。导电性能稳定性不理想和 NTC 效应严重制约了具有负温度系数材料的工业化应用及推广。国外研究人员提出许多方法来消除NTC 效应,提高阻温特性的再现性,提高材料强度,延长使用寿命。

2.2　材料的选择与制备

　　基于聚合物半导体的新一代光电集成器件,具有低成本、重量轻、柔性和可大面积高效制备等优点,是当今国际最为活跃的前沿研究领域之一。有机聚合物实现了从绝缘体到半导体和导体演变,是形态跨度最大的物质。有机化合物可分为有机小分子化合物和高分子聚合物,前者分子量一般为 $500\sim2000$,可用真空蒸镀方法成膜,而后者分子量一般为 $10000\sim100000$,通常是具有导电或半导体性质的共轭聚合物。有机材料提供了丰富的结构序列,通过有机合成可实现精确功能化及特殊性能要求,并与高效率低成本制造工艺兼容,可用旋涂和喷墨打印等方法成膜。为提高柔性电子制造工艺的可控性,需要综合考虑材料的流变性、熔点、粒子尺寸、表面张力、吸湿性、比热、热传导特性、放射率、扩散性、反射率、基板材料和空隙率等属性。虽然有机材料电学特性与无机材料相比还有相当大的差距,但为柔性电子制造带来了巨大的机遇与挑战。具有特殊结构功能聚合物的开发和高分子微/纳图案形成机理与规律的认知都有利于聚合物微/纳米图案化工作的开展。

目前已经合成制备了成千上万种有机半导体材料,并应用于有机场效应晶体管中。有机半导体研究主要集中于噻吩及其衍生物(包括低聚物和高聚物)、线性苯及其衍生物(如并五苯、并四苯衍生物等)、大环共轭体系(如酞著类化合物、苊类化合物等)。噻吩或聚噻吩化合物由于其结构可修饰性,可通过改变取代基来调节材料的电学性质。目前噻吩低聚物或高聚物的迁移率已超过 $0.1cm^2/(V \cdot s)$,是目前 OFET 中常用的材料之一。并四苯单晶衍生物制备而成的 OFET 迁移率高达 $15.4cm^2/(V \cdot s)$,而真空蒸镀制得的并五苯多晶薄膜迁移率高达 $1.5cm^2/(V \cdot s)$,但线性苯或其衍生物溶解性不好,而真空蒸镀制成的薄膜比较脆,不太适用于大面积制膜。和传统无机材料比起来,导电聚合物工艺较简单,可采用旋转涂布或喷墨打印等工艺,在原料和工艺上都较便宜,而且材料本身具有柔性。OFET 层间界面是影响晶体管性能的重要因素,通过优化半导体的沉积工艺,控制基板的温度,对附有有机自组装单分子层(self-assembled monolayer,SAM)的介电层进行表面处理,可显著提升性能。

随着发光器件、显示器、太阳能电池等光电子技术的发展,兼具透明性和导电性特性的透明导电氧化物(transparent conducting oxide,TCO)薄膜引起广泛关注。TCO 薄膜主要通过真空蒸发沉积、溅射沉积、脉冲激光沉积等方法进行制备,能实现快速成膜,具有成膜纯度高、质量好,并能准确控制膜厚等特点,但其生产成本较高,必须在真空条件下进行,限制了其在大面积、柔性器件领域的应用。溶胶-凝胶法不需要真空条件,成本低,可在任意形状的基板上实现大面积成膜,但制备的薄膜必须经过退火处理,温度超过 200℃,难以直接在普通的聚合物基板上制备薄膜。化学沉积技术可直接在基板上生长 TCO 膜,是目前比较理想的成膜技术,薄膜生长过程中为粒子轰击的热分解过程,沉积温度低,可以较高速度在大面积基板上生成均匀的 TCO 膜,但沉积材料的附着晶化一般要高于 300℃;当基板温度太低时,沉积原子团没有足够的能量实现迁移与结晶,导致薄膜缺陷增加、薄膜晶粒尺寸偏小、电阻率偏大、可见光透过率不高等。有机基板与透明导电膜的晶格匹配不好,尤其当基板温度较低时,薄膜容易脱落或根本无法成膜。有机基板表面平整度较差,容易造成薄膜厚度不均匀,导致有机基板上制备的透明导电膜的电阻率较大。因此,需要探索新的低温成膜技术,降低 TCO 膜的电阻率,提高可见光区的透射率,使薄膜性能稳定、重复性好、成本低,达到实用要求。

　　聚合物材料具有良好的结构可调性、机械加工性和成膜性，且不易结晶，直接沉积到柔性基板上，易实现大面积器件制作，在半导体光电器件中得到迅速应用，为高效率、低成本的制造工艺带来机遇。溶液图案化工艺(溶液浇注、蒸镀、纳米压印、喷印等)直接将功能墨液沉积到柔性基板上，在特定微环境下通过电、热、超声等外场诱导相变的非接触方式实现微纳图案，并与 R2R 工艺兼容，如图 2.3 所示。聚合物微纳图案的制备工艺丰富多样，可采用加成法将功能材料沉积得到图案化结构。加成工艺的工序少，无需蚀刻，环境友好，不产生污染，不用化学镀，没有侧腐蚀问题，线路精确，线路表面的其他金属镀层可以在转移前连续镀好，并可实现尺寸、形貌、性能上的动态调控，正逐渐成为主流的柔性电子制造技术[12]。加成法主要有电镀、化学镀、真空镀、网印、冲压法，以及蘸笔、喷印、近场电纺丝(near field electro spinning，NFES)等墨液直写和激光消融、基质辅助脉冲激光蒸发(matrix assisted pulsed laser evaporation，MAPLE)直写等激光直写(laser direct writing，LDW)，都遵循传统制造领域自上而下去除材料、自下而上增加材料的基本思想。例如，喷墨工艺直接利用计算机控制高精度移动平台扫描，将材料写到基材表面或去除基材表面薄膜，制造印刷电路板只需四道工序，即基板布涂、表面处理、喷墨打印与热固化成形。

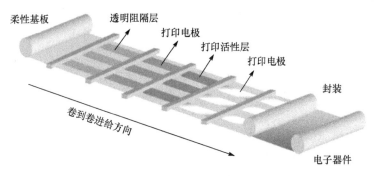

图 2.3　柔性电子器件卷到卷制造方案

　　柔性电子封装不仅满足折叠、弯曲、拉伸等要求，而且需要一定强度来保证产品的实用性，目前封装薄膜主要有超薄玻璃、聚合物和金属箔等。使用玻璃基板时，常用封装技术是将显示器密封在干燥的惰性气体环境中，玻璃盖用紫外光固化的环氧树脂固定，而环氧树脂是唯一侵入的途径。用塑料代替玻璃做 OLED 的基板材料，湿气和氧的隔离保护可以通过隔离或钝化膜来实现。金属箔基板具备耐高温制程、热膨胀系数更为接近玻璃、具备阻水/阻氧的功能、适应 R2R 工艺、成本低廉与取得方便，而且用在平面显示器上时，不需要镀上许多特殊的防水气、防氧气保护层，实际运用成本会比用塑料更低。

　　溶液化工艺可有效地降低材料与工艺成本，根据工艺要求有溶液或熔液两种状态(本书不特意说明情况下通常指溶液)。溶液化工艺涉及聚合物溶液流变特性,影响溶液可打印性的参数包括流变性、触变性、固相度、表面张力等。根据溶液在流动过程中黏度与应力和应变速率的关系,分为牛顿流体和非牛顿流体。①牛顿流体流动时其剪切应力与剪切速率成正比关系,其流体黏度为常数,与液体的分子结构和温度有关,不随剪切应力和剪切速率的大小变化。②非牛顿流体流动时剪切应力与剪切速率不成比例关系,流体黏度不是常数,除了与温度有关外,还随着剪切应力和剪切速率的变化而变化,即 $\sigma = \eta_a \left(\dfrac{\mathrm{d}r}{\mathrm{d}t}\right)^n$ 和 $\eta = K \left(\dfrac{\mathrm{d}r}{\mathrm{d}t}\right)^{n-1}$,$K$ 和 n 均为材料常数。根据 n 值不同,非牛顿流体可分为假塑性流体($n<1$)、膨胀性流体($n>1$)和宾哈流体($n=1$)。

　　黏度是表征聚合物溶液流动性和可加工性的重要参数,主要影响因素包括温度、剪切速率、压力与聚合物分子结构等。聚合物黏弹性的表征不仅取决于材料本性,而且强烈依赖于观察条件。在交变应力作用下,由于聚合物链段在运动时受到内摩擦力作用,链段运动跟不上应力变化,所以应变落后于应力,产生相位差 δ。对于理想弹性体,$\delta = 0$,形变时外力做的功都作为势能存储起来,以后又转换成动能而释放;对于理想黏性体,$\delta = \pi/2$,外力对体系做的功都变为热量而损耗。因聚合物同时具有黏性和弹性,则 $0 < \delta < \pi/2$,外力对体系做的功一部分被储存,另一部分损耗成热。影响填充聚合物黏弹性的相关参数有粒径和粒径分布、含量、形状因素、基体凝聚和抗凝聚稳定性、表面极性等,添加剂和加工助剂、混合工艺对流变行为和黏弹性能都有较大影响。在无机粒子填充聚合物体系中,动态黏弹响应可反映其内部微观结构及其变化,并与聚合物特殊的黏弹松弛行为有关。当体系中无机粒子的含量超过临界值时,储能模量在低频区也表现出类固体行为,受频率的影响逐渐减小。随着粒子尺寸减小,特别是达到纳米级时,材料对于外力场响应的影响因素发生改变,颗粒间的相互作用成为主要因素,逐渐由流体力学相互作用转向颗粒间的相互作用。填料间相互作用的产生主要来自静电斥力、范德华引力、黏弹流体力学力和布朗运动。多相聚合物体系凝聚态结构既对其流变行为有重要影响,又在很大程度上决定着它的使用性能。聚合物最终性能不仅与其化学组成、结构有关,在更大程度上取决于成形加工过程中凝聚态结构的形成与变化。

　　自 1987 年报道 OFET 以来,随着有机半导体材料的性能改进,OFET 性能有了很大提高,并具有制作温度低、易实现大面积、工艺简单、成本低廉等特点。与小分子薄膜晶体管比较,聚合物薄膜晶体管具有机械性能好、热稳定性高、成膜方法简单经济、适合于制备大面积的器件等优点。虽然有机材料取得了巨大的发展,但有机材料性能仍难以媲美无机材料,难以满足高性能电子产品的要求,这促使电子器件的结构形式不断发展。①垂直结构晶体管,采用叠层构型,依次蒸镀漏-源-栅电极,导电沟道的宽度就是有机半导体的厚度,可使沟道长度由微米量级降低至纳米量级,极大提高了器件的工作电流、降低了器件的开启电压,可有效提高有机聚合物晶体管的性能,具有制作简单、发光效率高等优点。②双栅结构晶体管,电子和空穴同时参与导电,由两个背靠背 pn 结构成的具有电流放大作用的三极管,除了保持高增益、低噪声、高输入阻抗、抗交叉调制等性能,还具有独立的调制作用,具有反馈电容小、低阈值电压、可通过第二栅压实现自动增益控制、输入阻抗稳定等优点。③圆柱形纤维晶体管,将晶体管制作在纤维上,或者晶体管的构型类似于纤维。

2.3　柔性电子绝缘材料

有机半导体的性能相对较低,在制备 OTFT 器件时需要尽可能减小沟道长度,以减小器件工作电压,这需要具有良好绝缘性能的薄膜。为避免出现小沟道效应和在薄膜中产生针孔,无机绝缘材料需要高温加工工艺,并且极限应变较小,使其在柔性有机电子中的应用受到了限制,有机材料将成为可选的替代品。有机绝缘层材料要求厚度尽量薄、良好成膜性、高介电常数、与有机半导体和基板的兼容性好。按聚合物的电导率和体电阻率可将聚合物分成绝缘体、半导体、导体。①绝缘体,体电阻率大于 $10^{12}\Omega\cdot\mathrm{cm}$,或电导率小于 $10^{-9}\mathrm{S/cm}$;②半导体,体电阻率介于 $10^{6}\sim10^{12}\Omega\cdot\mathrm{cm}$,或电导率介于 $2\sim10^{-9}\mathrm{S/cm}$;③导体,体电阻率小于 $10^{6}\Omega\cdot\mathrm{cm}$,或电导率大于 $2\mathrm{S/cm}$。表 2.1 中列出了聚合物的导电性能表征物理量及其定义公式。

表 2.1　材料导电性表征物理量

物理量	定义公式	备注
电导率 σ	$\sigma=n_0 q_0 \nu$	· n_0 为单位体积试样中载流子数目 · q_0 为载流子电荷量 · ν 为载流子迁移率
体积电阻 R_V	$R_V=V/I_V$	· V 为施加电压 · I_V 为体积电流,是指流过聚合物电介质内部的电流
体积电阻率 ρ_V	$\rho_V=R\dfrac{S}{L}=\dfrac{1}{\sigma}$	· R 为试样的电阻 · S 为试样截面积 · L 为在试样中电流流动方向的长度
表面电阻 R_S	$R_S=\dfrac{V}{I_S}$	· V 为施加在试样同一表面上两个电极的电压 · I_S 为表面电流,是指流过电介质表面的电流
表面电阻率 ρ_S (平行电极)	$\rho_S=R_S\dfrac{L}{b}$	· L 为平行电极的长度 · b 为平行电极的间距
表面电阻率 ρ_S (环型电极)	$\rho_S=R_S\dfrac{2\pi}{\ln(D_2/D_1)}$	· D_1 为内环电极外径 · D_2 为外环电极内径和

注:表面电阻率 ρ_S 与表面电阻 R_S 同量纲。

2.3.1　绝缘性

　　大多数高分子材料在外电场作用下,体电流很小,体电阻率很高(约 $10^{10} \sim$ $10^{20} \Omega \cdot cm$),是良好绝缘材料。体积电流包括瞬时充电电流 I_d(由外加电场瞬间的电子和原子极化引起)、吸收电流 I_a(可能由偶极取向极化、界面极化和空间电荷效应引起)和漏电电流 I_b(通过聚合物材料的恒稳电流),其中漏电电流决定了高分子材料的绝缘性能。目前应用于 OTFT 的有机绝缘材料主要有聚甲基丙烯酸甲酯(polymethylmethacrylate, PMMA)、聚苯乙烯(polystyrene, PS)、聚乙烯苯酚(poly4-vinylphenol, PVP)、苯并环丁烯(benzocyclobutene, BCB)、聚四氟乙烯(polytetrafluoroethylene, PTFE)、聚乙烯醇(polyvinyl alcohol, PVA)、聚酰亚胺(polyimide, PI),如表 2.2 所示[13]。载流子传输取决于绝缘层和半导体层的界面性质,对绝缘层/有源层界面进行修饰处理可以显著改善 OTFT 性能。采用六甲基二硅氮烷(hexamethyl-disilazane, HMDS)、PMMA 和十八烷基三氯硅烷(octadecyltrichlorosilane, OTS)溶液对栅绝缘层二氧化硅(SiO$_2$)进行处理和表面修饰,提高 SiO$_2$ 绝缘层的表面平坦度,减少表面的晶界,增大绝缘层与有源层的结合力。实验表明,采用 SiO$_2$/OTS、SiO$_2$/PMMA 绝缘层结构的器件与单独 SiO$_2$ 绝缘层的器件相比,电学性能得到显著提高(降低了阈值电压、减小了漏电流、增大了饱和电流和提高了载流子迁移率)[14]。

表 2.2　OTFT 的有机绝缘材料[13]

材料	特性
PMMA	易受有机溶剂影响,不利于溶液化加工
PS	具有良好的光学性能及电气性能,容易加工成形,吸水性低,但熔点不明显,受温度和压力影响较大
PVP	易与有机半导体材料发生反应,造成以 PVP 绝缘层的 OTFT 的电流-电压特性随时间发生剧烈变化
BCB	使 p 型沟道 OTFT 中关态漏电流很高,使 n 型沟道 OTFT 中迁移率低
PTFE	几乎不溶于常用的溶剂,不适宜溶液加工
PVA	成膜的致密性差
PI	与柔性塑料基底不能兼容,且在常用溶剂中溶解度较低
SR	较有潜力的一类有机绝缘材料,可以进行溶液加工,成膜均匀、无针孔,具有高介电常数、低泄漏电流、良好的热稳定性和耐有机溶剂腐蚀等优点

2.3.2　介电性

在电场作用下聚合物储存和损耗电能的性质称为聚合物介电性，它是由聚合物分子在电场作用下发生极化引起的，通常用介电常数 ε(F/m)和介电损耗 $\tan\delta$(δ 为介电损耗角)来表征。介电损耗物理意义是：在每个交变电压周期中介质的损耗能量与储存能量之比，$\tan\delta$ 越小表示能量损耗越小。介质在外加电场时会产生感应电荷而削弱电场，原外加电场(真空中)与最终介质中电场比值即为介电常数 ε。介电性能在高频技术应用时是非常重要的性质，如果有高介电常数的材料放在电场中，电场强度会在电介质内明显下降。

若真空平板电容器的电容为 C_0，施加在电容器上的直流电压为 V，极板上的电荷为 Q_0，则有 $C_0=Q_0/V$。电介质分子发生极化，极板上产生附加感应电荷 Q'，这时极板电荷总量为 Q_0+Q'，若此时电容器电容为 C，则有 $C=Q/V=(Q_0+Q')/V>C_0$。两个电容器的电容之比称为该均质电介质的介电常数 ε，即 $\varepsilon=C/C_0=1+Q'/Q_0$。可以看出，介电常数越大，极板上产生的感应电荷 Q' 越多，即电容器能够储存更多能量。介电常数不但能反映电介质储存电荷和电能的能力，在宏观上还反映了电介质极化程度，可通过 Clausius-Mosotti 方程(非极性介质)/Debye 方程(极性介质)表示介电常数与分子极化率 α 关系

$$\tilde{P}=\frac{\varepsilon-1}{\varepsilon+2}\frac{M}{\rho}=\frac{4}{3}\pi N_0\alpha$$

其中，$\tilde{P}$ 为电介质的摩尔极化率；M 为电介质的分子量；ρ 为电介质的密度；N_0 为阿佛伽德罗常数。

交变电场中电介质会因极化方向的变化而损耗能量并发热，称为介电损耗，主要包括电导损耗和极化损耗两部分：①电导损耗是指电介质的微量导电载流子在电场作用下运动时克服电阻而消耗的电能，由于聚合物导电性很差，电导损耗也很小；②极化损耗是由分子偶极子的取向极化造成的，取向极化是一个弛豫过程，偶极子转向速度滞后于电场变化速率，使得一部分电能损耗在克服介质的内黏滞阻力上。非极性聚合物的电导损耗为其介电损耗的主要部分，而极性聚合物的介电损耗主要部分为极化损耗。极性电介质在低频率交变电场中极化时，其偶极子转向能够跟得上电场的变化，如图 2.4(a)所示，介电损耗很小；当提高交变电场的频率时，极性电介质偶极子转向将滞后于电场的变化，如图 2.4(b)所示，偶极子转向时需克服介质的内黏滞作用引起的摩擦阻力，损耗部分能量，使电介质发热；若交变电场频率进一步提高，偶极子取向完全跟不上电场变化，不会发生取向极化，这时介质损耗也很小。只有当电场变化速度与微观运动单元的本征极化速度相当时，介电损耗才较大。

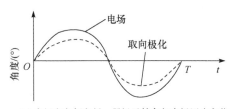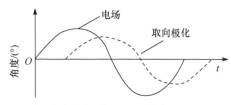

(a) 电场交变频率低，偶极子转向与电场同步变化　　(b) 电场交变频率提高，偶极子转向滞后于电场变化

图 2.4　偶极子取向随电场变化图

在电容量为 C_0 的真空电容器极板上施加频率为 ω、幅值为 V_0 的交变电压 $V^* = V_0 e^{i\omega t}$，则通过真空电容器的电流为

$$I^* = C_0 \frac{dV^*}{dt} = i\omega C_0 V^* = \omega C_0 V_0 e^{(\omega t + \frac{\pi}{2})i}$$

电流 I^* 的位相比电压 V^* 超前 $\pi/2$，即电流复矢量与电压复矢量垂直，其损耗的电功率为 $P_0 = I^* V^* = 0$。在电容器极板上施加交变电压 V^*，由于电介质取向极化速度跟不上外场的变化频率而发生介电损耗，通过电容器的电流 I^* 与外加电压 V^* 的相位差不再是 $\pi/2$，设此相位差为 $\Phi = \pi/2 - \delta$，电介质的介电常数为复介电常数，设为 $\varepsilon^* = \varepsilon' - i\varepsilon''$，其中，$\varepsilon'$ 为复介电常数的实数部分，即测得的介电常数 ε；ε'' 为复介电常数的虚数部分，称为损耗因子。则通过电容器的电流为

$$I^* = \varepsilon^* C_0 \frac{dV^*}{dt} = (\varepsilon' - i\varepsilon'') i\omega C_0 V^* = \omega \varepsilon'' C_0 V^* + i\omega \varepsilon' C_0 V^* = I_R + iI_C$$

通过介质电容器的电流 I^* 分为两部分：虚数部分 $I_C = \omega \varepsilon' C_0 V^*$ 与交变电压的相位差为 $\pi/2$，相当于流过纯电容的电流，不做功；实数部分 $I_R = \omega \varepsilon'' C_0 V^*$ 与交变电压同相位，相当于流过纯电阻的电流，这部分电流会损耗能量。介电损耗用 I_R 与 I_C 之比来表征

$$\tan\delta = \frac{I_R}{I_C} = \frac{\omega \varepsilon'' C_0 V^*}{\omega \varepsilon' C_0 V^*} = \frac{\varepsilon''}{\varepsilon'}$$

理想电容器 $\tan\delta = 0$，无能量损失。ε'' 正比于 $\tan\delta$，故也常用 ε'' 表示材料介电损耗的大小。通常非极性聚合物具有低介电常数（ε 约为 2）和低介电损耗（$\tan\delta$ 小于 10^{-4}），极性聚合物具有较高的介电常数和介电损耗。常见聚合物的介电常数和介电损耗值见表 2.3。

表 2.3　常见聚合物的介电常数(60Hz)和介电损耗角正切

聚合物	ε	$\tan\delta \times 10^4$
聚四氟乙烯	2.0	<2
四氯乙烯-六氟丙烯共聚物	2.1	<3
聚丙烯	2.2	2~3
聚三氟聚乙烯	2.24	12
低密度聚乙烯	2.25~2.35	2
高密度聚乙烯	2.30~2.35	2
ABS 树酯	2.4~5.0	40~300
聚苯乙烯	2.45~3.10	1~3
高抗冲聚苯乙烯	2.45~4.75	-
聚苯醚	2.58	20
聚碳酸酯	2.97~3.71	9
聚砜	3.14	6~8
聚氯乙烯	3.2~3.6	70~200
聚甲基丙烯酸甲酯	3.3~3.9	400~600
聚甲醛	3.7	40
尼龙-6	3.8	100~400
尼龙-66	4.0	140~600
酚醛树酯	5.0~6.5	600~1000
硝化纤维素	7.0~7.5	900~1200
聚偏氟乙烯	8.4	-

2.3.3　电击穿

　　当一个高功率电磁脉冲突然加载在晶体管上时,会导致晶体管的电击穿或热击穿。弱电场中聚合物电导性能服从欧姆定律,但强电场中电流增大速度比电压快,当电压曾至临界值 V_C 时,聚合物内部会突然形成局部电导,失去绝缘性或原本导电性,这种现象被称为电击穿,V_C 称为材料击穿电压。电击穿破坏了材料化学结构,表现为材料焦化、烧毁。用击穿电场强度 E_C 来表示材料的耐电压指标,等于击穿电压 V_C 与试样厚度 d 之比:$E_C = \dfrac{V_C}{d}$。击穿电场强度 E_C 和击穿电压 V_C 是绝缘材料的重要指标,但因为会受材料的缺陷、杂质、成形加工过程、几何形状、环境和测试条件等因素的影响,所以并不是高分子材料的特征物理量。在电流体动力喷印(electrohydrodynamic printing)工艺中,由于采用高电压诱导聚合物溶液形成泰勒锥并发生射流,但直接在聚合物基板上打印图案时存在电击穿问题[15]。

2.3.4　电场极化

在外电场作用下电介质分子中电荷分布发生变化,产生附加分子偶极矩,使材料出现宏观偶极矩的现象被称为电介质极化。极化主要包括取向极化和感应极化(又称诱导极化或变形极化,包括电子极化和原子极化)两种。另外,还有一种产生于非均相介质界面处的界面极化,由于界面两侧组分可能具有不同极性或电导率,在电场作用下将引起电荷在两相界面处聚集所产生的极化,在共混、填充聚合物体系中较为常见。对均质聚合物,在其内部的杂质、缺陷或晶区、非晶区界面上也有可能产生界面极化。在化合物分子中,不同种原子形成的共价键,共用电子对必然偏向吸引电子能力较强的原子一方,因而吸引电子能力较弱的原子一方相对的显正电性,这样的共价键叫做极性共价键,简称极性键。

有机/高分子化合物主要由共价键构成,若共价键的电子云分布恰好在两个成键原子中间,则为非极性键;若由于两个原子吸引电子的能力不同,共价键的电子云分布偏向吸引电子能力较强原子一方,而吸引电子能力较弱的原子一方相对显现正电性,所形成的共价键叫做极性共价键,简称极性键。有机分子中每个化学键都有一个偶极矩,称为键矩,常用偶极矩 μ 表示极性键的极性——两个电荷中心之间的距离 d 与极子电荷 q 的乘积 $\mu=qd$。分子总偶极矩等于分子所有键矩的矢量之和,若分子总偶极矩为零则为非极性分子,若分子的总偶极矩不为零则为极性分子。极性分子由于组成、结构和共价键的构成不同,其总偶极矩各不相同,表 2.4 给出不同共价键的键矩和不同化合物的偶极矩。极性分子本身具有永久偶极矩,通常状态下由于分子的热运动,各偶极矩的指向杂乱无章,宏观平均偶极矩几乎为零。当有外电场时,极性分子除发生电子极化和原子极化外,其偶极子还会沿电场方向发生转动、排列,产生分子取向,表现出宏观偶极矩。

表 2.4　部分共价键键矩和分子偶极矩

键矩				分子偶极矩	
键	键矩(D)	键	键矩(D)	有机化合物	偶极矩(D)
C—C	0	C≕N	0.9	CH_4	0
C≕C	0	C—F	1.83	C_6H_6	0
C—H	0.2	C—Cl	2.05	H_2O	1.85
C—N	0.4	C≕O	2.5	CH_3Cl	1.86
C—O	0.9	C≡N	3.5	C_2H_5CH	1.76

高聚物分子的偶极矩也符合偶极矩的矢量加和规律,按其值大小,通常将高聚物分为四类,如表 2.5 所示。

表 2.5　聚合物分子极性分类

类别	偶极矩值(D)	聚合物
非极性分子	$\mu=0$	如聚乙烯、聚丁二烯、聚四氟乙烯等
弱极性分子	$0.5D>\mu>0$	如聚苯乙烯、聚异丁烯、天然橡胶等
极性分子	$0.7D>\mu>0.5D$	如聚氯乙烯、聚酰胺、有机玻璃等
强极性分子	$\mu>0.7D$	如酚醛树脂、聚酯、聚乙烯醇等

分子感应极化产生的偶极矩为感应偶极矩 μ_1,等于原子极化和电子极化产生的偶极矩之和。电子极化指在外电场作用下每个原子中价电子云相对于原子核发生位移,但它并没有改变有机分子原有化学键,能量几乎没有变化,其极化时间很短,为 $10^{-15}\sim10^{-13}$ s,在外电场去除时很快恢复原状。原子极化是指外加电场引起电负性不同的原子之间的相对位移,原子移动时会受到阻力,所以极化所需时间要大于 10^{-13} s,在极化过程中还会伴随着能量的损失,原子极化比电子极化要弱得多。对各向同性介质,μ_1 与外电场强度 E 成正比

$$\mu_1=(\alpha_e+\alpha_a)E=\alpha_1E$$

其中,α_1 称为感应极化率;α_e 和 α_a 分别为电子极化率和原子极化率。电子极化诱导偶极矩 $\mu_e=\alpha_eE$ 和原子极化诱导偶极矩 $\mu_a=\alpha_aE$ 均与电场强度 E 成正比。

取向极化产生偶极矩的大小取决于偶极子的取向程度,不仅与外电场强度 E 成正比,还与温度和分子永久偶极矩 μ_0 有关。分子热运动总是使极性分子排列趋于杂乱,当温度足够高时,热运动可以抵消电场对极性分子的取向极化。分子永久偶极矩愈大,在外电场作用下分子愈容易取向。研究表明,取向偶极矩 μ_2 与极性分子永久偶极矩 μ_0 平方成正比,与外电场强度 E 成正比,与绝对温度成反比

$$\mu_2=\frac{\mu_0^2}{3kT}E=\alpha_2E$$

其中,α_2 称取向极化率;k 为玻尔兹曼常数;T 为绝对温度。在外电场作用下,非极性分子只产生感应极化,其总的偶极矩为 μ_1。极性分子既发生感应极化又发生取向极化,所以其总的偶极矩是 μ_1 和 μ_2 之和。由于极性分子永久偶极矩远大于感应偶极矩,取向偶极矩 μ_2 大于感应偶极矩 μ_1。

2.4　柔性电子半导体材料

半导体材料依靠电子和空穴两种载流子实现导电,电阻率介于导体和绝缘体之间,室温时无机材料电阻率一般在 $10^{-5}\sim10^7\Omega\cdot m$ 之间,而有机材料体电阻率体介于$10^6\sim10^{12}\Omega\cdot cm$。高纯度半导体称为本征半导体,常温下其电阻率很高。当在高纯半导体材料中掺入适当杂质后则成为掺杂半导体,杂质原子可提供导电

载流子,使材料的电阻率明显降低,依靠电子导电的称 n 型半导体,依靠空穴导电的称 p 型半导体。若掺入活性杂质或用光、射线辐照处理后,其电阻率有几个数量级的变化。电阻率与晶向有密切关系,各向异性晶体的电导率是一个二阶张量,共有 27 个分量,而 Si 之类的具有立方对称性的晶体,电导率可以简化为一个标量的常数。电阻率与温度也有密切关系,取决于载流子浓度和迁移率随温度的变化关系。①在低温下,由于载流子浓度随温度指数式增大,而迁移率也同样增大,电阻率随着温度升高而下降。②在室温下,施主或受主杂质已经完全电离,载流子浓度不变,但晶格振动加剧,导致声子散射增强,所以电阻率将随着温度的升高而增大。③在高温下,本征激发开始起作用,载流子浓度将指数式地增大,远大于迁移率随着温度升高而降低的影响,所以总体效果是电阻率随着温度的升高而下降。

2.4.1 硅半导体

非晶硅、纳/微晶硅和多晶硅可以采用等离子体增强化学气相沉积(plasma enhanced chemical vapor deposition,PECVD)技术进行低温沉积,如图 2.5 所示。非晶硅薄膜具有高光敏性、较高的电阻温度系数、可以大面积低温成膜,已经被广泛应用于有源矩阵有机发光二极管(active matrix organic light emitting diode,AMOLED)显示器、太阳能电池等领域。非晶硅材料在结构上没有周期性排列的约束,只是在几个晶格常数范围内短程有序,原子之间的键合形成共价网络结构。非晶硅的物理特性可以连续调控,通过改变非晶硅中掺杂元素和掺杂量可连续改变电导率、禁带宽度等。例如,用于太阳电池的掺硼(B)的 p 型非晶硅材料和掺磷(P)的 n 型非晶硅材料,其电导率可以从本征非晶硅的 10^{-9} S/m 提高到 $0.01 \sim$ 1S/m。然而由于非晶硅材料在光照条件下非晶硅材料的光电性能随光照时间增加而下降,非晶硅太阳电池的转换效率呈现光致衰退效应。

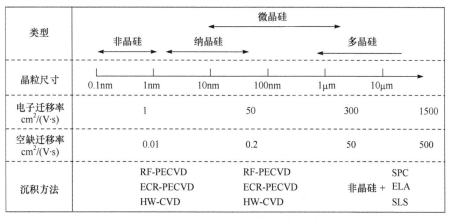

图 2.5　不同硅薄膜材料的晶粒尺寸和载流子迁移率[16]

　　纳晶硅薄膜是非晶态薄膜中有一定比例的纳米晶粒，其尺寸及晶态比（纳米晶粒与非晶态的比例）都会影响其能隙宽度。通过调整沉积参数控制晶粒尺寸和晶态比，进而调制薄膜的能隙宽度，可制备渐变带隙的太阳能电池。纳晶硅薄膜所具有的结构特征使它呈现出室温电导率高、电导激活能低、光热稳定性好和光吸收能力强等优良性能，在平板显示、薄膜晶体管、光电传感器和探测器等领域具有广泛的应用前景。与纳晶硅薄膜相似，微晶硅薄膜是在非晶态薄膜基中形成一定比例微晶粒、晶粒间界、空洞的混合相材料，它具有高的吸收系数和光学稳定性，也可拓展光谱响应范围。纳/微晶硅薄膜与非晶硅材料的制备工艺基本相同。

　　多晶硅薄膜是由许多大小不等、具有不同晶面取向的小晶粒构成，可以解决非晶硅薄膜材料由于光致衰退效应导致的性能衰减问题。多晶硅薄膜在长波段具有高光敏性，对可见光能有效吸收，且具有与单晶硅类似的光照稳定性，被公认为理想光伏器件材料。多晶硅的低温制备方法分为：①直接制备法，通过不同反应条件来控制初始晶粒的形成，直接在基片上得到多晶硅，包括 PECVD、常压化学气相沉积、低压化学气相沉积、热丝化学气相沉积、催化化学气相沉积、液相外延技术等；②间接制备法，先在基板上制备一层非晶硅薄膜，然后通过一系列的后工艺处理得到多晶硅薄膜的方法，有固相晶化、区域熔化再结晶法、金属诱导晶化和准分子激光退火等。

2.4.2　金属氧化物半导体

　　兼具透明性和导电性特性的 TCO 薄膜是制造透明电子元器件的基础。柔性TCO 薄膜的研究还处于初级阶段，其制备技术还不成熟。TCO 薄膜主要有三大体系：氧化铟锡 ITO（锡掺杂的 In_2O_3，又称掺锡氧化铟）、二氧化锡（SnO_2）和氧化锌（ZnO），都具有半导体的性质，如表 2.6 所示[17]，柔性电子中应用最广的是 ITO和 ZnO，而 SnO_2 膜的本征电阻率大$[(1\sim3)\times10^{-3}\Omega\cdot cm]$、透射率低，在 ITO 膜出现后已很少应用。

表 2.6　三类透明氧化物薄膜的基本特性[17]

性能	SnO_2	In_2O_3	ZnO
晶体结构	四方金红石结构	方铁锰矿结构	铅锌矿结构
晶体结构图[18]			

续表

性能	SnO_2	In_2O_3	ZnO
光学禁带宽度/eV	3.87～4.3	3.5～3.8	3.3～3.9
能带类型	直接间接带系	直接间接带系	直接带系
熔点/℃	>1390	>2000	>1975
密度/(g/cm³)	6.99	7.12	1.85～2.2
折射系数	1.8～2	1.9～2.08	1.9～2.2
电子有效质量	0.1～0.2	0.3	0.3

ZnO 属于 II-VI 族直接带隙化合物材料,无毒、无污染,而且具有较宽的禁带宽度、较大的激子束缚能(60meV)和压电效应,在光电、压电、压敏、气敏等器件领域有广泛应用,也是显示器和太阳能电池产业的重要材料。在室温下,具有理想化学配比的纯净 ZnO 为绝缘体,但 ZnO 薄膜中容易形成氧空位和锌填隙原子,导致 ZnO 晶体能带结构中形成缺陷能级而偏离理想化学配比,呈现 n 型半导体性质,载流子浓度可在 10^{-4}～10^6 m^{-3} 范围内变化。单晶和多晶 ZnO 都是单极性半导体(n 型),可以通过铝(Al)、铟(In)和镓(Ga)掺杂改变电导率,使薄膜电导率提高至 10^3 S/cm。

通过研究 p 型 ZnO 在不同波长下的发光峰,发现了 ZnO 多种发光机制:由带间跃迁引起的发光、由激子复合引起的发光、由缺陷或杂质引起的发光。普遍认为 ZnO 薄膜有三组主要的光致发光峰:～380nm 的紫外带边发射峰、～510nm 的绿色发射峰和～650nm 的红色发射峰。制备条件、结晶状况以及缺陷浓度都对 ZnO 薄膜的发光特性有影响。对 ZnO 进行 p 型掺杂比较困难,主要原因在于[19]:①高浓度本征电子对受主产生高度自补偿作用,ZnO 中存在的本征施主缺陷和非故意掺杂的 H 等杂质都是浅能级施主;②大多数受主杂质在 ZnO 中固溶度较低,而且大多数受主能级较深,室温下电离效率低;③所掺入的受主杂质可能产生自补偿效应。一般 p 型 ZnO 选用的掺杂元素有 I 族、V 族和 IIIA 族元素等。N 在 ZnO 中具有最浅的受主能级,是被研究最多的 p 型单掺杂元素,但 N 活性差、固溶度低、离化能高、局域键结构不稳定等不足。共掺杂是将 N、P、As 等活性受主与 Al、Ga、In、Li、Mn、Zr 等活性施主同时掺杂,利用它们之间的强键合来提高 V 族元素的掺杂浓度、局域稳定性和降低受主离化能,增加 N、P、As 等原子的掺杂浓度。文献中报道的共掺杂有 P-ZnO：(N, Al)、P-ZnO：(N, In)、P-ZnO：(As, Al)、P-ZnO：(N, Ga)、P-ZnO：(Cu, Ga)、P-ZnO：(N, Li)、P-ZnO：(N, In)、P-ZnO：(N, Zr)等,其性质如表 2.7 所示[20]。

表 2.7　部分 P-ZnO 薄膜的空穴浓度、空穴迁移率以及(线)电阻率[20]

掺杂元素/基板	空穴浓度/cm^{-3}	空穴迁移率/[$cm^2/(V \cdot s)$]	电阻率/($\Omega \cdot cm$)
N	1.06×10^{16}	15.8	40.18
N/蓝宝石	1.6×10^{18}	3.67(离子注入)	4.80
N/玻璃	6.7×10^{14}	—	(溅射)
N	$1.89 \times 10^{15} \sim 2.11 \times 10^{19}$	—	(溅射)
N	(溅射)	(N^+注入+真空退火)	$0.105 \sim 0.98$
N	2.7×10^{16}	—	(CVD)
N	2.2×10^{16}	(CVD)	(NH_3 等离子体处理)
N	$<1 \times 10^{13}$	6(ALE)	—
N	$\sim 1 \times 10^{15}$	$0.2 \sim 0.4$(ALE)	—
P	4.71×10^{18}	(溅射)	(纳米棒)
P/n-Si	$2.7 \times 10^{16} \sim 2.2 \times 10^{17}$	$4 \sim 13$(溅射)	$10.4 \sim 19.3$
Sb/蓝宝石	1.27×10^{17}	(MOCVD)	—
Sb/蓝宝石	1.9×10^{17}	7.7(外延)	4.2
Li/石英	8.934×10^{15}	1.03(Nn-Li 薄膜热处理)	678.34
Ag/蓝宝石	$4.9 \times 10^{16} \sim 6.0 \times 10^{17}$	—	—
(N,Al)/玻璃	1.1×10^{17}	—	(溅射)
(N,Al)	1.32×10^{18}	54.8	—
(N,In)	$7.30 \times 10^{16} \sim 2.30 \times 10^{18}$	—	—
(N,Li)/蓝宝石	3.07×10^{16}	1.74	(溅射)
(N,Ca)/蓝宝石	3.9×10^{17}	38	(溅射)
(N,Li)	—	(PLD)	~ 0.93
(N,Al)	$\sim 10^{17}$	$0.43 \sim 6.02$(同质缓冲层)	8.20
(N,Zr)/蓝宝石	5.5×10^{19}	4.4(PLD)	0.026
(As,Al)	2.354×10^{20}	0.13(溅射)	2.122×10^{-2}
(As,Al)/Si_3N_4/Si	$5.0 \times 10^{16} \sim 7.3 \times 10^{17}$	$2.51 \sim 6.02$(N^+离子注入)	$10.11 \sim 15.3$

　　ITO 是铟(Ⅲ族)氧化物(In_2O_3)和锡(Ⅳ族)氧化物(SnO_2)形成的一种 n 型半导体材料,具有高导电率、高可见光透过率、高机械硬度和化学稳定性,主要用于制

作液晶显示器、平板显示器、等离子显示器、触摸屏、电子纸、有机发光二极管、太阳能电池、抗静电镀膜及 EMI 屏蔽的透明导电膜。ITO 膜的光学性质取决于 In_2O_3 结构中引入的缺陷,导电电子主要来源于氧空位和锡替代原子,而不同条件下制备的薄膜,其缺陷也不同。宽禁带的透明绝缘材料 In_2O_3 通过掺锡,将氧空位转变为透明导电 ITO,实现材料改性。透明导电膜的透射光谱存在蓝移现象(Burstein-Moss 效应),实际吸收光谱向短波方向移动,光学能隙加宽,因而 ITO 薄膜表现为可见光的高透射率、对红外线的高反射率和对紫外线的高吸收率,即可见光(400~760nm)透过率高达 85% 以上、对紫外光的吸收率超过 85%、对红外光的反射率超过 80%、对微波的衰减率超过 85%[21]。ITO 薄膜的导电性不是依靠本征激发而是依靠附加能级上的电子和空穴激发。掺 Sn 和形成氧空位使得 ITO 薄膜的载流子浓度很高($\sim 10^{21} cm^{-3}$),而其电阻率相当低($\sim 10^{-4} \Omega \cdot cm$),形成高度简并的 n 型半导体,并表现出类金属性。简并半导体的载流子浓度基本不随测量温度变化,其电学性质主要依赖于载流子迁移率。影响 ITO 薄膜导电性能的因素:面电阻 R、膜厚 h_f 和电阻率 ρ,这三者之间相互关联:$R = \rho / h_f$。多晶 ITO 透明导电薄膜存在散射,包括电离杂质、中性杂质、晶格和晶粒间界散射等散射机制。

柔性 TCO 薄膜的光电性能不断提高,但往往提高了 TCO 薄膜的电导率,就会降低其光学性能。目前柔性 TCO 薄膜的载流子浓度已经接近上限,继续利用提高载流子浓度来提高电导率的效果非常有限。如果采用引入金属膜层的多层膜系结构来提高电导率,虽然不必考虑载流子浓度上限的问题,但金属的可见光区透射率较小,如何在保证透明性的前提下提高电导率成为难题。因此,摸索合适的制备参数来设计膜系结构对柔性 TCO 薄膜的制备具有实际意义。由于有机基板不耐高温,必须在很低的基板温度下生长透明导电膜,而当基板温度过低时,沉积的原子团没有足够的能量进行迁徙、结晶,就会增加薄膜中的缺陷,导致制备的薄膜表面粗糙、晶粒尺寸偏小、电阻率偏大、可见光透射率偏低等。特别地,有机柔性基板与 TCO 薄膜的结合力比较弱,薄膜不易附着,在基板温度较低时,膜与基板键合很弱,薄膜容易脱落或根本无法成膜。溅射成膜时有机基板也易裂解,影响薄膜的纯度,导致在柔性基板上制备的 TCO 薄膜电阻率一般比在硬质基板上的 TCO 薄膜电阻率偏大。

2.4.3 有机聚合物半导体

目前常见的有机聚合物半导体材料主要有 PAN、聚对苯撑(polyparapheny-lene,PPP)、聚对苯撑乙炔(polypara-phenylene vinylene,PPV)、聚烷基芴(poly-fluorene,PF)、PPY 和 PT 等,其主要性能和应用如表 2.8 所示。有机聚合物半导体材料按分子结构可以分为三类。①高分子聚合物(如 PA、PPY、烷基取代的 PT 等),其机械性能、热稳定性好、薄膜制备方法简单、成本低廉,适合制备大面积、精度要求低的器件,但高分子难于提纯、有序度低、材料的场效应迁移率也比较低,在OTFT 中的应用受到限制。②低聚物(如噻吩齐聚物),可以通过调整分子结构和长度来控制载流子的传输,或通过修饰分子来改善分子的连接形式和溶解性,广泛应用于OTFT。③有机小分子化合物(如并苯类、富勒烯、金属酞菁化合物),易于提纯,且可用多种方法制备成膜,成膜后各分子层互相平行并且垂直于绝缘层的表面形成有序的分子薄膜。在 OTFT 领域的应用,要求半导体材料的迁移率尽可能高,以保证器件的开关速度,同时降低器件的漏电流,材料本征电导率尽量低以提高器件的开关电流比。用于 OTFT 的半导体材料带隙宽度大约在 $0.75 \sim 3\mathrm{eV}$,一般都是具有共轭体系或富含 π 电子的分子。

表 2.8　有机聚合物半导体材料

材料	属性	备注
PAN	因受氧化和质子化程度不同,存在着多种化学结构,可通过控制质子化程度来控制其导电率。聚苯胺在不同的氧化-还原状态下具有不同的结构、组分、颜色和导电率,其完全氧化型和还原型都为绝缘体,只有在中间氧化状态通过质子酸或三氯化铝掺杂后才能形成电的良导体,电导率可高达 $10 \sim 10^3\mathrm{S/cm}$。导电掺杂的聚苯胺分子链呈现高刚性、加工性差,导致聚苯胺难以应用	采用改进聚合和取代苯胺聚合等方法制成部分可溶性聚苯胺,从而可将聚苯胺配成溶液,并用于制备导电薄膜。聚苯胺薄膜的机械强度十分低,需通过控制相对分子质量、接枝共聚等方法进行改进
PPP	具有较高的导电性,可进行 n 型和 p 型掺杂,用 $AlCl_3$ 进行气相掺杂后,其导电率为 $10^{-2}\mathrm{S/m}$。早期合成的 PPP 溶解性很差,随着一系列衍生物被合成出来,其溶解性得到改善	合成了三种可溶性的 PPP 衍生物 DO-PPP、EHO-PPP 和 CN-PPP,PLED 器件的量子效率高达 $1\% \sim 3\%$[22]。但其溶解性提高的同时,苯与苯之间的共轭程度却降低了,降低了 PPP 的荧光量子产率。通过合成梯形聚对苯(LPPP)解决了可溶性 PPP 的扭变问题,并得到了发蓝光的 LPPP[23]
PPV	属于 π-π 共轭型导电聚合物,是最早应用于电致发光领域的高分子材料,具有较高的导电率($3 \times 10^{-2}\mathrm{S/cm}$),以空穴传输为主,PPV 及其衍生物可形成高质量的薄膜	目前研究主要是对 PPV 侧链或主链进行修饰,主要是在苯环上引入取代基和对乙烯基进行改性

续表

材料	属性	备注
PF	具有极好的溶解性能,其衍生物具有很高的荧光量子产率(80%以上)和较高的电子传输能力。PF 本身是蓝光材料,可通过共聚等方式得到红光及绿光材料。但材料分子之间容易聚集、结晶,导致发光光谱往往有拖尾现象,色纯度和发光颜色稳定性差	Dow 化学公司已制备出发光颜色从蓝光到红光的 PF 衍生物,在 6V 工作电压下绿光 PLED 亮度超过 10000cd/m²,流明效率为 22lm/W,红光共聚物流明效率达到 11lm/W[24]
PPY	已分别做成了聚 3-烷基吡咯和聚 3-烷基噻吩吡咯等品种。聚吡咯导电生好,用五氟化硼掺杂后,其体积电阻率仅为 10^2S/cm。聚吡咯的机械性能不好,需与 PVC、PVA 及 PI 等复合来提高其强度	聚吡咯是也少数高稳定性导电聚合物,其膜制品在空气中具有优良的稳定性
PTH	导电性、可溶性和稳定性都很好,其加工改性品种为聚烷基噻吩。聚烷基噻吩是在噻吩引入烷基 R,以提高聚噻吩的可溶性,并且随烷基长度的增大,材料溶解性增大,但其导电性下降	当 R 为甲基(CH_3)和乙基(C_2H_5)时,其导电率在 $10^{-7}\sim10^{-2}$S/cm 范围内,通过掺杂导电率可提高到 10^{-1}S/cm,并可制成水溶液

　　一般来说,p 型有机半导体材料的稳定性和迁移率均高于 n 型有机半导体材料,人们对前者研究相对较多,随着科技发展和应用驱动,近年后者也逐渐受到关注。虽然 n 型有机半导体材料相对较少,但是对于逻辑集成电路来说,n 型器件必不可少,研究开发出新型、高性能的 n 型半导体材料具有十分重要的意义。近年来代表性有机半导体材料已有文献报道[25]。

　　从表 2.9 可知[28],最初应用于 OTFT 有源层的大都是有机高分子聚合物材料,如 PT、PA、poly(3-alkylthiophene)等,而现在应用较广的主要有以噻吩及其衍生物为代表的低聚物,比如 α-6T：α 噻吩(α-sexthiophene)、四噻吩(quaterthiophene,4T)、α-ω 双己基四噻吩(α-ω-dihexylquaterthiophene)等,以及以并五苯(pentacene)、并四苯(tetracene)、红荧烯(rubrene)、金属酞为代表的小分子材料。并五苯是五个苯环并列形成的稠环化合物,是 OTFT 有源层最有前途的材料。以并五苯薄膜为有源层材的 OTFT 器件性能已经可以和非晶硅器件(非晶硅的迁移率一般在 5cm²/(V·s)以内)相当,部分性能甚至超过了非晶硅器件。由于并五苯不溶于有机溶剂,最早只能通过气相沉积法制备,现在利用可溶的并五苯前驱物质(如 NSFAAP[26]和 DMP[27]),通过加热方法将前驱物质转化为高质量并五苯薄膜。

表 2.9　半导体 OTFT 的性能[28]

材料类型	材料名称（制备工艺）	器件结构	绝缘材料（表面处理溶剂）	电极材料	迁移率/[cm²/(V·s)]	开关比
p 型分子半导体 OTFT 的性能	α-6T(V)	底接触	SiO₂	Au	0.01~0.03	>10⁶
	α-6T(S)	顶接触	PMMA	Au	0.075	>10⁴
	Det-α-6T(V)	顶接触	PVP	Au	1.1	10⁴
	Rubrene(S)	顶接触	Parylene	Ag	8	—
	4-selenophe(V)	顶接触	SiO₂	Au	3.6×10⁶	—
	DH(V)	顶接触	SiO₂(HMDS)	Au	0.05~0.06	6.3×10⁴
	Teracene(S)	底接触	SiO₂	Au	0.4	
	Pentacene(V)	顶接触	SiO₂(OTS)	Au	1.6	10⁶
	Pentacene(V)	顶接触	交联 PVP	Au	3.0	10⁵
	Pentacene(V)	顶接触	SiO₂/PMMA	Au	1.4	10⁶
	CuPc(V)	底接触	SiO₂	Au	0.01~0.02	4×10⁵
	CuPc(S)	底接触	Parylene	Colloidal Graphite	1	>10²
	VoPc(MBE)	底接触	(Sc₀.₇Y₀.₃)₂O₃	ITO	5×10⁻³	10³
	H2Pc(Precursor)	底接触	SiO₂	Au	0.017	10⁵
	PrOEP(MBE)	顶接触	SiO₂	Au	2.2×10⁻⁴	10⁴~10⁵
	Bis-BDT(V)	底接触	SiO₂	Au	0.04	—
n 型分子半导体 OTFT 的性能	DFH-4T(V)	顶接触	SiO₂(HMDS)	Au	0.048	10⁵
	DH-PTTP(V)	顶接触	SiO₂(HMDS)	Au	0.074	6×10⁶
	F₁₆CuPc(V)	底接触	SiO₂	Au	0.03	3×10⁵
	F₁₆CuPc(V)	底接触	SiO₂(OTS)	Au	0.01	—
	C₆₀(V)	底接触	SiO₂	Au	0.08	10⁶
	C₆₀(V)	底接触	SiO₂	Au	1.1×10⁻³	—
	C₆₀(V)	底接触	SiO₂(HMDS)	Au	2.5×10⁻³	7
	([6,6]-PCBM)(C)	顶接触	有机树脂	Ca	4.5×10⁻³	—
	([6,6]-PCBM)(C)	顶接触	PVA	Cr	0.09	10⁴
	([6,6]-PCBM)(C)	顶接触	交联 PVP	Ca	0.1	—
	PDCDI-ph(V)	底接触	PMMA	Au	1.5×10⁻⁵	
	PD18(V)	底接触	SiO₂	Au	0.6	>10⁵
	PD15(V)	顶接触	SiO₂	Au	1.9×10⁻⁴	100
	PDIF-CN2(V)	底接触	SiO₂(HMDS)	Au(ODT)	0.14	1.2×10⁻³
	NTCDT(V)	底接触	SiO₂	Au	(1~3)×10⁻³	

续表

材料类型	材料名称（制备工艺）	器件结构	绝缘材料（表面处理溶剂）	电极材料	迁移率/[cm²/(V·s)]	开关比
双极型半导体OTFT的性能	DFHCO-4T(V)	顶接触	SiO₂(HMDS)	Au	10^{-3}(h) / 0.6(e)	>10^7
	Pentacene(V)	顶接触	PVA	Au	0.5(h) / 0.2(e)	—
	Rubrene(V)	底接触	SiO₂	Au	8.0×10^{-6}(h) / 2.2×10^{-6}(e)	—
	CuPc(S)	底接触	SiO₂	Au	0.3(h) / <10^{-3}(e)	—
	FePc(S)	底接触	SiO₂	Au	10^{-3}-0.3(h) / $5\times10^{-4}\sim$ 0.03(e)	—
	TiOPc(V)	底接触	SiO₂	Au	1×10^{-5}(h) / 9×10^{-6}(e)	—

注：V 为气相沉积；C 为旋涂；S 为升华。PCBM:(6,6)-phenyl C_{61}-butyric acid methyl ester。

2.5　柔性电子导体材料

2.5.1　金属导体

对于柔性电子，电极是实现电子器件柔性的最为关键的部件之一。OTFT 电极材料通常采用金属（如 Au、Ag、Cu、Cr、Al 等）。金属 Au、Ag、Cu 纳米粒子具有很高的表面活性和优良的导电性，通常结合磁控溅射（sputter coating）、丝网印刷、喷墨打印工艺来制作电极，其中 Ag 纳米粒子应用最为广泛。金属纳米颗粒尺寸小，烧结温度低，金属-有机前驱物溶液可在低温下转化为金属，可直接在高玻璃转化温度的聚合物基板上制作成电极。为了达到高颗粒致密度，提高材料的导电性，可以将多种不同粒径的金属纳米材料进行级配。例如，在平均粒径为 65nm 的铜溶液中加入平均粒径为 20nm 的银纳米粒子，当铜与银比例为 3∶1 时，颗粒致密度高达 86%，可获得比纯铜金属薄膜更好的导电性[29]。金属薄膜已被尝试用作太阳能电池的透明电极，以金属薄膜（Ag、Al、Au）作透明电极，可与背电极之间形成金属微腔[30]，当以合适厚度的 Ag 膜作透明电极时，金属微腔效应可提高太阳能电池效率 16%。研究表明厚度大于 100nm 的 Ag 膜的电学性能优于厚度为 100nm 的 ITO 薄膜电极（thin film electrode）[31,32]，当厚度为 10～16nm 时其光学性能优于 ITO 透明电极[33]。以 Al 或 Au 膜作透明电极时，由于 Al 膜的高反射率和 Au 膜的高吸收率，电池效率反而会降低。

2.5.2 聚合物导体

导电聚合物按照导电本质可分为结构型导电聚合物和复合型导电聚合物，前者是从改变高分子结构实现导电，后者是在高分子材料中加入导电填料实现导电。

结构型导电聚合物也称为本征型导电聚合物，指具有共轭结构（如单键和双键或三键相间）的聚合物，如聚乙炔、聚对苯撑、聚吡咯、聚噻吩、聚苯胺等。结构型导电聚合物根据其导电机理的不同可分为自由电子型、离子型和氧化还原型。

（1）共轭聚合物分子中的双键和三键是由 σ 键和 π 键构成，其中，σ 键是定域键，构成分子骨架，π 键由垂直于分子平面的 p 轨道组合成。室温下，本征导电聚合物导电率可在绝缘体-半导体-导体范围内（$10^{-9} \sim 10^5$ S/cm）变化，如图 2.6 所示[34]。形成 π 键的电子称为 π 电子，π 电子具有离域化特性，可在整个分子骨架内运动，且在共轭体系内有很高的迁移率。电子导电聚合物 π 电子虽然不是自由电子，但当聚合物共轭结构足够大时，π 电子体系增大后能够转变为自由电子，在电场作用下发生定向移动，从而实现导电。

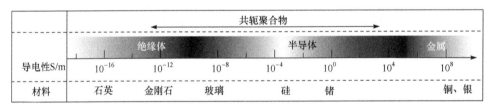

图 2.6　导电聚合物导电范围[34]

（2）离子型导电聚合物是指以正负离子为载流子的导电聚合物，具有能定向移动的离子，通过扩散运动实现导电，主要有非晶区扩散传导离子导电理论、离子导电聚合物自由体积理论和无须亚晶格离子的传输机理等理论解释导电机理。非晶态的聚合物在玻璃化温度以下时类似于高黏度液体，小分子离子受到电场力作用，在聚合物内发生定向扩散运动，实现导电。随着温度升高，导电能力也相应提高。自由体积理论认为在玻璃化转变温度以上时，聚合物呈现的黏弹性，聚合物分子会发生振动，当能量足够大时自由体积可能会超过离子本身体积，导致离子发生位置互换而移动，通过施加电场作用使得离子定向运动，实现导电。离子型导电聚合物主要有聚醚（如聚环氧乙烷、聚环氧丙烷）、聚酯（如聚丁二酸乙二醇酯、聚癸二酸乙二醇酯）和聚亚胺（如聚乙二醇亚胺）。

（3）氧化还原型导电聚合物的侧链上具有可逆氧化还原反应的活性基团。当电极电位达到聚合物中活性基团的还原电位（或氧化电位）时，靠近电极的活性基团首先被还原(或氧化),从电极得到(或失去)电子,生成的还原态(或氧化态)基团可以通过同样的还原反应(氧化反应)将得到的电子再传给相邻的基团,如此重复,直到将电子传送到另一侧电极,完成电子的定向移动。

纯净的聚合物(包括无缺陷的共轭结构聚合物)本身并不导电,要呈现导电性,电子不仅要在分子内迁移,还必须实现分子间的迁移。掺杂是最常用的产生缺陷和激发的化学方法,通过掺杂使带有离域 π-电子的分子链氧化(失去电子)或还原(得到电子),使分子链具有导电结构。掺杂后,嵌在大分子链之间的掺杂剂本身不参与导电,只起到离子作用。电子导电聚合物的导电性能受掺杂剂、掺杂量、温度、聚合物分子中共轭链的长度和结晶度的影响。按反应类型分类,分为氧化还原掺杂和质子酸掺杂两种。由于共轭分子链中的 π-电子有较高的离域程度,表现出足够的电子亲合力和较低的电子离解能,容易与适当的电子受体(见表 2.10)或电子给体(见表 2.11)发生电荷转移。近年来,环境稳定性好的聚苯胺、聚吡咯、聚噻吩三类导电高分子材料受到极大关注。通过不同程度的掺杂,聚苯胺可以得到导电性能不同的材料,如表 2.12 所示,由于其原料价廉、合成简单、稳定性好、具有较高电导率和潜在的溶液、熔融加工可能性,受到广泛重视。

表 2.10　常用电子受体表

种类	物质
卤素	Cl_2,Br_2,I_2, ICl, ICl_3, IBr,IF_5
路易氏酸	PF_5,As,SbF_5,BF_3,BCl_3,BBr_3,SO_3
质子酸	HF,HCl,HNO_3,H_2SO_4,$HClO_4$,FSO_3H, $ClSO_3H$,$CFSO_3H$
过渡金属卤化物	TaF_5,WFs,BiF_5,$TiCl_4$,$ZrCl_4$,$MoCl_5$,$FeCl_3$
过渡金属化合物	$AgClO_3$,$AgBF_4$,H_2IrCl_6,$La(NO_3)_3$,$Ce(NO_3)_3$
有机化合物	四氰基乙烯(TCNE),四氰代二次甲基苯醌(TCNQ),四氯对苯醌,二氯二氰代苯醌(DDQ)

表 2.11　常用电子给体

种类	物质
碱金属	Li,Na,K,Rb,Cs
电化学掺杂剂	R_4N^+,R_4P^+(其中 R=CH_3,C_6H_5 等)

表 2.12　几种聚苯胺样品的电导率

样品状态	聚合方法	掺杂物	电导率/(S/cm)
本征态聚苯胺	—	无	3.5×10^{-5}
掺杂态聚苯胺	溶液聚合	盐酸 HCl	10.3
掺杂态聚苯胺	乳液聚合	十二烷基苯磺酸 DBSA	1.35×10^{-2}
掺杂态聚苯胺	反相微乳液聚合	盐酸 HCl	0.175

复合型导电高分子材料(聚合物基导电复合材料)是指以高分子材料为基体,与其他导电高分子、高导电性无机或金属填料等导电性物质以均匀分散复合、层叠复合或形成表面导电膜等方式制备的导电复合材料。复合型导电高分子材料在制备方法、导电机理方面都与本征导电聚合物不同,目前制备技术已经比较成熟,具有成形简便、重量轻、可在较大范围内调节材料的电学和力学性能等优点。复合型导电高分子材料中聚合基体的作用是将导电颗粒牢固地黏结在一起,使聚合物的导电性稳定,同时它还赋予材料加工性能。理论上,任何高分子材料都要可用作复合导电高分子的基体,目前常用的有热固性、热塑性树脂(如环氧树脂、酚醛树脂、不饱和聚酯、聚烯烃等)和合成橡胶(如硅橡胶、乙丙橡胶)。复合型导电高分子材料的导电机理比较复杂,涉及导电通路如何形成以及形成通路后如何导电等问题。

(1) 导电通路形成的研究是针对给定加工工艺条件下,加入基体聚合物中导电填料如何实现电接触,以达到自发形成导电通路的宏观自组织过程。聚合物基导电复合材料的体电阻率同材料中导电填料的含量存在如图 2.7 所示的关系[35]。体电阻率变化可分为三个阶段:①在填料密度较低时,电阻率随着体系中导电填料含量的增加而缓慢下降;②当填料密度达到临界值后,材料电阻率急剧下降,表明此时导电粒子在聚合物基体中的分散状态发生了突变,变化幅度达 10 个数量级左右,即当导电填料浓度达到渗滤阈值值 V_0 时,导电填料在聚合物基体中的分布开始形成导通网络;③当填料密度继续提高,复合材料的电阻率变化趋于平缓。很多因素对导电网络都有很大影响,如导电填料粒子的尺寸、形状及在树脂中的分布状况,基体树脂的种类、结晶性以及复合材料加工工艺、固化条件等。

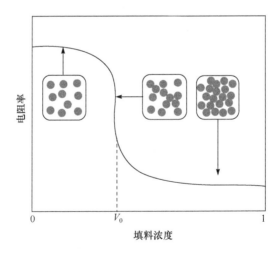

图 2.7 填料浓度对电阻率的影响和渗滤阈值附近导电粒子分布示意图[35]

（2）导电通路形成后，载流子在导电通路或部分导电通路上进行迁移形成导电，但至今没有较为完善的、普遍适用的导电机制来解释复合体系导电通路的形成及其导电行为。目前有宏观的导电通道理论、微观的量子力学隧道效应理论和场致发射效应三种理论。①导电通道理论（渗流理论）是解释电阻率与填料浓度之间的关系，从宏观角度解释导电填料临界浓度的电阻率突变现象，认为体系中导电粒子连续接触，形成欧姆导电通路，相当于电流通过电阻[36]。当导电粒子互相接触或粒子间隙很小（<100nm）时形成链状网络，处于接触状态的导电粒子越多，复合材料导电率越高。可通过引入粒子平均接触数 m 对导电网络进行描述，当导电粒子为球状时（$m=0\sim12$），其中当 $m\geqslant1$ 时导电网络开始形成，$m\geqslant2$ 时全部粒子加入导电链中，并传导电流[37]。目前渗流模型只能描述部分体系的规律，无法解释填充型复合材料电导率与导电相材料的掺量依赖性、电导率与频率的依赖性、温敏特性、V-I 特性、压阻特性等[38]。②电子隧道效应理论是应用量子力学来研究材料的电阻率与导电粒子间隙的关系。部分导电颗粒不完全接触，但由于隧道效应仍可形成电流通路，相当于电阻和电容并联后再与电阻串联的效果。复合材料导电网络形成不仅只是导电粒子的直接接触形成导电通道，热振动能使电子跨越粒子间隙较大形成的势垒也对其导电性有贡献[39]。隧道效应理论能合理地解释聚合物基体与导电填料呈海岛结构复合体系的导电行为，并与许多导电复合体系的实验数据相符，但隧道导电机理只适合于研究某一浓度范围内导电填料的导电行为。③场致发射理论主要针对部分导电颗粒完全不连续，导电颗粒间的高分子绝缘层比较厚的情况[40]。当导电粒子的内部电场很强时，电子将有很大的几率跃迁过聚合物层所形成的势垒到达相邻的导电粒子上，产生场致发射电流而导电。场致发射理论受温度及导电填料浓度的影响较小，相对于渗流理论具有更广的应用范围，且可以合理地解释许多复合材料的非欧姆特性。填充复合型导电高分子材料的导电机理往往是渗流理论、隧道效应和场致发射三种导电机制相互竞争的结果。当导电填料含量和外加电压都低时，导电粒子间距离较大，隧道效应机理占主导作用；当导电填料含量低而外加电压高时，场致发射机理起主要作用；当导电填料含量高时，导电粒子间距离小，渗流理论机理的作用变得显著。

根据在聚合物基体中所加入导电物质的种类不同，聚合物基导电材料又分为填充复合型导电高分子材料和共混复合型导电高分子材料[41]。前者通常是在基体聚合物中加入导电填料复合而成，导电填料主要有炭系材料（炭黑、石墨、碳纤维、碳化钨、碳化镍等）、金属氧化物系材料（氧化铝、氧化锡、氧化铅、氧化锌、二氧化钛等）、金属系材料（银、金、镍、铜、铝、钴等）、各种导电金属盐以及复合填料（银-铜、银-玻璃、银-碳、镍-云母等）等。各填料的电导率如表 2.13 所示。共混复合型导电高分子材料是在基体聚合物中加入结构型导电聚合物粉末或颗粒复合而成[42]。填充型导电高分子材料中研究和应用最多的是碳系填充型及金属填充型。

随着电子技术的发展和对抗静电及导电高分子材料需求的不断扩大,具有一定导电性能的高分子材料越来越受到青睐。电子封装、电极材料、抗静电材料和屏蔽材料等都需要高分子材料具有一定的导电性能,但是向高分子材料中混入一定量的炭系或者金属填充物会影响材料的力学性能和加工性能。碳系填充型复合的材料研究现状如表 2.14 所示[43]。

表 2.13　各种填料的导电性

材料名称	电导率($\Omega^{-1} \cdot cm^{-1}$)	相对于 Hg 电导率的倍数
银	6.17×10^5	59
铜	5.92×10^5	56.9
金	4.17×10^5	40.1
铝	3.82×10^5	36.7
锌	1.69×10^5	16.2
镍	1.38×10^5	13.3
锡	8.77×10^4	8.4
铅	4.88×10^4	4.7
汞	1.04×10^4	1.0
铋	9.43×10^3	0.9
石墨	$1 \sim 10^3$	$9.5 \times 10^{-5} \sim 9.5 \times 10^{-2}$
炭黑	$1 \sim 10^2$	$9.5 \times 10^{-4} \sim 9.5 \times 10^{-3}$

表 2.14　碳纳米管/聚合物复合材料的电学性能[43]

复合材料	碳纳米管含量	材料电学性能
聚乙烷基丙烯酸甲酯单壁碳纳米管复合材料[44]	$0 \to 23\%$	• 导电率升高 9 个数量级,3% 时出现了逾渗阈值
聚苯乙烯/硼掺杂碳纳米管复合材料(BMWCNS)[45]	碳纳米管与聚苯乙烯的质量比为 12.5%	• 当 BMWCNS 薄膜 0.3mm 厚时,阻抗值是 175Ω • 当 BMWCNS 薄膜 1mm 厚时,阻抗值是 450Ω
环氧树脂/多壁碳纳米管复合材料[46]	$0 \to 4\%$	• 导电率提高 9 个数量级 • 从 0.5%~1% 时实现了绝缘体-导体的转变 • 1% 和 4% 时属于导体,其导电率分别达 10^{-3} 和 6×10^{-2} S/cm

续表

复合材料	碳纳米管含量	材料电学性能
多壁碳纳米管/聚甲基丙烯酸甲酯(PMMA)复合材料[47]	1%、5%、10%	· PMMA 本体的导电率是 $1 \times 10^{-3} S/cm$ · 1%导电率是 $3.192 \times 10^{-4} S/cm$ · 5%导电率是 $2.163 \times 10^{-2} S/cm$ · 10%导电率是 $1.693 \times 10^{-1} S/cm$
填充铁的碳纳米管/聚苯乙烯(CNT-PS)复合物薄膜[48]	碳纳米管与聚合物的质量比分别是 1:2、1:4、1:6	· 直流:电流-电压曲线是线性,薄膜阻抗随着碳纳米管添加量的增加而降低 · 低频交流:阻抗-频率曲线是线形,总的薄膜阻抗由不连续的相位组成。所有薄膜阻抗都表现出负温度系数
聚乙烯对苯二酸醋(PET)/碳纳米管复合物[49]	4%	· 复合物的体积电阻比纯 PET 低 12 个数量级
碳纳米管/双酚-A 树脂复合物[50]	0.005%、0.01%、0.02%	· 交流电场比直流电场作用下的导电率高两个数量级
低密度聚乙烯(LDPE)/多壁碳纳米管复合物	1.9%→3.6%	· 碳纳米管填充量低于 1.9%,介电常数随着填充量的增加缓慢上升 · 超过 1.9%后,介电常数快速上升 · 当填充量为 3.6%时,复合物介电常数比纯 LDPE 的高两个数量级
SWNT 填充聚苯乙烯复合物[51]	0→1%	· 0.1%时,阻抗 25MΩ · 1.0%时,阻抗 2MΩ
多壁碳纳米管/高密度聚乙烯(MWCNT-HDPE)复合材料[52]	3%	· 当 MWCNT 含量达约 3%时,电阻率发生了几个数量级的突变 · 复合体系由绝缘体转变为半导体状态
碳纳米管加入到涂料[53]	0.5%→8%	· 碳纳米管含量为 0.5%~8%时涂料处于抗静电区 · 碳纳米管含量大于 8%时,涂料处于导电区 · 碳纳米管作为导电涂料的导电介质时,其管径越小,所制得的导电涂料导电性越好
多壁碳纳米管填充环氧树脂基体[54]	0.008wt%→1wt%	· 发现在绝缘体-导体系统中两种逾渗阈值可以共存

复合材料	碳纳米管含量	材料电学性能
碳纳米管/环氧树脂复合材料[55]	10.0%	· 随着碳纳米管加载量的增加，电阻膜的电阻率下降 · 质量分数为 10.0% 的电阻率与纯环氧树脂相比下降了三个数量级

注：单壁碳纳米管（single-wall carbon nanotube，SWNT）；多臂碳纳米管（multiwalled carbon nanotube，MWCNT）；高密度聚乙烯（high-density polyethylene，HDPE）；低密度聚乙烯（low-density polyethylene，LDPE）。

金属填充型导电高分子材料起始于 20 世纪 70 年代初期，起初仅限于金属粉末填充用于消除静电的场合或用于金、铁、铜粉配制导电黏合剂，目前已使用的方法有表面金属化和填充金属型两种。近年来，随着对导电聚合物研究的深入，导电聚合物可作为 OTFT 的电极材料。导电聚合物的突出优点是既具有金属和无机材料的电学和光学特性，又具有有机聚合物机械柔韧性能和良好的加工性。常用作 OTFT 电极材料的导电聚合物有 PAN、聚（3,4-乙烯二氧噻吩）-聚苯乙烯磺酸（poly（3,4-ethylenedioxythiophene）：poly（styrene sulfonate），PEDOT：PSS）等。聚苯胺虽具有优良的电化学活性和环境稳定性，但生产工艺复杂，且溶解性差，极大地限制了其应用和发展。PEDOT：PSS 是一种高分子聚合物的水溶液，是由 PEDOT 和 PSS 两种物质共聚而成，其中 PEDOT 是导电聚合物部分，而 PSS 用于提高 PEDOT 的溶解性。PEDOT：PSS 具有很高的导电率，已经应用于 OLED、有机太阳能电池、OTFT 等。利用喷印技术打印 PEDOT：PSS 溶液制作 OTFT 电极，并与以金为电极的晶体管进行比较，虽然 PEDOT 和金的功函数相近，但由于 PEDOT：PSS 电极注入了更多的有效空穴到导电沟道中，其能级势垒比金电极低，以 PEDOT：PSS 为电极的 OTFT 性能更好[56]。

2.5.3　纳米材料导体

利用纳米材料作为电极可以克服 ITO 用于柔性 OLED 的诸多不足，例如电荷传输/发射层中氧气的扩散、相对低的功函、耐腐蚀性差、机械性能差等不足。碳纳米管以超凡的力学、电学、热学、光学以及化学特性吸引了全世界众多科学家的研究和关注。碳纳米管改性高分子材料凭借其轻质、高强、优异的光学和电学特性，正在逐步应用于航空航天、电子信息等领域。

碳纳米管的电学性质与它本身的结构密切相关，随网格构型（螺旋角）和直径的不同，其导电性可呈现金属、半金属或半导体性。根据碳纳米管直径和螺旋角度，大约有 1/3 是金属导电性的，而 2/3 是半导体。在同一根碳纳米管上，由于五元环和七元环缺陷的存在或结构的变化，纳米管的不同部位也可以呈现出不同的导电性质。完美的碳纳米管要比有缺陷碳纳米管的电阻小一个数量级或更多[57]。由于电子在碳纳米管的径向运动受到限制，在轴向的运动不受任何限制，碳纳米管径向电阻大于轴向电阻，并且这种各向异性会随着温度的降低而增大。通过改变碳纳米管的网络结构和直径来可以改变导电性，当管径大于 6nm 时，导电性能下降；当管径小于 6nm 时，碳纳米管可以被看成具有良好导电性的一维量子导线。还可通过掺杂改变其导电特性，使之形成具有金属特征的电子态密度[58]。用碱或卤素掺杂单壁碳纳米管，如同在管束间插层，由于碳纳米管和掺杂物之间的电荷传输，其导电性能增加一个数量级[59,60]。用单根单壁碳纳米管和三个电极制备出可在室温下工作的场效应三极管，当施加合适的栅极电压时，碳纳米管便由导体变为绝缘体，从而实现了 0、1 状态的转换[61]。

碳纳米管具有良好的场发射性能，主要取决于自身的结构特点。①碳纳米管是良好的导体，并且载流能力特别强，能够承受较大的场发射电流。②碳纳米管的直径可小至 1nm，如此小的尺寸可以在其半球形的端部产生极大的局部场强，从而发射电子，而且碳纳米管具有非常低的阈值电压。Rinzler[62] 和 de Heer[63] 先后报道了碳纳米管优异的场致电子发射性能，Bonard[64] 的研究表明产生相同的场致电流时在碳纳米管场发射器施加的导通电场远低于任何传统的场发射材料。③碳纳米管的化学性质稳定，不易与其他物质反应。

碳纳米管具有较强的光吸收能力，当碳纳米管垂直于基底排列时，碳纳米管之间形成狭长的空隙，尺寸约数百纳米，正好对应于可见光的波长范围。当入射太阳光到达薄膜表面时，这些小空隙如同无数陷阱，使光线在其中多次反射后直到薄膜内部而无法逸出，而碳纳米管表面的不规则和崎岖不平，实现了对太阳光的低反射率和高吸收率。单壁碳纳米管在近红外波段可以吸收光子并发出荧光[65]。将剪短的单壁、多壁碳纳米管聚丙酰基氮丙睫-氮丙咙（PPEI-El）复合，发现复合物具有强烈的荧光效应，发光量子效率可达 10%[66]。碳纳米管具有电致发光现象，并且利用碳纳米管的场发射性能制成了类似日光灯的碳纳米管灯管[67]。研究显示碳纳米管作为发射源可以获得高达 $10A/cm^2$ 的电流，远高于平板场发射显示器 $4A/cm^2$ 的需要[62]。

单壁碳纳米管平面网状结构已经用于光学器件的透明导电电极，包括有机太阳能电池、LCD 和触摸屏等。由于具有高功函和机械柔性，SWNT 网状结构被认为是柔性电子器件的理想电极材料，比 ITO 电极具有额外的优异机械特性。SWNT 网状结构已经用于高效的小分子与聚合物器件，包括 OLED、有机光伏器件等[68,69]。为提高碳纳米管网状结构的电学特性，可向溶液中掺入微尺度银片材和银纳米粒子[70]。制备 SWNT 网状结构电极的方法包括喷涂、浸渍涂敷、软刻蚀、CVD（chemical vapor deposition）-转移等工艺，并且可通过溶液化工艺实现大规模工业 R2R 制造。所有这些进展，都为 SWNT 用于柔性电子器件铺平了道路。

可以利用碳纳米管的良好特性对高分子材料进行改性,还需要在以下几个方面寻求突破:①改善碳纳米管在高分子材料中的分散状态,深入研究碳纳米管在高分子材料中的取向对复合材料性能的影响;②研究碳纳米管和高分子材料两相界面的作用机理;③探讨碳纳米管对高分子材料结构、性能的影响;④探讨表面处理技术对碳纳米管改性高分子材料性能的影响;⑤SWNT 网状结构的电阻相对较高,为 100~200 Ω/sq,略大于塑料基板上 ITO 电极的 30~50Ω/sq;⑥SWNT 网状结构表面形貌比较粗糙,常见的粗糙度为~10nm,远大于塑料基板上 ITO 的~1nm[71]。通过对碳纳米管作用机理的深入研究,其在柔性电子中的应用前景必然更加广阔。

2.6　柔性电子基板材料

柔性基板除了要求传统刚性基板的绝缘性、高强度、廉价性等特点外,还要求质轻、柔软、透明等特性,以实现弯曲延展等复杂行为,并与 R2R 工艺集成实现大批量生产。柔性电子在使用和制造过程中,要经得起反复的拉伸、卷曲和折叠,对材料和器件的机械性能(柔韧性、延展性和抗疲劳性)提出了不同于传统电子技术的要求。为了使柔性基板与功能层匹配,需要低表面粗糙度、低水汽传输速率[$<10^{-6}$g/(m^2 · d)]和低氧气传输速率($<10^{-5}$～10^{-3}cm^{-3} · m^{-2} · d^{-1})。常用的柔性基板材料主要有玻璃、金属(不锈钢、铝、铜和镍等)、聚合物(PVC、PEEK、PET、PMMA、PS 等),其基本属性如表 2.15 所示[72]。

表 2.15　常用柔性电子基底[72]

性能	单位	玻璃(1737)	塑料(PEN、PI)	不锈钢(430)
厚度	μm	100	100	100
面密度	g/m²	250	120	800
安全曲率半径	cm	40	4	4
与卷到卷集成	—	不能	可能	可以
是否透可见光	—	透光	部分透光	不透光
最高适用温度	℃	600	180,300	1000
热膨胀系数 CTE	ppm/℃	4	16	10
弹性系数	GPa	70	5	200
透过氧气/水汽	—	不	是	不

续表

性能	单位	玻璃(1737)	塑料(PEN、PI)	不锈钢(430)
湿胀系数	ppm/%RH	无	11,11	无
预烘干	—	可能	是	不用
平整化要求	—	不用	不用	是的
电导性	—	无	无	高
热导性	W/(m·℃)	1	0.1~0.2	16
塑料封装,将电子置于中性面	基板厚度	5×	1×	8×
器件变形	—	无	有	无

当玻璃薄片厚度小于数百微米时具有良好的弯曲变形性,当厚度减小至 $30\mu m$ 时,其透光率大于 90%,双折射低,表面光滑(如均方根粗糙度小于 1nm),可承受温度高达 600℃,尺寸稳定性好,热膨胀系数低。柔性玻璃箔较脆,为了避免使用过程中的发生断裂,可以通过层压塑料箔、加涂薄硬涂层和加涂厚聚合物层等方法抵抗裂纹扩展。

金属箔厚度减小到~$100\mu m$ 时表现出较好的变形性,可用作不透光的柔性基板,但金属箔具有导电性。不锈钢具有耐腐蚀和化学处理、可耐高达 1000℃的高温、良好的尺寸稳定性、良好的防潮防氧化性、散热性好和电磁屏蔽作用等优点,比塑料基板和玻璃基板更耐用。不锈钢基板粗糙度高(~100nm),需要通过抛光或表面涂层(有机聚合物或硅酸盐)来改善粗糙度。

柔性聚合物基板是柔性电子应用最为广泛,每种材料属性与器件工艺和结构设计息息相关,如玻璃化温度与熔化温度与所采用的沉积温度相关。聚合物 PET、PEN、PI 及其材料属性如表 2.16 所示[72]:①热塑性半结晶聚合物,如 PET、PEN、PPS;②热塑性非结晶聚合物,如 PC,PES 和 PEI;③高玻璃化温度材料,如聚芳酯(polyarylate,PAR),多环烯烃(polycyclic olefin,PCO)和 PI。PET 和 PEN 是常用的基板材料,PET 除具有耐热性、耐腐蚀性、强韧性、电绝缘性、安全性等的优良特性,还具有无毒、质量轻、美观、密封性好、价格便宜、便于回收等优点,PEN 作为基底制备的 TFT 具有尺寸稳定性好、清晰度高、表面光滑度高等优点。聚合物基底的水汽传输速率[$1\sim10g/(m^2 \cdot d)$]和氧气传输速率($1\sim 10cm^{-3} \cdot m^{-2} \cdot d^{-1}$)很高,均高于 OLED 所需的 $10^{-6} g/(m^2 \cdot d)$ 和 $10^{-6}cm^{-3} \cdot m^{-2} \cdot d^{-1}$。聚合物基板需要进一步提高结构、光学、机械和化学特性,例如,实现可控的光学透明性,尺寸、机械和热学稳定性,化学抗腐蚀,低热膨胀系数,表面光洁度以及抗氧气和水蒸气渗透能力。柔性基板通常采用有机、高分子等材料,具有处理温度低、密封性不足和热稳定差等不足,存在力、热、湿诱导基板变形等,分析如表 2.17 所示。

表 2.16　聚合物基板材料及其材料属性[72]

属性	PET	PEN	PI
$T_g/℃$	～78	～121	～410
熔化温度/℃	260	262	＞500
CTE(−55～85℃)/(ppm/℃)	15	13	30～60
透光率(400～700nm)/%	89	87	黄色
吸湿率/%	0.14	0.14	1.8
杨氏模量/Gpa	5.3	6.1	2.5
密度/(g/cm³)	1.4	1.36	1.43
折射率	1.66	1.5～1.75	—
双折射	46	—	—
抗涨强度/(kg·m²)	1970	2250	2460
延伸率/%	150	65	75
连续使用温度-机械/℃	105	160	240
连续使用温度-电气/℃	105	180	240
介质强度($4×10^{-2}$V/μm)	7000	7000	7700
介电常数	3.3	3.16	3.5

表 2.17　柔性塑料基板的热、力敏感性分析

属性	塑料基板	玻璃基板
热膨胀系数/(ppm/℃)	10～100	4～9
弹性模量/GPa	0.5～3	100 GPa
厚度/μm	50～100	$3×10^4$
宽度/cm	50	50
综合分析（横向）	$\Delta l_f = \dfrac{\sigma}{E}l = \dfrac{0.1\text{N/mm}^2}{1\text{GPa}} \times 50\text{cm} = 50\mu\text{m}$ $\Delta l_t = C_t l = 100\text{ppm/℃} \times 50\text{cm} = 50\mu\text{m/℃}$	$\Delta l_f = \dfrac{0.1\text{N/mm}^2}{100\text{GPa}} \times 50\text{cm} = 0.5\mu\text{m}$ $\Delta l_t = 10\text{ppm/℃} \times 50\text{cm} = 5\mu\text{m/℃}$
控制力（进给向）	$f = \sigma A = 0.1\text{N/mm}^2 \times 100\mu\text{m} \times 50\text{cm} = $ 5N 作用在 1m 长基板上，如果要是变形控制在 10μm，张力必须小于 0.5N	作用在 1m 长基板上，如果要是变形控制在 10μm，张力必须小于 $f = 1\text{N/mm}^2 \times 3\text{mm} \times 50\text{cm} = 1500\text{N}$
控制温度	如果要是变形控制在 10μm，温度波动必须小，$\Delta T = 0.2℃$	如果要是变形控制在 10μm，温度波动必须小，$\Delta T = 2℃$

可延展柔性电子作为一类更具挑战性的柔性电子器件,除了要求实现弯曲变形外,还必须能够实现较大的拉伸、延展和扭曲变形,需要采用橡胶基板。例如,聚二甲基硅氧烷或脂肪族-芳香族无规共聚酯 Ecoflex 基板具有良好的伸缩性能,其弹性模量与硅、金属等材料相差约五个数量级,是可延展柔性电子的基本结构,可用于电子皮肤、人工肌肉、人造电子眼球、智能手术手套、智能衣服、植入式器件、生物有机电子等。在预应变的橡胶基板上沉积硅、金属薄膜,释放橡胶基板的预应变之后,薄膜会出现屈曲,整个膜基结构甚至可以实现 50% 以上的应变。另外一种方法是直接在无应变的橡胶基板上沉积具有特殊蜿蜒形状的薄膜带,在基板被拉伸时薄膜会出现后屈曲行为,同样可使器件的极限应变超过 50%。

静电通常是有害的,应尽量减少柔性基板产生静电,设法消除已产生的静电,以免影响电子器件的正常功能。常用的除静电方法有在聚合物表面喷涂抗静电剂或在聚合物内添加抗静电剂,主要作用是提高聚合物表面电导性或体积电导性,使其迅速放电,防止电荷积累。例如,喷涂在聚合物表面的抗静电剂,通过其亲水基团吸附空气中的水分子,会形成一层导电的水膜,使静电从水膜中跑掉。静电现象与两种物质的电荷逸出功 U(电子克服原子核的吸引从物质表面逸出所需的最小能量)有关,表 2.18 给出几种聚合物材料的电荷逸出功值。两种聚合物或聚合物与金属接触时,电荷将从逸出功低的物质向逸出功高的物质转移,从而使逸出功高的物质带负电,逸出功低的物质带正电。尼龙与逸出功大的金属摩擦,尼龙带正电,与逸出功小的金属摩擦,尼龙带负电;当聚合物与聚合物摩擦时,介电常数大的聚合物带正电,介电常数小的带负电。热力学平衡状态下有

$$Q = \alpha S(U_1 - U_2)$$

式中,α 为比例系数;Q 为接触界面上的电荷转移量;$U_1 - U_2$ 两种物质的逸出功之差;S 为接触面积。

表 2.18　几种聚合物材料的电荷逸出功

聚合物	逸出功/eV	聚合物	逸出功/eV
聚四氟乙烯	5.75	聚乙烯	4.90
聚三氟氯乙烯	5.30	聚碳酸酯	4.80
氯化聚乙烯	5.14	聚甲基丙烯酸甲酯	4.68
聚氯乙烯	5.13	聚乙酸乙烯酯	4.38
氯化聚醚	5.11	聚异丁烯	4.30
聚砜	4.95	尼龙-66	4.30
聚苯乙烯	4.90	聚氧化乙烯	3.95

2.7　电致发光材料

　　发光材料是在不同形式能量激发下能发光的物质，而电致发光材料是在直流或交流电场作用下，依靠电流和电场激发将电能直接转换成光能的材料，其中关键性能包括发光效率、发光寿命和发光色度等。例如，OLED 器件要求发光材料具备高量子效率的荧光特性、良好的半导体特性、成膜性、热稳定性、化学稳定性和光稳定性等。在器件发光亮度、颜色和寿命等方面，小分子化合物比聚合物更具优势。

　　有机电致发光材料是激发态分子通过电子辐射跃迁方式释放出光子的过程，按其结构可分为具有刚性结构的芳香稠环化合物、具有共轭结构的分子内电荷转移化合物和金属有机络合物。发光机制可分为四个过程[73]。①载流子注入，在外加电场下，电子和空穴分别从阴极和阳极向有机层注入，主要有空间电荷限制电子注入和隧穿注入两种载流子注入机理。增加有机层与电极的有效界面接触、降低界面间的能量势垒可以提高载流子的注入效率，提高器件的亮度和效率。②载流子迁移，载流子注入使有机分子处于离子基（A＋、A－）状态，并与相邻分子通过传递的方式使载流子向电极运动，同一有机层内载流子通过跳跃运动实现迁移，不同有机层间的载流子运动通过穿越势垒的隧道效应实现，从而使载流子进入发光层。③载流子复合，在库仑力作用下，注入电子和空穴结合产生激子 A^*，其作用能约 0.4eV，寿命约在皮秒至纳秒数量级。根据自旋统计理论预计及实验证明，单重态激子和三重态激子的形成概率比例为 1:3，所以利用单重态发光效率的理论上限为 25％，而利用三重态发光效率的理论上限可达 100％[74]。④激子的迁移或辐射衰变和发光，激子形成后将能量传递给相邻的同基态分子，然后激子通过辐射跃迁和非辐射跃迁等方式回到基态，实现发光。

　　高效的红、绿、蓝三基色发光材料是实现全色显示的基本元素。蓝光材料能带较宽，需要选择和设计合适的结构或是通过主-客体掺杂，才能与器件其他材料的最低未占轨道（lowest unoccupied molecular orbital, LUMO）和最高已占轨道（highest occupied molecular orbital, HOMO）相互匹配，蓝色发光材料在分子设计上要求其化学结构具有一定共轭性，分子偶极矩不能太大，否则发光光谱容易红移至绿光区。全色 OLED 要求色纯度 CIE（发光颜色的色坐标）在（$x=0.14\sim0.16$，$y=0.11\sim0.15$）范围内[75]。目前只有少数蓝光客体/主体材料体系能够在较高效率的同时达到色坐标为 CIE（$x=0.15$，$y=0.15$），但器件寿命有待提高[76]。叔丁基取代苝（tert butyl substituted perylene, TBP）和芳基取代蒽（aryl substituted anthracene, ADN）是研究较多的两类掺杂蓝光材料，其器件在 20mA/cm² 电流密度下，流明效率为 3.2cd/A，CIE 为（0.154, 0.232）[77]。化合物 DPVBi 是典型的联苯乙烯(distyrylarylenes,DSA)类蓝光材料,将其掺杂在 DSA-amine 类化合物中制作的器件亮度超过 10000cd/m²,流明效率 1.5lm/W[78]。二苯乙烯基苯(distyrylbenzene,DSB)类化合物在溶液状态下表现出优异的荧光性能,但不适用于非掺杂器件,通过化学结构修饰设计出偶极交叉排列的 DSB 二聚体(TSB)和三聚体(3DSB),使得其固态薄膜下的荧光显著增强,表现出优异的蓝光性能,达到 CIE(0.19,0.22)[79]。芴(螺芴或聚芴)是另一类蓝色电致发光材料,用三聚芴制备的 OLED 器件能发出纯蓝光,亮度可高达 5000cd/m²,外量子效率达 2.5% ～ 3%[80]。含螺芴结构的 TBSA 是性能优异的蓝光材料,其玻璃化转变温度 T_g 达 270℃,电致发光器件在 7.7V 电压下,亮度为 300cd/m²,CIE(0.15,0.11),为当时最接近美国国家电视标准委员会(national television standards committee,NTSC)标准的蓝光 OLED[81]。在非掺杂的情况下,利用较好的稠环体系化合物 BTP 制备 OLED 的效率可达 4.1cd/A[82]。金属配合物 LiB(qm)₄ 也是一种性能优异的蓝光配合物材料,OLED 最大亮度可达 14000cd/m²[83]。

绿色发光材料是三基色的发光材料中最成熟的,其发射光谱的主波长大约在 530nm 左右。8-羟基喹啉铝(8-Hydroxyquinoline aluminum salt,Alq₃)是最早在有机薄膜电致发光器件上使用的绿光发光材料,也是最常用的绿光发光材料,最大发射峰位于～520nm,半峰宽～110nm,光学能隙为 2.7eV,固体的发光量子效率为 0.32,具有较高的电子迁移率,是有机电致发光器件常用的材料。BeBq₂ 也是一种性能良好的绿光发光材料,其发光波长为 560nm 左右,利用其作为电子传输及绿光发光材料的双层器件的效率高达 3.5lm/W[84]。香豆素类激光染料是另一类绿光发光材料,如 Coumarin-6 在稀溶液中的发光效率虽接近 100%,但由于存在严重的浓度碎灭现象,通常只作客体发光材料。利用 Alq₃ 作为主体发光材料,掺杂 1% 的 Coulnarin-6 制作成器件的发光效率(2.5%)为非掺杂器件发光效率(1.3%)的 2 倍[85]。

红色发光材料是三基色发光材料中最缺乏的,主要由于激发态分子的非辐射碎灭较易发生,荧光量子产率不高、红光材料同载流子传输层之间能级匹配困难。目前掺杂型客体红光材料较为成熟,最具代表性的是二腈基吡喃(4-(dicyanomethylene)-2-methyl-6-(4-dimethylaminostyryl)- 4H-pyran,DCM)系列和二腈基异佛乐酮(3-(dicyanomethylene)-5,S-dimethyl-1-(4-dimethylamino-styryl)cyclo-hexene,DCDDC)系列。Kodak 公司将 DCJTB(4-(dicyanomethylene)-2-t-butyl-6-(1,1,7,7-tetramethyljulolidyl-9-enyl)- 4H-pyran)掺杂在主体材料 Alq₃ 中,加入 Rubrene(红荧烯)作为辅助掺杂剂,电致发光效率可提高两倍以上[86,87]。以 DCD-DC 系列红光材料为例,其共轭结构更为简单、较窄的荧光发射,所以器件色纯度较高。在 DCDDC 的受体上引入不同的电子给体,均可得到效果不错的红光材料[88,89]。DCJTI(4-(dicyanomethylene)-2-i-propyl-6-(1,1,7,7-tetramethyljulolidyl-9-enyl)-4H-pyran)和 DCJMTB（4-（dicyanomethylene）-2-t-butyl-6-（8-methoxy-1,1,7,7-tetramethyljulolidyl-9-enyl）4H-pyran）也是两种性能优异的 DCM 类掺杂红光材料[90,91]。具有大 π 体系的共轭稠环化合物也可用于掺杂的红光染料，如二苯基戊（6,13-diphenylpentacene，DPP）、三苯膦（ortetraphenylporphine，TPP）等[92,93]。金属配合物也是很有应用前景的一类红光材料，如 PtOEP（2,3,7,8,12,13,17,18-octaethyl-21H,23H-porphine platinum（II））[94]、Eu（DBM）₃Phen（Europium（dibenzoylmethanato）3（monophenanthroline））[95]，可以利用激发三重态实现理论效率 100%，但存在稳定性差和寿命短的问题。利用掺杂方法制备的红光材料具有其自身难以克服的缺点，需要发展主体发光的非掺杂型红光材料，多用对材料化学结构进行修饰的方法[如二苯乙烯基萘衍生物（bis-styrylnaphthalene derivative，BSN）[96]、D-CN[97]、NPAFN（bis（4-（N-（1-naphthyl）phenylamino）phenyl）fumaronitrile）[98]]，可有效抑制固态时的荧光浓度碎灭现象。

2.8 光 伏 材 料

2.8.1 光伏发电原理

有机光伏电池的原理与有机电致发光过程正好相反，如图 2.8 所示[99]。①吸收光子，形成激子。当入射光子能量大于 E_g（能带隙）时，可引起电子从价带到导带的跃迁，由于聚合物半导体中存在较强的电子-空穴相互作用能和激子束缚能，受激电子与空穴难以马上分离，互相束缚结合而成激子。大部分有机半导体材料的 E_g 位于 0.1～2.5eV 之间，可吸收可见光。②激子拆分，产成载流子。激子在电场或在界面处就会分离成电子和空穴。激子在运动过程中有两种消失途径：激子发生离子化形成自由电子和空穴或激子中的电子和空穴复合回到基态。激子在扩散长度范围内运动时，若遇到具有不同势垒的界面可形成自由移动的载流子。由于激子寿命很短、迁移率较低，一般只有在分离界面周围大约 10nm 内形成的激子才能有效分离[100]。③载流子传输和电荷收集。在内建电场作用下，电子和空穴会分别向阴极和阳极迁移，到达相应的电极被收集，最后空穴累积在高功函数电极上，电子则累积在低功函数电极，在外电路产生电流，使负载做功。由于存在正、负电荷在传输过程中相遇就会重新复合或载流子遇到物质中的杂质或缺陷中心等会发生淬灭等问题，pn/异质结（heterojunction）或本体异质结都要求电子给体材料具有足够高的空穴迁移率，受体材料具有足够高的电子迁移率，并尽可能地形成独立的电子与空穴传输通道。有机光伏电池原理与无机光伏电池原理有很大不同，如表 2.19 所示，主要表现在电流产生方式、导带和价带形式和传输方式等方面。

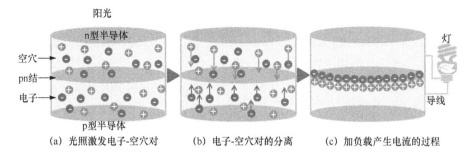

图 2.8　有机光伏电池基本原理示意图[99]

表 2.19　有机与无机光伏电池机理不同之处

材料	无机光伏电池	有机光伏电池
电流产生方式	光照下可直接产生出自由移动的电子、空穴载流子	光照下先产生激子即束缚的电子-空穴对
导带和价带	分子的 HOMO 和 LUMO 形成整个材料的导带和价带	分子的 HOMO 和 LUMO 没有足够强的相互作用来形成导带和价带
传输方式	在带内传输	电荷以跳跃方式在定域状态形式的分子间传输

2.8.2　电子给体材料与受体材料

有机/聚合物光伏材料按其分子结构分主要有共轭聚合物材料、有机小分子材料和可呈液晶相的盘状分子材料。常用作光伏材料的共轭聚合物光伏材料有 PPV 衍生物、PT 衍生物、PPP 衍生物、聚芴系列共聚物等。自 1990 年剑桥大学卡文迪许实验室合成出 PPV 以来得到了广泛研究，该类聚合物具有电致发光和光伏领域方面的优异性能，其与富勒烯构成的本体异质结器件的效率最高[101]。常见的 PPV 衍生物有 MEH-PPV（poly（2-methoxy-5-($2'$-ethyl-hexyloxy)-1，4-phenylene vinylene)）[102]和 MDMO-PPV（poly（2-methoxy-5-($3'$，$7'$-dimethyloc-tyloxy)-1，4-phenylene vinylene)）[103]，其性能稳定，易于合成。典型的有机小分子光伏材料有花及其衍生物、酞菁类衍生物、富勒烯衍生物等，都具有良好的共轭体系、高的电子亲和能及离子化能、较高的光稳定性。光伏材料主要包括电子给体材料和电子受体材料，其中电子给体材料主要有聚对苯撑乙炔衍生物、聚噻吩衍生物、苯并噻二唑类聚合物、噻吩并噻二唑类聚合物、苯并吡咯类聚合物、咔唑类聚合物、共轭侧链型聚合物和超支化共轭聚合物等，具体性能和应用比较如表 2.20 所示。用作光伏材料的有机电子受体材料主要有花及其衍生物、碳纳米管和富勒烯及其衍生物等,具体研究进展如表 2.21 所示。

表 2.20　电子给体材料及其应用

类型	材料	应用
聚对苯撑乙炔衍生物（PPV类材料）	• 经过烷氧基取代的 PPV 衍生物具有良好的溶解性 • 常见的衍生物有 MEH-PPV 和 MDMO-PPV	• 基于 MDMO-PPV/PCBM 共混的异质结太阳能电池在模拟太阳光下的能量转换效率达到 3.3% • 基于 MEH-PPV/PCBM 的光伏器件效率较高[104]
聚噻吩衍生物（PT 衍生物）	• 含长链取代烷基的聚噻吩 • 典型材料有己基取代聚噻吩（P3HT）[105] 和己氧基取代聚噻吩（P3HOT）[106] • 通过调节共轭侧链的长度、比例和取代基可调控聚噻吩的吸收光谱[107~113] • 规整的 P3HT 还表现出良好的自组装、结晶能力和平面性,比非规整 P3HT 的有效共轭长度高,具有更高的迁移率 • P3HT 具有良好溶解性能	• P3HT 是目前应用最广的聚合物光伏材料之一 • 基于 P3HT 和 PCBM 的光伏器件的能量转化效率已达到了 6.1%[114] • 在 100 mW/cm² 光照下,基于 P3HT/PCBM(1∶1) 的本体异质结光伏器件（AM 1.5）的 $V_{oc} = 0.72$V, $I_{sc} = 10.3$mA/cm², FF = 43%, PCE = 3.18%,能量转化效率比同样条件下的 P3HT/PCBM 体系提高了 38%[107~113]
苯并噻二唑类聚合物	• 氮杂环结构光伏材料 • 已合成了大量的苯并噻二唑-芴共聚体系,如聚合物 PFDTBT[115~117] • 将 2,7-dibenzosilole 与苯并噻二唑和噻吩共聚,得到了聚合物 PBSDTBT[118] • 将苯并噻二唑与环戊二烯及双噻吩共聚,得到聚合物 PCPDTBT,其电化学带隙为 1.75 eV,膜最大吸收峰在 760nm,吸收边缘到达 890nm[119]	• 基于 PFDTBT/PCBM(1∶3) 的本体异质结光伏器件的 $V_{oc} = 1.03$ V, $I_{sc} = 6.2$ mA/cm², PCE = 2.8%[115~117] • 基于 PBSDTBT/PCBM(1∶3) 的本体异质结光伏器件的 $V_{oc} = 0.97$V, $I_{sc} = 2.8$mA/cm², FF = 55%, PCE = 1.6%[118] • 基于 PCPDTBT 和 PCBM 本体异质结光伏器件(AM1.5)$V_{oc} = 0.65$V, $I_{sc} = 11.8$mA/cm², FF = 45.6%, PCE = 3.5%[119],或者 $V_{oc} = 0.61$V, $I_{sc} = 15.73$mA/cm², FF = 53%, PCE = 5.12%[60]

续表

类型	材料	应用
噻吩并噻二唑类聚合物	• 共聚到共轭聚合物中,增强电子离域性,达到红移吸收光谱、降低聚合物带隙 • 将噻吩并噻二唑与给电子的烷基噻吩形成共聚物,与$FeCl_3$氧化聚合得到PB3OTP[120] • 合成了含芴与噻吩和噻吩并噻二唑等共聚物 APFO-Green1[121] 和 APFO-Green2[122] • 在 APFO-Green2 的基础上,在苯环上连接烷氧基以后,得到了 APFO-Green5[123],其电化学带隙 1.6 eV	• PB3OTP 膜的吸收光谱覆盖 300～900nm,最大峰位置在 730nm 附近,光学带隙为 1.3eV,基于 PB3OTP/PCBM(1∶1)的本体异质结光伏器件,在 $100mW/cm^2$ 光照下,$V_{oc}=0.22V$,$I_{sc}=1.0mA/cm^2$,FF=39.4%,光响应范围达到了 900nm[120] • 基于 APFO-Green1/PBTPF70(1∶4)的本体异质结光伏器件,在 AM 1.5 的条件下,$V_{oc}=0.58V$,$I_{sc}=3.4mA/cm^2$,FF=35%,PCE=0.7% • 基于 APFO-Green2/PCBM(1∶1)的本体异质结光伏器件其光响应达到了 850nm • 基于 APFO-Green5/PCBM(1∶3)的本体异质结光伏器件(AM 1.5)在 $100mW/cm^2$ 光照下,器件 $V_{oc}=0.59V$,$I_{sc}=8.88mA/cm^2$,PCE=2.2%
苯并吡咯类聚合物	• 合成了含芴与噻吩和苯并吡咯的共聚物 APFO-Green15[124]	• 在模拟太阳光照下,基于 APFO-Green15/PCBM(1∶3)的本体异质结光伏器件的 $V_{oc}=1.0V$,FF=63%,$I_{sc}=6.0mA/cm^2$,PCE=3.7%[124]
咔唑类聚合物	• 咔唑是一类性能优良的空穴传输材料,将咔唑基团引入共轭聚合物中可以提高材料的空穴迁移率 • 合成了含咔唑与噻吩和苯并噻二唑的共聚物 PCDTBT[125]	• 在模拟太阳光照下,基于 PCDTBT/PCBM(1∶4)的本体异质结光伏器件的 $V_{oc}=0.89V$,$I_{sc}=6.92mA/cm^2$,FF=63%,PCE=3.6%[125]

注:PCBM:(6,6)-phenyl C_{61}-butyric acid methyl ester;P3HT:poly(3-hexylthiophene);PFDTBT:poly(fluorene-alt-dithienyl benzothiadiazole);APFO:ammonium perfluorooctanoate;PBSDTBT:poly((9,9-dioctyl-2,7-dibenzosilole)-co-alt-(5,5-(40,70-di-2-thienyl-20,10,30-benzothiadiazole));PCPDTBT:poly(N-9″-hepta-decanyl-2,7-carbazole-alt-5,5-(4′,7′-di-2-thienyl-2′,1′,3′-benzothiadiazole));PB3OTP:poly(5,7-bis-(3-octylthiophen-2-yl)thieno(3,4-b)pyrazine)。

表 2.21　有机电子受体材料与研究进展

类型	属性	进展
苝(perylene)及苝衍生物(perylene derivatives, per)	· 强荧光材料 · 在 400~500nm 有强烈电子吸收性能 · 有两种衍生物:苝二酰亚胺和苝四梭酸酯[126] · 把苝单元接到聚合物的主链和侧链,也可以形成聚合物受体材料[127] · 作为有机太阳能电池的电子受体材料,具有较大的激子扩散长度,利于电荷载流子的产生与传输	· 第一个 CuPc/PV 双层异质结有机太阳能电池,得到了 1% 的能量转换效率[128] · 在 CuPc/PTCBI 器件活性层和 Al 电极之间插入宽能带隙的 BCP(bathocuproine)激子阻挡层提高了 D-A 界面的光学强度,使光活性层的太阳光吸收效率增加,显著提高了器件的能量转换效率 (2.4%±0.3%)(MA1.5)[129] · MEH-PPV 与 PPEI 复合(60:1wt%)光伏电池与 MEH-PPV 单层器件相比,其量子效率提高了 4 倍多[126] · EP-PTC/P3HT 本体异质结器件的 EQE 比单纯的 P3HT 增大 250 倍,比 EP-PTC/MEH-PPV 本体异质结器件大一个数量级[130] · MEH-PPV/PTCBI 双层异质结太阳能电池在 80mW/cm² 白光照射下,能量转换效率为 0.71%[127]
纳米碳管	· 具有光诱导激子快速拆分效应 · 可以形成良好一维电子传输通道,从而更加有效地传输载流子	· 用 WMNT 修饰 TIO/PPV/Al 器件的阳极,能量转换效率为 0.081%,使器件量子效率平均提高了 1.5~2 倍[131] · 以少量 SWCNT(1wt%)掺杂聚 3-辛基噻吩(P3OT),制备的器件与未掺杂相比,V_{oc} 从 0.35V 提高到 0.75V(MA1.5),I_0 从 0.70pA/cm² 提高到 0.12mA/cm²,FF 从 0.3 提高到 0.4,能量转换效率从 2.53×10^{-5}% 提高到 0.04%,并且在纳米碳管、P3OT 之间构成异质结,有效地提高光诱导电荷分离[132]

续表

类型	属性	进展
富勒烯 (fullerene)	• 继金刚石和石墨之后碳元素的第三种同素异形体 • 具有很强还原性、电子亲能($E=2.6\sim2.8$ eV)、较好的电子传输性能、三阶非线性光学性质和强烈的吸电子特性 • 对 C_{60} 进行修饰后合成了一系列具有良好溶解性的 C_{60} 衍生物,其中最常用的衍生物为 PCBM,它的支链有效降低了富勒烯的结晶性和分子聚集[133]	• Heeger 和 Yoshino 同时独立地报道了共轭聚合物与 C_{60} 之间和快速光诱导电子转移[134,135] • 把富勒烯加入到高分子材料中,可形成电子转移给体-受体体系,显著提高材料整体稳定性,遏制材料性能退化[136] • 把 C_{60} 接枝到聚合物主链上,有效改善高分子/富勒烯体系的稳定性,并通过光诱导吸收谱和荧光发光谱观察到了光诱导电子转移的现象[137] • 以 C_{60} 掺杂 MEH-PPV 的形式构成了聚合物太阳能电池本体异质结器件,器件的效率提高到 2.9%[138]

2.8.3　光伏器件结构

光伏电池主要有单层肖特基电池、双层 p-n 异质结电池以及 p 型和 n 型半导体网络互穿结构的体相异质结电池等,如图 2.9 所示[100],其目的在于通过提高有机分子材料中电荷分离和收集得到较高的电池转化效率。目前,给体-受体材料结合制作光电池主要有:①给体(D)和受体(A)分别涂敷在导体表面形成单异质结;②给体和受体共混,在整个器件内形成一个异质结体系;③在给体和受体之间插入一层激子中间层,使产生的电子和空穴载流子向受体和给体层迁移形成双异质结。聚合物太阳能电池的发展历史也就是从单一聚合物单层器件发展到给体/受体双层器件,再发展到给体/受体本体异质结器件。近十年来,给体/受体本体异质结型器件已成为聚合物太阳能电池研究的主流。

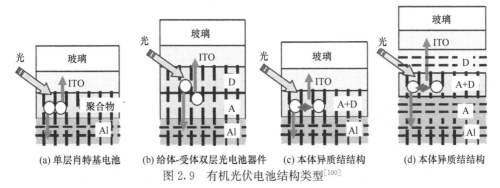

(a) 单层肖特基电池　　(b) 给体-受体双层光电池器件　　(c) 本体异质结结构　　(d) 本体异质结结构

图 2.9　有机光伏电池结构类型[100]

　　单层器件是最原始的器件结构，由共轭聚合物夹在两个不同功函数的金属电极之间形成的金属-绝缘层-金属（metal-insulator-metal，MIM）型单质结器件［见图 2.9(a)］。单层结构电池的内建电场起源于两电极的功函数差异或者金属-有机材料接触而形成的肖特基势垒。由于受共轭聚合物中激子扩散距离（<10nm）的限制以及电极/聚合物界面上低电荷分离效率的影响，能量转换效率非常低，光电转换效率通常不会超过 0.1%[139]。单层有机光伏电池虽然制备工艺简单、价格便宜，但其光伏性能强烈依赖于电极的性质，由于其不能有效地抑制电子-空穴复合，而被双层及多层结构取代。

　　1986 年，Tang 率先使用真空沉积法制备给体-受体双层光伏电池，将效率提高到 1%[128]。给体-受体双层光电池器件［见图 2.9(b)］引入了抑制电子-空穴复合的结构，可以使电子和空穴沿各自的传输层路径传送到相应电极，减少了二者复合概率，提高了光电转换效率，同时也增宽了器件吸收光谱的带宽。Petritsch 制作了基于盘状酞菁衍生物（HPc）和苝衍生物（Per）的双层电池，形成轴向垂直于电极的柱状堆砌，得到更有序的中间相，有利于电荷的传输[140]。实际上双层聚合物器件功率转换效率很差，主要原因是有效电荷分离之发生在 D/A 界面附近，远处的光致激子未到达异质结之前就复合，难以进一步提高光电转换效率，又由于与 n 型材料相匹配的低功函数的金属在空气中不稳定，所以目前 n 型共轭聚合物难以达到欧姆接触。

　　本体异质结结构［见图 2.9(c) 和(d)］是将电子给体材料与电子受体材料混合，通过控制相分离的微观结构形成互穿网络连续相的共混薄膜，而不是混杂的复合体[138]，每个 D/A 接触即形成异质结，且每个结均处于激子的扩散范围之内，使得激子有效地迁移到界面并分离，有助于能量转换效率的提高。理想的 D/A 互穿网络异质结有如下要求：①光活性材料必须对太阳光谱有较宽的吸收性；②激子分离产生的电子-空穴对必须能够有效分离，并传输到电极；③必须具备连续的网络互穿结构作为载流子传输通道。1995 年，出现了第一个聚合物/聚合物本体异质结太阳能电池，受主为氰基取代的苯乙炔（cyano-substituted phenylene vinylene，CN-PPV），施主为 MEH-PPV，在单色光照射下，器件的 QE=6%，PCE=1%，比纯 CN-PPV 器件的效率高出三个数量级，比纯 MEH-PPV 高出两个数量级。2002 年，用 MDMO-PPV 和 PCBM 混合制成本体异质结器件，获得了比 C_{60} 更大的 V_{oc}[141]。2004 年，用合成的 PCBB（methanofuiierene (6,6)-phenyi C_{61}-butyric acid butyi ester）、BMFC（(6,6) methylene C_{60}-dicarboxylic acid butyl ester）和 MEHPFP（N-methyl-2 (-4′ (-2-ethylhexyl) phenyl)-3, 4-C_{60} pyrrolidine）和 PCBM 分别与 MEH-PPV 混合制作成本体异质结太阳能电池，光电流以 PCBB>

PCBM＞BMFC＞MEHPFP 顺序递减[142]。用可溶盘状液晶相材料 HBC-PhC$_{12}$（hexa（4-n-dodecylphenyl）substituted hexa-peri-hexabenzocoronene）和 HBC-C$_8^*$（hexa（3,7-dimethyl-octanyl）hexa-peri-hexabenzocoronene）分别和菲衍生物混合，制成光伏器件，在 490nm 单色光照射下 HBC-PhC$_{12}$ 与 HBC-C$_8^*$ 的 PCE 分别为 1.95％和 0.1％[143]。在太阳高度为 48.2° 的条件下（AM 1.5），基于本体异质结的聚合物太阳能电池的能量转换效率已经达到了 6.1％[114]。

扩散双层异质结结构器件是处于双层和本体异质结器件之间结构的器件，利用两种结构的优势，既有扩展到整个器件的给体-受体界面，又提供给两种载流子各自的传输路径。这种扩散界面首先采用溶解的方法，将两种聚合物薄膜在合适的温度下层压到一起，然后采用旋涂法制备第二层聚合物，溶解第二层聚合物的溶剂可以部分溶解第一层聚合物，最后通过双层器件退火控制聚合物给体-受体界面扩散，使其产生混合界面区[144]。主要有两种异质结形势。①分子异质结，将给体和受体通过共价键连接形成分子异质结，可以很简单地获得微相分离的互渗双连续网络结构，也许能够防止材料中缺陷阻碍载流子传输，并且基于单一有机化合物的器件有利于化合物结构器件效率的提高。将 3、4 个聚合物有机光伏（organic photovoltaics，OPV）单元与 C$_{60}$ 通过共价键连接，可以观察到显著的光诱导电荷转移[145]。②双缆聚合物，将 C$_{60}$ 以共价键形式连接到聚合物侧链上，可以实现双连续的相分离，同时确保大的给体-受体界面区域。Ramos 选用 PPV 衍生物得到 I_{sc} ＝420mA/cm^2（AM1.5），V_{oc}＝830mV[137]。

前面几种结构的异质结是由膜之间形成的，而有机-无机混合结构是指给体和受体共混，在整个器件内形成一个异质结体系。基于共轭聚合物与 n 型无机纳米晶，如 CdSe、TiO$_2$ 或 ZnO 的杂化型聚合物光伏电池，具有高电子迁移率和良好的物理和化学稳定性而被广泛研究。TiO$_2$ 纳米晶表面可以很容易地被许多有机分子所修饰而改善界面的电荷转移效率，成为有机无机杂化型光伏器件中很有前途的材料。P3HT/TiO$_2$ 的光伏器件中[146]，用导电性更好的配合基代替的 TiO$_2$ 纳米棒表面的绝缘表面活性剂，能量转换效率达到 1.7％。将碳纳米管掺杂到共轭聚合物中，可大幅度提高导电性、改善光导性。用碳纳米管作为受体，与聚（3-辛基）噻吩（P3OT，poly3-octylthiophene）组成本体异质结光伏器件，复合材料的本体异质结器件的短路电流比单纯的 P3OT 肖特基器件增大两个数量级，开路电压增大 1 倍，填充因子也有所增大，能量转换效率从 2.5×10^{-5} 增大到 0.04％[132]。

图 2.10 是典型的光伏电池在暗处和光照下的电流密度-电压曲线以及衡量有机光伏电池的一些基本参数[147]。各参数的计算方法以及代表的物理含义如表 2.22 所示。

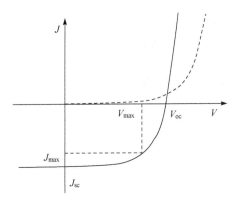

图 2.10　有机光伏电池特性曲线（虚线为暗场条件下，实线为光照条件下）[147]

表 2.22　光伏电池表征参数表

参数	物理意义或等值	备注
暗电流密度（J_{dark}）	暗场条件时的电流密度	理想情况下符合二极管整流特性
暗电流（I_{dark}）	暗场条件下的电流	理想情况下符合二极管特征
光电流密度（J_{photo}）	光照时的电流密度	—
光电流（I_{photo}）	光照时产生的电流	—
短路电流密度（J_{sc}）	当偏压为零时的光电流	薄膜内电子和空穴迁移率和载流子寿命是衡量有效电荷收集的关键参数，薄膜质量和载流子迁移率对 J_{sc} 的影响很大
短路电流（I_{sc}）	当偏压为 0 时的光电流（I_{photo}）	短路电流通常与入射光成正比，在相同条件下，增大光强可以提高短路电流
开路电压（V_{oc}）	当光电流为零时的电压	对于单层器件，V_{oc} 等于两电极所获得的最大的电势差；对于双层器件，还与材料能级有关
V_{max}	最大功率处的电压	—
I_{max}	最大功率处的电流	—
最大输出功率	等于 $|V_{max}I_{max}|$	—
填充因子（FF）	等于 $V_{max}I_{max}/I_{sc}V_{oc}$	由光伏材料常数所决定，反映了器件的二极管特性，一般地，大的串联电阻和小的并联电阻都会减小 FF
能量转换效率（η_c）	等于 $FFJ_{sc}V_{oc}/L$	L 为入射光强（mW/cm²）
外部量子效率（EQE）	等于 $1240J_{sc}/\lambda L$	λ 为入射光波长[145]
整流比（R）	在相同的偏压下，反向和正向的电阻之比向与反向的电流之比	反映器件 Schottky 结特性的物理量

参 考 文 献

[1] Chiang C K, Fincher C R, Park Y W, et al. Electrical conductivity in doped polyacetylene. Physical Review Letters, 1977, 39(17): 1098—1101.

[2] Grego S, Lewis J, Vick E, et al. Development and evaluation of bend-testing techniques for flexible-display applications. Journal of the Society for Information Display, 2005, 13 (7): 575—581.

[3] Lewis J. Material challenge for flexible organic devices. Materials Today, 2006, 9(4): 38—45.

[4] Park S I, Ahn J H, Feng X, et al. Theoretical and experimental studies of bending of inorganic electronic materials on plastic substrates. Advanced Functional Materials, 2008, 18 (18): 2673—2684.

[5] Park Y W, Heeger A J, Macdiarmid A G, et al. Electrical transport in doped polyacetylene. Journal of Chemical Physics, 1980, 73: 946—957.

[6] Naarmann H, Theophilou N. New process for the production of metal-like, stable polyacetylene. Synthetic Metals, 1987, 22(1): 1—8.

[7] Feast W J, Tsibouklis J, Pouwer K L, et al. Synthesis, processing and material properties of conjugated polymers. Polymer, 1996, 37(22): 5017—5047.

[8] Greene R L, Street G B, Suter L J. Superconductivity in polysulfur nitride. Physical Review Letters, 1975, 34(10): 577—579.

[9] Kohler F. Resistance element. United States Patent 3243753, 1966.

[10] Meyer J. Stability of polymer composites as positive-temperature-coefficient resistors. Polymer Engineering and Science, 1974, 14(10): 706—716.

[11] Meyer J. Glass transition temperature as a guide to selection of polymers suitable for PTC materials. Polymer Engineering and Science, 1973, 13(6): 462—468.

[12] 杨为正. 利用"线路转移法"制造印刷电路板——一种新型的"加成法". 网印工业, 2006, 6: 19—22.

[13] 王鹏. 并三苯有机薄膜晶体管的研制[D]. 兰州: 兰州大学, 2006.

[14] 陈玲, 朱文清, 白钰, 等. 绝缘层/有源层界面修饰及对有机薄膜晶体管性能的影响. 半导体学报, 2007, 28(10): 1589—1593.

[15] Bu N, Huang Y, Yin Z. Continuously tunable and oriented nanofiber direct-written by mechano-electrospinning. Materials and Manufacturing Processes, 2012, 27(12): 1318—1323.

[16] Sun Y G, Rogers J A. Inorganic semiconductors for flexible electronics. Advanced Materials, 2007, 19(15): 1897—1916.

[17] Sasaki A, Matsuda W H A, Tateda N, et al. Buffer-enhanced room-temperature growth and characterization of epitaxial ZnO thin films. Applied Physics Letters, 2005, 86 (23): 231911—231913.

[18] 胡雪梅. 透明导电氧化物半导体的制备及电学性质研究进展[D]. 长春: 东北师范大学, 2009.

[19] 叶志镇,吕建国,张银株. 氧化锌半导体材料掺杂技术与应用. 杭州:浙江大学出版社,2009.

[20] 王忆锋,唐利斌. P 型 ZnO 薄膜的研究进展. 激光与红外,2009,39(8):799—803.

[21] 马勇,孔春阳. ITO 薄膜的光学和电学性质及其应用. 重庆大学学报,2002,14(8):114—117.

[22] 黄剑,曹镛. 有机电致发光材料研究进展. 化工新型材料,2001,29(9):16—20.

[23] Scherf U,Muellen K. Poly(arylenes) and poly(arylenevinylenes). 11. A modified two-step route to soluble phenylene-type ladder polymers. Macromolecules, 1992, 25 (13): 3546—3551.

[24] Friend R H,Gymer R W,Holmes A B,et al. Electroluminescence in conjugated polymers. Nature,1999,397(6715):121—128.

[25] 胡伟. 并五苯有机薄膜晶体管的研究[D]. 长春:吉林大学,2007.

[26] Afzali A,Dimitrakopoulos C D,Breen T L. High-performance, solution-processed organic thin film transistors from a novel pentacene precursor. Journal of the American Chemical Society,2002,124(30):8812—8813.

[27] Chen K Y,Hsieh H H,Wu C C,et al. A new type of soluble pentacene precursor for organic thin-film transistors. Chemical Communications,2007,(10):1065—1067.

[28] Yasuhiko S,Hiroshi K. Charge carrier transporting molecular materials and their applications in devices. Chemical Reviews,2007,107(4):953—1010.

[29] Woo K,Kim D,Kim J S,et al. Ink-jet printing of cu-ag-based highly conductive tracks on a transparent substrate. Langmuir,2009,25(1):429—433.

[30] 龙拥兵,王建峰. 电极材料对聚合物太阳能电池光学性能的影响. 材料导报,2010,24(7):15—18.

[31] O'Connor B,Kwang H P,Kevin P. Enhanced optical field intensity distribution in organic photovoltaic devices using external coatings. Applied Physics Letters, 2006, 89 (23): 233502,233503.

[32] O'Connor B,Haughn C,An K H,et al. Transparent and conductive electrodes based on unpatterned,thin metal films. Applied Physics Letters,2008,93(22):223304.

[33] Long Y B. Improving optical performance of inverted organic solar cells by microcavity effect. Applied Physics Letters,2009,95(19):193301—193303.

[34] Crawford G P. Flexible Flat Panel Displays. New York:John Wiley & Sons,2005.

[35] Ruschau G R,Yoshikawa S,Newnham R E. Resistivities of conductive composites. Journal of Applied Physics,1992,72(3):953—959.

[36] 汤浩,陈欣方,罗云霞. 复合型导电高分子材料导电机理研究及电阻率计算. 高分子材料科学与工程,1996,12(2):1—7.

[37] Slupkowski T. Electrical conductivity of polymers modified with conductive powders. International Polymer Science and Technology,1986,13(6):80.

[38] 杨建高,刘成岑,施凯. 渗流理论在复合型导电高分子材料研究中的应用. 化工中间体, 2006,2:13—17.

[39] 卢金荣,吴大军,陈国华. 聚合物基导电复合材料几种导电理论的评述. 塑料结构与性能, 2004,33(5):43—49.

[40] Van Beek L K H,van Pul B I C F. Internal field emission in carbon black-loaded natural rubber vulcanizates. Journal of Applied Polymer Science,1962,6(24):651—655.

[41] 叶明泉,韩爱军,贺丽丽. 核壳型导电高分子复合粒子的制备研究进展. 化工进展,2007, 26(6):825—829.

[42] 周秀民,孙丽菊. 高分子材料的应用研究. 吉林化工学院学报,2005,22(1):65—67.

[43] 曹素芝. 碳纳米管/环氧树脂复合材料导电性能的研究[D]. 南昌:南昌大学,2008.

[44] Grimes C A,Mungle C,Kouzoudis D,et al. The 500 MHz to 5.50 GHz complex permittivity spectra of single-wall carbon nanotube-loaded polymer composites. Chemical Physics Letters,2000,319(5-6):460—464.

[45] Watts P C P,Hsu W K,Chen G Z,et al. A low resistance boron-doped carbon nanotube-polystyrene composite. Journal of Materials Chemistry,2001,11(10):2482—2488.

[46] Allaoui A,Bai S,Cheng H M,et al. Mechanical and electrical properties of a MWNT/epoxy composite. Composites Science and Technology,2002,62(15):1993—1998.

[47] Park S J,Lim S T,Cho M S,et al. Electrical properties of multi-walled carbon nanotube/poly(methyl methacrylate) nanocomposite. Current Applied Physics,2005,5(4):302—304.

[48] Watts P C P,Hsu W K,Kotzeva V,et al. Fe-filled carbon nanotube-polystyrene:RCL composites. Chemical Physics Letters,2002,366(1-2):42—50.

[49] Li Z,Luo G,Wei F,et al. Microstructure of carbon nanotubes/PET conductive composites fibers and their properties. Composites Science and Technology,2006,66(7-8):1022—1029.

[50] Martin C A,Sandler J K W,Windle A H,et al. Electric field-induced aligned multi-wall carbon nanotube networks in epoxy composites. Polymer,2005,46(3):877—886.

[51] Wang Z,Lu M,Li H L,et al. SWNTs-polystyrene composites preparations and electrical properties research. Materials Chemistry and Physics,2006,100(1):77—81.

[52] 李文春,沈烈,孙晋,等. 多壁碳纳米管填充高密度聚乙烯复合材料的导电性和动态流变行为. 高分子学报,2006,4:269—273.

[53] 冯永成,瞿美臻,周固民,等. 碳纳米管在导电涂料中的应用研究—(1)碳纳米管对导电涂料导电性的影响. 高分子材料科学与工程,2004,20(2):133—139.

[54] Kovacs J Z,Velagala B S,Schulte K,et al. Two percolation thresholds in carbon nanotube epoxy composites. Composites Science and Technology,2007,67(5):922—928.

[55] 龚晓钟,汤皎宁,李均钦. 改善碳纳密管制备抗静电电阻膜的研究. 合成化学,2006,12(4):342—345.

[56] Sirringhaus H,Kawase T,Friend R H,et al. High-resolution inkjet printing of all-polymer transistor circuits. Science,2000,290(5499):2123—2126.

[57] Dai H,Wong E W,Lieber C M. Probing electrical transport in nanomaterials:Conductivity of individual carbon nanotubes. Science,1996,272(5261):523—526.

[58] Carroll D L,Redlich P,Ajayan P M,et al. Electronic structure and localized states at carbon nanotube tips. Physical Review Letters,1997,78(14):2811—2814.

[59] Rao A M,Eklund P C,Bandow S,et al. Evidence for charge transfer in doped carbon nanotube bundles from Raman scattering. Nature,1997,388(6639):257—259.

[60] Lee R S,Kim H J,Fischer J E,et al. Conductivity enhancement in single-walled carbon nanotube bundles doped with K and Br. Nature,1997,388(6639):255—257.

[61] Tans S J,Verschueren A R M,Dekker C. Room-temperature transistor based on a single carbon nanotube. Nature,1998,393(6680):49—52.

[62] Rinzler A G,Hafner J H,Nikolaev P,et al. Unraveling nanotubes:Field emission from an atomic wire. Science,1995,269(5230):1550—1553.

[63] de Heer W A,Châtelain A,Ugarte D. A carbon nanotube field-emission electron source. Science,1995,270(5239):1179,1180.

[64] Bonard J M,Salvetat J P,Stöckli T,et al. Field emission from carbon nanotubes:Perspectives for applications and clues to the emission mechanism. Applied Physics A:Materials Science & Processing,1999,69(3):245—254.

[65] Bachilo S M,Strano M S,Kittrell C,et al. Structure-assigned optical spectra of single-walled carbon nanotubes. Science,2002,298(5602):2361—2366.

[66] Riggs J E,Guo Z,Carroll D L,et al. Strong luminescence of solubilized carbon nanotubes. Journal of the American Chemical Society,2000,122(24):5879—5880.

[67] Bonard J M,Stöckli T,Maier F,et al. Field-emission-induced luminescence from carbon nanotubes. Physical Review Letters,1998,81(7):1441—1444.

[68] De Arco L G,Zhang Y,Schlenker C W,et al. Continuous,highly flexible,and transparent graphene films by chemical vapor deposition for organic photovoltaics. Acs Nano,2010,4(5):2865—2873.

[69] Li J,Hu L,Wang L,et al. Organic light-emitting diodes having carbon nanotube anodes. Nano Letters,2006,6(11):2472—2477.

[70] Chun K Y,Oh Y,Rho J,et al. Highly conductive,printable and stretchable composite films of carbon nanotubes and silver. Nature Nanotechnology,2010,5(12):853—857.

[71] Hu L B,Li J F,Liu J,et al. Flexible organic light-emitting diodes with transparent carbon nanotube electrodes:Problems and solutions. Nanotechnology,2010,21(15):155202.

[72] Wong W S,Salleo A. Flexible Electronics:Materials and Applications. New York:Springer,2009.

[73] Aminaka E I,Tsutsui T,Saito S. Electroluminescent behaviors in multilayer thin-film electroluminescent devices using 9,10-bisstyrylanthracene derivatives. Japanese Journal of Applied Physics,1994,33:1061—1068.

[74] Baldo M A,O'Brien D F,Thompson M E,et al. Excitonic singlet-triplet ratio in a semicon-

ducting organic thin film. Physical Review B,1999,60(20):14422—14428.

[75] Uchida M,Izumizawa T,Nakano T,et al. Structural optimization of 2,5-diarylsiloles as ex-cellent electron-transporting materials for organic electroluminescent devices. Chemistry of Materials,2001,13(8):2680—2683.

[76] Sato Y. Semicond semimet. Search PubMed,2000,64:209.

[77] Shi J,Tang C W. Anthracene derivatives for stable blue-emitting organic electrolumines-cence devices. Applied Physics Letters,2002,80(17):3201—3203.

[78] Hosokawa C,Higashi H,Nakamura H,et al. Highly efficient blue electroluminescence from a distyrylarylene emitting layer with a new dopant. Applied Physics Letters, 1995, 67(26):3853.

[79] He F,Xu H,Yang B,et al. Oligomeric phenylenevinylene with cross dipole arrangement and amorphous morphology:Enhanced solid-state luminescence efficiency and electrolumines-cence performance. Advanced Materials,2005,17(22):2710—2714.

[80] Wong K T,Chien Y Y,Chen R T,et al. Ter(9,9-diarylfluorene)s:Highly efficient blue e-mitter with promising electrochemical and thermal stability. Journal of the American Chemi-cal Society,2002,124(39):11576—11577.

[81] Kim Y H,Shin D C,Kim S H,et al. Novel blue emitting material with high color purity. Advanced Materials,2001,13(22):1690—1693.

[82] Shih H T,Lin C H,Shih H H,et al. High-performance blue electroluminescent devices based on a biaryl. Advanced Materials,2002,14(19):1409—1412.

[83] Tao X T,Suzuki H,Wada T,et al. Highly efficient blue electroluminescence of lithium Tet-ra-(2-methyl-8-hydroxy-quinolinato) boron. Journal of the American Chemical Society, 1999,121(40):9447—9448.

[84] Hamada Y,Sano T,Fujita M,et al. High luminance in organic electroluminescent devices with Bis(10-hydroxybenzo[h]quinolinato)beryllium as an emitter. Chemistry Letters,1993, 22(5):905,906.

[85] Tang C W,VanSlyke S A,Chen C H. Electroluminescence of doped organic thin films. Jour-nal of Applied Physics,1989,65(9):3610.

[86] Chen C H,Shi J,Klubek K P. Red organic electroluminescent materials. USA Patent,1999.

[87] Komya N,Nishikawa R,Okuyama M//Proceedings of the 10th Intenational Wbrkshop on Ioorg. and org. EL(EL00),Hamamaltsu,2000:34.

[88] Li J,Liu D,Hong Z,et al. A new family of isophorone-based dopants for red organic elec-troluminescent devices. Chemistry of Materials,2003,15(7):1486—1490.

[89] Tao X T,Miyata S,Sasabe H,et al. Efficient organic red electroluminescent device with nar-row emission peak. Applied Physics Letters,2001,78(3):279—281.

[90] Chen B,Lin X,Cheng L,et al. Improvement of efficiency and colour purity of red-dopant or-ganic light-emitting diodes by energy levels matching with the host materials. Journal of Physics D:Applied Physics,2001,34(1):30—35.

[91] Chen C H,Tang C W,Shi J,et al. Recent developments in the synthesis of red dopants for Alq3 hosted electroluminescence. Thin Solid Films,2000,363(1-2):327—331.

[92] Burrows P E,Forrest S R,Sibley S P,et al. Color-tunable organic light-emitting devices. Applied Physics Letters,1996,69(20):2959—2961.

[93] Picciolo L C,Murata H,Kafafi Z H. Organic light-emitting devices with saturated red emission using 6,13-diphenylpentacene. Applied Physics Letters,2001,78(16):2378—2380.

[94] Baldo M A,O'Brien D F,You Y,et al. Highly efficient phosphorescent emission from organic electroluminescent devices. Nature,1998,395(6698):151—154.

[95] Kido J,Hayase H,Hongawa K,et al. Bright red light-emitting organic electroluminescent devices having a europium complex as an emitter. Applied Physics Letters,1994,65(17):2124—2126.

[96] Hung L S,Chen C H. Recent progress of molecular organic electroluminescent materials and devices. Materials Science and Engineering:R:Reports,2002,39(5-6):143—222.

[97] Kim D U,Paik S H,Kim S H,et al. Design and synthesis of a novel red electroluminescent dye. Synthetic Metals,2001,123(1):43—46.

[98] Yeh H C,Yeh S J,Chen C T. Readily synthesised arylamino fumaronitrile for non-doped red organic light-emitting diodes. Chemical Communications,2003,(20):2632—2633.

[99] 高中扩. 有机聚合物光伏电池的制备及器件物理性能的模拟[D]. 天津：天津大学,2007.

[100] Coakley K M,McGehee M D. Conjugated polymer photovoltaic cells. Chemistry of Materials,2004,16(23):4533—4542.

[101] Burroughes J H,Bradley D D C,Brown A R,et al. Light-emitting diodes based on conjugated polymers. Nature,1990,347(6293):539—541.

[102] Zhang F L,Johansson M,Andersson M R,et al. Polymer solar cells based on MEH-PPV and PCBM. Synthetic metals 2003,137(1-3):1401—1402.

[103] Brabec C J,Padinger F,Sariciftci N S,et al. Photovoltaic properties of conjugated polymer/methanofullerene composites embedded in a polystyrene matrix. Journal of Applied Physics,1999,85(9):6866—6872.

[104] Al-Ibrahim M,Roth H K,Sensfuss S. Efficient large-area polymer solar cells on flexible Applied Physics Letters,2004,85(9):1481—1483.

[105] Schilinsky P,Asawapirom U,Scherf U,et al. Influence of the molecular weight of Poly(3-hexylthiophene) on the performance of bulk heterojunction solar cells. Chemistry of Materials,2005,17(8):2175—2180.

[106] Hu X,Xu L. Structure and properties of 3-alkoxy substituted polythiophene synthesized at low temperature. Polymer,2000,41(26):9147—9154.

[107] Hou J H,Tan Z A,Yan Y,et al. Synthesis and photovoltaic properties of two-dimensional conjugated polythiophenes with bi(thienylenevinylene) side chains. Journal of the American Chemical Society,2006,128(14):4911—4916.

[108] Hou J H,Huo L J,He C,et al. Synthesis and absorption spectra of poly(3-(phenylenevi-

nyl)thiophene)s with conjugated side chains. Macromolecules,2006,39(2):594—603.

[109] Hou J,Tan Z A,He Y,et al. Branched poly(thienylene vinylene)s with absorption spectra covering the whole visible region. Macromolecules,2006,39(14):4657—4662.

[110] Zhou E,Tan Z A,Yang Y, et al. Synthesis,hole mobility,and photovoltaic properties of cross-linked polythiophenes with vinylene-terthiophene-vinylene as conjugated bridge. Macromolecules,2007,40(6):1831—1837.

[111] Zhan X,Tan Z A,Domercq B,et al. A high-mobility electron-transport polymer with broad absorption and its use in field-effect transistors and all-polymer solar cells. Journal of the American Chemical Society,2007,129(23):7246—7247.

[112] Zou Y,Wu W,Sang G,et al. Polythiophene derivative with phenothiazine-vinylene conjugated side chain: Synthesis and its application in field-effect transistors. Macromolecules, 2007,40(20):7231—7237.

[113] Ding L, Bo Z, Chu Q, et al. Photophysical and electroluminescent properties of hyper-branched polyfluorenes. Macromolecular Chemistry and Physics, 2006, 207(10): 870 —878.

[114] Kim K,Liu J,Namboothiry M A G,et al. Roles of donor and acceptor nanodomains in 6% efficient thermally annealed polymer photovoltaics. Applied Physics Letters,2007,90(16): 163511—163513.

[115] Xia Y, Deng X, Wang L, et al. An extremely narrow-band-gap conjugated polymer with heterocyclic backbone and its use in optoelectronic devices. Macromolecular Rapid Communications,2006,27(15):1260—1264.

[116] Zhou Q, Hou Q, Zheng L, et al. Fluorene-based low band-gap copolymers for high performance photovoltaic devices. Applied Physics Letters,2004,84(10):1653—1655.

[117] Svensson M,Zhang F,Veenstra S C,et al. High-performance polymer solar cells of an alternating polyfluorene copolymer and a fullerene derivative. Advanced Materials, 2003, 15(12):988—991.

[118] Boudreault P L T,Michaud A,Leclerc M. A new poly(2,7-dibenzosilole) derivative in polymer solar cells. Macromolecular Rapid Communications,2007,28(22):2176—2179.

[119] Zhu Z,Waller D,Gaudiana R,et al. Panchromatic conjugated polymers containing alternating donor/acceptor units for photovoltaic applications. Macromolecules, 2007, 40(6): 1981—1986.

[120] Campos L M,Tontcheva A,Günes S,et al. Extended photocurrent spectrum of a low band gap polymer in a bulk heterojunction solar cell. Chemistry of Materials, 2005, 17(16): 4031—4033.

[121] Wang X, Perzon E, Oswald F, et al. Enhanced photocurrent spectral response in low-bandgap polyfluorene and C70-derivative-based solar cells. Advanced Functional Materials, 2005,15(10):1665—1670.

[122] Zhang F,Perzon E,Wang X,et al. Polymer solar cells based on a low-bandgap fuorene co-

polymer and a fullerene derivative with photocurrent extended to 850nm. Advanced Functional Materials,2005,15(5):745—750.

[123] Zhang F,Mammo W,Andersson L M,et al. Low-bandgap alternating fluorene copolymer/ methanofullerene heterojunctions in efficient near-infrared polymer solar cells. Advanced Materials,2006,18(16):2169—2173.

[124] Gadisa A,Mammo W,Andersson L M,et al. A new donor-acceptor-donor polyfluorene copolymer with balanced electron and hole mobility. Advanced Functional Materials, 2007, 17(18):3836—3842.

[125] Blouin N,Michaud A,Leclerc M. A low-bandgap poly(2,7-Carbazole) derivative for use in high-performance solar cells. Advanced Materials,2007,19(17):2295—2300.

[126] Dittmer J J,Petritsch K,Marseglia E A,et al. Photovoltaic properties of MEH-PPV/PPEI blend devices. Synthetic Metals,1999,102(1-3):879—880.

[127] Breeze A J,Salomon A,Ginley D S,et al. Polymer-perylene diimide heterojunction solar cells. Applied Physics Letters,2002,81(16):3085—3087.

[128] Tang C W. Two-layer organic photovoltaic cell. Applied Physics Letters 1986,48(2): 183—185.

[129] Peumans P,Forrest S R. Very-high efficiency double-heterostructure copper phthalocyanine/C[sub 60] photovoltaic cells. Applied Physics Letters,2001,79(1):126—128.

[130] Dittmer J J,Marseglia E A,Friend R H. Electron trapping in dye/polymer blend photovoltaic cells. Advanced Materials,2000,12(17):1270—1274.

[131] Ago H,Petritsch K,Shaffer M S P,et al. Composites of carbon nanotubes and conjugated polymers for photovoltaic devices. Advanced Materials,1999,11(15):1281—1285.

[132] Kymakis E,Alexandou I,Amaratunga G A J. Single-walled carbon nanotube-polymer composites:Electrical,optical and structural investigation. Synthetic Metals,2002,127(1-3): 59—62.

[133] Brabec C J,Cravino A,Meissner D,et al. The influence of materials work function on the open circuit voltage of plastic solar cells. Thin Solid Films,2002,404(2):368—372.

[134] Sariciftci N S,Smilowitz L,Heeger A J,et al. Photoinduced electron transfer from a conducting polymer to buckminsterfullerene. Science,1992,258(5087):1474—1476.

[135] Morita S,Zakhidov A A,Yoshino K. Doping effect of buckminsterfullerene in conducting polymer:Change of absorption spectrum and quenching of luminescene. Solid State Communications,1992,82(4):249—252.

[136] Neugebauer H,Brabec C,Hummelen J C,et al. Stability and photodegradation mechanisms of conjugated polymer/fullerene plastic solar cells. Solar Energy Materials and Solar Cells, 2000,61(1):35—42.

[137] Ramos A M,Rispens M T,Hummelen J C,et al. A poly(p-phenylene ethynylene vinylene) with pendant fullerenes. Synthetic Metals,2001,119(1-3):171—172.

[138] Yu G,Gao J,Hummelen J C,et al. Polymer photovoltaic cells:Enhanced efficiencies via a

network of internal donor-acceptor heterojunctions. Science, 1995, 270 (5243): 1789—1791.

[139] Chamberlain G A, Cooney P J, Dennison S. Photovoltaic properties of merocyanine solid-state photocells. Nature, 1981, 289(5793):45—47.

[140] Petritsch K. Organic solar cell architectures[D]. Graz: Universitat Graz, 2000.

[141] Dyakonov V. The polymer-fullerene interpenetrating network: One route to a solar cell approach. Physica E: Low-dimensional Systems and Nanostructures, 2002, 14(1-2):53—60.

[142] Zheng L P, Zhou Q M, Fei W, et al. Synthesis of three novel C_{60} derivatives and their photovoltaic cell performance. Acta Chimica Sinica, 2004, 62(1):88—94.

[143] Schmidt-Mende L, Fechtenkotter A, Mullen K, et al. Efficient organic photovoltaics from soluble discotic liquid crystalline materials. Physica E-Low-Dimensional Systems & Nanostructures, 2002, 14(1-2):263—267.

[144] Hoppe H, Sariciftci N S. Organic solar cells: An overview. Journal of Materials Research, 2004, 19(7):1924—1945.

[145] Spanggaard H, Krebs F C. A brief history of the development of organic and polymeric photovoltaics. Solar Energy Materials and Solar Cells, 2004, 83(2-3):125—146.

[146] Lin Y Y, Chu T H, Chen C W, et al. Improved performance of polymer/TiO_2 nanorod bulk heterojunction photovoltaic devices by interface modification. Applied Physics Letters, 2008, 92(5):053312,053313.

[147] 王斌. 基于新型光电聚合物的光伏性能研究及器件制备[D]. 北京:北京交通大学,2008.

第3章　柔性功能器件

3.1　薄膜晶体管

半导体研究已超过 100 年,迄今已有 60 多种主要器件以及 100 余种衍生器件,其中最重要的就是晶体管。晶体管为多重结的半导体器件,可获得电压、电流或信号功率增益。半导体器件主要有以下几种基础结构组成[1]。①金属-半导体结构:作为整流接触,使电流只能由单一方向流过;或作为欧姆接触,电流可以双向流过。利用整流接触作栅极、利用欧姆接触作源极和漏极,可形成金属半导体场效应晶体管(metal semiconductor field effect transistor,MESFET);②pn 结:由 p 型和 n 型半导体接触形成的结,具有单向导电性,即 pn 结处于正向(p 型区接正极,n 型区结负极)时,pn 结通过较大的电流,并且电流随着电压的增加而很快增加,反之,pn 结处于反向(p 型区接负极,n 型区接正极)时,电流很小,而且电压增加时电流趋于饱和[2];③异质结:n 型区和 p 型区是由两种不同材料的半导体接触形成的结,即两种带隙宽度不同的半导体材料长在同一块单晶上形成的结。由于两种材料电子亲合能和带隙宽度不同,异质结具有一系列独特的特性,例如异质结的 n 型区一侧是宽带隙材料,就可以提高电子的注入比[2];④金属-氧化物-半导体(metal oxide semiconductor,MOS)结构:可视为金属-氧化物界面和氧化物-半导体界面的结合。用 MOS 结构作栅极,再用两个 pn 结做漏极和源极,可得到金属氧化物半场效应晶体管(metal-oxide-semiconductor field effect transistor,MOSFET)。

TFT 与 MOSFET 有许多相似性,也有所不同。①沟道与源极、漏极位置关系:MOSFET 载流子沟道所形成的界面,与源极、漏极处于同侧。因此,载流子沟道形成后会直接连接源极、漏极。TFT 沟道形成于半导体层的下界面,而源极、漏极在半导体层的上界面。因此,TFT 沟道要连接到源极、漏极,载流子需要经过此低导电性的半导体层区域。②栅极与源极、漏极制备方法:MOSFET 的源极、漏极掺杂是利用栅极作为掩膜,利用离子注入形成的,可实现自动对准,栅极不会与源极、漏极重叠,而 TFT 制备源极、漏极需要掩膜。TFT 的导通特性包括了半导体层厚度本身造成的电阻,如果栅极与源极、漏极之间没有重合,会造成一段不会形成沟道的距离,形成较大电阻,使其充电能力大幅降低。因此,必须在栅极与源极、漏极之间有意形成重叠,然而这会导致栅极与源极、漏极之间产生寄生电容。③栅极绝缘层材料:MOSFET 栅极绝缘层是在高温下形成 SiO_2,其本身和硅半导体界面都具有优异品质。

典型晶体管截面如图 3.1 所示,分别为双极晶体管和场效应晶体管(field effect transistor,FET)[3]。双极晶体管是通过 npn 结或者 pnp 结序列实现,三部分分别称为集电极、基电极、发射电极。一个结作用正向偏压,而另一个结作用负向偏压,只需在基电极作用较小的控制电流就可以在集电极和发射电极之间激活较大的电流。由于双极晶体管介电强度高、对干扰不敏感以及强互导,常用来实现高、低频和功率放大器。FET 是由三个电极组成的单极型电压控制的半导体器件,相对于双极晶体管增加了栅极,通过栅极偏压来调节导电沟道的电导率,将控制电极与晶体管沟道分隔开的,具有输入电阻高、噪声小、功耗低、无二次击穿现象、安全工作区域宽等优点。通过栅极 p-n 源极电压对源极和漏极之间的电流进行调控,使得绝缘层 p-n 半导体界面的电荷载流子密度发生变化,从而产生场效应。源极和漏极利用电荷载流子进行掺杂,为半导体提供额外的空穴(p 型掺杂)和电子(n 型掺杂)。由于 FET 具有切换时间短和空间集成度高等优点,广泛应用于微处理器和半导体存储器等高集成电路。FET 在显示工业中被用作像素的切换单元,如 AMLCD 和 AMOLED 显示器。

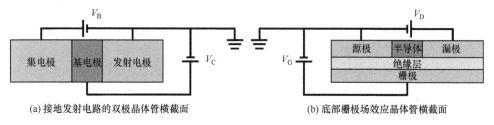

(a) 接地发射电路的双极晶体管横截面   (b) 底部栅极场效应晶体管横截面

图 3.1 典型晶体管截面图[3]

半导体层负责传递源极和漏极之间的电流,通过绝缘层将半导体和栅极隔开,在栅极和半导体之间形成电容耦合。通过调节栅极的电压来变更栅绝缘层界面附近半导体的电学特性,达到调节沟道区域导电率的目的。晶体管工作原理如图 3.2 所示[4]。当没有栅极偏压 V_{GS} 或 V_{GS} 较小时,非常低密度的自由载流子均匀分布在半导体层中,半导体层电导率、源极和漏极之间的电流 I_{DS} 非常小,此时晶体管处于关闭状态。当在栅极施加负电压 V_{GS} 后,大量正电荷就会从源极注入半导体层并积累在半导体层与绝缘层界面区域,随着载流子密度显著增加,电导率大幅度提高,最终形成导电沟道。此时在源极和漏极之间施加电压 V_{DS} 后,则有源区积累的空穴会在电压 V_{DS} 驱动下形成电流 I_{DS},并可通过栅极和源极间电压 V_{GS} 进行调节。在保持 V_{DS} 不变的条件下,提高 V_{GS} 可以增加半导体层的诱导电荷,半导体层的电导率也随之升高,I_{DS} 随之增加,此时晶体管打开。通过调节 V_{GS},可以使半导体的电阻以及流过半导体的电流会发生几个量级的变化。晶体管性能表征通常

采用固定 V_{DS} 条件下的 I_{DS} 与 V_{GS} 关系进行描述。I_{DS} 与 V_{GS} 之间在饱和区呈现平方关系,数据分析习惯上采用 $I_{DS}^{1/2}$ 与 V_{GS} 关系,可方便获取薄膜晶体管的特征参数,如载流子迁移率 μ、阈值电压 V_T 和开关电流比 I_{on}/I_{off}。

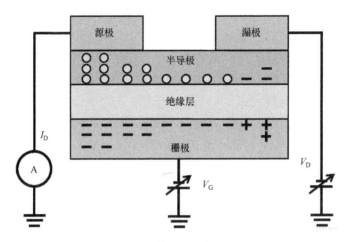

图 3.2　晶体管的工作原理图

3.1.1　晶体管结构形式

　　晶体管器件中的源极、漏极、栅极、栅极绝缘层和半导体层相对位置并非固定不变,三个电极的位置比较灵活,可以依据工艺程序进行调整,制备出不同的器件结构。虽然大多数有机器件和电路都采用了标准的 TFT 结构,但是仍有许多变形体,以弥补材料特性和制造工艺的不足,达到提高器件性能的目的,包括平面结构晶体管、竖直结构晶体管与圆柱结构晶体管等。

　　1. 平面结构晶体管

　　平面结构晶体管横截面的标准几何图案如图 3.3 所示。根据源极、漏极和半导体层的位置次序不同,可以分为顶接触电极结构和底接触电极结构两类,当源极和漏极沉积到半导体上面时为顶接触,反之则为底接触。根据栅电极的位置不同,可以分为底栅结构和顶栅结构,因而平面结构晶体管有四种形式,如图 3.3 所示。底接触结构和顶接触结构的性能有所区别,由于顶接触型器件中,有源层薄膜生长不受源极、漏极的影响,可在绝缘层表面大面积地有序生长,排列有序度高,一般电性能较底接触型器件好[5,6]。顶接触型晶体管的源极、漏极在半导体层上方,并远离衬底。由于半导体层和绝缘层直接相连,电极与半导体层接触良好,制作过程中可以采取对绝缘层进行修饰来改变半导体的成膜结构和形貌,从而提高器件载流子迁移率。顶接触结构中半导体层受栅极电场影响的面积大于底接触器件结构,因此载流子迁移率较高。为避免损伤有源层薄膜形态,顶接触晶体管一般通过掩膜版辅助沉积源极、漏极,难以实现极小的器件沟道,对提高器件集成度不利。底接触型晶体管的源极和漏极之间的沟道长度可以做到 $1\mu m$ 以下,有利于提高器件集成度,在制备工艺上具有优势。有机传感器需要半导体层无覆盖地暴露在测试环境中,此时源极、漏极在下方的器件结构具有较大优势。但由于底接触器件存在绝缘层、电极和半导体的交汇点,源极、漏极与半导体层接触不良,会影响器件性能。

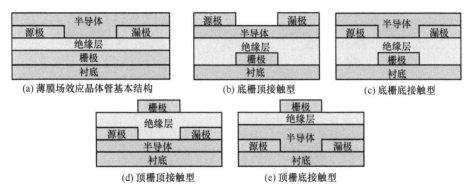

图 3.3　平面结构晶体管横截面的标准几何图案

有机半导体材料的物理和化学稳定性较差,OTFT 器件绝缘层的制备工艺都会影响到半导体材料的性能。例如,制备无机绝缘层所用的溶液法、热生长、溅射沉积以及制备有机绝缘层的湿加工方法,都会不同程度地破坏有源层薄膜形态和质量。通常先制备绝缘层,后制备有源层,所以在 OTFT 器件中底栅结构最为常见。高掺杂硅片作为栅极,热生长 SiO_2 作为栅极介电层,金属源极、漏极可通过两种方法形成,即旋涂法沉积聚合物之前采用光刻技术(底接触结构),或者旋涂法沉积聚合物之后采用掩膜生长工艺(顶接触结构)。

OTFT 沿用无机半导体有源材料的绝缘栅场效应结构,但有机材料特性对环境敏感,在空气中暴露一段时间后性能会退化,顶栅结构可以很好回避这个问题。顶栅结构器件的栅电极最后沉积,有机半导体层被衬底和绝缘层、电极包裹,器件性能相对较为稳定。但在有机层上沉积绝缘层时会破坏半导体,导致顶栅结构器件的性能较差,为此可采用双栅结构,如图 3.4(a)所示。当底接触结构器件制备完成,在有机半导体层上面再沉积一层栅介质层,最后生长顶栅电极,即为双栅结构的 OTFT。双栅结构 OTFT 可以通过栅极调节开启电压以及开态电流,广泛应用于有机反相器。Iba 采用有机半导体和绝缘材料在柔性基板上制备了具有双栅结构晶体管,其中顶栅和底栅可以独立施加电压,如图 3.4(b)所示[7]。当顶栅电极的偏压从 0 变化到 $+60V$ 时,有机晶体管的阈值电压在 $-16V\sim-43V$ 的范围内变化。在不同的顶栅电极偏压情况下,线性区的迁移率基本为常数($0.2cm^2/s$),而

开关比为 10^6。对阈值电压 V_{th} 的控制可以平衡集成电路的高速运算和低功耗的关系。双栅结构为利用有机晶体管进行复杂集成电路设计提供了可行的解决方案。

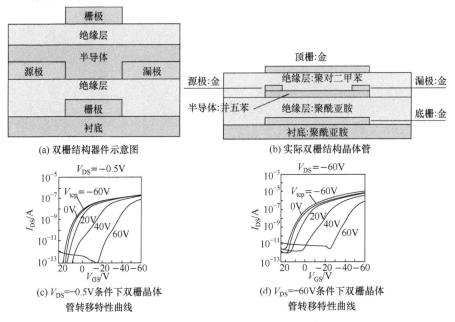

(a) 双栅结构器件示意图　　　　　　(b) 实际双栅结构晶体管

(c) $V_{DS}=-0.5V$ 条件下双栅晶体　　(d) $V_{DS}=-60V$ 条件下双栅晶体
　　管转移特性曲线　　　　　　　　　管转移特性曲线

图 3.4　双栅结构晶体管及其性能

2. 垂直结构晶体管

OTFT 常被用于驱动 OLED,两者可通过串联结构进行集成,实现 AMOLED 显示器[8]。OLED 需要的驱动电流较大,有机材料的载流子密度和迁移率通常较低,传统 OTFT 载流子虽然迁移率可以达到 $6cm^2/(V \cdot s)$、电流开关比可达到 10^6,但是传统 OTFT 为横向结构,受沟道长度限制,导致器件开启电压大、工作电流小,难以有效驱动 OLED 单元发光。为提高横向结构 OTFT 的输出电流,可减少沟道长度并增加载流子通道横截面面积,但对于制造工艺是一个巨大挑战。

提高 OTFT 输出电流的解决方案主要有:①选用高迁移率的有机材料;②减小绝缘层厚度或采用高介电常数材料;③减小晶体管沟道长度。垂直结构 OTFT 采用叠层构型,依次蒸镀漏极、源极和栅电极,通过改变栅压来控制源极、漏极的电流变化,其结构如图 3.3 所示。垂直结构 OTFT 中沟道长度为有机半导体层的厚度,有效减小了沟道长度,可使得器件开启电压降到 5V 以下,工作电流达到毫安量级,有效改善器件的工作特性。传统晶体管的沟道一般在微米量级,而垂直结构器件的沟道可实现 100nm 左右,载流子通道面积也大大增加,极大提高了器件的工作电流、降低了器件的开启电压,解决了 OTFT 迁移率低的问题。由于漏-源-栅在同一竖直面内,彼此间存在寄生电容,使得零点电流容易漂移,可通过放电来避免[9]。Kudo[10]和 Yang[11]分别提出了有机静电感应晶体管[见图 3.5(a)]和垂直堆叠式有机晶体管[见图 3.5(b)],可以实现低工作电压下输出较大的电流。基于垂直结构的 OTFT 器件有望能够达到驱动 OLED 的目的,为发展新型全有机柔性显示器提供了新思路。

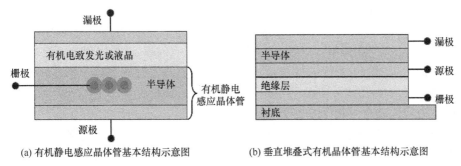

(a) 有机静电感应晶体管基本结构示意图　　　(b) 垂直堆叠式有机晶体管基本结构示意图

图 3.5　可实现低工作电压下输出较大电流的晶体管结构

不同于横向结构 OTFT,垂直结构 OTFT 是电荷注入控制型器件。对于空穴型器件,当在源极和栅极上施加负偏压时,空穴可以累积在源极和半导体层界面,有效降低了源极到半导体层的电荷注入势垒。通过调制栅压可以控制电荷注入效率,达到调节源极、漏极电流的目的。垂直结构 OTFT 的源极非常薄和粗糙,当施加栅压时,诱导电荷能够累积在金属电极的两侧,影响电荷注入势垒,达到调节栅、源极电流的目的,且绝缘层须采用高介电材料,可以获得高电容,通常在 $\mu F/cm^2$ 量级[12]。

横向结构 OTFT 的开态电流通常为 μA 量级,电压为几十伏,器件输出和转移特性曲线如图 3.6 所示。从图 3.6(a)中可以观察到线性区和饱和区,垂直结构 TFT 的开态电流提升到 0.8mA,工作电压降低到 6V,基本满足 OLED 的驱动要求[11]。从图 3.6(b)中可以看到栅压对于源漏电流的调制作用,随着栅压从 0V 加大到 $-3V(V_D=-6V)$,电流从 $5×10^{-7}$A 变化到 $5×10^{-4}$A,增加了三个数量级。因此,如果定义 $V_G=0V$ 为关态,而 $V_G=3V$ 为开态,开关态电流比为 $10^{3[12]}$。

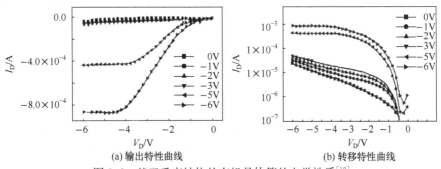

(a) 输出特性曲线　　　　　　　　　(b) 转移特性曲线

图 3.6　基于垂直结构的有机晶体管的电学性质[12]

3. 圆柱结构晶体管

基于共轭有机小分子材料和聚合物在电子纺织物中具有广泛应用,如果将电子技术与纺织技术结合,能够实现新颖的穿戴式电子器件[13~15]。实现电路拓扑结构的变化,实现与工艺的完美结合,才能够使得柔性电子更大程度融入到日常生活中,例如生物医疗检测功能和人机接口的智能纺织物系统、化学传感器纤维、可变颜色布料等。目前电子纺织物应用主要采用嵌入式硅芯,通过固定电路进行连接,极大降低了应用的灵活性、容错能力和成本控制。将晶体管制作成纤维结构并相互连接形成简单的切换电路,可用于嵌入式部件的有源矩阵,但圆柱形纤维的拓扑结构会带来表面弯曲和扭曲效应以及复杂的工艺。

Rossi[16]在纤维上进行涂层,生成电极,在纤维交叉点形成线型电化学晶体管,如图3.7所示。线型电化学晶体管具体工作原理如下:①在栅极电压作用下,通过聚合物沟道中积累的电荷来切换关状态到开状态;②在栅极电压作用下,聚合物半导体沟道中的离子通过固态电解质电扩散而耗尽后,实现开状态到关状态的切换。线型电化学晶体管是对称结构,源极、漏极纤维和栅极纤维可以相互变换,极大增加了电路设计的灵活性[16]。

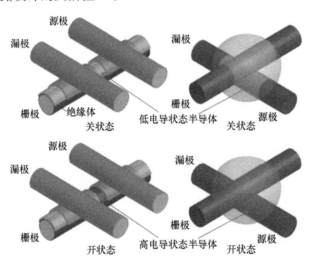

图 3.7　OFET 的工作原理和线型电化学晶体管晶体管[16]

Maccioni 等[17]制作出顶接触圆柱形 OFET,与纺织工艺所采用的尺寸和形状完全兼容,如图3.8所示。器件采用直径为 $45\mu m$ 的圆柱形金属纤维,在其表面覆盖一层 $1\mu m$ 厚的聚酰亚胺,由于整个结构非常柔软,可以与棉纤维缠绕在一起制备功能性织物。在结构上蒸镀并五苯,然后制备源极、漏极,在蒸镀过程利用细金属丝作为荫罩直接将金电极沉积到并五苯表面,得到沟道长度与线直径等同,但是结构尺寸难以控制，或者采用软刻蚀工艺将薄薄的一层导电聚合物（PEDOT：PSS）转移到并五苯表面。采用软刻蚀工艺可以充分发挥导电聚合物的机械性能，采用低分辨率图章制备高分辨率图案，直接在图章表面通过旋转纱线的方式获得覆盖整个纱线的接触点，可以在纤维长度方向并行制备多个接触点。由于较小的尺寸和非平面结构，纤维与源极、漏极之间建立可靠的电接触非常困难。虽然器件沟道的宽长比（$W/L \sim 1.2$）比较低，但是开关电流比（I_{on}/I_{off}）足够高，完全可以和横向结构器件媲美。PEDOT：PSS 接触点可以得到更好的电学性能，这对于未来利用纺织工艺制备电路具有非常重要的意义[17]。

(a) 圆柱形 OFET 结构形式

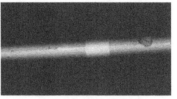
(b) 垂沟道面积的光学显微图片

图 3.8　圆柱形 OFET 结构示意图与光学图片[17]

　　利用图案编织法直接在纤维上制备晶体管为制作电子纺织物提供一种新颖方法。图案编织工艺属于加成法制造工艺，不需要采用传统刻蚀工艺，并与纺织制造工艺、低成本溶液化工艺兼容，很容易用于制备大面积柔性电子。基于编织工艺可以实现器件与互联结构的自对准，可避免费时、易出错的对准步骤，这是相对于高密度嵌入式硅器件的显著优点[13]。纤维晶体管的图案编制工艺如图 3.9 所示[13]：①将导电纤维作为栅极线，在纤维表面包裹一层绝缘层，然后再覆盖一层活性层；②在经过处理的纤维表面制备活性区；③沉积导电层形成源极、漏极，可以与十字编制导电纤维接触，如图 3.10 所示，晶体管与背面栅极的顶接触 TFT 结构类似。器件结构中栅极线路完全被包裹，可以借助编制工艺实现互联结构。

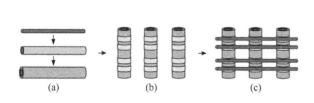
图 3.9　纤维上制作晶体管的编制工艺流程[13]

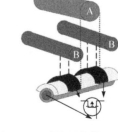
图 3.10　纤维器件截面示意图

3.1.2　晶体管工作原理

　　FET 标准参数是沟道宽度 W、沟道长度 L 以及一定厚度下单位面积绝缘层电

容 $C_i = \varepsilon\varepsilon_i/d$。在固定栅极电压下,源极、漏极电压对源极、漏极电流作用可分为两个主要区域,如图 3.11 所示。在低的源极、漏极电压 V_D 区,漏电流随漏电压的增加而指数增加;当 V_D 等于栅压时,漏极和栅极之间的电势差为 0,产生了沟道的夹断,从而形成饱和的漏电流。

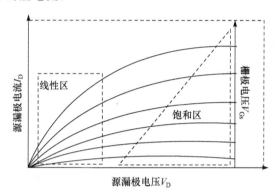

图 3.11 FET 的输出性质

对于典型的 MOSFET(n 型或 p 型),线性区的漏电流和漏电压及栅电压的基本关系满足

$$I_D = \frac{W}{L} C\mu \left[(V_{GS} - V_{th,i})^2 - \frac{1}{2} V_{DS}^2 \right]$$

对于线性操作区域的标准源极、漏极电流方程为

$$I_D = \frac{W}{L} C\mu \left[(V_{GS} - V_{th,i}) V_{DS} - \frac{1}{2} V_{DS}^2 \right]$$

当 $V_{DS} \ll V_{GS} - V_{th,i}$ 时,源极、漏极电流方程可以简化为 $I_D = \frac{W}{L} C\mu (V_{GS} - V_{th,i})$ V_{DS}。随着 V_{DS} 增大,漏电极附近的空穴被耗尽,源极、漏极之间的导电沟道被夹断,即表现为 I_D 不再随着 V_{DS} 增大而明显增大,呈现饱和现象[4]。FET 的电流-电压方程参考表 3.1,其中,k 是栅极绝缘层介电常数,t 是栅极绝缘层厚度,ε_0 是真空介电常数,V_G 是栅极电压,V_{th} 是阈值电压。由于晶体管整体物理尺寸的限制,某些应用会设置 W 上限。因此,关键参数主要是 μ、ε、t、L,在柔性电子需要适合于大面积塑料基板,并能够保证较小 L 的高分辨率打印技术。

表 3.1 n-MOSFET 和 p-MOSFET 的电流-电压方程

模式	属性	n-MOSFET(D)	p-MOSFET(D)
截止模式	漏电流	$I_D = 0$	
	栅极-源极电压	$V_{GS} < V_{th,i}$	$V_{GS} > V_{th,i}$
	栅极-漏极电压	(·)	(·)

续表

模式	属性	n-MOSFET(D)	p-MOSFET(D)
线性模式	线性漏电流 $(V_{DS}<1)$	$I_D \approx k_i \dfrac{W}{L}(V_{GS}-V_{th,i})V_{DS}$	
	三极漏电流	$I_D \approx k_i \dfrac{W}{L}\left[(V_{GS}-V_{th,i})V_{DS}-\dfrac{V_{DS}^2}{2}\right]$	
	栅极-源极电压	$V_{GS}>V_{th,i}$	$V_{GS}<V_{th,i}$
	栅极-漏极电压	$V_{GD}>V_{th,i}$	$V_{GD}<V_{th,i}$
饱和模式	漏电流	$I_D = \dfrac{1}{2}k_i \dfrac{W}{L}(V_{GS}-V_{th,i})^2$	
	带 λ 的漏电流	$I_D = \dfrac{1}{2}k_i \dfrac{W}{L}(V_{GS}-V_{th,i})^2(1+\lambda V_{DS})$	
	栅极-源极电压	$V_{GS}>V_{th,i}$	$V_{GS}<V_{th,i}$
	栅极-漏极电压	$V_{GD}<V_{th,i}$	$V_{GD}>V_{th,i}$
线性/饱和边界	漏极-源极电压	$V_{DS}=V_{GS}-V_{th,i}$	
参数	工艺参数	$k_i = \mu_i C_{ox}$	
	电流增益	$\beta_i = k_i \dfrac{W}{L}$	
	厄利电压	$\lambda = \dfrac{1}{V_A}$	
	体效应参数	$\gamma = \dfrac{\sqrt{2qN_a}}{C_{ox}}$	$\gamma = -\dfrac{\sqrt{2qN_d}}{C_{ox}}$
	氧化半导体 介电电容	$C_{ox} = \dfrac{K_{ox}\varepsilon_o}{t_{ox}}$	
	阈值电压	$V_{th,i}=V_{TO}+\gamma(\sqrt{2f_f+\lvert V_{SB}\rvert}-\sqrt{2f_f})$	
	零势电流	$I_{DSS} \equiv \dfrac{\beta_i}{2}\lvert V_{th,i}\rvert^2$	
	耗散 MOSFET 阈值电压	$V_{th,i}<0$	$V_{th,i}>0$
	载流子迁移率 （非饱和区）	$\mu = \dfrac{Lg_m}{WC_{ox}V_{DS}}$	
	载流子迁移率 （饱和区）[4,18]	$\mu = \dfrac{2L}{WC_{ox}}\left(\dfrac{\partial\sqrt{I_D}}{\partial V_{GS}}\right)^2$	
	沟道参数[4]	$g_D = \left(\dfrac{\partial I_D}{\partial V_D}\right)\bigg|_{V_G=\text{const}} = \dfrac{W}{L}\mu(V_{GS}-V_{th,i})$	
	跨导	$g_m = \left(\dfrac{dI_D}{dV_{GS}}\right)_{V_{DS}=\text{常数}} = \dfrac{W}{L}\mu C_{ox}V_{DS}$	

　　为了保证 FET 的高开关态电流比，耗尽区的漏电流要求非常小。源极、漏极通常直接采用金电极和有机半导体连接形成欧姆接触。有机器件中由于半导体本体电导的缘故，通常需要较大栅压才能在半导体和绝缘层界面处形成累积层，FET中漏电流中有明显的欧姆电流成分。从表 3.1 可以看出，高迁移率保证了器件在开态时具有高的输出电流，同时需要较低电导率以产生低的关态电流，获得高开关态电流比。

　　OFET 有两个基本物理过程。①载流子注入，载流子通过源电极-有源层界面从电极进入有机半导体内的过程。通常当界面势垒高度 $\Delta E < 0.4\mathrm{eV}$ 时，电极-有源层形成欧姆接触，易于载流子注入，反之为肖特基接触。肖特基接触使载流子注入比较困难，大部分载流子聚集在电极-有源层界面处。目前解释载流子注入的理论主要有隧穿理论、热电子发射理论和空间电荷限制理论。②载流子传输，有机半导体材料的本征传输机制的深入研究不仅能够指导高载流子传输有机材料的合成，也可以为 OFET 建立合理的器件模型提供理论依据。早期由于有机半导体材料的载流子迁移率很低，广泛利用跳跃模型描述聚合物和无序小分子材料中的载流子传输机制[19]。用高纯度有机分子单晶晶体制作晶体管，其场效应迁移率与温度具有负的指数关系，与无机半导体载流子迁移率极其相似，为能带传输理论在有机材料中的应用提供了有力证据。场效应迁移率的热激活效应可通过多重捕获与释放模型进行解释，即载流子扩展态能带和高密度局域态相连接，局域态起到载流子陷阱的作用，当载流子在扩展态能带上传输时，载流子会以被捕获和释放的方式与陷阱能级相互作用[20]。漂移迁移率 μ_D 和能带本征迁移率 μ_0 关系为

$$\mu_\mathrm{D} = \mu_0 \alpha \exp\left(-\frac{E_\mathrm{t}}{KT}\right)$$

　　在单陷阱能级情况下，E_t 代表陷阱能级与能带边之间的距离，α 表示扩展态边有效态密度与陷阱密度的比值。这个模型成功地解释了有机晶体管中的许多实验现象，比如有机器件载流子迁移率的高温区热激活现象、场效应迁移率对栅压的依赖关系以及载流子迁移率的数量级等，但是对载流子迁移率在低温区对温度不敏感现象的解释却无能为力。

　　表 3.2 列出了 p 型半导体、n 型半导体和双极型半导体 OTFT 的迁移率和开关比，并列出与之对应的材料制备工艺、器件结构形式、所采用的绝缘溶液和电极材料等[21]。双极器件的空穴与电子迁移率都很低，距离实际应用还有很大距离。

表 3.2　半导体 OTFT 的性能[21]

材料类型	材料名称 (制备工艺)	器件结构	绝缘材料 (表面处理溶剂)	电极材料	迁移率/[cm^2/ (V·s)]	开关比
P型半导体OTFT的性能	α-6T(V)	底接触	SiO_2	Au	0.01~0.03	$>10^6$
	α-6T(S)	顶接触	PMMA	Au	0.075	$>10^4$
	Det-α-6T(V)	顶接触	PVP	Au	1.1	10^4
	Rubrene(S)	顶接触	Parylene	Ag	8	—
	4-selenophe(V)	顶接触	SiO_2	Au	$3.6×10^6$	—
	DH(V)	顶接触	SiO_2(HMDS)	Au	0.05~0.06	$6.3×10^4$
	Teracene(S)	底接触	SiO_2	Au	0.4	—
	Pentacene(V)	顶接触	SiO_2(OTS)	Au	1.6	10^6
	Pentacene(V)	顶接触	交联 PVP	Au	3.0	10^5
	Pentacene(V)	顶接触	SiO_2/PMMA	Au	1.4	10^6
	CuPc(V)	底接触	SiO_2	Au	0.01-0.02	$4×10^5$
	CuPc(S)	底接触	Parylene	石量乳	1	$>10^2$
	VoPc(MBE)	底接触	$(Sc_{0.7}Y_{0.3})_2O_3$	ITO	$5×10^{-3}$	10^3
	H2Pc(Precursor)	底接触	SiO_2	Au	0.017	10^5
	PrOEP(MBE)	顶接触	SiO_2	Au	$2.2×10^{-4}$	10^4~10^5
	Bis-BDT(V)	底接触	SiO_2	Au	0.04	—
n型半导体OTFT的性能	DFH-4T(V)	顶接触	SiO_2(HMDS)	Au	0.048	10^5
	DH-PTTP(V)	顶接触	SiO_2(HMDS)	Au	0.074	$6×10^6$
	F_{16}CuPc(V)	底接触	SiO_2	Au	0.03	$3×10^5$
	F_{16}CuPc(V)	底接触	SiO_2(OTS)	Au	0.01	
	C_{60}(V)	底接触	SiO_2	Au	0.08	10^6
	C_{60}(V)	底接触	SiO_2	Au	$1.1×10^{-3}$	
	C_{60}(V)	底接触	SiO_2(HMDS)	Au	$2.5×10^{-3}$	7
	([6,6]-PCBM)(C)	顶接触	有机树脂	Ca	$4.5×10^{-3}$	—
	([6,6]-PCBM)(C)	顶接触	PVA	Cr	0.09	10^4
	([6,6]-PCBM)(C)	顶接触	交联 PVP	Ca	0.1	—
	PDCDI-ph(V)	底接触	PMMA	Au	$1.5×10^{-5}$	
	PD18(V)	底接触	SiO_2	Au	0.6	$>10^5$
	PD15(V)	顶接触	SiO_2	Au	$1.9×10^{-4}$	100
	PDIF-CN2(V)	底接触	SiO_2(HMDS)	Au(ODT)	0.14	$1.2×10^{-3}$
	NTCDT(V)	底接触	SiO_2	Au	$1×10^{-3}$~$3×10^{-3}$	—

续表

材料类型	材料名称 （制备工艺）	器件结构	绝缘材料 （表面处理溶剂）	电极材料	迁移率/[cm²/ (V·s)]	开关比
双极型半导体OTFT的性能	DFHCO-4T(V)	顶接触	SiO₂(HMDS)	Au	10^{-3}(h) 0.6(e)	$>10^7$
	Pentacene(V)	顶接触	PVA	Au	0.5(h) 0.2(e)	—
	Rubrene(V)	底接触	SiO₂	Au	8.0×10^{-6}(h) 2.2×10^{-6}(e)	—
	CuPc(S)	底接触	SiO₂	Au	0.3(h) $<10^{-3}$(e)	—
	FePc(S)	底接触	SiO₂	Au	$10^{-3}\sim0.3$(h) $5\times10^{-4}\sim0.03$(e)	—
	TiOPc(V)	底接触	SiO₂	Au	1×10^{-5}(h) 9×10^{-6}(e)	—

注：V 为气相沉积；C 为旋涂；S 为升华。

为估计可能达到的工作频率，可用截止频率（cut-off frequency）$f_T = g_m/(2\pi C_{GS})$作为工作频率，此时电流增益就变为单位值。最大值由晶体管互导 $g_m = \partial I_D/\partial V_{GS}|_{V_{DS}}$、栅极-源极电容 C_{GS}确定。由于寄生电容的存在，栅极-源极电容 C_{GS}要大于介电层电容。可得[3]

$$f_T \leq \frac{1}{2\pi}\frac{g_m}{C'_{is}wL} = \frac{1}{2\pi L^2}V_{GS,eff}, \quad V_{DS} = V_{GS,eff} = V_{GS} - V_{th}$$

对于遵从这个方程的晶体管要求可从图 3.12 中清晰地看出[12]，对于沟道长度 $L<1\mu m$，只有当迁移率 $\mu>0.1 cm^2/(V·s)$才能实现期望范围内容的工作频率

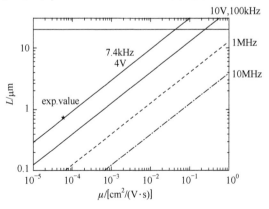

图 3.12　沟道长度作为迁移率的函数[22]

（图 3.12 中给定的有效电压为 10V,针对三种不同的截止频率 100kHz、1MHz 和 10MHz)。利用溶液化方法得到的活性层迁移率通常为 $10^{-4}\,\mathrm{cm^2/(V\cdot s)}<\mu<$ $10^{-2}\,\mathrm{cm^2/(V\cdot s)}$。

通过计算单位增益频率 f_t 粗略估计 OTFT 的频率范围,单位增益频率

$$f_\mathrm{t}=\frac{\mu_\mathrm{FE}(V_\mathrm{GS}-V_\mathrm{t})}{2\pi L(L+2L_\mathrm{overlap})}$$

可以估计当前技术制造的并五苯 OTFT 在合理的电压水平下的单位增益频率 f_t。较好器件的场效应迁移率 μ_FE 大约为 $0.5\mathrm{cm^2/(V\cdot s)}$,直流电过载偏置 $V_\mathrm{GS}-V_\mathrm{t}$ 约为 10V。对于尺寸误差控制良好的制造工艺,沟道长度 L 和重叠长度 L_overlap 均为 $5\mu\mathrm{m}$,得到单位增益频率为 1.1MHz[18]。

3.1.3　有机/无机晶体管

表 3.3 总结了有机电子与无机硅电子的区别。利用多晶或非晶硅技术制备 TFT 已经比较成熟,但是在制备过程中需要较高的工艺温度、高真空和复杂的刻蚀技术,难以与柔性塑料基板兼容。有机薄膜已经用于制造电阻、电容和晶体管等,并利用有机材料充当 TFT 的载流子传输层,制备的 TFT 被称为 OTFT,可实现低温沉积,有效地避免硅技术的苛刻要求,但是其电学特性仍较低,如电子迁移率低于多晶硅。有机材料耐久性、不确定性和可控掺杂技术的缺失,代表着一个亟须深入研究的领域[23]。

表 3.3　有机电子与无机硅电子特性比较

比较	硅电子技术	有机电子技术
材料	硅作为活性层:多数为 n 型半导体	有机半导体作为活性层:p-型、n-型、双极型
工艺	等离子体增强化学气相沉积	喷印、旋涂等低温工艺、R2R 工艺
制造成本	单位面积制作成本高,高投入修建专门的工厂、工艺成熟、稳定性高	单位面积制作成本低、低投入柔性化工厂,不需要洁净空间
关键应用	主要面向小面积产品——高速运算器件、微型传感器	主要面向大面积产品——柔性显示器、RFID、柔性传感器等
衬底	刚性衬底——硅、玻璃	柔性衬底——聚合物、玻璃箔、金属箔
机械特性	脆性、易碎	可弯曲、可伸缩、与生物体兼容
电学特性	稳定	易退化,受水汽、氧气的影响大

1. 无机薄膜晶体管

单晶硅、非晶硅、多晶硅的制备工艺主要有化学气相沉积、溅射等,结晶度和迁移率比非晶硅大几个量级的晶体硅薄膜可通过非晶硅前驱物薄膜和热处理得到。

薄膜制备与图案化的工艺温度会超过塑料基板的玻璃态转化温度和热分解温度。为适应高温工艺,可采用较高玻璃态转化温度的基板,如聚酰亚胺、玻璃薄片和金属箔,同时采用低温半导体材料。降低无机材料的工艺温度,可应用于广泛的基板材料、可集成低耐热材料、降低基板变形、采用成熟的工艺等。除了直接在柔性基板上进行薄膜沉积和图案化外,可在传统刚性基板上进行薄膜沉积和图案化,然后通过转移工艺将器件或图案化薄膜转移到柔性基板上,充分利用了高温制造工艺优点,提高了器件性能[24]。因此,在有机材料电学性能还不足以满足器件性能要求时,通过降低沉积温度,将非晶、纳晶和多晶硅薄膜技术融合到柔性基板上将是今后柔性电子领域主要方法之一。

非晶硅 TFT 技术工业生产已相当成熟,在 LCD 显示器上得到广泛应用,具有工艺简单、成本低、电流开关比高、大面积均匀性好等优点,可在 35℃ 低温条件下沉积到基板,沉积后经过 150℃ 热处理。可在 150℃ 条件下在 Kapton E 上制备 TFT,或在 110℃ 条件下制备在 PET 上,其性能接近于 250~300℃ 温度下制备的 TFT。在 120℃ 和 75℃ 温度下沉积氢化非晶硅,所得到的材料属性如表 3.4 所示,同时比较了在 300℃ 温度下利用标准 PECVD 工艺沉积得到的器件品质[18]。

表 3.4　300℃、120℃ 和 75℃ 条件下沉积的氢化非晶硅特性

参数	沉积温度		
	300℃[25]	120℃[26]	75℃
暗电导率/$\Omega^{-1}cm^{-1}$	10^{-10}	4×10^{-11}	9×10^{-11}
光学带隙/eV	1.75	1.92	1.90
氢浓度	~10	10.9	9.5
微结构参数 $R=SiH_n/(SiH+SiH_n)$	<0.1	~0	~0

低温沉积的非晶硅迁移率较低,特别是空穴迁移率很低,适合于一般的电子器件应用,在互补型 CMOS 电路中的应用受到限制。非晶硅 TFT 驱动 OLED 阵列的制备工艺可以沿用非晶硅 TFT 驱动液晶阵列的方法,充分利用现有液晶生产设备。但是非晶硅 TFT 在驱动 OLED 也遇到了困难[4]:①高清晰度显示屏要求像素尺寸必须很小,单元像素选通时间也较短,要求驱动 OLED 的电路具有很强的驱动能力,要求 TFT 有较大的开态电流,所以 TFT 必须具有较高的迁移率,非晶硅 TFT 很难达到;②非晶硅 TFT 工作时存在阈值电压漂移现象,会影响驱动电流,使得屏幕亮度不均匀[27,28]。

AMOLED 显示器的晶体管场效应迁移率要求大于 $5cm^2/(V \cdot s)$ 时,高迁移率可以降低校正时间和补偿误差,满足大面积显示器的帧频要求。75℃ 和 260℃ 温

度下沉积纳晶硅、75℃温度下高掺杂 n⁺ 纳晶硅的材料属性如表 3.5 所示,这两种材料的晶粒大小在 15～25nm。因此,从表 3.4 和表 3.5 可以看出,借助已有工业化等离子沉积设备,可在 75℃ 的低温下沉积器件品质的非晶硅和纳晶硅薄膜。在温度 150℃ 下,制备出 n 型和 p 型 TFT 最大迁移率分别为 $450cm^2/(V·s)$ 和 $150cm^2/(V·s)$[29]。虽然低温工艺得到非晶硅 TFT 技术与柔性塑料基板具有良好的兼容性,但是非晶硅电路性能仍然受限。

表 3.5　250℃ 和 75℃ 条件下非掺杂纳晶硅和 250℃ 条件下掺杂 n⁺ 型纳晶硅[18]

参数	未掺杂 250℃	未掺杂 75℃	n⁺ 掺杂 250℃
薄膜厚度/nm	100	100	70
暗电导率/$Ω^{-1}cm^{-1}$	10^{-6}	$3×10^{-7}$	0.3
结晶度	82	75	72
晶体粒径/nm	～30	～20	～15

多晶硅 TFT 有源层需要在非晶硅基质材料上形成,首先在衬底上沉积非晶硅薄膜,然后通过晶化工艺将非晶硅薄膜转化为多晶硅薄膜。迁移率通常随着晶粒的增大而增加,由于晶界通常是散射和陷阱位置,增加晶粒有利于减少晶界数量,但要求 TFT 制备工艺温度必须限定在基板材料允许范围内。尽管多晶硅材料是 TFT 的主要原料之一,但多晶硅具体结构取决于 TFT 不同功能而作相应改变。像素驱动 TFT 关键要求是低泄漏电流、高可靠性和高开态电流,为此提出能缓解漏极电场影响的多晶硅 TFT 制造工艺[30]。沉积与晶化直接影响多晶硅薄膜的微结构质量,最终多晶硅 TFT 的性能受到非晶硅薄膜沉积工艺参数、晶化技术和最高工艺温度的限制[31]。需要较高的温度来获取高质量的非晶硅薄膜,目前已经研究出可直接用于塑料基板的低温工艺,借助 RF-PECVD 方法可在 75℃ 情况下直接在 PET 基板上制备 50nm 非晶硅薄膜,对于 n 型沟道,电子迁移率约为 $0.4cm^2/(V·s)$,开关电流比大于 10^5,相当于在玻璃基板上制备的器件。利用 PECVD 方法在 150℃ 条件下沉积纳晶硅 TFT 射频频率为 80MHz,远高于 13.56MHz,饱和区域空穴电子迁移率为 $0.06～0.2cm^2/(V·s)$,电子迁移率为 $12cm^2/(V·s)$。如果将沉积温度提高到 260℃,迁移率可达 $150cm^2/(V·s)$。通常当多晶硅 TFT 的迁移率超过 $50cm^2/(V·s)$ 时,在宽长比较小的情况下就可以驱动较大负载,因而可以将驱动电路集成到显示屏基板上实现一体化,减少外接引线数目,这是传统非晶硅工艺无法实现的[4]。多晶硅 TFT 比非晶硅 TFT 的感光性差、工艺复杂、成本高、漏电流大。多晶硅 TFT 最大的缺点是大面积均匀性较差,只能够做到第四代,而非晶硅 TFT 做到五代以上。

2. 有机薄膜晶体管

OFET 可在室温下加工、功耗低、易弯曲,可以制备在塑料基板上,结合印刷技术降低成本，适合于制备大面积电子器件。OFET 性能虽然不如单晶硅 FET 和多晶硅 FET，但是可用于 OFET 的材料种类多、可修饰性强，通过改变分子结构很容易调控器件性能，在调节光、电、热、机械等方面的独特性质。由于塑料基板的玻璃态转化温度非常低，通常在 80～200℃范围内，热承载能力受到限制。最初有机半导体的工业应用还仅局限在静电复印领域的光敏性质的开发。近年来，随着 OLED 和 OFET 的出现，有机半导体在光电领域的潜在应用变得日渐清晰，已有多种基于有机半导体材料的器件迁移率超过在液晶显示、传感器、低端电路方面广泛应用的非晶硅薄膜器件的迁移率[32]。

OTFT 绝缘层制备可采用成熟的无机半导体工艺，如 PECVD 生长 SiO_2、Si_3N_4 薄膜、磁控溅射 Al_2O_3 等高介电常数的无机绝缘材料或溶液化工艺制备聚合物绝缘层等，具有潜在的成本优势。溶液化工艺加工有机半导体取得了巨大的进展，场效应迁移率几乎接近真空沉积的 OTFT。使用压印、丝网印刷或喷墨打印有机溶液可以消除传统平版印刷步骤，与 R2R 制造工艺兼容，实现高效率、低成本制造。印刷技术分辨率低，通常为几个微米的量级，仅能够实现大尺寸的 TFT 构型。OTFT 由于开关比较低、阈值电压较高、稳定性差、对封装要求较高等不足，不适用于需要高切换速度的应用。由于有机材料具有敏感性、选择多样性、制备方法简单，OFET 在化学传感器方面有独特的优势，基于 OFET 的化学传感器将会占据化学传感器的主导地位。稳定性和长寿命是器件另外两个必备条件，如果能够得到满足，那么有机半导体的优点便能够得到充分体现。

尽管共轭聚合物的电子传输机理不同于无机硅薄膜，但聚合物晶体管表现出器件性质在很多方面和硅 TFT 相似。OTFT 参照非晶硅 TFT 结构，但利用掺杂形成 n 型和 p 型区来制备双极管比较困难。为充分利用有机电子的优点、降低功耗，需要采用类似 CMOS 技术，p 型和 n 型 OFET 集成到同一个晶体管上。n 型 OFET 要难于 p 型 OFET，由于有机半导体的 HOMO 水平处于 5eV 范围内，金源极和漏极触点的功函数为 4.8～5.1eV，在 p 通道晶体管空穴注入非常容易实现，而 LUMO 处于较高水平，大概在 2～3eV 范围内，采用金电极会导致大注入障碍。因此，n 型晶体管需要采用合适的电极材料来实现有机半导体 LUMO 能级的电子注入。

OFET 可实现集成电路低成本制造，但载流子迁移率约 0.01～0.1cm^2/(V·s)。对于截止频率高于 100kHz、操作电压低于 10V 的情况，晶体管沟道长度应小于 1～10μm，此时需要考虑亚微米沟道器件的寄生电容问题。平板显示要求 OFET 载流子迁移率大于 0.1cm^2/(V·s)，用于中小尺寸液晶显示和有机发光显示要求迁移率大于 1cm^2/(V·s)。有机 RFID 标签的首个目标是高频段 13.56MHz，要求有机双极晶体管的空穴和电子载流子迁移率均要在 0.1cm^2/(V·s)以上[33]。1984 年发展至今，p 型 OFET 的电荷载流子迁移率提高了 6 个数量级以上[3]。

OFET 仍然有许多问题需要解决，包括有机半导体的性能、器件的稳定性和制造工艺等，而且器件可靠性、一致性和可重复性都需要提高。

3.1.4　晶体管性能表征

FET 是通过栅极电压调节源极和漏极之间的电流[34]，表征 FET 特性的参数有电输运特性（场效应迁移率、电阻）、开关电流比、阈值电压、亚阈值摆幅（subthreshold swing）、放大性质等，如表 3.6 所示。

表 3.6　晶体管电学特性参数要求

特性	说明
供给电压	供给电压越低越好，至少低于 10V
阈值电压	阈值电压不能超过几伏，对于 p 型沟道晶体管为负值，n 型沟道晶体管为正值，以避免采用附加电路
开关电流比	开关电流比通常需要大于 10^4，必须产生足够的开电流，同时杜绝大的关电流。开电流通常在某种特定状态下进行测量，电流大小与源极、漏极间电压无关[35]
亚阈值斜率	倒数应小于 $1V/dec$
饱和行为	晶体管操作需要良好的饱和行为[3]
FET 一致性	虽然 OFET 性能低于硅 MOSFET，但要求晶体管参数具有一致性和可预测性，例如，显示器中晶体管的不一致性会引起颜色和灰度的明显变化，导致视觉难以忍受
工作频率	通常利用切换时间来表达，$t = L^2/V_D\mu$[1]，除了沟道长度 L 以外，还取决于迁移率[31]

1. 场效应迁移率

载流子迁移率 μ 是半导体的重要参数（半导体运行速率和载流子迁移率成正比关系），如同电导率 σ 是导体的重要参数一样。场效应迁移率不同于载流子迁移率，虽然两者单位相同 $[cm^2/(V \cdot s)]$。场效应迁移率为单位电场作用下电荷载流子的平均漂移速度，而载流子迁移率描述了外加电场影响电子运动的强度，后者只是前者的一个影响因素，前者更具物理含义，将载流子速度与施加电场关联起来。半导体中电子会在所有方向做快速运动，碰撞的平均距离称为平均自由程，碰撞间隔时间平均值称为平均自由时间 τ_c。迁移率与平均自由时间相关，而后者又取决于散射机制，最重要的两个散射机制为晶格散射和杂质散射[1]。

当施加电场 E，每个空穴或电子会受到电场力 $\pm qE$ 作用，使得热运动的空穴或电子会出现特定的漂移速度。利用电场作用下的动量守恒得到漂移速度 $v = \pm \dfrac{q\tau_c E}{m} = \pm \mu E$（正号表示空穴，负号表示电子），说明空穴或电子漂移速度正比于电场，$\mu=\dfrac{q\tau_c}{m}$，由平均自由时间 τ_c 与有效质量 m 而定。由于空穴（电子）的漂移方向和电场相同（相反）。无机半导体电子器件的载流子迁移率 $\mu=0.1\sim10^4\,cm^2/(V\cdot s)$，其中直接带系半导体（如单晶砷化镓 GaAs）最高迁移率达到 $10^4\,cm^2/(V\cdot s)$，间接带系半导体（如单晶硅）最高迁移率达到 $10^3\,cm^2/(V\cdot s)$。眼睛响应时间只有几十毫秒，平板显示器并不需要高开关速率，可以采用低迁移率半导体，例如多晶硅 $[\mu=10\,cm^2/(V\cdot s)]$ 和非晶硅 $[\mu=0.1\sim1\,cm^2/(V\cdot s)]$。

目前 OTFT 器件中，并五苯薄膜晶体管的迁移率最高，从 1992 年并五苯首次用于 OTFT 的迁移率为 $2\times10^{-3}\,cm^2/(V\cdot s)$，1997 年达到 $1.5\,cm^2/(V\cdot s)$[31]，2011 年上升到 $8.85\,cm^2/(V\cdot s)$[36]。采用溶液化技术可使有机电子成本远低于硅电子，但有机晶体管性能受限于迁移率，即使经过表面改性，印刷工艺制备晶体管的迁移率上限为 $\mu\approx0.01\sim0.1\,cm^2/(V\cdot s)$。提高聚合物材料结构规整性和化学纯度，例如诱导聚合物链的排列和优先取向，可提高载流子迁移率和聚合物 TFT 性能[31]。实际应用需要截止频率高于 1MHz、供给电压通常低于 10V，除了提高材料性能外，减小沟道长度也是提高晶体管漏极电流和截止频率（cut-off frequency）的有效方法。

并五苯 TFT 具有最高空穴迁移率，但操作电压约为 100V，对于一般器件偏高。最大电压依赖于栅极绝缘层厚度，但栅极绝缘层厚度有最小极限值，普通制膜工艺难以将厚度降低到 100nm 以下，否则容易出现针孔而引起漏电问题。随着原子层沉积（atomic layer deposition，ALD）工艺的发展，超薄致密薄膜制备得以迅速发展。绝缘层介电常数会支配 TFT 的电学性质，控制导电沟道中载流子密度，影响 TFT 性能。采用高介电常数材料作为栅极绝缘层来降低并五苯 OTFT 器件的操作电压。在能带间隙中存在高密度定域态，在没有栅极偏置或者较低栅极电压下，载流子传输主要是定域态之间的跃迁。当增加栅极偏置，随着定域态逐渐被填满，准费米能级移动到最近的离域边缘。当栅极偏置达到阈值电压时，注入的载流子能够自由移动，离域带的电荷传输会导致迁移率陡增[31]。图 3.13 给出了场效应迁移率 μ 对绝缘体单位区域的电量 Q_S 和栅极电场 E 的依赖性，E 和 Q_S 都正比于 V_G，图中，黑圈代表并五苯器件，由生长在一个重掺杂的栅极 n 型 Si 片表面厚度为 120nm 的 SiO_2 栅极绝缘层构成的。空心圆圈代表由栅极绝缘层厚度为 500nm 的 SiO_2 组成的结构类似的器件[37]。随着 E 和 Q_S 增加，迁移率线性增加直至饱和，其中，Q_S 是沟道区域累积电荷载体浓度 N 的函数[31]。Dimitrakopoulos 研究了并五苯 FET 场效应迁移率与栅极偏置的依赖关系，并通过电荷载流子与带隙中局部陷阱能级的相互作用进行解释，所制备 FET 的迁移率为 $0.3\,cm^2/(V\cdot s)$，电流比为 10^5，操作电压仅为 5V[38]。

电荷载流子迁移率会随温度而变化，在 $10\sim300K$ 温度范围内测量了多晶六噻吩 TFT 的电流-电压曲线，在室温环境下迁移率随电压准线性增加，在较低温度

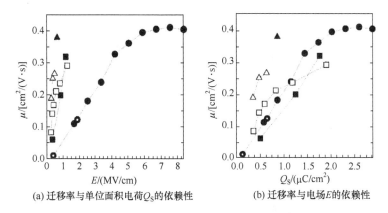

(a) 迁移率与单位面积电荷 Q_S 的依赖性　　　(b) 迁移率与电场 E 的依赖性

图 3.13　场效应迁移率 μ 对绝缘体单位区域的电量 Q_S 和栅极电场 E 的依赖性

下呈超线性关系[39]。温度依赖性可分为三个区域：100～300K，迁移率受到热激励，活化能约为 0.1eV；25～100K，活化能将为 5meV；低于 25K，迁移率基本不受温度影响。可通过电荷传输受限于晶界处存在高浓度陷阱进行解释，在高温时，借助热电子散射实现晶界电荷传输，而隧道效应出现在低温状态。

有机半导体的电荷载流子移动模型主要是准经验公式，很多参数的物理意义非常模糊，导致器件性能预测复杂。Limketkai 等[40]在渗透理论框架下考虑非平衡载流子分布，通过等效温度模型有效地对电荷载流子迁移率的电场依赖性进行建模，给出了迁移率解析表达式，揭示了电场对电荷载流子分布的影响。等效温度模型同时考虑温度和电场依赖性，将这两个参数转化成单一参数——等效温度。有机半导体在电场和热激励下才会发生电荷传输，电荷载流子跳跃运动为

$$\frac{\partial P_d(t)}{\partial t} = \sum_{a \neq d} \left[R_{da} P_d(t)(1 - P_a(t)) - R_{ad} P_a(t)(1 - P_d(t)) \right]$$

式中，$P_d(t)$ 表示在时刻 t 位置 d 被占据的可能性；R_{da} 表示从位置 d 到达目的位置 a 的迁移率。当系统接近平衡状态，通过对 Miller-Abrahams 迁移率模型进行线性化[3]，得到电导系数

$$G_{da} = \frac{q v_0}{4kT} \frac{\exp(-2\alpha r_{da}) \exp(-|E_a - E_d|/2kT)}{\cosh[(E_a - \mu_a)/2kT] \cosh[(E_d - \mu_d)/2kT]}$$

式中，μ_a 和 μ_d 表示准电化学势能；v_0 依赖于声子 DOS 和分子间部分重叠性的跳跃频率[41]。渗透理论可在给定指数态密度情况下，预测出 $\mu \sim n^{T_0}$，式中，μ 是迁移率，n 是电荷载流子密度，T 是温度，T_0 是特征陷阱温度[42]。由于电场是有限值，激发位置和接受位置准费米能级的差异 $\mu_d - \mu_a \ll 2kT$。迁移率渗透模型只对于低电场下的平衡态附近才有效。在没有电场或低电场情况下，渗透理论已经成功用于 OFET，但并不适用于垂直结构的器件，这是由于其中的电场比较大。

多晶薄膜包含高迁移率晶粒和低迁移率晶界两部分。晶界陷阱模型认为在多

晶薄膜中陷阱和缺陷主要存在晶粒之间的交界处。晶界处会产生势垒,影响材料载流子迁移率,是带电边界缺陷状态、晶粒内部载体浓度和温度的函数[43]。薄膜平均迁移率 μ 的倒数是晶粒内部迁移率 μ_g 倒数与晶界处迁移率 μ_b 倒数之和,即 $\dfrac{1}{\mu}=\dfrac{1}{\mu_g}+\dfrac{1}{\mu_b}$[4,44],在并五苯和齐聚噻吩等多晶薄膜得到验证。溶液化工艺和低温工艺不仅在晶界处,而且在半导体-介电层界面处都会引起陷阱,为阈值电压的控制带来挑战[45]。

2. 阈值电压

阈值电压 V_{th} 是使漏极输出电流急剧变化的输入电压,即载流子密度能够完全填充定域态的栅压。当在栅极加正向电压 V_{GS} 时,半导体层内的电场将诱导从源极注入的负电荷载流子(电子)累积在绝缘层—半导体界面上,而对于施加负向栅压则累积在界面上的电荷是正电荷载流子(空穴)。累积的载流子一部分将填充陷阱,多余的载流子形成沟道电流。因此栅压要高于阈值电压 V_{th},在 $V_{GS}-V_{th}>0$ 时沟道内才会有自由载流子。阈值电压可通过两种方式获得:①测量线性区域,对于漏极电压非常小的情况下,即 $V_{DS}\ll V_{GS}-V_{th}$,绘制 I_D 与 V_{GS} 的关系图,然后对所得到的直线进行外插值,直到 $I_D=0$;②测量饱和区域,并绘制 $\sqrt{I_D}$ 与 V_G 关系图,然后对所得到的直线进行外插值,直到 $I_D=0$[18]。

通常 MOSFET 是工作在栅极电压大于阈值电压的状态,利用沟道导电,即阈值工作状态。亚阈值工作状态是 MOSFET 的一种工作模式,是指栅极电压低于阈值电压,不出现沟道工作状态。MOSFET 在亚阈值状态下工作时没有沟道,只会出现很小的亚阈值电流。亚阈值电流是少量载流子的扩散电流,而常规 MOSFET 电流属于大量载流子电流。亚阈值电流随着栅极电压的增大而指数增加,由于亚阈值电流主要是在表面附近流过,而栅极电压可以改变表面势,因此可通过栅极电压进行控制。利用亚阈值状态实现开关功能,可大大降低功耗。通过实验发现漏电流截止现象要迟于标准 MOSFET 方程的预测,主要原因如下[33]:①当 V_{GS} 接近 V_{th} 时,依赖于栅极电压的场效应迁移率会降低;②当 $V_{GS}<V_{th}$ 时存在亚阈值区域,存在小电流。未施加源漏电压 V_{DS} 时,载流子在沟道内均匀分布,而施加较小源漏电压 V_{DS} 时,根据渐变沟道近似假设,沟道内的电势几乎不变,各点自由载流子密度近似相等,此时沟道与电阻类似。因此,沟道内的电流 I_{DS} 与源漏电压 V_{DS} 成正比,晶体管工作在线性区。随着源漏电压的增加,源极处的电势逐渐减小。当 $V_{DS}=V_{GS}-V_{th}$ 时,源极电势为零,出现载流子的耗尽区,形成沟道夹断。当源漏电压 V_{DS} 进一步增加时,耗尽区略微增加,电流处于饱和状态。高截止频率需要高载流子迁移率材料,或者小短沟道晶体管。如果直接利用高分辨率刻蚀工艺制备小沟道,输出特性往往并没有表现出应有的饱和特性,即短沟道效应,这主要由于

栅极绝缘层较厚。为了达到饱和,沟道长度和栅极绝缘层厚度之比为 5：1[46]。

3. 亚阈值摆幅

亚阈值摆幅 S 用于测量器件从闭状态到开状态的转换速度,定义为 $S=V_{GS}/\log I_D$,通常 OTFT 的亚阈值摆幅要大于硅晶体管。例如,迁移率 $\mu=1.8\times10^{-3}$ $cm^2/(V\cdot s)$,开关比 2.5×10^3,阈值电压 $V_{th}=3V$,可得到亚阈值 $S=13V$ $(decade)^{-1[34]}$。在线性区域的标准源漏极方程中,当 $V_{GS}<V_{th}$ 时预测漏极电流为零。然而实际上对漏极电流在亚阈值区域时,漏极电流相对于栅极电压具有幂律依赖性,会出现指数型变换。亚阈值区域的标准漏极电流方程为

$$I_D=\frac{W}{L}K\mu_{FE}C(1-e^{-qV_{DS}/kT})e^{-qV_{GS}/nkT}$$

式中,K 是依赖于材料和器件结构常数;n 是理想因子(热动力学要求 $n\geqslant1$);k 是 Boltzmann 常数;T 是绝对温度。在亚阈值区域,利用对数刻度描述漏极电流更加容易,可得到直线,如图 3.14 所示。当栅极电压小于阈值电压时,漏极电流对于栅极电压存在指数关系;当栅极电压进一步降低时,指数特性逐渐显示为漏电流特性,通常认为关电流是最小电流。亚阈值行为可通过 n 或者亚阈值斜率 $\partial\log I_D/\partial V_{GS}$ 进行表征,通常采用亚阈值摆幅 $S=(\partial\log I_D/\partial V_{GS})^{-1}$ 进

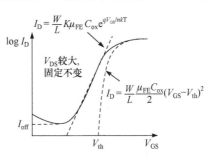

图 3.14 MOSFET 传输特性显示

行描述。亚阈值摆幅的单位是"伏特/10",因此表示栅极电压的增幅需要将漏极电流乘以因子 10。在底端,亚阈值特性平滑地消失于泄漏电流中;在顶端,则消失于饱和电流中。因此,通常采用 $\log I_D$-V_{GS} 表征图中的最大斜率值。

在所有 MOSFET 中都可以发现亚阈值区域,但是对于长沟道单晶硅 MOS-FET,当基底轻微掺杂时,具有接近理想的亚阈值区域,其理想因子非常接近 1。当栅极电压的变化不会引起半导体表面势能变化时,非理想亚阈值特性就会出现,即 $n>1$。增加栅极介电层电容可增加栅极与半导体见面耦合度,达到降低亚阈值摆幅的目的。电子系统期望小的亚阈值摆幅,因为仅需更小的栅极电压偏移 ΔV_{GS} 实现晶体管的完全关闭状态到完全打开状态的切换。ΔV_{GS} 包括两部分,亚阈值斜率决定了阈值电压之下必定出现的电压偏移量,场效应迁移率决定了阈值电压之上所需要的偏移量。

4. 泄漏电流

AMLCD 和 AMOLED 显示器利用 TFT 电容临时保存像素胞元的状态直到

下次屏幕更新像素状态，整个过程通过调节电容两端电压实现的。这种 TFT 最重要的特性是低泄漏电流（对晶体管的反向偏压非常重要）和快速响应时间（依赖于晶体管的电荷载流子迁移率）。需要考虑的泄漏电流主要有两类：①晶体管关状态下的漏极泄漏电流 I_D，即当栅极电压 V_{GS} 在亚阈值区域对器件仍有影响；②晶体管开状态下的栅极泄漏电流 I_G，包括开与关电流。漏电流与栅极、漏极电压有关联，当栅极电压低于出现指数亚阈值特性的电压时，漏电流可从图 3.14 中的 $\log I_D$-V_{GS} 曲线可以看出。由于 OTFT 中常用聚合物绝缘体和低温沉积无机绝缘体，栅极电流可能非常明显，有时候漏电流不仅受漏极-源极泄漏电流支配，而且受漏极-栅极泄漏电流支配。

5. 电容与频率响应

OTFT 电容主要是栅极-源极和栅极-漏极之间的电容，而漏极-源极之间的电容远小于前面两者，通常可以忽略。栅极-源极电容和栅极-漏极电容均由两个相互独立的电容形成：栅极与源极、漏极重叠形成的寄生电容和栅极与沟道之间的电容，如图 3.15 所示。由于沟道并不是器件终端，栅极和沟道之间的电容将分摊到源极和漏极上，得到器件的终端电容，即 $C_{GS}=C_{GS, overlap}+C_{GS, channel}$ 和 $C_{GD}=C_{GD, overlap}+C_{GD, channel}$。重叠部分的电容不受电压影响，近似等价于固定平行板电容，即 $C_{GS, overlap}=C_{GD, overlap}=WL_{overlap}C_{ox}$，式中，$L_{overlap}$ 为重叠长度。重叠长度 $L_{overlap}$ 在 OTFT 中可能会比较大，有时会大于沟道长度本身[18]。

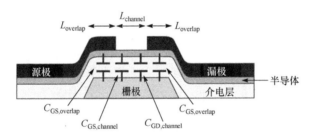

图 3.15　栅极-源极电容（CGD）形成示意图[18]

在 MOSFET 中，沟道电容非常复杂，依赖于偏压。由于 OTFT 中有较大的重叠长度，往往会产生较大的电容。为了确保栅极诱导形成的沟道能够到达源极和漏极，必须设定好对准容差（重叠长度），以确保能够覆盖到这些区域。如果在柔性基板上制备 OTFT 器件，由于尺寸不稳定性，需要附加对准容差，$L_{overlap}$ 更大。重叠电容效应对单位增益频率 f_t 具有显著影响，晶体管电流增益会在此频率降低，与频率相关的电流增益的简单模型

$$f_t=\frac{\mu_{FE}(V_{GS}-V_T)}{2\pi L(L+2L_{overlap})}$$

3.2　柔性传感器

随着科学技术发展,工业生产和科学实验强烈依赖于信息采集、传输和处理。传感器是感知、获取与检测信息的窗口,可用于测量光强、温度、位移、磁场、pH 值等,是自动检测和自动控制的信息来源,其输出信号通常为电信号,包括电压、电流、电容、电阻等。传感器可狭义地定义为"将外界信号变换为电信号的一种装置",通常由敏感元件(能直接感受或响应被测量的部分)和转换元件(将敏感元件感受或响应的被测量转换成适于传输或测量的电信号部分)两部分组成。传感器原理按被测参数分类,如温度、压力、位移、速度等;按工作原理分类,如应变式、电容式、压电式、磁电式等。用于产生信号的能量包括电磁辐射能、引力能、机械能、热电能、静电和电磁能、分子能、原子能、核能、质能等。测量品质一般以测量准确度、测量带宽和测量速度来衡量。传感器以物理、化学及生物的各种规律或效应为基础,这些规律在各种传感器著作中被广泛论述与研究,通过所引用表 3.7 给出了六种信号域的物理参数,传感器的电参数通常代表来自非电参数的信号,所引用的表 3.8 列出了部分物理型传感器的检测对象及所基于的物理效应[47~50]。

表 3.7　六种信号所表征的参数

信号域	参数
辐射信号	波长、相位、光强、反射比、透明度、极化度
热信号	温度、比热、熵、热流
机械信号	力、压力、扭矩、流量、厚度、质量、位置、位移、速度、加速度、体积、水平、倾斜、真空度、声波长和波幅
电信号	电压、电流、电荷、电容、电感、电阻、介电常数、电极化、频率
磁信号	场强、通量、透磁率
化学信号	组分、浓度、反应速率、pH 值、氧化还原势

表 3.8　传感器的物理效应

对象	类型	物理效应	输出信号	传感器或敏感元件举例	主要材料
光	量子型	光电导效应	电阻	光敏电阻	可见光:CdS、CdSe
					红外:PbS、InSb
		光生伏特效应	电流	光敏二极管、光电池、光敏三极管	Si、Ge、InSb
			电压	肖特基光敏二极管	Pt-Si
		Josephson 效应	电压	红外传感器	超导体
		光电子效应	电流	光电管、光电倍增管	Ag-O-Cs、Cs-Sb
	热型	热释电效应	电荷	红外传感器、红外摄像管	BaTiO₃

对象	类型	物理效应	输出信号	传感器或敏感元件举例	主要材料
机械量	电阻式	压阻效应	电阻	扩散型压力传感器	Ge、GaP、Si、InSb
		电阻应变效应		金属应变片、半导体应变片	康铜、Si
	压电式	压电效应	电压	压电元件	石英、压电陶瓷、PVDF
		压电效应	频率	声表面波传感器	石英、ZnO+Si
	磁电式	霍尔效应	电压	霍尔元件；力、压力、位移传感器	Si、Ge、GaAs、InAs
	压磁式	压磁效应	感抗	压磁元件；力、扭矩、转矩传感器	硅钢片、铁氧体
	光电式	光电效应	电流	光电元件；位移、振动、转速传感器	CdS、InSb、Se 化合物
		光弹性效应	折射率	压力、振动传感器	透光弹性材料
温度	热电式	Josephson 效应	噪声电压	绝对温度计	超导体
		热电效应	电荷	驻极体温敏元件	$PbTiO_3$、PVF_2、$LiTaO_3$
		赛贝克效应	电压	温差电偶	$Pt-PtRh_{10}$、NiCr-NiCu、Fe-NiCu
	压电式	正、逆压电效应	频率	声表面波温度传感器	石英
	热型	热磁效应	电场	红外探测器	热敏铁氧体、磁钢
磁	磁电式	霍尔效应	电压	霍尔元件	Si、Ge、GaAS、InAs
				霍尔 IC、MOS 霍尔 IC	Si
		磁阻效应	电阻	磁阻元件	Ni-Co 合金、InSb、InAs
			电流	二极管、磁敏晶体管	Ge
		Josephson 效应	电流	超导量子干涉器件(SQUID)	Pb、Sn、Nb、Nb-Ti
	光电式	磁光法拉第效应	偏振光面偏转	光纤传感器	EuO、YIG、MnBi
		磁光克尔效应			MnBi
放射线	光电式	放射线效应	光强	光纤射线传感器	Ti-石英
	量子型	pn 结光生伏特效应	电脉冲	射线敏二极管	Si、Ge
				二极管	Si、Li-Ge、HgI_2
		肖特基效应	电流	肖特基二极管	Au-Si

柔性传感器不仅具有普通传感器的优点，还具有良好的柔韧性、保形性、变形能力，能够在复杂表面进行检测，广泛应用于接触式测量、无损检测、机器人皮肤、生物传感器、柔性天线等领域。20 世纪 80 年代开始对检测接触点和区域、接触截面形状、压力分布的触觉阵列进行研究，研制出了能检测对象形状、尺寸、有无、位置、作用力模式和温度的传感器。近年来已从单纯的传感器设计研制发展成为对涉及触觉传感、控制、信息处理等较复杂的系统及其过程的研究，并在柔性力敏材料、多功能传感器等方面取得了较大的研究进展。

3.2.1 半导体传感器

半导体传感器是利用半导体材料电学特性的变化来实现被测量对象的能量转换。半导体材料导电能力由半导体内部载流子数目所决定,利用被测量信号来改变半导体内的载流子数目,构成以半导体材料作为敏感元件的传感器。硅材料表现出非常多的物理效应,如表 3.9 所示[47~50]。硅无法实现机械和电磁信号的转换,因为硅不是压电和磁性材料,但可以在硅衬底上沉积多层结构来实现。

表 3.9 硅的物理和化学效应

信号域	自生效应	调制效应
辐射	光伏效应	光电导性、光电效应
机械	声电效应	压阻性、横向光伏、横向光电
热	塞贝克效应	电阻温度系数
磁	—	霍尔效应、磁阻效应、苏耳效应
化学	电镀	电解质的导电性

1. 力敏传感器

硅单晶材料在受到外力作用产生极微小应变时,其内部原子结构的电子能级状态会发生变化,导致电阻率剧烈变化,即压阻效应。自从 1954 年报道半导体压阻特性以来,已被广泛用于各种传感器中[51]。

(1) 压阻材料与晶体管结合。利用压阻效应制成应变电阻,构成 Wheatstone 电桥,利用硅材料的弹性力学特性,在硅材料上进行各向异性微加工,制成了集力敏与力电转换检测于一体的扩散硅传感器,具有低电压、低电流、低功耗、低成本的特点。硅压阻式传感器对温度比较敏感,随着集成工艺的进步,扩散硅敏感膜电阻的一致性得到提高,而且手工补偿方式已被激光调阻、计算机自动调整等技术替代,传感器受温度影响明显减小,工作温度范围大幅度提高。扩散硅压力传感器的感知、信号转换和检测三位一体,无需机械运动部件,最大位移量在微米数量级,具有良好的重复性,运动过程的迟滞误差很小,且具有无机械磨损、无疲劳、无老化、平均无故障时间长、性能稳定、可靠性高等优点。由于扩散硅材料良好的化学防腐性,传感器受压面无需封装就能适应各种介质。

人造电子皮肤将在未来机器人中得到广泛采用。目前在视觉和语音识别技术已经取得飞速发展,但是大面积柔性皮肤传感器一直发展较慢。敏感皮肤通常由成千上万个压力传感器组成,需要柔软可变形的切换控制阵列,而集成有机晶体管和橡胶压力传感器为人造皮肤提供了解决方案。基于 OTFT 的有源阵列传感器具有诸多优势[52]:①OTFT 可以在室温下在塑料薄膜上制造;②有源传感器可以通过电学表征直接获取多个不同的物理参数，属于多参数传感器，可以利用变量组合对所要测量的参数进行表征；③有源传感器可以综合切换和感知功能，并且可以在有限空间中实现感知阵列。图 3.16(a)为人造电子皮肤图，有机晶体管用于读取传感器的压力分布图，除了电极之外，其他部分都采用软材料，整个器件具有良好的弯曲性能[53]。制造工艺流程简单[图 3.16(b)]：①在 PEN 薄膜上进行通孔，在薄膜两面沉积 150 nm 的 Au 薄膜和 5 nm 的 Cr 薄膜，其中一侧 Au 薄膜作为晶体管栅极；②通过旋涂工艺制备 500 nm 的 PI 层作为栅极介电层，通过激光去除部分 PI 层实现通路孔；③利用真空蒸发系统沉积 50 nm 并五苯，然后通过掩膜沉积 50 nm 的 Au 薄膜作为源漏极；④压敏橡胶板和附着在 PI 薄膜上的铜电极实现与带有晶体管的 PEN 薄膜底部接触；⑤制备出的 32×32 传感器阵列（比例条 2 cm）；⑥传感器局部放大图，面积为 2.54cm×2.54mm 比例条 0.5mm。

(a) 人造电子皮肤实物图

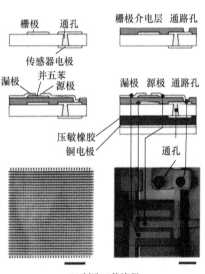

(b) 制造工艺流程

图 3.16　人造电子皮肤[53]

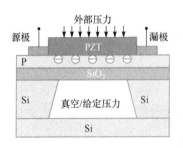

图 3.17　传感器结构

（2）压电材料与晶体管集成[54]。硅材料虽然被广泛用于传感器和驱动器领域，但仍然存在诸多不足。例如，由于反向偏置结决定了最高操作温度，当温度超过 120℃时，漏电流变得非常明显。因此，压电效应和热噪声降低了传感器的效率和动态范围。将压电材料集成到晶体管栅极，可以通过输入压力的幅值来调节 MOS 晶体管的栅极电压。图 3.17 为传感器结构图，压电器件被集成到晶体管上方,可以感知任何由压力引起的变形,PZT 压电层可以通过打印技术或溅射技术沉积到 Si 表面,或者柔性基板上沉积,然后通过电极连通到 Si 表面。

利用压电半导体氧化物场效应晶体管(piezoelectronic oxide semiconductor field effect transistor,POSFET)制备触觉感知器件,可用于机器人手的指尖触觉系统。Dahiya 利用旋涂工艺直接在 MOS 晶体管栅极区域直接制备 2.5μm 厚的 PVDF-TrFE 层,结构如图 3.18 所示[54]。聚合物薄膜可以原位进行处理,其挑战在于对压电聚合物薄膜进行极化,并对 MOS 集成器件进行表征。

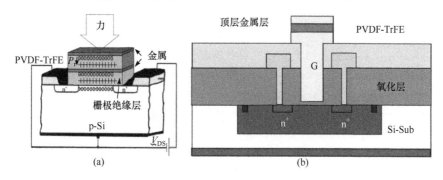

图 3.18　POSFET 触觉感知器件执行原理[54]

2. 气敏传感器

半导体气敏传感器是利用待测气体与半导体表面接触时电导率等物性的变化来检测气体。金属氧化物半导体气敏传感器是电阻性气敏传感器,由 SnO_2 或 ZnO 等 n 型半导体、白金电阻加热器、导线等封装组成,其中气敏电阻材料是金属氧化物,在合成材料时通过掺杂制备而成。为提高气敏元件对气体成分的选择性和灵敏度,合成材料通常需要掺入催化剂,如 Pd、Pt 和 Ag 等。若对 ZnO 添加 Pd,则对 H_2 和 CO 有较高灵敏度,若对 ZnO 添加 Pt,则对丙烷和异丁烷比较灵敏。生物和化学样品检测关系到环境污染、工业排放监测和工艺控制、医学诊断、公共安全等领域,发展柔性化、小型化、高性能的便携式气体传感器,对人们日常生活非常重要。

半导体气敏器件被加热到稳定状态下,当气体接触器件表面而被吸附时,吸附分子首先在表面自由地扩散(物理吸附),失去其运动能量,部分分子蒸发,残留分子产生热分解而固定在吸附处。如果器件的功函小于吸附分子的电子亲和力,则吸附分子将从器件夺取电子而变成负离子吸附。通常空气中的 O_2 和 NO_x 称为氧化型气体,工作时给电阻丝通电加热,温度控制在 200~400℃,纯净空气中的氧气分解为氧离子,吸附在氧化物表面,接受来自半导体材料的电子而带负电荷,使得 n 型半导体材料的表面空间电荷层区域的传导电子减少,表面电导率减小,使得氧化物半导体呈现高阻值。一旦元件与被测还原性气体接触(如 H₂、CO、碳氢化合物和酒类),即元件的功函大于吸附分子的离解能,就会与吸附的氧起反应,将被氧约束的电子释放出来而成为正离子吸附,敏感膜表面电导增加,使元件电阻减小。当氧化型气体吸附到 n 型半导体上,还原型气体吸附到 p 型半导体上时,载流子减少,而使电阻增大。当还原型气体吸附到 n 型半导体上,氧化型气体吸附到 p 型半导体上时,载流子增多,使电阻下降。

图 3.19 为气体接触到 n 型半导体时的器件阻值变化[48]。当这种半导体气敏传感器与气体接触时,其阻值发生变化时间不到 1 min。空气中的氧成分大体上是恒定的,因而氧的吸附量也是恒定的,气敏器件的阻值大致保持不变。如果被测气体流入这种气氛中,器件表面将产生吸附作用,器件的阻值将随气体浓度而变化,从浓度与阻值的变化关系即可得知气体的浓度。

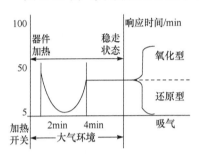

图 3.19　n 型半导体吸附气体时的器件阻值变化[48]

可以直接利用 SWNT 电阻变化特性进行气体的表征,单根半导体 SWNT 可以作为快速、高敏感性化学 FET[55]。借助 CVD 工艺将 SWNT 沉积到 Si 衬底上制备化学 FET,然后在 SWNT 上通过光刻图案化 Ti/Au 形成电接触,作为源极和漏极。这种金属-半导体 SWNT-金属系统呈现 p 型晶体管特征,通过改变栅极电压使得电阻发生几个量级的变化。将传感器暴露在 NO₂ 和 NH₃ 气体分子中,半导体 SWNT 的电阻会分别急剧增加和降低。在栅极电压 $V_G = 4V$ 条件下,将传感器置于 200ppm 的 NO₂ 气体中,在几秒钟内电阻增加了三个数量级,而暴露在 10000ppm 的 NH₃ 气体中,在 $V_G = 0$ 条件下电阻降低了约两个数量级,如图 3.20 所示。Someya 等[56]对相似的化学 FET 进行酒精气体测试,具有良好的可逆性和重复性,响应时间只有 5~15s,但是碳纳米管电阻值对大气

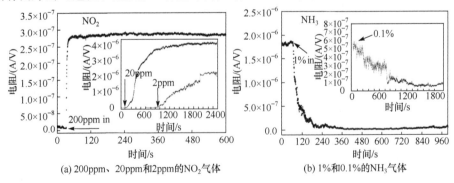

(a) 200ppm、20ppm和2ppm的NO₂气体　　　(b) 1%和0.1%的NH₃气体

图 3.20　半导体 SWNT 的电阻响应[55]

环境非常敏感,特别是 O_2[57]。在柔性基板上沉积 SWNT,得到柔性气体传感器,在室温下利用电阻对气体浓度的变化对二甲基磷酸酯气体进行测量,这种柔性传感器几乎不受变形的影响,并具有良好的重复性,响应时间约为 18min[58]。

3. 湿敏传感器

湿度与温度、应变和应力一样是最常见的物理特性。湿度通常采用绝对湿度(单位空间中所含水蒸气的绝对含量或者浓度)和相对湿度(被测气体中蒸汽压和该气体饱和水蒸气气压的百分比)两种表示方法[59]。常用湿度测量方法有氯化锂湿敏电阻,使用吸湿性盐类的潮解,离子导电率发生变化而制成的测量元件,滞后性小,不受测试环境风速影响,检测精度高达±5%,但其耐热性差,不能用于露点以下测量,器件性能的重复性不理想。

半导体陶瓷湿敏电阻采用两种以上的金属氧化物半导体材料混合烧结成多孔陶瓷,包括 $ZnO\text{-}LiO_2\text{-}V_2O_5$ 系、$Si\text{-}Na_2O\text{-}V_2O_5$ 系、$TiO_2\text{-}MgO\text{-}Cr_2O_3$ 系以及 Fe_3O_4 等。依据电阻率随湿度的变化规律,可分为负特性湿敏半导体陶瓷和正特性湿敏半导体陶瓷[47]。①负特性湿敏半导体陶瓷导电机理如下:由于水分子的氢原子具有很强的正电场,当水在半导体表面吸附时会从半导体表面俘获电子,半导体表面带负电。不论 n 型还是 p 型半导体,其电阻率都随湿度的增加而下降。②正特性湿敏半导体陶瓷导电机理如下:当水分子附着半导体的表面使电势变负时,表面层电子浓度下降,但还不足以使表面层的空穴浓度增加到出现反型的程度,此时仍以电子导电为主,表面电阻将由于电子浓度下降而加大。如果对某一种半导体,其晶界电阻并不比晶粒内电阻大很多,那么表面层电阻增加对总电阻的影响较小。由于湿敏半导体材料通常为多孔结构,表面电导占比较大,表面层电阻升高会引起总电阻值的升高。但是由于晶体内部存在低阻支路,正特性半导体的总电阻升高没有负特性材料阻值下降的那么明显。

4. 色敏传感器

半导体色敏传感器是基于内光电效应,将光信号转换为电信号的光辐射探测器件。影响颜色检测准确度的参数主要有照射光、物体反射、光源方位、观测方位和传感器性能等,任何参数发生变化都会导致颜色观察发生变化[47]。通常光电导器件或者光生伏特效应器件的检测对象是一定波长范围内的光强度,而半导体色敏器件可以直接测量从可见光到近红外波段内单色辐射的波长。颜色检测和颜色变化的识别在工业应用中起着重要作用:①在工业方面,可用来监测生产流程及产品质量,在电子翻印方面可用于真实颜色复制而不受环境温度、湿度、纸张以及调色剂的影响;②在医学方面,颜色往往是疾病的指示器,可用来研究病状;③在显示方面,用于检测显示器的缺陷以及颜色偏差等。

带有双 pn 结的 Si 色敏传感器属于半导体光子传感器,不需要额外滤光片,主要利用 Si 对不同波长的吸收率不同。这种传感器可以检测单色入射光的波长,但是难以直接用于多色光进行分析。对于多色光的分析主要有采用三色源色度计或分光光度计对色彩绝对值进行分析,或者仅对色差进行分析,不需要色彩的精确值。半导体色敏传感器采用两只结构不同的光电二极管组合,故又称光电双结二极管,其结构原理及等效电路如图 3.21 所示,其中,n^+pn 并不是晶体管,而是结深不同的两个 pn 结二极管——浅结二极管 n^+p 结和深结二极管 pn 结,放大作用很小[60]。当受光照射时,n^+、p、n 三个区域及其间的势垒区中都有光子吸收,但效果不同。结构不同区域对同一波长入射光具有不同的灵敏度:紫外光部分吸收系数大,经过很短距离已经基本吸收完毕,因而浅结对紫外光的灵敏度高;红外光部分则主要在深结区被吸收,深结二极管对红外光的灵敏度较高。将两只结深不同的光电二极管组合就构成了可以测定波长的半导体色敏传感器。在使用之前,需要对不同波长照射下深结二极管短路电流 I_{SD2} 和浅结二极管短路电流 I_{SD1} 之比进行标定,即 I_{SD2}/I_{SD1},如图 3.22(a)所示(V_{D1} 为浅结二极管,V_{D2} 为深结二极管)[61]。电流比值为无量纲量,不受光强的影响。由于不同波长的入射光激发的光载流子具有不同的分布,I_{SD2}/I_{SD1} 与波长密切相关,图 3.22(b)为短路电流比-波长特性曲线。对于单色光,电流比随着入射光波长在一定范围内增加而单调增加,因此光波

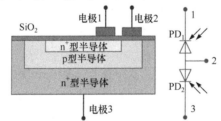

图 3.21　半导体色敏传感器结构和等效电路图[60]

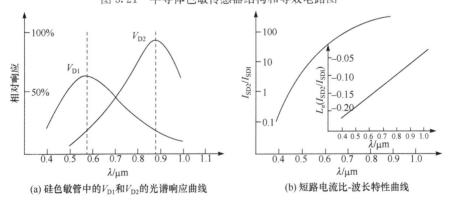

(a) 硅色敏管中的 V_{D1} 和 V_{D2} 的光谱响应曲线　　　(b) 短路电流比-波长特性曲线

图 3.22　测定波长的半导体色敏传感器

长或单色光颜色可以通过电流比值进行确定。然而,对于多色光入射光的功率是单色光源的积分,电流比值不仅与光谱辐射功率 $P(\lambda)$ 相关,而且与光谱响应 $R(\lambda)$ 相关,电流比值可以表示为[60]

$$\frac{I_{\text{SD2}}}{I_{\text{SD1}}} = \frac{\int_{\lambda_{2a}}^{\lambda_{2b}} R_2(\lambda) P(\lambda) \, d\lambda}{\int_{\lambda_{1a}}^{\lambda_{1b}} R_1(\lambda) P(\lambda) \, d\lambda}$$

由于半导体色敏器件测定两只光电二极管短路电流之比,而这两只光电二极管在同一块材料上,具有相同的温度系数,半导体色敏器件的短路电流之比对温度不敏感。单色入射光的波长与色敏器件短路电流比的对数存在近似线性关系,即

$$\lambda = A\ln\frac{I_{\text{SD2}}}{I_{\text{SD1}}} + B$$

式中,A 和 B 值通过对预先测定数据拟合得到,如图 3.22(b)所示。根据短路电流比可以得到入射光的波长。这种传感器的短路电流比与光强无关,几乎只与入射光波长相关。但色敏器件的输出电流很小,容易受外界干扰,需要对放大电路进行屏蔽。

3.2.2　应变式传感器

应变式传感器通常采用电阻应变式传感器,其工作原理是基于应变效应,即导体变形引起的电阻值变化,通过转换电路输出电量来反映被测物理量。假定金属电阻丝原始状态下电阻值为 $R = \rho L/S$,ρ 为电阻丝电阻率,L 为电阻丝长度,S 为电阻丝截面积,当电阻丝受到外力作用时,电阻率变化为

$$\frac{\Delta R}{R} = \frac{\Delta L}{L} - \frac{\Delta S}{S} + \frac{\Delta \rho}{\rho} = \varepsilon + 2\nu\varepsilon + \frac{\Delta \rho}{\rho}$$

式中,ΔL 为伸长量;横截面减小 ΔS;$\Delta \rho$ 为由于晶格发生变形所引起的电阻率变化;ν 为泊松比[47]。

单位应变引起的电阻值变化称为灵敏度系数

$$K = 1 + 2\nu + \frac{\Delta \rho / \rho}{\varepsilon}$$

主要受两个因素影响:①几何尺寸的变化,即 $1 + 2\nu$,是金属电阻丝灵敏度系数的主要变化因素;②材料电阻率的变化,即 $\frac{\Delta \rho}{\rho} / \varepsilon$,是半导体材料的灵敏度系数的主要变化因素。半导体应变片的突出优点是灵敏度高,比金属丝高 $50 \sim 80$ 倍,尺寸小,横向效应小,动态响应好,但是温度系数大,非线性应变比较严重。

要把微小应变引起的微小电阻变化测量出来,同时要把电阻相对变化 $\Delta R/R$ 转换为电压或电流的变化,需要采用特殊的测量电路测量应变变化所引起的电阻

变化，包括直流电桥和交流电桥。

（1）图 3.23(a)为直流电桥，当 $R_L \to \infty$ 时，输出电压为

$$U_0 = E\left(\frac{R_1}{R_1+R_2} - \frac{R_3}{R_3+R_4}\right)$$

当电桥平衡时，即 $U_0=0$，则有 $R_1R_4=R_2R_3$。如果电阻变化为 ΔR_1，其他电阻保持不变，输出电压为

$$U_0 = E\left(\frac{R_1+\Delta R_1}{R_1+\Delta R_1+R_2} - \frac{R_3}{R_3+R_4}\right)$$

假设桥臂比 $n=R_2/R_1$ 和 $R_1 \gg \Delta R_1$，则

$$U_0 = E\frac{n}{(1+n)^2}\frac{\Delta R_1}{R_1}$$

则电桥电压灵敏度为

$$K_U = \frac{U_0}{\Delta R_1/R_1} = E\frac{n}{(1+n)^2}$$

（2）图 3.23(b)为交流电桥。交流电桥可以避免直流电桥中的零点漂移问题。由于采用了交流电源，引线分布电容使得二桥臂应变片具有复阻抗特性，每个桥臂上的复阻抗分别为

$$Z_1 = \frac{R_1}{R_1+\mathrm{j}wR_1C_1}, \quad Z_2 = \frac{R_2}{R_2+\mathrm{j}wR_2C_2}$$
$$Z_3 = R_3, \quad Z_4 = R_4$$

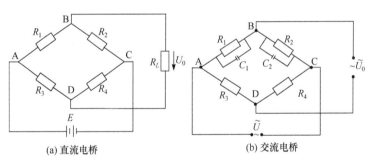

(a) 直流电桥　　　　　　　(b) 交流电桥

图 3.23　测量电桥

由交流电路分析可得

$$\widetilde{U}_0 = \frac{\widetilde{U}(Z_1Z_4 - Z_2Z_3)}{(Z_1+Z_2)(Z_3+Z_4)}$$

电桥平衡条件（$\widetilde{U}_0=0$），则有 $Z_1Z_4=Z_2Z_3$，假设 $Z_1=Z_2=Z_3=Z_4$，可得

$$\frac{R_3}{R_1}+\mathrm{j}wR_3C_1 = \frac{R_4}{R_2}+\mathrm{j}wR_4C_2$$

通过实部和虚部分别相等,得到交流电桥的平衡条件

$$\frac{R_2}{R_1}=\frac{R_4}{R_3}, \quad \frac{R_2}{R_1}=\frac{C_1}{C_2}$$

为同时满足电阻平衡和电容平衡,通常需要增加电桥平衡调节电路。当被测应力变化引起 $Z_1=Z_0+\Delta Z, Z_2=Z_0+\Delta Z$,则电桥输出

$$\widetilde{U}_0=\widetilde{U}\Big(\frac{Z_0+\Delta Z}{2Z_0}-\frac{1}{2}\Big)=\frac{1}{2}\widetilde{U}\frac{\Delta Z}{Z_0}$$

对于人造电子皮肤等柔性传感器,需要具有较大的变形能力,而传统应变式电阻传感器难以满足。Lipomi 等[62]提出利用拉伸变形条件下碳纳米管电阻的变化来测量具体的应变值。在透明基板上施加预应变 ε,然后喷涂透明、导电的单壁碳纳米管,释放应变后形成屈曲碳纳米管,可以实现 150% 应变,并显示电导率高至 2200S/cm。当薄膜拉伸,$\Delta R/R_0$ 随之增加,当释放应变时,$\Delta R/R_0$ 依然保持常数。然后增加应变到释放时的应变值时,电阻值基本保持不变。这个过程可以反复实现:$0\to50\%\to0\to100\%\to0\to150\%\to0\to200\%$,电阻的变化是应变的函数,直到 $\Delta R/R_0=5$,即 $\varepsilon=150\%$,如图 3.24(a)所示。电阻值的应变记忆效应表明碳纳米管薄膜可以通过第一次施加和释放应变进行程控,可以第一次应变定义的范围内实现可逆拉伸。图 3.24(b)表明四次应变循环(应变范围 $0\sim50\%$),其中电阻波动值在 10% 范围以内。但是这种传感器属于一次性产品,每次测量值都必须比上一次的测量值要大,否则无法给出有效的结果。

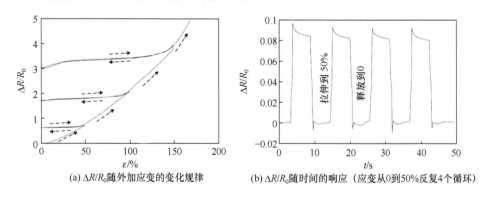

(a) $\Delta R/R_0$ 随外加应变的变化规律   (b) $\Delta R/R_0$ 随时间的响应 (应变从0到50%反复4个循环)

图 3.24 涂膜碳纳米管-基板的外加应变影响

3.2.3 光传感器

光传感器是将光能转换为电能的传感器件,物理基础是光电效应(photoelectric effect),用于测量辐射特性,如强度、极化和光谱分布,具有响应快、结构简单等优点。光照作用能使物体导电性能发生改变的现象为内光电效应(如光敏电

阻);能使电子逸出物体表面的现象为外光电效应(如光电管、光电倍增管等);能使物体产生电动势的现象为光伏效应(如光电池、光敏晶体管)。目前有热探测器(由串联转换器组成,利用接触温度传感器测量到温度升高)和光子探测器(能够将光子转换成电子-空穴对,其浓度可直接测量)两种光学传感器。光子探测器是利用光子进入半导体材料的能力促使电荷载流子处于激发状态,并假定光子载流子有足够的能量跨越能量间隙。电荷生成效率表示为内量子效率,等于每个光子进入吸收体积内部收集到的电荷载流子数量。

光敏电阻又称光导管,属于电阻器件,具有伏安特性、光谱特性和温度特性,没有任何极性,使用时既可以加直流电,也可以加交流电。光敏电阻原理结构图如图 3.25 所示,在玻璃衬底上涂覆半导体层,两端通过金属电极引出。无光照时的光敏电阻值很大,当受到一定范围波长的光照射时,电阻值急剧减小,电流迅速增大。为防止周围介质的影响,在半导体光敏层上覆盖一层膜,使得在光敏层最敏感的波长范围内透射率最大。光敏电阻的主要参数包括暗电阻和暗电

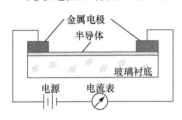

图 3.25　光敏电阻结构

流(不受光时的阻值称为暗电阻,此时电流称为暗电流)、亮电阻和亮电流(受光照时的阻值称为亮电阻,此时电流称为亮电流)、光电流(亮电流与暗电流之差)。

光敏二极管安装在玻璃结构中,其 pn 结安装在二极管顶部,方便接受光照。光敏二极管在电路中一般处于反向工作状态,在没有光照射时,反向电阻很大,反向电流很小,处于截止状态。当光照射在 pn 结上,光子打在 pn 结附近,使 pn 结附近产生光生电子-空穴对,在内建电场作用下形成光电流,处于导通状态,光强度越大,光电流越大。光敏晶体管具有两个 pn 结,只需要将发射极一侧做大,以便扩大光照射面积。大多数光敏晶体管的基极无引出线,当集电结加上相对于发射极为正的电压而不接基极时,集电极就是反向偏压,当光照射在集电结时,就会形成光电流。

多晶半导体薄膜在可见光下的光电导性已经得到广泛研究,包括非晶硅、PbTe、CdS 和 ZnO 等。CdS 的直接带隙能为 $2.42eV$,在可见光谱下具有非常高的光敏特性,最好的暗电阻和光电阻分别为 $\sim 5 \times 10^{12} \Omega/m^2$ 和 $\sim 1 \times 10^5 \Omega/m^2$。为增加 CdS 薄膜导带在可见光下的电荷载流子,可利用不同流量比的 $H_2/(Ar+H_2)$ 在 CdS 薄膜中生长缺陷,使之处于 CdS 带隙中,不会影响暗状态下的电导性。室温下,柔性 PET 基板上生长的 CdS 薄膜可以实现电阻低于 $50\Omega/m^2$。图 3.26 为 50000lux 可见光照射和关闭条件下方块电阻与照射时间的切换特性[63]。方块电阻测量结构如图 3.26 所示,样本尺寸约为 $2cm \times 2cm$。光照前的方块电阻阻值为 $1.5 \times 10^5 \Omega/m^2$,随着光照时间增加,电阻值快速降低。在光照 80s 时具有最低电阻 $200\Omega/m^2$,关闭光照 220s 后,电阻仍然没有回到初值。

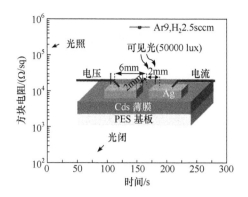

图 3.26　方块电阻与光照时间和光闭时间长短的关系,可见光为 50000lux[63]

　　光电耦合器件由发光元件(如发光二极体)和光电接受元件(如光敏三极管)组成,以光作为媒介传递信号的光电器件。图 3.27 所示为常用的三极管型光电耦合器原理图。光电耦合器实际上是电量隔离转换器,具有抗干扰性能和单向信号传输功能,在传输信号的同时能有效地抑制尖脉冲和各种杂讯干扰,可以提高通道的信噪比,主要因为①输入阻抗很小,只有几百欧姆,而干扰源阻抗较大,通常为 $10^5 \sim 10^6 \Omega$。据分压原理可知,即使干扰电压的幅度较大,但馈送到光电耦合器输入端的噪声电压很小,只能形成很微弱的电流,由于没有足够的能量促使二极体发光而被抑制掉;②输入回路与输出回路之间没有电气联系,避免产生共阻抗耦合干扰信号;③可起到安全保

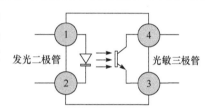

图 3.27　常用的光电耦合器的
内部结构图

障作用,即使当外部设备出现故障、输入信号线短接时,不会损坏仪表。

　　电荷耦合器件(charge-coupled device,CCD)由美国贝尔实验室博伊尔和史密斯发明,主要用于固体成像、信息处理和大容量存储器。CCD 由一组规则排列的金属-氧化物-半导体(MOS)电容器阵列和输入、输出电路组成,以电荷作为信号实现存储和传递电荷信息的固态电子器件,如图 3.28(a)所示。CCD 线阵由多组MOS 单元组成,电极按两相、三相或四相配线方式连接,如图 3.28(b)所示[47]。如果 MOS 电容器的半导体为 p 型硅,当金属电极上施加正电压时,在其他电极下形成的耗尽层中的电子势能较低,即形成了电子势阱。CCD 主要特性参数如表 3.10所示。CCD 工作原理是先将半导体产生的电荷注到势阱,再通过内部驱动脉冲控制势阱深浅,使信号电荷沿沟道朝特定方向转移,最后经输出电路形成一维时序信号。CCD 器件具有存储、转移电荷和逐一读出信号电荷的功能,是固体自扫描半导体摄影器件,广泛地应用于图像传感器。

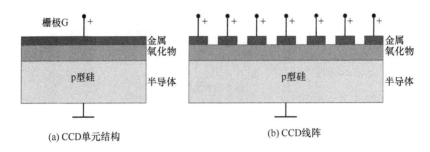

(a) CCD单元结构   (b) CCD线阵

图 3.28   CCD 单元与线阵结构示意图

表 3.10   CCD 主要特性参数

主要参数	参数说明
电荷转移效率	$\eta=\dfrac{Q_1}{Q_0}$，一次转移到下一个势阱电荷量与原势阱电荷量之比
电荷转移损失率	$\varepsilon=\dfrac{Q_0-Q_1}{Q_0}=1-\eta$
暗电流	暗电流的主要来源 半导体衬底热激发 耗尽区内的产生-复合中心的热激发 耗尽区边缘的少数载流子的热扩散 SiO_2/Si 界面处的产生-复合中心的热激发
灵敏度	$S_v=\dfrac{U_s}{\Phi}$，投射在光敏像元上的单位辐射功率所产生的输出信号电压或电流
平均量子效率	整个波长范围内的灵敏度
光谱响应	CCD 光谱响应与光敏面结构、光束入射角及各层介质的折射率、厚度、消光系数等多个因素有关
光电特性	输出电压与输入照度之间的关系 对于 Si-CCD，在低照度下，其输出电压与输入照度有良好的线性关系，当输入照度超过一定值后会出现饱和现象
CCD 的噪声	主要包括散粒噪声、转移噪声和热噪声
分辨率	一般用像素数表示，像素越多，则分辨率越高
极限分辨率	空间采样频率的一半。
调制传递函数（MTF）	取决于器件结构（像素宽度、间距）所决定的几何 MTF1、光生载流子横向扩散衰减决定的 MTFD 和转移效率决定的 MTFT，总的 MTF 是三项的乘积。CCD 的 MTF 随图像中空间频率的提高而下降
三相 CCD 工作频率下限	$f_{\min}=\dfrac{1}{3\tau_c}$

续表

主要参数	参数说明
三相 CCD 工作频率上限	$f_{max}=\dfrac{1}{3\tau_g}$
CCD 器件动态范围	表征 CCD 器件能够正常工作的照度范围。势阱中可以存储的最大电荷量（或输出饱和电压 U_{sat}）与暗场情况下的噪声峰-峰值电压 U_{p-p} 之比

3.2.4　物理化学传感器

　　物理化学传感器是通过测量流体物理属性或现象来确定流体化学性质的器件。直接化学感知系统的不足在于针对不同的应用都要开发新的化学界面,不利于商业化应用。物理化学/物理生物传感器的设计相对简单、易于制造、杂质敏感性低和良好的老化特性。物理化学传感器从器件构成上可分为:不含化学界面的物理化学传感器[见图 3.29(a)]、增加预分离技术的增强可选性的物理化学传感器[见图 3.29(b)]。目前用于直接进行化学感知的转换器包括基于表面等离子体共振、表面声波、电容、电阻、热量测定和化学 FET。为了实现化学感知功能,必须在转换器表面采用化学活性材料作为化学感知界面。借助于微芯片的发展,分离器的发展速度非常快,如电泳、色层分析、质谱分析、离心机、介电泳与微型过滤器等,通过在微芯片上集成分离器可以明显缩减分离时间。在传统方法中需要几小时,而通过芯片集成分离器只需要几分钟,这得益于芯片集成器件只需要非常小量的样本。物理化学传感器可以利用五种不同的能量域,所引用的表 3.11 列出了部分用于物理化学感知的物理属性和效应[47~50]。

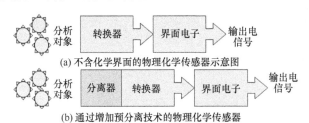

(a) 不含化学界面的物理化学传感器示意图

(b) 通过增加预分离技术的物理化学传感器

图 3.29　物理化学传感器示意图

表 3.11　不同能域中的物理化学传感器

能域	物理属性/效应	器件	应用
光	荧光	光电二极管,颜色传感器	生物化学分析
	光谱测定	法布里-珀罗分光仪	生物化学分析、气体分析
	光吸收	光电二极管,光波导	血氧定量
	光投影	光电二极管阵列	细胞选择、粒子探测

能域	物理属性/效应	器件	应用
热	热传导	热传导探测器	液相成分、气象色谱仪
	热容	温度/压力传感器	气相成分
	热力耦合	压力/位移传感器	气相成分
电	导电性	电导传感器	生物化学分析
	电势	电压探针	DNA 分析
	电容	电容器	湿度
	阻抗	库尔特计数器、单细胞陷阱	细胞类型
	电子俘获	电子捕获探测器	气体分析
	介电泳	介电泳分选器	细胞分选
磁	磁性粒子	磁性生物传感器	生物试验
机械	黏度	剪切振荡晶体	油质检测、食品工业
	密度	比重传感器	油质检测、食品工业
	冷凝	声表面波谐振器	气体分析、湿度分析
	质量	质谱仪	分子分析
	声速	超声换能器	食品工业、体液检测
	声反射	超声换能器	血管检测

3.2.5 电容传感器

电容传感器是将被测非电学量变化转化为电容量变化的传感器,由绝缘材料隔离的两块平行金属板组成,广泛用于压力、差压、振动、加速度与湿度等方面的测量。理想电容器的电容量由绝缘材料介电常数 ε,平面板面积 A 和距离 d 确定,即

$$C=\frac{\varepsilon A}{d}$$

当任何一个发生变化时,电容量就会随之变化,依据所变化参数的不同,电容器可分为变介质型、变面积型和变间距型[47]。

(1) 变面积型电容式传感器。通过调整两极板间的重叠面积 A 改变电容,如图 3.30 所示。假设运动极板的平移位移为 Δx,则单位宽度下电容为

$$C=C_0-\Delta C=\frac{\varepsilon(a-\Delta x)}{d}$$

则电容的相对变化量为 $\Delta C/C_0=\Delta x/a$,可知电容量与水平位移为线性映射关系。角位移电容传感器的原理基本类似,通过转角改变重叠面积的大小,可得到电容与角度同样为线性映射关系,假如电极板为半圆形,可得

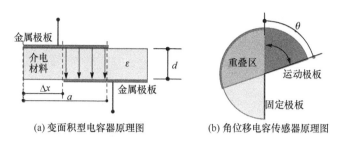

(a) 变面积型电容器原理图　　　(b) 角位移电容传感器原理图

图 3.30　变面积型电容器

$$\frac{\Delta C}{C_0} = \frac{-\theta}{\pi}$$

（2）变间距型电容式传感器。通过调整两极板间距 d 改变电容，如图 3.31(a) 所示。假设初始电容为 $C_0 = \varepsilon A / d_0$，如果电容器间距缩小 Δd，则电容变为 $C_1 = \varepsilon A / (d_0 + \Delta d) = C_0 / (1 - \Delta d / d_0)$，可知传感器电容量与间距的映射关系如 3.31 (b)所示曲线关系。如果 $\Delta d / d \leqslant 1$，可以简化为 $C_1 = C_0 (1 + \Delta d / d_0)$，此时电容与间距变化值呈现近似线性映射关系。传统微型器件中最大应变应小于 10%，而柔性/延性器中广泛采用橡胶基板，最大应变可超过 50%。例如，利用碳纳米管作电极、Ecoflex 作介电材料制作的压力和应变传感器[62]。延性电容器如图 3.32 所示，两块附有透明碳纳米管电极的 PDMS 薄膜面对面粘贴到 Ecoflex 介电层上，组成可压缩电容器，可感知压力和应变。图 3.32(b)和图 3.32(c)为电容变化值 $\Delta C / C_0$ 随外部压力和应变的变化规律，当施加压力和拉力时，导致电容器电极间距变化，从而导致电容的变化。从中可知，当压力小于 1MPa，拉伸应变小于 50%时，电容相应与外部作用保持非常良好的线性关系。并定义了电容应变测量因子 $(\Delta C / C_0) / \varepsilon$，即图 3.32(c)中的直线斜率，约为 0.004。图 3.32(d)和图 3.32(e)分别为外部压力和应变四个加载周期中，电容 b 和 c 为电容变化值 $\Delta C / C_0$ 随时间的变化规律。

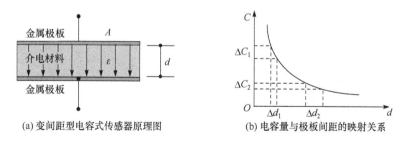

(a) 变间距型电容式传感器原理图　　　(b) 电容量与极板间距的映射关系

图 3.31　变间距型电容式传感器

利用变间距型电容式传感器设计出触觉传感器，可以感知手指触摸的压力和应变，如图 3.33 所示[64]。电容的两块电极分别位于 Ecoflex 手套的内表面和外表面，整个传感器阵列制备在 Ecoflex 手套上，并能够在手套正反翻面过程中不失效，如图3.33(a)和(b)所示。由于外部压力减小了 Ecoflex 的厚度，使得电容增加。图3.33(c)为在外部压力和应变作用下单个传感器电容随外部压力的相对变化关系，电容近似随外部压力线性变化，与简化力学模型保持一致，即 $\Delta C/C_0 = P/$

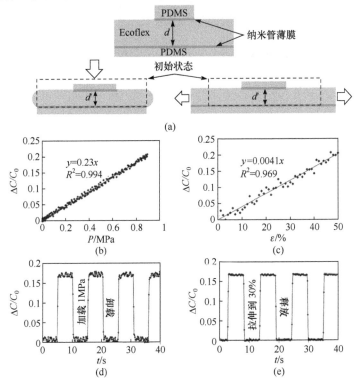

图 3.32　在可压缩电容中使用延性碳纳米管薄膜，用于感知压力和应变[62]

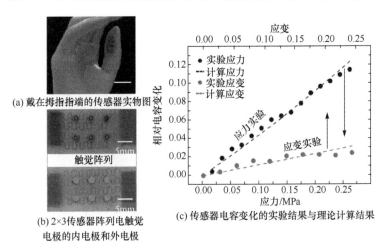

图 3.33　集成电容传感器的触觉感知系统[64]

$(\overline{E}_{\text{Ecoflex}}-P)$，式中，$\Delta C$ 为电容变化量，C_0 为初始电容，P 为外部压力，$\overline{E}_{\text{Ecoflex}}$ 为 Ecoflex 的等效弹性模量。简化模型中忽略了电致伸缩和应变诱导介电常数变化。由于泊松效应，还可以感知平面内应变$(\varepsilon_{\text{applied}})$，与简化力学模型非常吻合，即

$$\frac{\Delta C}{C_0}=(\text{EA}_{\text{system}}/\text{EA}_{\text{electrodes}})\nu\varepsilon_{\text{applied}}$$

式中，$\nu=0.496$；$\text{EA}_{\text{system}}$ 和 $\text{EA}_{\text{electrodes}}$ 分别为系统和电极的拉伸刚度。在预应变 PDMS 基板上旋涂碳纳米管溶液制备可伸缩电极，制备全透明皮肤传感器，可以感知压力和应变[62]。利用湿度敏感材料作为电容的介电材料，通过不同湿度环境下的膨胀程度来调节两个电极的距离，从而改变电容[65]。

OFET 作为电子皮肤中压力感知阵列有源相素单元的理想选择，用于读取压力传感器的单元数据，其中 OFET 中的介电层由微结构化的橡胶组成，可以实现压缩并具有高敏感性[66]。输出电流直接依赖于 OFET 器件中的介电电容，从而感知外部压力。微结构化橡胶介电层的设计为中/低压力范围内容提供更高敏感性，而且器件具有超快的响应时间和弛豫时间。这种方法与 PRESSFET 技术相比较，不需要高成本的硅制造工艺，与柔性基板兼容性好，并具有更高的压力敏感性。微结构化 PDMS 制备过程如图 3.34(a) 所示：①PDMS 稀溶液滴铸到含微结构的 Si 模具中；②PDMS 薄膜经过真空脱瓦斯处理与不完全固化；③涂有 ITO 涂层的 PET 基板层压到模具上，PDMS 薄膜在压力和 70℃ 温度共同作用下固化 3h，均匀压力对于获得均匀尺寸的 PDMS 特征非常关键；④柔性基板从模具上剥离。图 3.34(b) 是三种不同 PDMS 薄膜（金字塔微结构、壕沟微结构和平面薄膜）在连续两次测量的压力响应值（第一次结果为实心，第二次结果为空心）。压力敏感度可以定义为测量轨迹的斜率，即 $S=\delta(\Delta C/C_0)/\delta p=(1/C_0)(\delta C/\delta p)$，其中，$p$ 为外部压力，C 和 C_0 分别为作用压力前后的电容值。可以看出未结构化器件的压力敏感值远小于微结构化器件。利用微结构化 PDMS 薄膜作为介电层制备了 OFET 原型，结构布局图如图 3.34(c) 所示。利用可压缩薄膜作为 OFET 器件介电层的主要原理是晶体管电流直接依赖于栅极介电层电容。这种压力敏感型 OFET 可以实现低阻抗有源阵列设计，降低功耗。OFET 器件中的 I_{DS} 电流线性依赖于介电层电容。因此，I_{DS} 电流对于外部压力的非线性响应为 $\Delta I_{\text{DS}}(p)=I_{\text{DS}}(p)-I_{\text{DS0}}=k(\Delta C/C_0)$，与非线性压力依赖性 PDMS 薄膜电容相似，式中，k 为比例常数，与器件的几何形状、材料和器件终端的偏置电压有关。图 3.34(d) 给出了 OFET 器件 I_{DS} 电流随压力变化结果，并比较了固定电压下，I_{DS} 电流与标定比例常数后的 $\Delta C/C_0$ 电容变化。

（3）变介质型电容式传感器，如图 3.35 所示。两平行电极板固定不动，介质材料 2 以不同深度进入电容器，从而调整两平行电极板之间介质材料的比例。单位宽度下的传感器总电容为

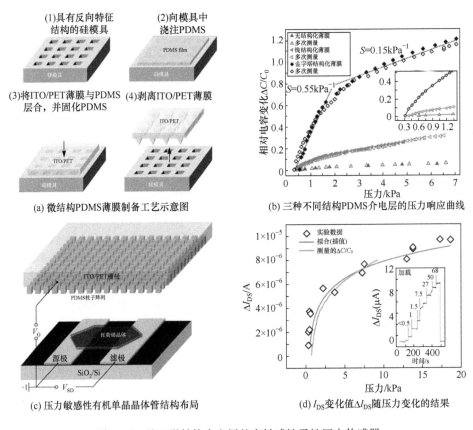

(a) 微结构PDMS薄膜制备工艺示意图

(b) 三种不同结构PDMS介电层的压力响应曲线

(c) 压力敏感性有机单晶晶体管结构布局

(d) I_{DS}变化值ΔI_{DS}随压力变化的结果

图 3.34　基于微结构介电层的高敏感性柔性压力传感器

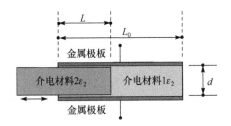

图 3.35　变介质型-电容式传感器

$$C = C_1 + C_2 = \frac{\varepsilon_1(L_0 - L) + \varepsilon_2 L}{d}$$

当 $L=0$ 时，传感器的电容为 $C_1 = \varepsilon_1 L_0/d$，当介质材料 2 进入电极间的距离为 L 时，引起的电容相对变化为

$$\frac{\Delta C}{C_c} = \frac{(\varepsilon_2 - \varepsilon_1)L}{\varepsilon_1 L_0}$$

可知电容变化与电介质 2 的移动量 L 呈线性映射关系。

3.2.6　压电传感器

　　压电传感器(piezoelectric sensor)实现信息转换的物理基础为压电晶体的压电效应,是有源的双向机电传感器。当压电材料表面受力作用变形时,其表面会有电荷产生,从而实现非电量测量,具有灵敏度高、体积小、工作频带宽、压电效应的可逆性以及易于与压电微执行器集成等优点。电介质在沿特定方向受到外力作用发生变形时,内部会产生极化现象,同时在两个相对表面上生成正负电荷;当去掉外力后,又会恢复到不带电状态;当作用力方向改变时,电荷极性也随之改变,即正压电效应。相反,当在电介质极化方向上施加电场是会发生变形,去掉电场后电介质变形随之消失,即逆压电效应,如图 3.36 所示。

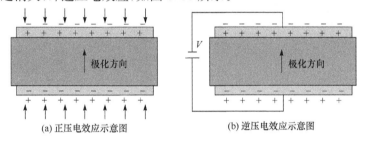

(a) 正压电效应示意图　　　　　　　(b) 逆压电效应示意图

图 3.36　压电效应原理图(浅色为形变前,深色为形变后)

　　压电晶轴取向:极化方向定义为 Z 轴或 3 方向的正方向,垂直于 Z 轴的两个方向分别定义为 X 轴或 1 方向、Y 轴或 2 方向。压电方程描述机电耦合与变换中晶体电学量(E、D)和力学量(T、S)之间相互作用关系。根据应用状态和测试条件不同,压电晶片所处的电学边界条件和机械边界不同,即压电方程的独立变量不同。根据机械自由和机械夹持的机械边界条件与电学短路和电学开路的电学边界条件,压电方程共有四类:d 型、e 型、g 型、h 型。①电学短路,两电极间外电路的电阻比压电陶瓷片的内阻小得多,电极面所累积的电荷由于短路而流走,电压保持不变,上标用 E 表示;②电学开路,两电极间外电路的电阻比压电陶瓷片的内阻大得多,电极上的自由电荷保持不变,电位移保持不变,上标用 D 表示;③机械自由,用夹具把压电陶瓷片的中间夹住,边界条件是机械自由的,可以自由变形,上标用 T 表示;④机械夹紧,用刚性夹具把压电陶瓷的边缘固定,边界条件是机械夹紧的,上标用 S 表示。在边界条件机械自由、电学短路下的压电方程称之为第一类压电方程(d 型),表达了在该条件下正、逆压电效应各物理量的定量关系

$$D = dT + \varepsilon^{T} E$$
$$S = s^{E} T + d_{t} E$$

式中,S 为应变;E 为电场;D 为电位移;T 为应力;d 为压电应变常数矩阵(反映晶

体的弹性性能和介电能之间的耦合);ε^T 为应力恒定时的自由介电常数矩阵;s^E 是电场恒定时的短路弹性柔顺系数矩阵;d_t 是 d 的转置。

测量薄膜压电特性是利用材料的压电效应,包括正压电效应(对薄膜施加应力测量电荷/电压)和逆压电效应(对薄膜加外电场测量应变),由此得薄膜的压电系数。薄膜极化方向与薄膜表面垂直,横向压电系数的定义为:$d_{31} = \left(\dfrac{\partial S_1}{\partial E_3}\right)_T$(逆压电效应)或 $d_{31} = \left(\dfrac{\partial D_3}{\partial T_1}\right)_E$(正压电效应)。压电材料主要参数包括压电常数、弹性常数、介电常数、机电耦合系数、电阻和居里点,常用压电材料的性能如表 3.12 所示[47]。

表 3.12　常用压电材料性能[47]

性能 ＼ 压电材料	石英	钛酸钡	锆钛酸铅 PZT-4	锆钛酸铅 PZT-5	锆钛酸铅 PZT-8
压电系数/(pC/N)	$d_{11} = 2.31$ $d_{14} = 0.73$	$d_{15} = 260$ $d_{31} = -78$ $d_{33} = 190$	$d_{15} \approx 410$ $d_{31} = -100$ $d_{33} = 230$	$d_{15} \approx 670$ $d_{31} = -185$ $d_{33} = 600$	$d_{15} \approx 330$ $d_{31} = -90$ $d_{33} = 200$
相对介电常数(ε_r)	4.5	1200	1050	2100	1000
居里点温度/℃	573	115	310	260	300
密度/(10^3 kg/m³)	2.65	5.5	7.45	7.5	7.45
弹性模量/(10^3 N/m²)	80	110	83.3	117	123
机械品质因数	$10^5 \sim 10^6$	—	≥500	80	≥800
最大安全应力/(10^5 N/m²)	95～100	81	76	76	83
体积电阻率/(Ω·m)	$>10^{12}$	10^{10}(25℃)	$>10^{10}$	10^{11}(25℃)	—
最高允许温度/℃	550	80	250	250	—
最高允许湿度/%	100	100	100	100	—

常见的压电材料有石英、钛酸钡陶瓷、钙钛矿型的铌酸盐等。钛酸钡压电陶瓷:钛酸钡($BaTiO_3$)是由碳酸钡($BaCO_3$)和二氧化钛(TiO_2)按 1:1 分子比例在高温下合成的压电陶瓷,具有很高的介电常数和较大的压电系数(约为石英晶体的 50 倍),不足之处是居里点温度低(120℃),温度稳定性和机械强度不如石英晶体。在大面积橡胶基板上打印晶体压电 PZT 丝带(微米级宽度,纳米级厚度)实现柔性能量转换[67]:①PZT 薄膜生长在(100)开裂 MgO 晶体基板上,退火形成钙钛矿晶体结构;②对结构、组分和压电响应进行表征;③将薄膜进行图案化得到纳米级厚度的丝带,并转印到 PDMS 基板上。压电聚合物:合成高分子聚合物薄膜经延展拉伸和电场极化后具有压电性能,称为高分子压电薄膜。目前出现的压电聚合物有聚二氟乙烯(pdyvinylidene difluoride,PVF_2)、聚氟乙烯(polyvinyl fluoride,PVF)、聚氯乙烯(polyvinyl chloride,PVC)、聚 γ 甲基-L 谷氨酸酯(PMG)、聚偏二

氟乙烯(polyvinylidene fluoride,PVDF)等。压电聚合物较为柔软,不易破碎,可以大量生产和制成较大的面积。PVDF压电薄膜具主要优点:①质轻柔软,不影响结构力学性能,与结构有着良好的兼容性,可制作成大面积柔性传感器;②对于机械应力或应变的变化响应快速,便于测量冲击变形;③具有良好机械强度和韧性,对湿度、温度和化学物质表现出很高的压电稳定性,可用于延性器件设计和制造;④电压灵敏度高,能够感知微弱气流运动,PVDF的压电电压系数 g_{31} 高于其他压电材料好几倍;⑤频率范围宽,从 0.1Hz 到几个 GHz 的频率范围;⑥与溶液化工艺兼容,能够实现压电器件的高效、低成本制造。PVDF 压电薄膜的优越性能引起了广泛关注,具有其他压电材料无法比拟的传感特性[68],广泛用于结构健康监测、智能结构与系统、各种力学传感器等。

3.3　柔性太阳能电池

　　太阳能电池根据材料种类和状态可分为单晶硅/多晶硅/非晶硅太阳能电池、化合物半导体(硫化镉、砷化镓)太阳能电池、有机太阳能电池和染料敏化太阳能电池等。按照结构和光伏机理可分为有机肖特基型、有机 pn 异质结型和染料敏化太阳能电池。半导体太阳能电池的工作原理是基于半导体光伏效应,在适当波长的光照射非均匀半导体(pn 结)时,由于内建电场的作用,半导体内部将产生电动势,如果将 pn 结短路,就会出现电流[69]。

3.3.1　肖特基型太阳能电池

　　太阳能电池存在两层薄膜,分别用于交换电子和空穴,通过两个不同金属接触的均匀掺杂半导体来实现。一种是欧姆接触用来交换多数载流子,另一种是导致多数载流子损耗,即为肖特基接触。肖特基型太阳能电池属于表面势垒光电池,只用一块仅掺杂一种杂质的半导体(n 型或 p 型),光生伏特效应来源于半导体的表面势垒,包括全固态肖特基势垒光电池(MS-金属-半导体、MIS-金属-绝缘体-半导体)和电解质/固体电化学光伏电池。Cu-Cu$_2$O 结构是全固态表面势垒光电池最原始结构形式,起初主要用在光控制方面,器件转换效率很低,随着 p-n 同质结光电池的出现,表面势垒光电池的研究逐渐减缓。

　　肖特基型太阳能电池的结构为玻璃-金属电极-染料-金属电极,有机材料位于中间,上下两端为电极。电极一般是 ITO 和低功函金属 Al、Ca、Mg 等。由于入射光大部分被反射掉,电池转换效率较低。需要在电池表面增加减反射膜或抗反射微结构,将反射光重新进入电池,并采用低串联电阻和小面积金属作为前电极,以便获得更大的光照面积和光电流。

　　MS 和 MIS 表面势垒光电池的基本结构如图 3.37 所示,在半导体表面有一层透明导电层,在其上制作栅形金属电极,在半导体背面制作欧姆接触电极,然后在金属层正面制作减反射膜。MS结构光电池转换效率低于同质pn结电池,由于反向电流主要由多数载流子的热电子发射所决定,远大于体扩散-复合所决定的少数载流子形成的反向电流;在同质pn结电池中,体扩散-复合电流起着决定性作用,这就导致同样半导体材料制作MS电池的开路电压比同质pn结的要低。

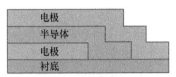

(a) MS光电池的基本结构　　　　　　(b) 肖特基型太阳能电池

图3.37　MS和MIS表面势垒光电池

有机与无机太阳能电池的载流子产生过程有很大的不同。无机太阳能电池(如GaAs肖特基型和硅pn结太阳能电池)产生载流子的过程非常简单,吸收能量高于禁带宽度的光子直接产生电子-空穴对,由这些载流子输运产生光电流。有机染料载流子产生过程复杂,通常染料吸收光子不直接产生自由载流子,而是产生激子,必须离解成自由载流子才能生成光电流。在单层肖特基型有机薄膜太阳能电池中,低功函金属电极/有机半导体界面产生内建电场,将激子离解成自由载流子,并驱动载流子在有机层中传输。金属电极透光率仅为50%,电极表面成为自由载流子俘获中心致使复合降低,这导致填充因子较小。

3.3.2　pn异质结太阳能电池

常见的硅基太阳能电池是基于光伏效应的大面积pn结的二极管,要求半导体结构的电子非对称性。当具有pn结受到光照时,能量大于半导体禁带宽度的光子被硅材料吸收,光子的能量传递给硅原子,促使电子发生跃迁,电子-空穴对数目增多。由于存在较强的内建电场,pn结两边的光生载流子向相反方向运动,p区电子移到n区,n区空穴移到p区,p端电势升高,n端电势降低,在pn结两端形成了光生电动势,即为pn结的光生伏特效应。如果从材料两侧引出电极并接上负载就会产生电压和电流。

由于光生载流子各自向相反方向运动,形成n区向p区的光生电流I_L,由于pn结两端的光生电动势相当于在pn结两端施加正向电压,使得势垒降低到$q(V_D-V)$,产生正向电流I_F。在pn结开路时,光生电流等于正向电流,pn结产生稳定的电势差V_{OC},即开路电压。如果将pn与外电路接通,只要光照不停止,就会不断有电流通过电路。为使光电器件产生光生电动势,应具备两个条件:①半导体材料对一定波长范围的入射光有足够大的光吸收系数α,即要求入射光子的能量$h\nu$大于或等于半导体材料的带隙E_g;②具有光伏结构,即内建电场所对应的势垒区。

通过组合半导体双层 pn 异质结系统,解决肖特基型有机薄膜太阳能电池中的内建场问题,使得 pn 结型太阳能电池的转换效率远高于肖特基型太阳能电池。组合无机半导体与有机半导体形成的异质结系统,例如 ZnO/有机层、TiO₂/菁等,可明显改善电池的填充因子。异质结界面为激子的离解阱,避免激子在电极上的失活。给体/受体异质结结构可以提高激子的分离概率,且增加器件吸收太阳光谱的带宽,如图 3.38(a)所示。由于接触面积有限,单纯异质结结构生成的载流子有限,为获得更多的载流子,需要扩大异质结结构的接触面积,诞生了混合异质结结构,如图 3.38(b)所示。为进一步提高光伏效率,将 p-n 异质结结构改进为p-i-n多层结构,如图 3.38(c)所示。

 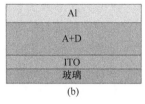 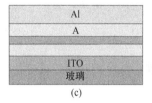

图 3.38　典型器件结构

描述太阳能电池输出特性有三个参数:短路电流 I_{sc}、开路电压 V_{oc} 和填充因子 FF[70]。理想情况下短路电流 I_{sc} 等于光生电流 I_L。依据电流-电压特性关系 $I = I_0(\mathrm{e}^{\frac{qV}{kT}} - 1) - I_L$,令 $I = 0$,得到 $V_{oc} = \frac{kT}{q}\ln\left(\frac{I_L}{I_0} + 1\right)$。由于 V_{oc} 与 I_0 密切相关,因此 V_{oc} 取决于半导体材料的性质。填充因子 $FF = \frac{V_{mp}I_{mp}}{V_{oc}I_{sc}}$ 用于表征输出特性曲线方形程度。只存在辐射复合下,$V_{oc}I_{sc}$ 代表在开路状态下由光子发射的化学能,其中所有的电子和空穴必须复合。对于一定效率的电池而言,填充因子约为 0.8 ± 0.1。填充因子 FF 的理想值与归一化开路电压的关系如图 3.39 所示。当 $V_{oc}/(kT/q) > 10$,经验公式为

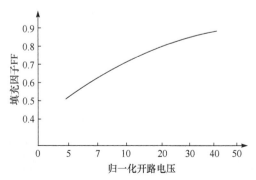

图 3.39　填充因子的理想值与通过热电压 $V_{oc}/(kT/q)$ 归一化的开路电压的关系

$$FF = \frac{V_{OC} - \ln(V_{OC} + 0.72)}{V_{OC} + 1}$$

式中，$v_{OC} = V_{OC}/(kT/q)$。可以得到能量转换效率为 $\eta = \dfrac{V_{mp} I_{mp}}{P_{in}} = \dfrac{V_{OC} I_{SC} FF}{P_{in}}$，式中，$P_{in}$ 为电池入射光总功率。

3.3.3　染料敏化太阳能电池

染料敏化太阳能电池（dye sensitized solar cell, DSSC）是一种陶瓷基光化学太阳能电池，以感旋光性染料为吸收材质的太阳能电池。早期 DSSC 的光电转换效率较低，1991 年，瑞士的 Gratzel 提出利用多孔性 TiO_2 纳米粒子，搭配 Ru 金属有机化合物感旋光性染料以及液态电解质的 DSSC，获得了 7% 的光电转换效率，从而开启 DSSC 的研究风潮。DSSC 基本部件包括电解质、光电极和背电极，如图 3.40 所示[71,72]。敏化染料吸附在多孔 TiO_2 膜表面，在正极和负极之间填充含有氧化－还原物质的电解质（I_3^-/I^-），将电荷从背电极传输到光电极，当从碘离子得到电子，被激励的染料分子减少返回原始状态[71]。光电极由纳晶体 TiO_2 层沉积到含导电层的基板上，通常为 TCO 涂层玻璃或者 TCO 涂层塑料和金属箔等柔性基板。背电极（阳极）由催化剂（Pt 或 C）沉积到导电基板组成。可以将合适的有机染料吸附到宽带隙半导体表面，利用染料对可见光的强吸收能力将光谱响应延伸到可见区，即半导体的染料敏化作用。DSSC 电极可分为染料敏化平板半导体电极和染料敏化纳米晶半导体电极，前者只能在电极表面吸附单层染料分子，光电转换效率无法提高。

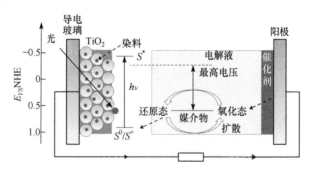

图 3.40　染料敏化太阳能电池的工作原理示意图[71,72]

采用单分子层可吸收光，但吸收光子的能力差，主要由于光子的穿透深度远大于单分子层厚度，为此在 TiO_2 层中加入纳米粒子，形成多孔结构。用有机染料吸收太阳光激发出电子-空穴对，染料与 TiO_2 界面进行电子转移，形成自由的电子与空穴，再分别由 TiO_2 通道与电解质的氧化还原作用传导至相对的负极与正极，形成光电流(见图 3.40),阴极为多孔性 TiO_2 半导体,接受染料被光激发产生的电子。光电转换过程可分为光激发产生电子-空穴对、电子-空穴对的分离、载流子输运。DSSC 工作原理如下。①染料吸收太阳光能量,产生激子。电池阳极由纳米晶体 TiO_2 半导体薄膜和吸附其上的光敏染料构成,$S+h\nu \rightarrow S^*$;染料单分子层可作为 TiO_2 的电子良导体,使得染料中的电子非常容易到达 TiO_2 导带。由于 TiO_2 较大的带隙($>3eV$),染料中的空穴在传输到 TiO_2 价带遇到高的势垒。②不稳定的激发电子通过染料与 TiO_2 表面发生作用,阶跃到低能级导带,染料由于失去电子而被氧化。电子通过 TiO_2 进入收集电极,通过回路产生电流,$S^* \rightarrow e^- + S^+$。③被氧化的染料从电介质中得到电子,从而被还原再生,$S+3I^- \rightarrow S+I_3^-$。④导带电子与被氧化的染料进行复合,$S^+ + e^- \rightarrow S$。⑤电解质 I_3^- 通过电极进入电路,到达阴极的电子还原成 I^-,$I_3^- + 2e \rightarrow 3I^-$。

使用高比表面积半导体电极(纳米晶 TiO_2 电极)进行敏化作用,可有效解决平板半导体电极中的问题。纳米晶半导体膜的多孔性使得表面积远大于其几何表面积。单分子层染料吸附到纳米半导体电极上,其巨大的表面积使电极在最大波长附近捕获光的效率达到 100%,可以实现高光电转化量子效率和光捕获效率。电池制备工艺十分简单,可采用大面积丝网印染技术,不需要昂贵又耗能的高温处理和高真空,也不需要高纯原料,成本不到硅基太阳能电池的三分之一,但是寿命短、效率低。有机染料稳定性较差,光照后易产生裂解,寿命为 15 年,尚无法满足户外发电 25 年的要求。DSSC 可以做成透明的或者彩色的,也可以做成柔性的可弯曲电池。目前实验室最高效率的叠层电池为 11% 左右,超过非晶硅太阳能电池的转换效率,其商业化产品效率约为 8%。

DSSC 电极分为光电极和背电极,光电极是染料敏化多孔的纳米晶氧化物半导体膜电极,要求具备一定的透光性,包括金属型、半导体型和多层膜复合型三种。①金属薄膜(如 Au、Pd、Pt、Al)具有良好的导电性,但是透光性较差。通常透明导电薄膜的厚度限制在 $3\sim15nm$,但容易导致形成岛状结构,表现出较高的电阻率和光吸收率;②半导体薄膜具有透明性好,但是导电性较差,而金属氧化物半导体导电性、透光性和力学性能较好,如 SnO_2、In_2O_3-SnO_2、CdO 和 Cd_2SnO_4 等。

染料对于不同波长的光具有不同的光电转换效率,对于入射单色光的光电转换效率可定义为

$$IPCE(\lambda) = \frac{1.25 \times 10^3 \rho}{\lambda \Phi} = LHE(\lambda) \phi_{inj} \eta_c$$

式中,ρ 为光电流密度($\mu A/cm^2$);λ 为波长(nm);Φ 为光通量(W/m^2);$LHE(\lambda) = 1 - 10^{-I\delta(\lambda)}$ 为光吸收率;$\phi_{inj} = \dfrac{k_{inj}}{\tau^{-1} + k_{inj}}$ 为诸如电子的量子产率;η_c 为电荷分离率,即

注入 TiO_2 导带中的电子有可能与膜内杂质复合或其他方式消耗; Γ 为每平方厘米膜表面覆盖染料物质的量数; $\delta(\lambda)$ 为染料吸收截面积,与染料的消化系数有关系; τ 为激发态寿命, k_{inj} 为诸如电子的速率常数。染料光敏化剂直接影响 DSSC 的效率,理想敏化剂所应具备的条件见表 3.13 所示。由于染料光敏层中的电子和空穴的迁移率非常小,需要染料光敏层非常薄,以便电荷载流子在生命周期内能够到达吸收电极。DSSC 可以与 R2R 大规模制造工艺结合,这得益于 DSSC 与柔性基板的兼容性,能够实现低温和大气压力环境下制造。

表 3.13　理想敏化剂所应具备的条件

参数	要求
吸收光谱	在可见光区有较强、尽量宽的吸收带,能够吸收 920nm 以下的光,以便充分利用太阳光
光稳定性	在氧化态和激发态下具有高光稳定性,能够进行 10^8 次循环,在自然光照射下具有 10 年的寿命
光激发性	激发态寿命长、光致发光性好,具有较高的电荷传输效率
吸附性	在 TiO_2 纳米结构表面具有良好的吸附性
能级匹配	染料分子的激发态能级与半导体的导带能级必须匹配,尽可能减少电子转移过程中的能量损失,量子产率应该接近 1
电位匹配	敏化剂的氧化还原电位应该与电解液中氧化还原点对的电极电位匹配,以保证染料分子的再生

3.3.4　有机/聚合物电池

有机/聚合物太阳能电池可在分子层次上进行结构设计,材料质量轻,便于大面积制造,可以灵活改变和提高材料光谱吸收能力,扩展光谱吸收范围并提高载流子迁移能力,可利用旋涂、喷印等工艺实现溶液化制造,通过物理改性提高载流子传输能力,减少电阻损耗,提高短路电流。有机/聚合物半导体太阳能电池相比于其他形态的有机太阳能电池,有机-有机界面比有机-无机界面拥有更好的亲和性。有机太阳能电池主要是利用有机小分子直接/间接将太阳能转化为电能的器件,光电转换效率虽然能够达到 9%,但仍然比较低。

有机半导体的激子键能比硅高,通常有为 $0.3\sim1eV$,内建电场为 $10^6\sim10^7V/m$,吸收光子后产生激子,由于聚合物的低介电常数($\varepsilon_r\approx2-4$),无法直接将激子分解成载流子。激子需要采用特殊的结构将电子-空穴有效地分开,如半导体-金属界面、给体-受体结构(A/D)。本体内激子的离解机制包括激子热电离、激子/激子碰撞电离、光致电离、激子与杂质或缺陷中心相互作用。在载流子产生之前,还要经过光子吸收、激子扩散和电荷分离过程。在生成载流子后,受电场作用会进行定向运动,运动过程中会受陷阱的影响,通常表现在迁移率的大小上。

电荷分离到背电极收集的过程中,载流子在传输过程中与原子或离子的相互作用将减缓运动速度,从而使电流受到限制。在光照射结束时,光电流衰减时间从毫秒到数秒,除了直接的电子-空穴复合外,还有陷阱复合,如图 3.41 所示。电子和空穴直接复合产生的能量促使形成单线态或三线态激子,其辐射衰减伴随着光子的释放。在复合中心进行复合,首先通过陷阱俘获载流子,然后与相反电荷载流子复合。为了到达功函较低的电极,载流子要闯过氧化层势垒,而且金属电极和半导体层之间有阻挡层,导致载流子不能立即到达金属电极。由于激子或载流子在分子之间跳跃,分子间距会对传输造成影响,结合紧密的分子结构比结构松散的分子结构更有利于激子或载流子的传输。

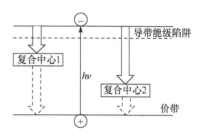

图 3.41　光生载流子的复合过程

为获得较高的光电转换效率,提出了单层结构、双层结构、混合结构和叠层结构的器件,如图 3.42 所示,这四种结构的比较如表 3.14 所示。在理想状态下,电子施主材料将同功函较高的电极连接(如 ITO),电子受主材料同功函较低的电极连接(如 Al)。

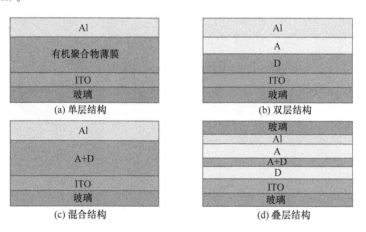

图 3.42　四种典型的有机/聚合物太阳能电池结构

表 3.14　四种典型的有机/聚合物太阳能电池结构优缺点比较

结构	优点		缺点
单层结构	·工艺简单	—	·一种材料难以覆盖整个可见光波段 ·光作用的有源区很薄,光生载流子在有机/聚合物层是复合损失严重

续表

结构	优点	缺点
双层结构	·将内建电场结合面与金属隔开 ·有机半导体与电极为欧姆接触 ·形成异质结 A/D 界面为激子离解阱，避免了激子在电极失活 ·A/D 表面态减少，降低了对载流子的陷阱作用	·仅允许一定薄膜层内的激子到达离解的 A/D 界面
混合结构	·两种材料混合增大 A/D 接触界面，可离解更多激子	·两种混合材料分别与电极连接有一定困难
叠层结构	·集合双层结构和混合结构优点	·混合层中有机半导体材料要求特殊结构特性，如低玻璃态转化温度

采用图 3.42(a)所示单层结构制备了超薄、轻质柔性有机太阳能电池，如图 3.43 所示[73]。各层材料有所不同，金属电极为 115nm 的 Ca/Ag，有源层为 200nm 的 P3HT：PCBM，透明电极为 150nm 的 PEDOT：PSS，而基板采用了 1400nm 的 PET 柔性基板。将上面三层结构沉积到涂有 ITO 透明电极的玻璃基板上，得到的能量转换效率达到 4.3%，与沉积到无 ITO 结构的 PET 基板上的效率相当。由于整个太阳能电池结构不超过 $2\mu m$ 厚，具有非常良好的柔性，将其固定于预应变的 PDMS 弹性基板表面，可以制备延性太阳能电池。

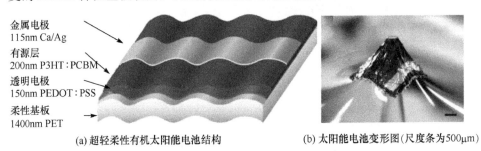

金属电极
115nm Ca/Ag
有源层
200nm P3HT：PCBM
透明电极
150nm PEDOT：PSS
柔性基板
1400nm PET

(a) 超轻柔性有机太阳能电池结构　　　　(b) 太阳能电池变形图(尺度条为500μm)

图 3.43　厚度小于 $2\mu m$ 的有机太阳能电池[73]

电极材料的功函对有机光伏材料具有非常重要的影响，它能根据半导体材料的 LUMD/HOMO 和费米能级确定电极是否与载流子形成欧姆接触或阻断接触。如果这两种电极材料的功函相差较大，会增加开路电压。为提高空穴传输效率，要求阳极功函尽可能高。在太阳能电池和 LED 而言，阳极一般采用高功函的半透明金属、透明导电聚合物、ITO 导电玻璃。阴极应该尽量选取低功函的材料，这关系到有机光伏器件的效率、使用寿命。目前阴极类型主要有单层金属阴极、合金阴极、层状阴极、掺杂复合型电极，这几种类型的比较和相应的材料如表 3.15 所示。

聚合物作为阳极可以实现弯曲,能够用于柔性聚合物光伏器件。

表 3.15　阴极类型与材料

阴极种类	特性	材料
单层金属阴极	·低功函金属 ·金属容易被氧化	Ag、Mg、Al、Li、Ca、In 等
合金阴极	·将低功函金属和高功函且化学性能稳定的金属一起蒸发形成合金阴极 ·可以提高器件量子效率和稳定性 ·在有机膜上形成稳定坚固的金属薄膜 ·惰性金属可以填充单金属薄膜的缺陷	Mg∶Ag(10∶1) Li∶Al(0.6%Li)
层状阴极	·极薄绝缘材料和层较厚 Al 层组成 ·层状阴极的电子传输性能比纯 Al 电极高,可以得到更高转换效率和更好 I-V 曲线	·绝缘材料包括 LiF、Li_2O、MgO、Al_2O_3
掺杂复合型电极	·将掺杂有低功函数金属的有机层夹在阴极和聚合物光敏层之间,大大改善器件性能	有低功函数金属、有机材料

参 考 文 献

[1] Sze S M. Semiconductor Devices: Physics and Technology. Chichester: John Wiley & Sons, 2001.

[2] 黄昆. 固态物理学. 北京: 高等教育出版社,2006.

[3] Meller G, Grasser T. Organic Electronics. Berlin: Springer, 2010.

[4] 刘雪强. 薄膜晶体管驱动 OLED 技术中关键问题的研究[D]. 长春: 吉林大学,2008.

[5] Lindner T, Paasch G, Scheinert S. Influence of distributed trap states on the characteristics of top and bottom contact organic field-effect transistors. Journal of Materials Research, 2004, 19(7): 2014−2027.

[6] Herasimovich A, Scheinert S, Horselmann I. Influence of traps on top and bottom contact field-effect transistors based on modified poly(phenylene-vinylene). Journal of Applied Physics, 2007, 102(5): 054509.

[7] Iba S, Sekitani T, Kato Y, et al. Control of threshold voltage of organic field-effect transistors with double-gate structures. Applied Physics Letters, 2005, 87(2): 023509.

[8] Chu C W, Chen C W, Li S H, et al. Integration of organic light-emitting diode and organic transistor via a tandem structure. Applied Physics Letters, 2005, 86(25):12−16.

[9] 胡子阳. 基于横向和垂直结构的有机场效应晶体管的研究[D]. 天津: 天津理工大学,2009.

[10] Kudo K, Wang D X, Iizuka M, et al. Organic static induction transistor for display de-

vices. Synthetic Metals，2000，111：11—14.

[11] Ma L P，Yang Y. Unique architecture and concept for high-performance organic transistors. Applied Physics Letters，2004，85(21)：5084—5086.

[12] 王军. 基于垂直结构的有机薄膜晶体管. 现代显示，2007，14(8)：23—25.

[13] Lee J B，Subramanian V. Weave patterned organic transistors on fiber for e-textiles. IEEE Transactions on Electron Devices，2005，52(2)：269—275.

[14] Bonfiglio A，de Rossi D，Kirstein T，et al. Organic field effect transistors for textile applications. IEEE Transactions on Information Technology in Biomedicine，2005，9(3)：319—324.

[15] Carpi F，de Rossi D. Electroactive polymer-based devices for e-textiles in biomedicine. IEEE Transactions on Information Technology in Biomedicine，2005，9(3)：295—318.

[16] Rossi D D. Electronic textiles：A logical step. Nature Materials，2007，6(5)：328—329.

[17] Maccioni M，Orgiu E，Cosseddu P，et al. Towards the textile transistor：Assembly and characterization of an organic field effect transistor with a cylindrical geometry. Applied Physics Letters，2006，89(14)：143515.

[18] Wong W S，Salleo A. Flexible Electronics：Materials and Applications. New York：Springer，2009.

[19] Brown A R，Pomp A，Hart C M，et al. Logic gates made from polymer transistors and their use in ring oscillators. Science，1995，270(5238)：972—974.

[20] Horowitz G. Organic field-effect transistors. Advanced Materials，1998，10(5)：365—377.

[21] Shirota Y，Kageyama H. Charge carrier transporting molecular materials and their applications in devices. Chemical Reviews，2007，107(4)：953—1010.

[22] Scheinert S，Paasch G. Fabrication and analysis of polymer field-effect transistors. Physica Status Solidi a-Applied Research，2004，201(6)：1263—1301.

[23] Sun Y G，Rogers J A. Inorganic semiconductors for flexible electronics. Advanced Materials，2007，19(15)：1897—1916.

[24] Meitl M A，Zhu Z T，Kumar V，et al. Transfer printing by kinetic control of adhesion to an elastomeric stamp. Nature Materials，2006，5(1)：33—38.

[25] Srinivasan E，Lloyd D A，Parsons G N. Dominant monohydride bonding in hydrogenated amorphous silicon thin films formed by plasma enhanced chemical vapor deposition at room temperature. Journal of Vacuum Science & Technology A：Vacuum, Surfaces, and Films，1997，15(1)：77—84.

[26] Sazonov A，Nathan A，Striakhilev D. Materials optimization for thin film transistors fabricated at low temperature on plastic substrate. Journal of Non-Crystalline Solids，2000，266—269，Part 2(0)：1329—1334.

[27] Nathan A，Chaji G R，Ashtiani S J. Driving schemes for a-Si and LTPS AMOLED displays. Journal of Display Technology，2005，1(2)：267—277.

[28] Chaji G R，Servati R，Nathan A. Driving scheme for stable operation of 2-TFT a-Si

AMOLED pixel. Electronics Letters, 2005, 41(8): 499,500.

[29] Lee C H, Sazonov A, Nathan A, et al. Directly deposited nanocrystalline silicon thin-film transistors with ultra high mobilities. Applied Physics Letters, 2006, 89(25): 252101.

[30] Kim C H, Jung S H, Yoo J S, et al. Poly-Si TFT fabricated by laser-induced in-situ fluorine passivation and laser doping. IEEE Electron Device Letters, 2001, 22(8): 396~398.

[31] Kagan C R, Andry P. Thin-Film Transistors: CRC Press, 2003.

[32] 王宏, 姬濯宇, 刘明, 等. 有机场效应晶体管及其集成电路研究进展. 中国科学 E 辑: 技术科学, 2009, 39(9): 1495-1505.

[33] 闫东航, 王海波, 杜宝勋. 有机半导体异质结导论. 北京: 科学出版社, 2008.

[34] Sun Y M, Liu Y Q, Zhu D B. Advances in organic field-effect transistors. Journal of Materials Chemistry, 2005, 15(1): 53-65.

[35] Crawford G P. Flexible Flat Panel Displays. Chichester: John Wiley & Sons, 2005.

[36] Wei C Y, Kuo S H, Hung Y M, et al. High-mobility pentacene-based thin-film transistors with a solution-processed barium titanate insulator. IEEE Electron Device Letters, 2011, 32(1): 90-92.

[37] Dimitrakopoulos C D, Kymissis I, Purushothaman S, et al. Low-voltage, high-mobility pentacene transistors with solution-processed high dielectric constant insulators. Advanced Materials, 1999, 11(16): 1372-1375.

[38] Dimitrakopoulos C D, Purushothaman S, Kymissis J, et al. Low-voltage organic transistors on plastic comprising high-dielectric constant gate insulators. Science, 1999, 283(5403): 822-824.

[39] Horowitz G, Hajlaoui M E, Hajlaoui R. Temperature and gate voltage dependence of hole mobility in polycrystalline oligothiophene thin film transistors. Journal of Applied Physics, 2000, 87(9): 4456-4463.

[40] Limketkai B N, Jadhav P, Baldo M A. Electric-field-dependent percolation model of charge-carrier mobility in amorphous organic semiconductors. Physical Review B, 2007, 75(11): 113203.

[41] Vissenberg M. Opto-electronic properties of disordered organic semiconductors[D]. The Netherlands: University of Leiden, 1999.

[42] Vissenberg M C J M, Matters M. Theory of the field-effect mobility in amorphous organic transistors. Physical Review B, 1998, 57(20): 12964-12967.

[43] Horowitz G, Hajlaoui M E. Grain size dependent mobility in polycrystalline organic field-effect transistors. Synthetic Metals, 2001, 122(1): 185-189.

[44] Horowitz G, Hajlaoui M E. Mobility in polycrystalline oligothiophene field-effect transistors dependent on grain size. Advanced Materials, 2000, 12(14): 1046-1050.

[45] Molesa S E. Ultra-low-cost printed electronics[D]. Berkeley: University of California at Berkeley, 2006.

[46] Tulevski G S, Nuckolls C, Afzali A, et al. Device scaling in sub-100 nm pentacene field-

effect transistors. Applied Physics Letters, 2006, 89(18)：183101.

[47] 郁有文，常健. 传感器原理及其工程应用. 西安：西安电子科技大学出版社，2000.

[48] 王俊杰，曹丽. 传感器与检测技术. 北京：清华大学出版社，2011.

[49] 徐科军. 传感器与检测技术. 北京：电子工业出版社，2011.

[50] 何金田，刘晓旻. 智能传感器原理、设计与应用. 北京：电子工业出版社，2012.

[51] Smith C S. Piezoresistance effect in germanium and silicon. Physical Review, 1954, 94(1)：42—49.

[52] Manunza I, Sulis A, Bonfiglio A. Pressure sensing by flexible, organic, field effect transistors. Applied Physics Letters, 2006, 89(14)：143502.

[53] Someya T, Sekitani T, Iba S, et al. A large-area, flexible pressure sensor matrix with organic field-effect transistors for artificial skin applications. Proceedings of the National Academy of Sciences of the United States of America, 2004, 101(27)：9966—9970.

[54] Dahiya R S, Metta G, Valle M, et al. Piezoelectric oxide semiconductor field effect transistor touch sensing devices. Applied Physics Letters, 2009, 95(3)：034105—034113.

[55] Kong J, Franklin N R, Zhou C W, et al. Nanotube molecular wires as chemical sensors. Science, 2000, 287(5453)：622—625.

[56] Someya T, Small J, Kim P, et al. Alcohol vapor sensors based on single-walled carbon nanotube field effect transistors. Nano Letters, 2003, 3(7)：877—881.

[57] Collins P G, Bradley K, Ishigami M, et al. Extreme oxygen sensitivity of electronic properties of carbon nanotubes. Science, 2000, 287(5459)：1801—1804.

[58] Wang Y Y, Yang Z, Hou Z Y, et al. Flexible gas sensors with assembled carbon nanotube thin films for DMMP vapor detection. Sensors and Actuators B-Chemical, 2010, 150(2)：708—714.

[59] Yeo T L, Sun T, Grattan K T V. Fibre-optic sensor technologies for humidity and moisture measurement. Sensors and Actuators A-Physical, 2008, 144(2)：280—295.

[60] Chen B R, Wang S, Du K. The identification of color difference of polychromatic light by silicon color sensor with double PN junction. Sensors and Actuators a-Physical, 2003, 109(1-2)：72—75.

[61] Shi Z, Liu D, Wang Y, et al. Design of tooth color measurement system based on silicon double PN junction color sensor. Frontiers of Electrical and Electronic Engineering in China, 2009, 4(3)：318—322.

[62] Lipomi D J, Vosgueritchian M, Tee B C K, et al. Skin-like pressure and strain sensors based on transparent elastic films of carbon nanotubes. Nature Nanotechnology, 2011, 6(12)：788—792.

[63] Hur S G, Choi H J, Yoon S G, et al. Photo-response switching of flexible CdS films using visible light and electric field. ECS Journal of Solid State Science and Technology, 2012, 1(6)：Q135—Q139.

[64] Ying M, Bonifas A P, Lu N S, et al. Silicon nanomembranes for fingertip electronics.

Nanotechnology，2012，23(34):344004.

[65] Zampetti E，Pantalei S，Pecora A，et al. Design and optimization of an ultra thin flexible capacitive humidity sensor. Sensors and Actuators B-Chemical，2009，143(1):302—307.

[66] Mannsfeld S C B，Tee B C K，Stoltenberg R M，et al. Highly sensitive flexible pressure sensors with microstructured rubber dielectric layers. Nature Materials，2010，9(10):859—864.

[67] Qi Y，Jafferis N T，Lyons K，et al. Piezoelectric ribbons printed onto rubber for flexible energy conversion. Nano Letters，2010，10(2):524—528.

[68] Kowbel W，Xia X，Champion W，et al. PZT/polymer flexible composites for embedded actuator and sensor applications. Proceedings fo SPIE on Smart Structures and Materials，1999，3675(32):32—42.

[69] 史锦珊，郑绳楦. 光电子学及其应用. 北京:机械工业出版社,1991.

[70] Green M A. Solar Cells: Operating Principles，Technology and System Applications. New York: Prentice-Hall，1982.

[71] Hashmi G，Miettunen K，Peltola T，et al. Review of materials and manufacturing options for large area flexible dye solar cells. Renewable & Sustainable Energy Reviews，2011，15(8):3717—3732.

[72] 戴宝通，郑晃忠. 太阳能电池技术手册. 北京:人民邮电出版社，2012.

[73] Kaltenbrunner M，White M S，Glowacki E D，et al. Ultrathin and lightweight organic solar cells with high flexibility. Nature Communications，2012，3(4):770—777.

第4章 柔性电子多层膜结构力学与表征

4.1 引　言

顾名思义,柔性电子是在实现弯、曲、延、展等各种复杂变形的条件下,仍能保持电子器件原有功能,其柔韧性、延展性和抗疲劳性对结构和材料提出了不同于传统微电子的技术要求。一般意义上,柔性电子是由不同结构、混合材料和细微特征共同组成的软硬材料组合系统,在制造和使用过程中经历各种机械和温度载荷等作用。柔性电子除了满足其电子性能,还要进行结构柔性化设计。

薄膜结构在柔性电子器件充当非常重要的角色,其结构形式决定了柔性电子器件能够承受的变形。柔性电子多层膜结构中相邻层薄膜的材料性质差异较大,又具有多界面特性,易出现材料属性和变形失配。薄膜与基板组合结构(膜-基结构)因为具有多层化、多材料和多界面特性,在服役中常常表现出异于一般结构的复杂力学行为,极大地影响柔性电子器件的机械、电学性能和服役行为。由于尺度和界面效应,薄膜的材料属性往往不同于块体材料,通常难以直接测量。薄膜制备工艺与应用日新月异,为了开拓膜-基结构的应用,许多基础力学、热学、电学相互作用机理亟待解决,膜-基结构力学问题是实现柔性电子技术应用的核心问题之一。随着柔性电子器件和薄膜器件的发展,对薄膜以及膜-基结构的力学、物理性能的研究十分重要。

4.2 薄膜-基板结构

4.2.1 膜-基结构概述

柔性电子器件的组成基本相似,至少包含电子元件、柔性基板、互连导体和黏结材料等部分[1],如图 4.1(a)所示,决定结构变形性能的关键尺寸通常由薄膜厚度所决定。薄膜和基板的几何形状通常满足一定条件[见图 4.1(b)]。薄膜厚度

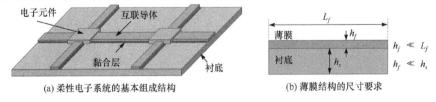

(a) 柔性电子系统的基本组成结构　　　　(b) 薄膜结构的尺寸要求

图 4.1　柔性电子系统的基本结构组成与结构尺寸

h_f 远小于其侧向尺寸 L_f, 同时 h_f 远小于基板厚度 h_s。膜-基结构研究所采用的力学分析方法如表 4.1 所示,可以看出膜-基结构的力学性能和可靠性很大程度依赖于薄膜和膜-基界面强度。针对柔性电子器件的力学研究,不仅只关心力学本身,因变形引起的电子器件电学与力学之间的相互影响也成为重要课题。

表 4.1　膜-基结构的应用实例

应用	材料	力学方法
· 涡轮机部件表面的等离子喷射陶瓷涂层 · 刀具表面的离子镀和蒸镀硬涂层 · 钢材表面的防腐涂层	· Si 基材上 GaNg 薄膜 · PET 上的 SiO_2 薄膜 · Si 或 WC-Co 基材上 DLC(类金刚石)涂层 · Al 上的碱石灰玻璃	· 延性或弹塑性基材上的脆性薄膜
· 微电子器件互联结构	· Si 基材上 Al、Cu 或聚酰胺薄膜	· 弹性、弹塑性或脆性基板上的塑性薄膜
· 柔性电子器件结构	· 橡胶/聚合物基板上 Si、Ag、Al、Cu、聚酰胺、PEDOT：PSS 等薄膜	· 弹性基板上的脆性薄膜 · 弹性基板上的延性、弹塑性薄膜 · 弹性基板上的弹性薄膜

薄膜和膜-基结构性能参数主要包括弹性模量、残余应力(residual stress)、硬度、耐磨性、抗冲击性能和结合强度等,在可延展柔性电子中还需要考虑膜-基结构的伸缩变形能力。薄膜制备过程中由于薄膜与基体的热膨胀系数和材料特性的不匹配,会在膜内产生残余应力,并可能导致薄膜起皱、屈曲、开裂,甚至薄膜与基体分离。膜-基结构的力学特性不仅与薄膜和基体的材料有关,也与薄膜的制备工艺有关。不同于单质材料的力学研究,膜-基结构难以建立完善的强度理论、寿命理论和失效准则,薄膜力学性能的监测和表征至关重要。

4.2.2　薄膜应力来源

膜-基结构通常需要经过多个工序进行制造,如多层膜的沉积、热处理、刻蚀等过程,会出现不同的应力源,包括晶格失配、化学反应、热诱导应力、气相蒸发等。影响薄膜变形能力的因素包括薄膜微结构(例如多晶性和单晶性)、薄膜与基板间的晶格参数关系等。柔性电子系统通常为有机材料和无机材料的混合体,材料属性失配严重,易产生各种内部载荷。

由于器件中各种材料属性的失配以及层与层相互约束,任何膜-基结构或多层结构都存在一定的残余应力,降低了器件的可靠性。如何避免器件中的残余应力是目前材料、力学和工艺领域研究的重要课题。薄膜应力的产生机理分为两大类[2]。①沉积应力——薄膜在基板上或相邻层上生长后出现的应力,来源包括表面和界面应力、团簇合并导致表面积缩减、晶粒生长或晶界面积缩减、空穴湮灭、晶界弛豫、杂质合并、相变与外延生长等。沉积工艺决定了薄膜特性，所引入的高残余应力可通过分层和断裂进行释放。例如，在铜或者金刚石表面喷射沉积厚度小于100nm的钨薄膜可产生1~2GPa的压缩残余应力，储备了大量的应变能，当应变能释放率超过薄膜界面强度时，就会出现分层。②外禀应力——薄膜形成之后由物理环境变化所引起，包括热膨胀系数失配、电致伸缩、静电力、重力、化学反应、相变、蠕变和塑性变形等。

外延应力，当晶格常数不同薄膜与基板具有理想的连续界面时会出现外延应力，如图 4.2 所示。在晶界外延生长过程引起应变

$$\varepsilon_{\text{misfit}} = \frac{a_{\text{film}} - a_{\text{substrate}}}{a_{\text{substrate}}}$$

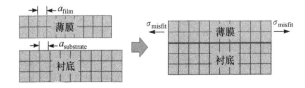

图 4.2　外延应力产生示意图

式中，a_{film} 和 $a_{\text{substrate}}$ 分别是薄膜和基板的晶格常数，导致外延应力的出现。单晶薄膜需要采用各向异性弹性力学理论来计算失配应力。立方体晶体结构薄膜，其中 {001} 平面与立方体晶体基板的 {001} 平面平行。对于立方体材料，胡克定理为

$$\begin{bmatrix} \sigma_{xx} \\ \sigma_{yy} \\ \sigma_{zz} \end{bmatrix} = \begin{bmatrix} C_{11} & C_{12} & C_{12} \\ C_{12} & C_{22} & C_{23} \\ C_{12} & C_{12} & C_{11} \end{bmatrix} \begin{bmatrix} \varepsilon_{xx} \\ \varepsilon_{yy} \\ \varepsilon_{zz} \end{bmatrix} \begin{matrix} \bar{e}_x \parallel [100] \\ \bar{e}_y \parallel [010] \\ \bar{e}_z \parallel [001] \end{matrix} \tag{4.1}$$

由于薄膜处于平面应力状态，$\sigma_z = 0$，即

$$2C_{12}\varepsilon_{\text{misfit}} + C_{11}\varepsilon_{zz} = 0$$

可以得到薄膜 {001} 平面平行于基板的失配应力为

$$\sigma_{\text{misfit}} = \left(C_{11} + C_{12} - \frac{2C_{12}^2}{C_{11}} \right)\varepsilon_{\text{misfit}}$$

可得到 {100} 平面的双轴弹性模量为 $E\{100\} = C_{11} + C_{12} - \dfrac{2C_{12}^2}{C_{11}}$。如果是薄膜的 {111} 平面平行于基板，则

$$\sigma_{\text{misfit}} = \frac{6C_{44}(C_{11} + 2C_{12})}{C_{11} + 2C_{12} + 4C_{44}}\varepsilon_{\text{misfit}}$$

则可得到 {111} 平面的弹性模量

$$E\{111\}=\frac{6C_{44}\,(C_{11}+2C_{12}\,)}{C_{11}+2C_{12}+4C_{44}}$$

热应力，由于薄膜和基板材料的热膨胀系数不同，在温度变化时引起热应变 $\varepsilon_{misfit}=(\alpha_{film}-\alpha_{substrate})(T-T_0)$，式中，$\alpha_{film}$ 和 $\alpha_{substrate}$ 分别是薄膜和基板热膨胀系数，T 是当前温度，T_0 是参考温度。假定只发生弹性应变，得到热应力为

$$\sigma_T=\frac{E}{1-v}\varepsilon_{misfit} \tag{4.2}$$

表面能与表面应力，表面能 γ 是在温度、体积和化学势能不变的情况下增加单位面积表面所需要的可逆功，其量纲为 mJ/m^2。表面应力 f_{ij} 是表面单位长度上的力，用于保持外表面处于平衡状态，i 为表面的法线方向，j 为力的方向。表面应力效应对于非常薄的薄膜来说十分重要，其量纲为 mN/m。表面应力和表面能的关系如下：

$$f_{ij}=\gamma\delta_{ij}+\frac{\partial\gamma}{\partial\varepsilon_{ij}} \tag{4.3}$$

式中，γ 的导数来源于表面伸缩，仅出现于固体中，表面能与表面应力是两个不同的概念。对于流体而言，并不能弹性地拉伸表面，不能承受剪切应力，无塑性变形，因此 $\frac{\partial\gamma}{\partial\varepsilon_{ij}}=0$，得到 $f_{ij}=\gamma$，即两者数值上相等。但固体能承受剪切应力外力作用表现在表面积增加或塑性形变，即表面张力即可分为表面能及塑性变形两部分，所以固体表面张力大于表面能。

在非平衡状态下，薄膜沉积或生长中不可避免存在应力的生长。由于基板的限制作用，物质的重新分配都会引起薄膜应力。Chason 等[3,4] 在实验观测的基础上提出了压缩应力生成机理，多晶薄膜生长如图 4.3 所示。初始时，系统处于热动力学平衡状态，自由表面和晶界的化学能处于平衡状态。当进入沉积过程，吸附原子处于超饱和状态，自由表面处于非平衡状态，如果视之为准平衡态，化学势能将被分配给全体吸附原子。还有一部分化学势能来源于吸附原子之间，以及吸附原子与台阶、岛等表面特征结构之间。只要晶体生长，自由表面就存在剩余化学势能。如果将平衡态的化学势能作为参考值而设定为零，就可以将剩余化学势能作

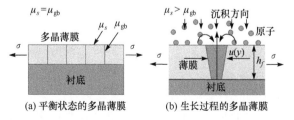

(a) 平衡状态的多晶薄膜　　　(b) 生长过程的多晶薄膜

图 4.3　多晶薄膜的生长

为表面化学势能。晶界原子的化学势能与此处的正压力成正比。当岛合并完成后，晶界处于拉应力状态，此时化学势能是负的。表面化学势能越高，就会驱动吸附原子向晶界移动。由于额外原子不断向晶界移动，拉应力的释放，并可能形成压应力。薄膜的平均应力一般是薄膜厚度 h_f 的函数，如图 4.4 所示[4]。

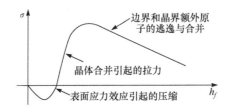

图 4.4　平均薄膜应力与薄膜厚度的函数关系示意图[4]

多晶薄膜生长应力通常包括岛合并之前的压缩应力和岛接触合并之后引起的拉应力，分别为[5]

$$\sigma_1 = \frac{2f}{R_{1d}}\left(\frac{R_{1d}}{R} - 1\right) \tag{4.4}$$

$$\sigma_2 = \frac{E_f}{1 - v_f}\frac{\delta_{gap}}{d_{gr}} \tag{4.5}$$

式中，f 为表面应力；R_{1d} 为晶体岛刚附着在基板上时的半径；R 为晶体岛当前半径；δ_{gap} 为岛与岛可以接触闭合的最大距离；d_{gr} 为晶粒尺寸。

4.2.3　大变形结构设计

可延展柔性电子要求能够承受远大于 1% 变形的同时，不发生机械和电学失效。基于碳或纳米粒子填充的人造橡胶材料具有良好的伸缩性，但存在电阻较高、随温度变化大等不足。小分子有机材料和高分子聚合物领域的电子迁移率较低，所制造的电子器件难以和无机材料（硅、砷化镓等）电子器件竞争。无机材料的极限或断裂应变约为 1%～2%，无法满足可延展柔性电子的变形要求，如机器人肘部关节皮肤，变形可能达到 50%，要实现大变形场合下的可延展柔性电子器件应用，需要对器件结构进行特殊设计。

薄膜-基板双层结构特征与两层材料的弹性模量（E_f，E_s）和厚度（h_f，h_s）直接相关，根据材料弹性模量与厚度的乘积比较，可以分为三种情况：①$E_f h_f \ll E_s h_s$ 时，基底材料性能占优，结构表现出的力学特征可以简化为单一基板结构；②$E_f h_f \gg E_s h_s$ 时，上层薄膜性能居优，基板可忽略；③$E_f h_f \approx E_s h_s$ 时，两层刚度接近，是柔性电子器件的主要特征，此结构的力学性能较为复杂，膜-基结构之间存在结合界面，不可避免存在结合残余应力。评价柔性电子可靠性时，需要根据具体的结构形式和受载工况，以最小承载能力作为结合材料的强度。因此，需要考虑外力可能引起两层薄膜由于受载导致的分离情况。薄膜-基板结构在承受张力时,会产生剪切应力 τ 和剥离应力 σ。

目前可提高膜-基结构变形能力的方法主要如下:

(1)选用薄基板和中性层布置的薄膜形式,以便在较大弯曲曲率状态时只产生较小应变。例如,当基板厚度为 h_s,弯曲半径为 R,则基板表面应变 $\varepsilon=\dfrac{h_s}{2R}$。如果基板厚度为 $h_s=0.1\mathrm{mm}$,弯曲半径为 $R=10\mathrm{mm}$,则应变为 $\varepsilon=0.5\%$。可以将脆性材料制成薄膜置于基板中性面,使得脆性材料具有良好弯曲性,结合屈曲结构,可实现纳米线、纳米带、纳米薄膜的波纹形布局和开放网格几何形式。

(2)无机薄膜本身比同样材料的块体能够承受更大的应变。根据断裂力学可知,脆性材料的临界应变可近似为产生裂纹的应变 $\varepsilon_c=\sqrt{\dfrac{\Gamma}{Ea}}$,式中,断裂能量 Γ 和弹性模量 E 是与材料特征尺寸无关的材料属性,裂纹缝隙尺寸 a 与薄膜厚度 h_f 是同一个量级。例如,$\Gamma=10\mathrm{N/m}$,$E=10^{11}\mathrm{N/m}$,$a=10^{-6}\mathrm{m}$,可估计 $\varepsilon_c=1\%$。

(3)利用薄膜屈曲原理实现大变形小应变。在橡胶基板上设计屈曲结构,可以实现大变形下小的结构应变。无机薄膜黏附在拉伸橡胶基板上可以形成屈曲波纹结构,在可延展柔性电子中具有立竿见影的作用,实现了橡胶基板中的屈曲金属互联导体能够伸长 25% 以上仍有效,单晶硅薄膜-基板结构单次应变 50% 以上仍然有效,如图 4.5 所示[6~11]。利用屈曲反演方式设计出波长可控的屈曲结构,波长为 $100\mathrm{nm}\sim100\mu\mathrm{m}$[7~9],可实现单晶硅可拉伸折叠。利用电纺丝直写工艺,可以制备出显微结构,这种结构的界面不同于刻蚀工艺得到的薄膜结构,其屈曲的也存在平面内屈曲和平面外屈曲,这主要取决于结构的界面形状[12]。

(a) 薄膜与基板全接触[13]　　　　　(b) 薄膜与基板部分接触

图 4.5　柔性电子波纹结构

(4)具有初始裂纹的薄膜可以实现较大变形,如图 4.6 所示[14]。这种结构存在电学和机械性能耦合的问题。如果裂纹在一定范围内扩展,撤除外部作用可一定程度恢复电学特性,但由于时间累积效应和黏结层黏弹性效应而逐渐丧失电学性能。含有三叉形裂纹的结构具有较高的电阻,当橡胶基板拉伸时,金网将会扭曲并发生平面外变形,可实现金网络小的弹性应变却达到大的变形。除了用于电极结构之外,微裂纹结构还用于有机半导体材料的结构中,用于制备出高延展性的有机半导体器件[15]。

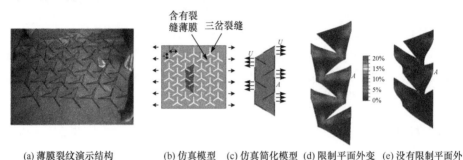

含有裂缝薄膜 三岔裂缝

(a) 薄膜裂纹演示结构 (b) 仿真模型 (c) 仿真简化模型 (d) 限制平面外变 (e) 没有限制平面外
                                          形的计算结果   变形的计算结果

图 4.6 裂纹延展结构设计与性能分析[14]

(5) 平面弹簧结构为可伸缩集成电路的设计提供了方案,将日常生活中使用的弹簧引入到可延展柔性电子的结构设计当中,可实现大变形小应变,并且可以从小应变状态中恢复原状,如图 4.7 所示[6]。这种结构的伸缩能力除了受弹簧的结构形状影响外,还受基板的弹性模量影响较大。当采用低弹性模量的基板时,弹簧结构容易实现屈曲,使得拉伸能力得到极大提升。为进一步提升结构的延展性,提出了自相似结构,可用于解决非延展活性区占面积比大的可延展电子器件的拉伸变形能力受限的瓶颈[16]。在柔性电子系统中使用弹簧结构必须引入新的微纳制造方法,这本身仍然是一项挑战[6]。

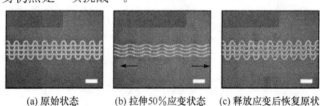

(a) 原始状态   (b) 拉伸50%应变状态   (c) 释放应变后恢复原状

图 4.7 平面弹簧结构[6]

4.3 膜-基结构失效模式

4.3.1 膜-基结构断裂机理

柔性电子器件通常为多层异质结构,存在诸多界面效应,如不同有机层相互渗透、有机-无机层间黏合剂的黏弹性效应、薄膜-基板的剥离、隔层断裂效应等。隔层断裂效应是当薄膜中出现裂纹,应力局部释放,并传递到邻近层并导致失效[17]。机械失效取决于器件中最脆弱的部分,如柔性电子器件中的无机薄膜层(无机脆性材料的断裂应变通常为 1%～2%,金属材料会局部变形产生颈缩后导致断裂)。

聚合物基板上金属薄膜的断裂应变大小不等,从百分之一到百分之几十。单独的金属薄膜与膜-基结构中的金属薄膜的断裂机理稍有不同(见图 4.8),单独金属薄膜的延展性较低,主要由于局部颈缩变薄,对于足够薄的金属薄膜,位错不断地从薄膜表面逃逸,这导致金属薄膜的强度不够。即使经过自然氧化和硬涂层钝化的金属薄膜,在较小应变下同样可以损坏涂层实现位错逃逸。由于断裂应变只发生在局部,局部收缩产生了与金属薄片厚度相当的延长,但是由于结构本身的厚长比非常小,所示局部的断裂应变对这个结构的断裂应变贡献非常小。没有经过强化阶段,单独金属薄膜的拉伸变形非常不稳定,在厚度方向如果存在极小的缺陷就会使金属薄膜局部变薄产生颈缩,导致薄膜断裂。由于体积守恒,当较厚薄膜出现断裂时,较厚薄膜局部变薄可以实现局部伸长。但是如果给定较小厚长比的薄膜,局部伸长对整个断裂应变的贡献非常有限。

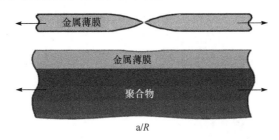

图 4.8 自由薄膜与膜-基结构中的金属薄膜的断裂示意图

薄膜的变形受基板弹性模量的影响比较大,如果薄膜和基板紧密黏结,基板会延迟薄膜的局部应变,可显著提高断裂应变。实验研究验证了基板可以明显提高无机薄膜的极限应变,例如低弹性模量硅树脂基板上 Au 薄膜应变在 3% 才断裂,如果采用较高弹性模量聚酰亚胺基板,可实现超过 10% 仍不失效[17]。聚酰亚胺基板上的金属薄膜具有非常大的断裂应变已经得到实验[18]和有限元仿真验证[19]。这两种结构的变形机理不同在于颈缩现象[14,20]。①单独的金属薄膜在断裂部分移动时,有足够的空间用于满足局部变形引起的伸长。当张拉应变达到一定程度时,金属薄片表层的氧化层或其他钝化层就会断裂,金属薄片就不断出现位错。当进一步增加应变时,金属薄片并不会像金属块体那样出现硬化状态,而是立刻在此局部点形成颈缩直至断裂,这种明显的脆性并不是来源于劈裂,而是应变局部化。单独的金属薄膜张拉时,其断裂应变通常小于块体材料,弱硬化薄膜的颈缩应变只是稍微大于弹性极限。②金属薄膜-柔性基板结构的延展性,当受到适中的应变时,由于存在基板的约束,没有足够的空间满足薄膜自由伸长,金属薄膜的变形比较均匀,即聚合物基板阻止了金属薄膜的应变场局部化,所能承受的断裂应变远大于单独金属薄膜的断裂应变,可以产生远超过颈缩应变。有限元仿真结果表明,一旦金属薄膜脱离基板,其行为与单独金属薄膜一样,在很小的应变下就发生断裂。

利用线性扰动分析,可将正弦视为均匀扰动状态,波数为 k,波长为 $2\pi/k$,分叉应变依赖于波数。下面就分 $kh_f \to 0$ 和 $kh_f \to \infty$ 两种情况进行分析,其中,h_f 是薄膜的厚度[19]。当 $kh_f \to 0$(波长非常大),要求薄膜比较均匀,区域变化较慢,属于长波模式。均匀变形将变得不稳定,通过 Considere 模型可知 $\varepsilon = N$,ε 为应变,N 为硬化指数。当 $kh_f \to \infty$(波长非常小),波长远小于薄膜的厚度,不均匀变形出现在薄膜表面附近,并在厚度方向以指数形式衰减,属于 Rayleigh 波。分叉应变由 $\varepsilon - \varepsilon e^{-2\varepsilon} - N = 0$ 确定,对于较小 N,表面模式下的分叉应变为 $\varepsilon \approx \sqrt{N/2}$。在更高的应变状态下,材料将失去椭圆型。当施加应变超过椭圆应变极限时,薄膜进入双曲型,并形成剪切带,属于体波。椭圆型应变极限与波数无关,通过 $(\varepsilon - N)^2 - \dfrac{4N\varepsilon}{e^{4\varepsilon} - 1} = 0$ 确定,对于较小的 N,椭圆极限应变为 $\varepsilon \approx \sqrt{N}$。将以上结论绘制成图 4.9[19],表明三种临界应变作为硬化指数的函数。对于金属采用 $N = 0.02$,对于长波的应变是 0.02,对于表面模式的应变是 0.105,对于椭圆极限的应变是 0.142。对于聚合物采用 $N = 0.5$,对于长波的应变是 0.5,对于表面模式的应变是 0.675,对于椭圆极限的应变是 0.772。由于聚合物的应变硬化强于金属,所有的聚合物临界应变都高于相对应的金属应变。

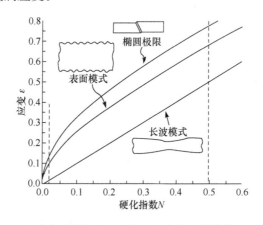

图 4.9　自由薄膜结构的不同临界应变是硬化指数的函数[19]

当膜-基结构施加较小应变时,薄膜和基板的变形都是均匀的,当施加较大应变时就会出现非均匀变形,这主要位于金属薄膜和基板表面,属于 Lame 波。分叉应变是波数的函数,如图 4.10 所示。结果依赖于三个无量纲参数：金属薄膜硬化指数($N=0.02$)、聚合物硬化指数($N=0.5$)、材料弹性模量比($114/632$)。当 kh_f →0(波长非常大),金属薄膜可以忽略不计,临界应变对应于自由聚合物基板的表面模式。当 kh_f→∞(波长非常小),聚合物基板可以忽略不计,临界应变对应于单独金属薄膜的表面模式。即使当应变超过金属薄膜的椭圆应变极限,由于膜基界面的连续性,抑制了局部化的剪切带的出现,扰动依然为正弦。

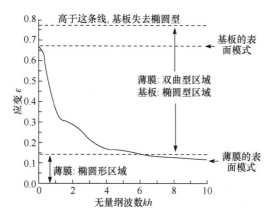

图 4.10 金属薄膜-聚合物基板结构的临界应变是波数的函数

通过比较图 4.9 和图 4.10,可明显地看出基板对薄膜塑性变形的影响。当 kh_f→0 时,聚合物基板极大提高了单独金属薄膜的临界应变。线性扰动分析对于长波长扰动是可靠的,其中单独金属薄膜的几何尺寸和材料不均匀性相对于波长来说都非常小,对结构影响较小。当 kh_f→∞时,聚合物基板不会影响单独金属薄膜的临界应变。假设膜-基结构变形均匀,在平面应变条件下,薄膜和基板在长度方向应力应变关系为[21]

$$\sigma_{\text{film}}=E_f\left(\frac{2}{\sqrt{3}}\right)^{N+1}\varepsilon^N, \quad \sigma_{\text{substrate}}=\left(\frac{2E_s}{3}\right)\sinh(2\varepsilon)$$

长度方向的合力为

$$\frac{F}{E_fh_f}=\left[\left(\frac{2}{\sqrt{3}}\right)^{N+1}\varepsilon^N+\frac{2}{3}\sinh(2\varepsilon)\frac{E_sh_s}{E_fh_f}\right]e^{-\varepsilon} \tag{4.6}$$

式中,引入一个无量纲参数 $\dfrac{E_sh_s}{E_fh_f}$ 来说明基板效应,h_s 是基板的厚度,h_f 是薄膜的厚度。膜-基结构上作用的合力是施加应变 ε 的函数,如图 4.11 所示[21]。当 $\dfrac{E_sh_s}{E_fh_f}=$ 0 时,金属薄膜处于自由状态,合力刚开始不断上升,在非常小的应变处出现峰值,然后下降。当 $\dfrac{E_sh_s}{E_fh_f}>0$ 时,对于大应变合力峰值出现在中等应变处,然后开始下降,但是合力达到最小值后,还会在某较大应变处再次增加。当$\dfrac{E_sh_s}{E_fh_f}$非常大时,合力对于所有的应变都是单调增加。如果力-应变曲线是非单调的,同样的力可能出现多个应变值。将式(4.6)对应变求导,即$\dfrac{\mathrm{d}F}{\mathrm{d}\varepsilon}$,可得

$$\frac{E_sh_s}{E_fh_f}=3\left(\frac{2}{\sqrt{3}}\right)^{N+1}\frac{\varepsilon^{N-1}(\varepsilon-N)}{\mathrm{e}^{2\varepsilon}+\mathrm{e}^{-2\varepsilon}} \tag{4.7}$$

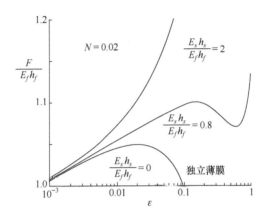

图 4.11　如果分层变形均匀,则力-应变关系呈现出三种行为,依赖于参数 Eh_s/Kh_f 和 N[21]

当$\dfrac{E_sh_s}{E_fh_f}=0$时,式(4.7)恢复到自由薄膜,当施加的应变$\varepsilon=N$时,均匀变形分叉为非均匀变形,其波长远大于薄膜厚度。对于膜-基结构,式(4.7)将$\left(\varepsilon,\dfrac{E_sh_s}{E_fh_f}\right)$平面分成两个区域。在曲线上方,力随应变的增加而增加,即$\dfrac{\mathrm{d}F}{\mathrm{d}\varepsilon}>0$;在曲线下方,力随应变的增加而减小,即$\dfrac{\mathrm{d}F}{\mathrm{d}\varepsilon}<0$。

4.3.2　膜-基结构裂纹扩展

1. 槽状裂纹的初始和稳态扩展

对于自由薄膜,当裂纹刚刚从瑕疵点开始扩展时,裂纹长度远小于或相当于薄膜厚度,得到裂纹驱动力为

$$G_{\mathrm{initial}}=\frac{Y\sigma^2 a}{E_f} \tag{4.8}$$

式中,a 为裂纹长度;E_f 为无机薄片的弹性模量;Y 为与量级有关的无量纲数。

从式(4.8)可以看出,自由薄膜中的裂纹驱动力随着裂纹长度线性增长,但是无机薄膜－有机基板结构中,由于薄膜受到基板的约束作用,驱动力仍然会有所增长,但已不是线性关系。当裂纹长度是无机薄片厚度的数倍之后,裂纹扩展进入稳态,得到裂纹驱动力为

$$G_{\text{steady}} = \frac{Z\sigma^2 h_f}{E_f} \tag{4.9}$$

式中,h_f 为无机薄膜的厚度;无量纲数 Z 是无机薄膜与有机基板弹性模量比的函数。从式(4.9)可以看出,裂纹驱动力与裂纹长度无关。

根据 Griffith 准则,只要裂纹尖端应变能释放率 G 大于生成新表面的单位面积能量 Γ,即 $G \geqslant \Gamma$,裂纹将会不断扩展。这同样适用于薄膜从基板上分层的界面断裂,即 $G \geqslant \Gamma_i$,Γ_i 为界面强度。应变能释放率为[22]

$$G = \xi \frac{\sigma_r^2 h_f}{E_f} \tag{4.10}$$

式中,ξ 是一个几何参数,取值范围 $0.5 \sim 2$,依赖于残余应力 σ_r。能量通过薄膜和基板之间的裂纹扩展进行释放。由于水或者其他活性分子介入,界面强度降低,然而薄膜的机械应变能仍保持不变,这会引起裂纹的进一步扩展。

2. 湿度对断裂的作用

虽然有机聚合物材料有其突出的优点,但也存在诸多不足,如热性能差、非气密性、易自然老化等,湿气已成为含有有机聚合物的电子器件的主要失效形式之一。水或者其他活性分子会参与破坏裂纹尖端的原子键。裂纹扩展速度 V 是裂纹驱动力 G 的增函数,不同脆性材料薄膜的 V-G 函数已经被广泛测量。V-G 函数是针对特定材料和环境所确定的,将这种材料与其他材料集成时,假定活性分子可以稳定地到达裂纹尖端,就可以直接使用 V-G 函数[20]。

聚合物材料吸收湿气会给电子器件带来诸多不利影响:①有机聚合物吸收湿气后会产生湿膨胀,实验证明当电子器件处于潮湿环境中时,在结构内部也会产生相应的湿应力与应变,与热应力的产生过程相类似;②当封装材料吸收湿气膨胀后,在随后高温回流过程中湿气会在器件内部的材料界面或微孔隙上形成蒸汽,当超过某种条件后会形成所谓爆米花式的断裂失效;③湿气会引起膜-基结构出现屈曲行为,通过实验观察到潮湿诱导屈曲的宽度、高度和整个分层长度是随时间和湿度不断变化的。起初湿诱导屈曲呈直线状,随着时间和湿度的增加,逐渐转变为电话线的屈曲模式。

4.3.3　膜-基结构分层行为

对于厚度为 h_f 的各向同性薄膜粘贴在较厚的基板上,受到均匀的等轴应力

σ_R,则粘贴薄膜的单位面积弹性能为$(1-v_f)h_f\sigma_R^2/E_f$。如果由于薄膜中的长界面裂纹释放弹性能而分层,并且薄膜没有塑性变形,则

$$G=\frac{1-v^2}{2}\frac{h_f\sigma_R^2}{E_f} \tag{4.11}$$

式中,薄膜在垂直于薄膜的x_3方向受到平面应变约束,存在残余应力$\sigma_{33}=(1-v)\sigma_R$。对于脆性系统,界面裂纹扩展的临界条件是$G_{critical}=\Gamma_0$,其中,$\Gamma_0$为断裂过程新生成单位表面面积消耗的功。对于薄膜或基板存在弹塑性变形的情形,在界面裂纹稳态扩展过程,可得到

$$G_{critical}=\Gamma_0+\Gamma_P \tag{4.12}$$

式中,Γ_P为塑性消耗能与活性区中存储的残余弹性能的总和[23]。

4.3.4　膜-基结构竞争断裂行为

在应力作用下薄膜结构产生裂纹是柔性电子的主要失效模式,主要包括裂纹扩展和界面分层两种失效模式,而前者受黏结层黏弹性效应的影响,后者又分为界面剥离和滑移[20]。弯曲结构除了薄膜完全覆盖整个基板,还存在只覆盖部分基板的情况,则必须考虑结构的边界效应和器件的尺寸效应,薄膜岛结构会产生应力不均匀性,最大值通常出现在岛结构边缘,膜-基界面的剪应力和正应力分布不均匀。图4.12为薄膜覆盖部分基板的膜-基结构,在弯曲实验中可观察到三种不同的失效模式,分别是薄膜断裂、薄膜沿界面滑移和界面分层。诱导失效和失效模式所需的弯曲程度依赖于硅薄膜的厚度等尺寸、黏结剂的特性以及基板的厚度等,体现出薄膜的厚度和长度影响。

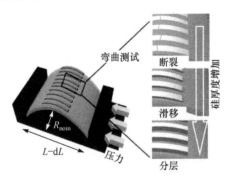

图4.12　弯曲特性测定以及弯曲失效(断裂、滑移和分层)示意图[24]

通过弹性力学的梁理论对以上现象进行分析,将基板视为长度为L的梁,当受到轴向力作用时,基板会产生压缩应变dL/L,当达到临界失稳应变$\pi^2 h_s^2/12L^2$时发生屈曲。而当应变继续增加时,轴向压力保持为常数,即$F=\pi^2 \bar{E}_s h_s^3/12L^2$。薄膜-黏结层界面的剪切和剥离应力在薄膜的端部最大,是产生界面分层和滑移

的主要来源。最大剪切应力、最大剥离应力、最大张拉应力分别为[25,26]

$$
\begin{cases}
\tau_{\max}=\dfrac{\pi G_a h_s}{\lambda h_a L}\sqrt{\dfrac{\mathrm{d}L}{L}-\dfrac{\pi^2 h_s^2}{12 L^2}} \\[4mm]
\sigma_{\max}=\left[\beta G_a h_s\left(\dfrac{2\chi^3}{\lambda^2}-\dfrac{\lambda}{2}-\dfrac{\chi^2}{\lambda}\right)+\overline{E}_a\right]\dfrac{\pi}{\chi^2 h_a L}\sqrt{\dfrac{\mathrm{d}L}{L}-\dfrac{\pi^2 h_s^2}{12 L^2}} \\[4mm]
\sigma_{\mathrm{crack}}=\left\{G_a h_s\left[\beta\left(\dfrac{2\chi^4}{\lambda^3}+\dfrac{\lambda}{2}\right)-\dfrac{2h_f\chi^4}{3\lambda^2}\right]+\overline{E}_a\right\}\dfrac{3\pi}{\chi^4 h_f^2 h_a L}\sqrt{\dfrac{\mathrm{d}L}{L}-\dfrac{\pi^2 h_s^2}{12 L^2}}
\end{cases}
\tag{4.13}
$$

式中，G_a 是黏结层的剪切模量；$\lambda=2\sqrt{\dfrac{G_a}{h_a}\left(\dfrac{1}{\overline{E}_f h_f}+\dfrac{1}{\overline{E}_s h_s}\right)}$；$\chi=\left[3\dfrac{\overline{E}_a}{h_a}\left(\dfrac{1}{\overline{E}_f h_f^3}+\dfrac{1}{\overline{E}_s h_s^3}\right)\right]^{\frac{1}{4}}$；

$\beta=\dfrac{3\left(\dfrac{1}{\overline{E}_f h_f^2}-\dfrac{1}{\overline{E}_s h_s^2}\right)\dfrac{h_a}{G_a}\lambda}{4(1-v_a)\left(\dfrac{1}{\overline{E}_f h_f}+\dfrac{1}{\overline{E}_s h_s}\right)^2+6\left(\dfrac{1}{\overline{E}_f h_f^3}+\dfrac{1}{\overline{E}_s h_s^3}\right)\dfrac{h_a}{G_a}}$。最大的张拉应力出现在硅薄

膜的顶部表面中间。

式(4.12)可用于测定界面黏结层的材料属性等[24]。如果已知最大剪切应力、最大剥离应力和最大张拉应力，依据材料的属性可以得到结构的失效模式，主要包括如下三种形式：①界面滑移，当最大剪切应力 $\tau_{\max}=\tau_c$，τ_c 为界面剪切强度；②界面分层，当最大剥离应力 $\sigma_{\max}=\sigma_c$，σ_c 为界面张拉强度；③薄膜断裂，当最大张拉应力 $\sigma_{\mathrm{crack}}=\sigma_c^{\mathrm{Si}}$，$\sigma_c^{\mathrm{Si}}$ 为硅薄膜张拉强度。

图 4.13 为最大界面剪切应力、剥离应力和薄膜应力的正则化值（$\tau_{\max}/\tau_c$、$\sigma_{\max}/\sigma_c$、$\sigma_{\mathrm{crack}}/\sigma_c^{\mathrm{Si}}$）与薄膜厚度的对应关系，从中可以看出断裂、界面滑移和界面分层三种失效模式的失效机理[24]。需要特别指出，最大剪切应力、最大剥离应力和最大张拉应力与 $\sqrt{\dfrac{\mathrm{d}L}{L}-\dfrac{\pi^2 h_s^2}{12 L^2}}$ 成

比例关系，所以不同的失效模式只依赖于薄膜、黏结层和基板属性，而与 $\mathrm{d}L/L$ 无关。

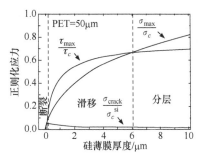

图 4.13　应力-强度比与 Si 薄膜
厚度的关系[24]

4.4　膜-基结构弯曲

4.4.1　薄膜弯曲

弯曲变形是柔性电子需要实现的基本功能之一，通过能承受的最小曲率半径进行标度，半径越小表明弯曲能力越强。首先建立曲率与弯曲应变的关系，如图 4.14

所示，对于纯弯状态，薄膜梁的张拉应变为

$$\varepsilon_{xx}(y)=\frac{(R+y)\theta-R\theta}{R\theta}=\frac{y}{R}=-\kappa y \tag{4.14}$$

式中，曲率可以通过公式 $\kappa\approx\dfrac{\mathrm{d}^2 u_y}{\mathrm{d}x^2}$ 得到。对于纯弯结构，如图 4.14(a) 所示，轴向应力为 $\sigma_{xx}=\sigma_{zz}=\alpha y$。则可得到弯矩为 $M=\dfrac{\alpha h_f^3}{12}$。弯矩与曲率关系式

$$\kappa=-\frac{1-v_f}{E_f}\frac{12M}{h_f^3} \tag{4.15}$$

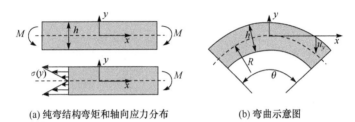

(a) 纯弯结构弯矩和轴向应力分布　　　　(b) 弯曲示意图

图 4.14　薄膜结构弯曲示意图

4.4.2　膜-基结构的弯曲

对基板施加一定的预应变或者温度变化，然后再将薄膜沉积到基板上，当应变释放或者温度恢复到室温后，由于基板和薄膜的应变不匹配，膜-基结构会出现弯曲变形。例如，如果在薄膜上施加预应力 σ_f，然后粘贴到柔性基板上，释放预应力后会产作用在基板上的弯矩 M，得到基板的弯曲变形的曲率为

$$\kappa=-\frac{1-v}{E_s}\frac{12M}{h_s^3}=\frac{1-v}{E_s}\frac{6\sigma_f h_f}{h_s^2} \tag{4.16}$$

式中，$M=-\sigma_f h_f\dfrac{h_s}{2}$。对式(4.16)变换可得到薄膜中的应力为

$$\sigma_f=\frac{E_s}{1-v}\frac{h_s^2}{6h_f}\kappa=\frac{E_s}{1-v}\frac{h_s^2}{6h_f R} \tag{4.17}$$

式(4.17)就是 Stoney 公式，从中可以得到如下结论：①薄膜所承受的应力可通过测量基板的曲率，或者曲率的变化获得；②应力依赖于薄膜、基板的尺寸以及基板弹性特性，而与薄膜弹性特性无关。Stoney 公式的假设包括[27]：①各向同性固体薄膜沉积到较厚基板的膜-基结构，薄膜和基板都是均质，各向同性和线弹性；②薄膜和基板的厚度要求非常均匀，并且满足 $h_f\ll h_s\ll L$；③基板应变和扭转无穷小；④薄膜所受应力为平面内各向同性或者等轴性的，没有平面外载荷；⑤系统曲率是等轴性的，忽略扭转曲率；⑥应力和曲率不随空间变化的。Stoney 公式的假

设非常严格,实际中很多情况并非如此。针对不同的假设,对 Stoney 公式不断进行修正,主要结果如表 4.2 所示[28]。

表 4.2　释放 Stoney 公式中的假设及其所对应的研究结果

释放假设	研究结果
· 取消假设 e	· 得到双轴 Stoney 公式 · 研究了两轴方向作用不同的应力值,以及平面内剪应力[5] · 已应用到裸露或封装的非连续性或周期性线形薄膜的分析中
· 取消假设 d 和 e 中有关等轴性假设 · 保留假设 d 中有关均匀性的假设	· 允许出现三个独立的曲率和应力部分,以双轴的、不等轴的、直接部分加上一个剪应力或扭转部分形式出现
· 取消假设 d 和 e 中有关等轴性假设 · 取消假设 b 的无限小变形假设 · 保留假设 f 中有关曲率和应力的空间分布一致性的假设	· 对单层、多层、阶梯型薄膜进行了分析 · 已经预测了弯曲状态的运动非线性行为和分岔,并得到了实验的验证
· 取消假设 f(Stoney 公式假设中最严格的假设) · 在实际情况中,往往都是不均匀分布的,具体研究过程中一并取消假设 d 和 e	· 用于非均匀轴对称/非轴对称的应变失配分析,以及薄膜和基板温度动态变化和非均匀分布的情况 · 得到非常重要的结论——薄膜的应力不是依赖于系统的局部曲率,而是依赖于整个系统的曲率
· 取消假设 a	· 用于研究不同半径的膜-基结构和任意非均匀厚度薄膜的分析 · 推导出薄膜应力与系统曲率的解析关系式,当已知了薄膜的厚度分布,通过测量系统的整体曲率就可以精确地推断薄膜的应力

如果膜-基结构的弯曲来源于不同的热膨胀系数,则可知薄膜与基板的热应变失配为 $\Delta\varepsilon=(\alpha_f-\alpha_s)\Delta T$。对于刚性晶圆,薄膜中会出现等双轴应力,依据 Stoney 公式,可得到弯曲半径为 $R=\dfrac{h_s}{6\Delta\varepsilon\chi\eta}$。如果基板较薄,而且易弯曲,膜-基结构就会弯曲呈卷筒状,而不是球冠状,卷筒半径为[29]

$$R=\frac{d_s}{6(1+v)\Delta\varepsilon\chi\eta}\frac{(1-\chi\eta^2)^2+4\chi\eta(1+\eta)^2}{1+\eta}\tag{4.18}$$

式中,等式右侧第一项为 Stoney 公式除以 $1+v$,这个因子表示为广义平面应变问题,第二项来源于基板的变形效应。Stoney 公式与式(4.18)结果比较如图 4.15 所示,实线为卷曲结构的结果,虚线为 Stoney 公式计算球冠的结果。可以看出当薄膜和基板的弹性模量接近时 $E_f/E_s\approx1$,如果 $h_f/h_s\leqslant0.1$ 时,Stoney 足够精确。

对于有机基板,$E_f/E_s \approx 100$,Stoney 公式仅当 $h_f/h_s \leqslant 0.001$ 才有效。对于橡胶基板,$E_f/E_s \approx 10000$,Stoney 公式通常情况下难以直接采用,必须采用修正的 Stoney 公式。

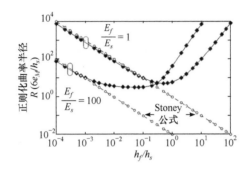

图 4.15　正则化曲率半径为膜基厚度比的函数

4.4.3　薄膜边缘的应力集中

膜-基结构的残余应力是缺陷产生的主要诱导因素。如果将膜-基结构的基板视为半无限体,则薄膜的正应力是均匀分布的,并且膜-基界面的应力可以忽略,因此可以通过解析模型得到近似的封闭解[30]。然而,如果膜-基结构具有有限的横向尺寸,薄膜的残余应力由于薄膜的边界力作用而重新分布,即所谓的边界效应。

1986 年,Suhir[31] 提出了近似的计算方法,利用位移兼容性来推导界面应力,剪切应力和剥离应力具体表达式如下:

$$\tau_0(x) = \frac{\sinh[\kappa(x/l)]}{\cosh\kappa}\sigma_0\sqrt{\frac{\lambda^2\eta(\lambda\eta^3+1)}{2k[(1+v_s)\lambda+(1+v_f)\eta][(1+\lambda\eta)(1+\lambda\eta^3)+3(\eta+1)^2\lambda\eta]}}$$

$$(4.19)$$

$$\sigma_0(x) = \frac{\eta(1-\lambda\eta^2)}{2k[(1+v_s)\lambda+(1+v_f)\eta](1+\lambda\eta^3)}\frac{\cosh[\kappa(x/l)]}{\cosh\kappa}\sigma_0 \qquad (4.20)$$

式中,$\lambda = \dfrac{\widetilde{E}_f}{\widetilde{E}_s}$;$\widetilde{E} = \dfrac{E}{1-v}$;$\eta = \dfrac{h_f}{h_s}$,在 Suhir 模型中 $k = \dfrac{1}{3}$,常数 κ 和 σ_0 分别为 $\kappa = \sqrt{\dfrac{3\eta}{2}\dfrac{(1+\lambda\eta)(1+\lambda\eta^3)+3(1+\eta)^2\lambda\eta}{(1+\lambda\eta^3)[(1+v_f)\eta+(1+v_s)\lambda]}}\dfrac{l}{t_f}$ 和 $\sigma_0 = \widetilde{E}_f\Delta\varepsilon$。

1990 年,Mirman 等[32]分析了双材料界面应力,并给出了相应的解析表达式。Mirman 模型的界面剪切力可以通过 Suhir 模型除以 λ 就得到,然而 Mirman 得到的界面剥离应力比 Suhir 的更加复杂。Zhang 等[30]在 Mirman 和 Knecht 工作基础上,推导出膜-基界面应力分布的封闭解。在 Zhang 模型和 Suhir 改进模型中,自由边界($x=l$)的界面剪切力视为零。然而,通过将解析表达式与有限元结果进行比较,以上两种近似解析表达式针对不同的膜-基结构计算得到界面应力会有较大的误差。

4.5　膜-基结构屈曲

20 世纪 90 年代,有学者开始研究微尺度下的屈曲力学行为,在微纳尺度产生各种新颖的结构。自从 Bowden 等[33]报道柔性基板上薄膜的有序屈曲行为以来,实现了许多重要的应用,包括可延展柔性电子[10,13]、微/纳机电系统[34]、精密表征与度量[35~37]等。通过在预应变弹性基板上沉积无机薄膜,释放预应变之后形成屈曲薄膜,在可延展柔性电子器件中作为可延展互联导体结构。薄膜除了受应力作用会发生屈曲外,受到电场[38]、液体[39]作用时也会发生屈曲。可延展柔性电子中的机械屈曲不同于常规承载结构,其研究目的在于建立屈曲行为与基板、薄膜、结构的内在关系,以便充分利用屈曲行为设计可大变形的电子器件。屈曲行为也可以反过来应用,通过测量结构屈曲形状可以测量薄膜的厚度、表征薄膜的材料属性(如薄膜的弹性模量或厚度等[35~37])。

弹性基板制备屈曲薄膜的工艺过程:①对弹性基板施加预应变;②直接采用低温薄膜(喷印、低温溅射)工艺在弹性基板上沉积图案化薄膜,或者通过转印工艺将在硅衬底上生长的图案化薄膜转移到弹性基板上;③当薄膜沉积或转移完成之后释放外部载荷使得薄膜中产生压应变,当应变超过某一临界值时,薄膜就会出现屈曲。弹性基板产生预应变的方法通常有两种[13]:①有机基板热膨胀处理,将薄膜转移到预热的基板上,然后进行降温,由于有机基板和无机薄片的热膨胀差异,如果应变失配所产生的压力足够大,就会出现屈曲现象;②通过机械拉伸,应变可在基板的允许应变范围内任意调节,释放基板预应变后就会产生屈曲的波纹结构。

4.5.1　屈曲基本理论

由于膜-基界面存在结合缺陷以及界面氧化会降低结合强度,容易发生膜-基的局部分层,在残余压应力的作用下薄膜发生屈曲,如图 4.16 所示。欧拉-伯努利梁的屈曲研究最为广泛,两端固定的情况下,失稳时临界压力 F_c 的近似解为

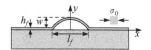

图 4.16　膜-基结构中的
薄膜屈曲示意图

$$F_c = \frac{\pi^2 E_f I_f}{l_f^2} \tag{4.21}$$

式中,E_f 为薄膜弹性模量;I_f 为截面惯性矩;l_f 为长度。

薄膜屈曲与压杆失稳特点相同,将式(4.21)应用到薄膜屈曲时,只需要将弹性

模量替换成等效值。对受单轴压应力和等双轴压应力下的薄膜屈曲，其临界应力分别为

$$\sigma_{c1}=\frac{\pi^2}{12}\cdot\frac{E_f}{1-v_f^2}\left(\frac{h_f}{b}\right)^2,\quad \sigma_{zz}=0 \tag{4.22}$$

$$\sigma_{c2}=\frac{\pi^2}{12}\cdot\frac{E_f}{1-v_f}\left(\frac{h_f}{b}\right)^2,\quad \sigma_{xx}=\sigma_{zz} \tag{4.23}$$

式中，v_f 为泊松比；b 为屈曲半长或半径。当残余应力超过临界应力时，屈曲部分在 y 方向（厚度方向）的挠度方程为余弦函数 $w=\frac{w_{\max}}{2}\left(1+\cos\left(\frac{\pi x}{b}\right)\right)$，$-b\leqslant x\leqslant b$，

式中，$w_{\max}=h_f\sqrt{\frac{4}{3}\left(\frac{\sigma_0}{\sigma_c}-1\right)}$。已知薄膜屈曲尺寸和最大挠度时，可得到残余应力为

$$\sigma_0=\sigma_c\left[\frac{3}{4}\left(\frac{w_{\max}}{h_f}\right)^2+1\right] \tag{4.24}$$

4.5.2　膜-基结构的单向屈曲

1. 膜-基结构线性屈曲

工程结构屈曲分析正问题是研究结构在外载荷作用下的屈曲行为，反问题则是给定载荷条件下设计相应的结构。与工程承载结构不同，柔性电子系统中的膜-基结构屈曲分析的正问题和反问题更关注使结构发生屈曲的载荷、屈曲结构几何形貌（波幅和波长）以及给定延展性条件下设计薄膜厚度与材料，或者已知屈曲波长和波幅等几何参数来表征薄膜和基板的材料属性等。图 4.17(a) 为屈曲结

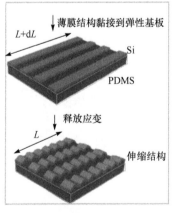

(a) 单晶硅屈曲波纹结构形成示意图　　　(b) 波纹阵列光学图片和扫描电镜图

图 4.17　PDMS 基扳上的单晶硅屈曲结构

构的制备过程：①将橡胶基板从长度 L 拉长至 $L+\mathrm{d}L$，将薄膜带转移到基板上；②释放基板，基板从长度 $L+\mathrm{d}L$ 恢复到 L，薄膜带出现屈曲。

图 4.17(b)是单晶硅带阵列在 PDMS 基板上形成了波纹结构，其中单晶硅带宽 $20\mu\mathrm{m}$、间隔 $20\mu\mathrm{m}$、厚度 $100\ \mathrm{nm}$，从中可以看出波纹结构具有非常高的一致性。采用小变形近似，得到线性模型，则波长和幅值可表示为[40]

$$\lambda_0 = \frac{\pi h_f}{\sqrt{\varepsilon_c}} = \frac{2\pi}{k} \qquad (4.25)$$

$$A_0 = h_f \sqrt{\frac{\varepsilon_{\mathrm{pre}}}{\varepsilon_c} - 1} \qquad (4.26)$$

式中，$\varepsilon_c = \left[\dfrac{3}{8} \dfrac{E_s(1-v_f^2)}{E_f(1-v_s^2)} \right]^{\frac{2}{3}}$ 为临界应变；$k = \dfrac{1}{h_f} \left(\dfrac{12\overline{E}_s}{\overline{E}_f} \right)^{\frac{1}{3}}$；$\overline{E}_f = \dfrac{E_f}{1-v_f^2}$；$\varepsilon_{\mathrm{pre}}$ 为弹性基板的预应变。对于 PDMS 基板上的无机薄膜，屈曲波纹结构是高度规则的正弦波结构，振幅和波长都非常均匀，式(4.25)和式(4.26)与实验结果较为吻合，在一般预应变条件下，振幅误差通常在 $\pm 5\%$ 以内，波长误差通常在 $\pm 3\%$ 以内[13]。

2. 膜-基结构非线性屈曲

膜-基结构线性屈曲模型具有非常高的精度，但是在较大拉伸应变作用下，结构波长会出现相应的变化，这是线性模型无法预测的。式(4.25)结果显示屈曲波长与预应变无关，而且如果系统的总应变 $\varepsilon_{\mathrm{pre}} - \varepsilon_{\mathrm{applied}}$ 大于系统的临界应变 ε_c，屈曲波长也不随外部张拉或压缩应变 $\varepsilon_{\mathrm{applied}}$ 而变化，在较大的预应变条件下与实际不符。有限变形屈曲模型有效解决了这个问题，其与线性屈曲的不同点主要体现在[41]：①有限几何变化，单晶硅薄膜和 PDMS 基板具有不同的初始状态，如图 4.18(a)为 PDMS 基板上单晶硅屈曲示意图，第一、二幅图中硅薄膜分别是无应变状态和压缩状态，而 PDMS 分别是张拉状态和松弛状态；②有限应变，由于 PDMS 基板的应变超过 20%，应变-位移关系为非线性，在结构上施加不同的应变，如第三、四幅图所示；③本构模型，在最大预应变处，PDMS 基板的应力-应变关系为非线性。

小应变假设条件下，波长与预应变的无关性得到了实验验证，然而由于基板和薄膜的空间一致性较差、薄膜沉积时的微纳裂纹、应力松弛等[13]，这些实验并没有提供各种工况下足够的精确样本去严格验证式(4.25)和式(4.26)的结果。通过严格控制单晶薄膜属性以及薄膜与基板的强黏合作用，很大程度避免了以往实验中的不足，如图 4.18(b)所示，分别为光学显微镜和扫描电镜的单晶硅带波纹图，光学显微镜中的薄膜为 $20\ \mu\mathrm{m}$ 宽、$100\ \mathrm{nm}$ 厚，基板预应变为 $\sim 28\%$，扫描电镜中的薄膜为 $30\ \mu\mathrm{m}$ 宽、$150\ \mu\mathrm{m}$ 长、$100\ \mathrm{nm}$ 厚，基板预应变为 $\sim 15\%$。

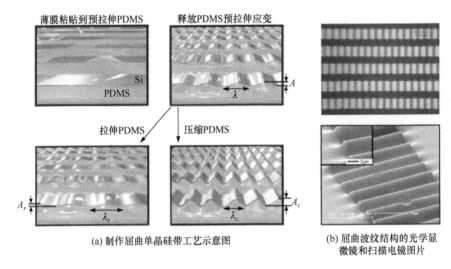

(a) 制作屈曲单晶硅带工艺示意图　　　(b) 屈曲波纹结构的光学显
　　　　　　　　　　　　　　　　　　　　　微镜和扫描电镜图片

图 4.18　单晶硅屈曲波纹结构制备示意图和实验精确测量结果

对于计算施加一定应变 $\varepsilon_{applied}$ 情况下的屈曲分析,可用 $\varepsilon_{pre}-\varepsilon_{applied}$ 替代实际应变替换 ε_{pre},则式(4.26)可用于表示膜-基结构的后屈曲行为。考虑到预应变对波长影响,屈曲结构的几何形状如下:

$$w=A\cos\left(\frac{2\pi x_1}{\lambda}\right)=A\cos\left[\frac{2\pi x'_1}{(1+\varepsilon_{pre})\lambda}\right] \tag{4.27}$$

式中,x_1 和 x'_1 分别为不考虑和考虑预应变情况下的坐标。

通过对总能量 $U_{total}=U_m+U_b+U_s$(膜势能 U_m、弯曲势能 U_b 和基板的应变能 U_s)求变分,即 $\dfrac{\partial U_{total}}{\partial A}$,$\dfrac{\partial U_{total}}{\partial \lambda}$,得到波长和波幅为[41]

$$\lambda=\frac{\lambda_0}{(1+\varepsilon_{pre})(1+\xi)^{\frac{1}{3}}} \tag{4.28}$$

$$A=h_f\frac{\sqrt{\dfrac{\varepsilon_{pre}}{\varepsilon_c}-\dfrac{1+\xi/3}{(1+\xi)^{\frac{1}{3}}}(1+\varepsilon_{pre})}}{\sqrt{1+\varepsilon_{pre}}(1+\xi)^{\frac{1}{3}}}\approx\frac{A_0}{\sqrt{1+\varepsilon_{pre}}(1+\xi)^{\frac{1}{3}}} \tag{4.29}$$

式中,λ_0 和 A_0 参考式(4.24)和式(4.25);$\xi=5\varepsilon_{pre}(1+\varepsilon_{pre})/32$。式(4.28)中,由于 $\varepsilon_{pre}\gg\varepsilon_c$,分子近似等于 $\sqrt{\dfrac{\varepsilon_{pre}}{\varepsilon_c}}-1$,所以第二个约等式成立。图 4.19 是 100nm 厚的薄膜粘贴在 PDMS 基板上的四种结果(实验、有限元仿真、线性模型、有限变形模型),结果表明波长依赖于预应变,与实验的数据和有限元仿真结果非常吻合,不需要任何参数拟合。

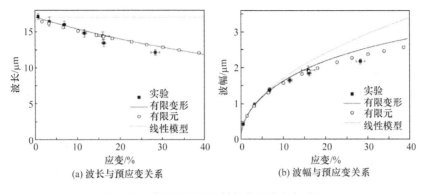

(a) 波长与预应变关系　　　　　　　(b) 波幅与预应变关系

图 4.19　薄膜屈曲波纹结构与预应变的关系

薄膜中的最大应变称之为峰值应变 ε_{peak}，是膜应变 ε_m 和弯曲应变 ε_b 之和。对

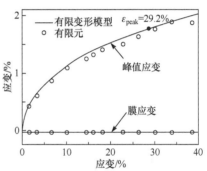

图 4.20　Si 薄膜的膜应变和峰值应变为预应变的函数

于实际情况中，屈曲所引起的弯曲应变远大于膜应变，因此峰值应变可表示为

$$\varepsilon_{peak}=2\ \sqrt{\varepsilon_{pre}\varepsilon_c}\frac{(1+\xi)^{\frac{1}{3}}}{\sqrt{1+\varepsilon_{pre}}}\quad(4.30)$$

式(4.30)的计算结果和有限元仿真结果如图 4.20 所示(Si 薄膜为 100nm 厚,基板为 PDMS)，从中可以看出，膜应变非常小，而且不随预应变变化，ε_{peak} 远小于整个膜-基结构的应变 $\varepsilon_{pre}-\varepsilon_m$，例如 $\varepsilon_{pre}=$ 29.2%，ε_{peak} 只有 1.8%。由此可知，对于本身固有脆性的材料，可通过屈曲实现可观的伸缩变形。

4.5.3　膜-基结构的双向屈曲

弹性橡胶基板上的薄膜屈曲除了单向条纹屈曲模式外，还包括棋盘屈曲模式、Z 形周期阵列屈曲模式和迷宫屈曲模式，如图 4.21 所示[42]。

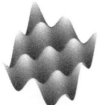

(a) 单向条纹屈曲模式　　(b) 棋盘屈曲模式　　(c) Z形周期阵列屈曲模式　　(d) 迷宫屈曲模式

图 4.21　不同屈曲模式[42]

利用有限元方法研究了屈曲状态的能量与 Z 形周期阵列模式几何参数之间的关系[43]。结果表明 Z 形周期阵列模式结果对长波长不敏感,并且斜凸角约为 90°。除此之外,还可以利用谱方法来研究二维屈曲问题,并验证得到不同的屈曲模式的边界条件,如图 4.21(b)、(c)、(d)所示[40]。当预应变超过临界屈曲应变,并且预应变较大时,出现棋盘和 Z 形屈曲模式,进一步增加预应变就会出现迷宫模式。对双向屈曲进行理论分析,包括单向屈曲模式、棋盘屈曲模式和 Z 形周期阵列屈曲模式,可直接通过薄膜和基板的弹性模量、薄膜的厚度和预应变计算出波长和波幅,并说明了 Z 形周期阵列屈曲模式更易在实验中观测到的原因[42]。研究结果表明 Z 形周期阵列屈曲模式的弹性势能最小,降低了整个平面内的应力,减轻了双轴压缩应力,相对于单向条纹屈曲模式和棋盘屈曲模式,Z 形周期阵列屈曲模式更易在大面积结构中出现。

薄膜受到相等的双轴薄膜压缩应变 ε_{11}^0 和 ε_{22}^0,当其超过临界值时,薄膜发生屈曲。应变与平面内位移 $u_1(x_1,x_2)$、$u_2(x_1,x_2)$ 以及平面外位移 $w(x_1,x_2)$ 关系为

$$\varepsilon_{\alpha\beta}=\varepsilon_{\alpha\beta}^0+\frac{1}{2}\left(\frac{\partial u_\alpha}{\partial x_\beta}+\frac{\partial u_\beta}{\partial x_\alpha}\right)+\frac{1}{2}\frac{\partial w}{\partial x_\alpha}\frac{\partial w}{\partial x_\beta}$$

式中,$\alpha,\beta=1,2$。依据 Hooke 定律,可得到薄膜受到的作用力为

$$N_{\alpha\beta}=h_f\overline{E}_f\left[(1-v_f)\varepsilon_{\alpha\beta}+v_f(\varepsilon_{11}+\varepsilon_{22})\delta_{\alpha\beta}\right]$$

薄膜的能量包括弯曲能 U_b 和薄膜能 U_m,分别如下:

$$U_b=\frac{\overline{E}_fh_f^3}{24}\left[\left(\frac{\partial^2 w}{\partial x_1^2}\right)^2+\left(\frac{\partial^2 w}{\partial x_2^2}\right)^2+2v_f\frac{\partial^2 w}{\partial x_1^2}\frac{\partial^2 w}{\partial x_2^2}+2(1-v_f)\left(\frac{\partial^2 w}{\partial x_1\partial x_2}\right)^2\right] \tag{4.31}$$

$$U_m=\frac{1}{2}(N_{11}\varepsilon_{11}+N_{12}\varepsilon_{12}+N_{21}\varepsilon_{21}+N_{22}\varepsilon_{22}) \tag{4.32}$$

在膜-基结构中,基板通常视为半无限体,其位移 $u_i(x_1,x_2,x_3)$,$i=1,2,3$,与薄膜位移满足膜基界面连续性要求。可得到基板能量密度为

$$U_s=\frac{1}{2}\sum_{j=1}^3\sum_{i=1}^3\sigma_{ij}\varepsilon_{ij} \tag{4.33}$$

式中,$\varepsilon_{ij}=\frac{1}{2}\left(\frac{\partial u_i}{\partial x_j}+\frac{\partial u_j}{\partial x_i}\right)$;$\sigma_{ij}=\frac{E_s}{1+v_s}\varepsilon_{ij}+\frac{v_sE_s}{(1+v_s)(1-2v_s)}(\varepsilon_{11}+\varepsilon_{22}+\varepsilon_{33})\delta_{ij}$。

1. 棋盘屈曲模式

广义棋盘模式的平面外位移假设为

$$w=A\cos(k_1x_1)\cos(k_2x_2) \tag{4.34}$$

式中,A 为波幅;k_1、k_2 分别是 x_1 和 x_2 方向的待定波数。将式(4.34)代入式(4.31)、式(4.32)、式(4.33),并进行积分可得到系统总能量 $U_{\text{Tot}}=U_b+U_m+U_s$。

将总能量分别对波幅 A 和波数 k_1、k_2 求变分,对于等双轴预应变,有 $\varepsilon_{11}^{\mathrm{pre}}=\varepsilon_{22}^{\mathrm{pre}}=\varepsilon_{\mathrm{pre}}$,则可得到波数和波幅分别为[42]

$$k_1=k_2=\frac{1}{\sqrt{2}}\frac{1}{h_f}\left(\frac{3\overline{E}_s}{\overline{E}_f}\right)^{\frac{1}{3}} \tag{4.35}$$

$$A=h_f\sqrt{\frac{8}{(3-v_f)(1+v_f)}\left(\frac{\varepsilon_{\mathrm{pre}}}{\varepsilon_{\mathrm{checherboard}}^c}-1\right)} \tag{4.36}$$

式中,$\varepsilon_{\mathrm{checherboard}}^c=\dfrac{(3\overline{E}_s/\overline{E}_f)^{\frac{2}{3}}}{4(1+v_f)}$ 是棋盘模式的临界应变。

2. Z 形周期阵列模式

假设 Z 形周期阵列模式平面外位移为

$$w=A\cos\{k_1[x_1+B\cos(k_2x_2)]\} \tag{4.37}$$

单向波纹屈曲作为 Z 形周期阵列模式的特例,假设 $w=A\cos(k_1x_1)$,然后将系统的总能量 $U_{\mathrm{Tot}}=U_b+U_m+U_s$ 分别对波幅 A 和波数 k_1 求变分,得[42]

$$k_1=\frac{1}{h_f}\left(\frac{3\overline{E}_s}{\overline{E}_f}\right)^{\frac{1}{3}} \tag{4.38}$$

$$A=h_f\sqrt{\frac{4(\varepsilon_{11}^{\mathrm{pre}}+v_f\varepsilon_{22}^{\mathrm{pre}})}{(3\overline{E}_s/\overline{E}_f)^{\frac{2}{3}}}-1} \tag{4.39}$$

可以看出,波长与预应变没关系,波幅与预应变有关系。对于平面应变屈曲问题,即 $\varepsilon_{22}^{\mathrm{pre}}=0$,得到的波长和波幅和单向波纹屈曲模式相同。对于等双轴预应变,即 $\varepsilon_{11}^{\mathrm{pre}}=\varepsilon_{22}^{\mathrm{pre}}=\varepsilon_{\mathrm{pre}}$,得

$$A=h_f\sqrt{\frac{\varepsilon_{\mathrm{pre}}}{\varepsilon_{1D}^c}-1} \tag{4.40}$$

式中,$\varepsilon_{1D}^c=\dfrac{(3\overline{E}_s/\overline{E}_f)^{\frac{2}{3}}}{4(1+v_f)}$ 是单向屈曲模式的临界应变,与棋盘屈曲模式的相同。

4.5.4　膜-基结构后屈曲分析

后屈曲行为是在结构发生屈曲之后,系统再次受到外部载荷作用而发生的屈曲行为。根据有限变形模型可知屈曲的波长和波幅都会产生相应的变化。通过研究膜-基系统的后屈曲行为,定量分析结构的伸缩性。

图 4.22(a)表示 PDMS 基板没有施加外部应变的屈曲结构,图 4.22(b)为施加了外部应变 $\varepsilon_{\mathrm{applied}}$ 的屈曲结构,则长度由原来的 L_0 变为 $(1+\varepsilon_{\mathrm{applied}})L_0$。图 4.22(b)中的坐标 x''_1 与图 4.22(a)的坐标 x_1 之间的关系为 $x''_1=(1+\varepsilon_{\mathrm{applied}})x_1$,设 x'_1 为薄膜没有应变时的坐标。分析之前需要假定屈曲的几何形状表达式,由于需要考虑到预

应变的影响,假定如下:

$$w = A'' \cos\left(\frac{2\pi x''_1}{\lambda''}\right) = A'' \cos\left[\frac{2\pi(1+\varepsilon_{\text{applied}})x'_1}{(1+\varepsilon_{\text{pre}})\lambda''}\right] = A'' \cos\left[\frac{2\pi(1+\varepsilon_{\text{applied}})x_1}{\lambda''}\right]$$

(4.41)

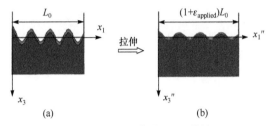

图 4.22　屈曲薄膜-基板结构

则可相应得到薄膜的弯曲势能和膜势能分别为[41]

$$U_b = \frac{\pi^4}{3}\bar{E}_f h_f^3 A''^2 \left[\frac{1+\varepsilon_{\text{applied}}}{(1+\varepsilon_{\text{pre}})\lambda''}\right]^4 (1+\varepsilon_{\text{pre}})L_0$$

(4.42)

$$U_m = \frac{1}{2}\bar{E}_f h_f \left[\left(\frac{1+\varepsilon_{\text{applied}}}{1+\varepsilon_{\text{pre}}}\right)^2 \frac{\pi^2 A''^2}{\lambda^2} - \frac{\varepsilon_{\text{pre}}-\varepsilon_{\text{applied}}}{1+\varepsilon_{\text{pre}}}\right]^2 (1+\varepsilon_{\text{pre}})L_0$$

(4.43)

基板的势能为

$$U_s = \frac{\pi}{3}\frac{E_s A''^2}{\lambda''}(1+\varepsilon_{\text{applied}})\left[1+\varepsilon_{\text{applied}}+\frac{5}{32}\frac{\pi^2 A''^2}{\lambda''^2}(1+\varepsilon_{\text{applied}})^2\right]L_0$$

(4.44)

通过最小化总能量 $U_{\text{total}} = U_m + U_b + U_s$,即 $\frac{\partial U_{\text{total}}}{\partial A''}$,$\frac{\partial U_{\text{total}}}{\partial \lambda''}$,可得到波长和波幅为

$$\lambda'' = \frac{\lambda_0(1+\varepsilon_{\text{applied}})}{(1+\varepsilon_{\text{pre}})(1+\varepsilon_{\text{applied}}+\zeta)^{\frac{1}{3}}}$$

(4.45)

$$A'' \approx h_f \frac{\sqrt{\dfrac{\varepsilon_{\text{pre}}-\varepsilon_{\text{applied}}}{\varepsilon_c}-1}}{\sqrt{1+\varepsilon_{\text{pre}}}(1+\varepsilon_{\text{applied}}+\zeta)^{\frac{1}{3}}}$$

(4.46)

式中,$\zeta = 5(\varepsilon_{\text{pre}}-\varepsilon_{\text{applied}})(1+\varepsilon_{\text{pre}})/32$。当外加应变 $\varepsilon_{\text{applied}}$ 等于预应变 ε_{pre} 与临界应变 ε_c 之和时,波幅 A'' 就会消失。因此可拉伸度(最大施加张拉应变)为 $\varepsilon_{\text{pre}}+\varepsilon_{\text{fracture}}+\varepsilon_c$,是预应变的线性函数。薄膜的峰值应变为

$$\varepsilon_{\text{peak}} = 2\sqrt{(\varepsilon_{\text{pre}}-\varepsilon_{\text{applied}})\varepsilon_c}\frac{(1+\varepsilon_{\text{applied}}+\zeta)^{\frac{1}{3}}}{\sqrt{1+\varepsilon_{\text{pre}}}}$$

(4.47)

图 4.23 是薄膜的峰值应变 $\varepsilon_{\text{peak}}$ 和膜应变 ε_m 与施加应变 $\varepsilon_{\text{applied}}$ 的函数关系。

最大施加压缩应变为硅薄膜的达到峰值应变 $\varepsilon_{\text{fracture}}$ 时的应变。可压缩性随着预应变增加而线性降低。当应变达到 $\dfrac{\varepsilon_{\text{fracture}}^2}{4\varepsilon_c}\left(1+\dfrac{43}{48}\dfrac{\varepsilon_{\text{fracture}}^2}{4\varepsilon_c}\right)$ 时,可压缩性消失。因

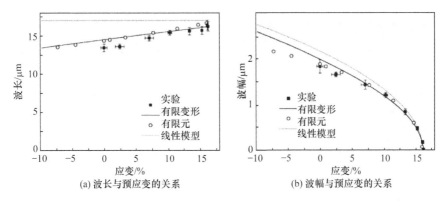

(a) 波长与预应变的关系　　　　　(b) 波幅与预应变的关系

图 4.23　薄膜屈曲的波纹结构与施加应变的关系

此,可压缩度近似为 $\dfrac{\varepsilon_{\mathrm{fracture}}^2}{4\varepsilon_c}\left(1+\dfrac{43}{48}\dfrac{\varepsilon_{\mathrm{fracture}}^2}{4\varepsilon_c}\right)-\varepsilon_{\mathrm{pre}}$. 如果要使得结构的可压缩性和拉伸性相等,则需满足 $\varepsilon_{\mathrm{pre}}+\varepsilon_{\mathrm{fracture}}+\varepsilon_c=\dfrac{\varepsilon_{\mathrm{fracture}}^2}{4\varepsilon_c}\left(1+\dfrac{43}{48}\dfrac{\varepsilon_{\mathrm{fracture}}^2}{4\varepsilon_c}\right)-\varepsilon_{\mathrm{pre}}$.

4.5.5　薄膜几何尺寸对膜-基结构屈曲的影响

1. 膜-基结构屈曲中薄膜宽度的影响

在膜-基结构屈曲分析中,通常假设薄膜宽度远大于波长,将膜-基结构近似为平面应变问题,忽略了薄膜宽度和薄膜间距对屈曲行为的影响。对于可延展结构(近似认为是一维带状的互联结构),平面应变假设不成立。通过实验验证了薄膜宽度对屈曲行为的影响,对于 440nm 厚、10mm 宽的纳晶钻石,弹性模量为 800GPa、泊松比为 0.07 的薄膜,4mm 厚度 PDMS 基板系统,式(4.25)计算得到屈曲波长为 118μm,而实验观察到的波长为 85μm[44]。柔性基板上有限宽度硬薄膜的屈曲行为研究表明,薄膜的屈曲幅值和波长随着薄膜的宽度增加而增加,图 4.24 是有关于有限宽度效应的实验结果图[45]。其中,图(a)为光学显微图片,硅薄膜宽度为 5μm,间隔 255μm;图(b)为三维原子力显微镜图片,硅薄膜宽度为 100μm;图(c)为平面原子力显微镜(atomic force microscope, AFM)图片,硅薄膜宽度分别为 2、5、20、50 与 100μm(从上到下);图(d)为沿屈曲方向的原子力量微图,波幅小的宽度为 2μm,波幅大的宽度为 20μm。

考虑薄膜宽度为 W 的膜-基系统,其能量由薄膜弯曲能 U_b、薄膜膜势能 U_m 和基板变形能 U_s 三部分组成,即系统总势能为

$$\Pi_{\mathrm{tot}}=-\frac{h^3E_fW}{48}k^4A^2+\frac{1}{2}WhE_f\left(\varepsilon_{\mathrm{pre}}-\frac{1}{4}A^2k^2\right)\left(\varepsilon_{\mathrm{pre}}+\frac{3}{4}A^2k^2\right)-\frac{\beta^2\rho(Wk)}{k^2\pi\bar{E}_s}$$

$$(4.48)$$

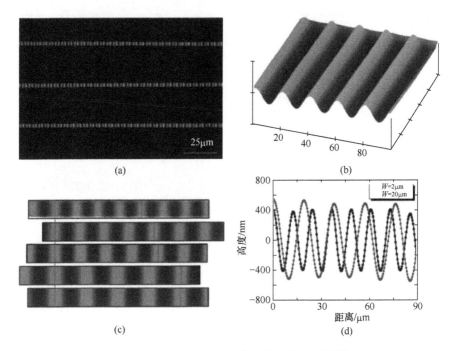

(a)　　　　　　　　　　(b)

(c)　　　　　　　　　　(d)

图 4.24　依赖于宽度的屈曲轮廓的典型案例[45]

式中，$\rho(x)=\left[-1+xY_1(x)+x^2Y_0(x)+\dfrac{\pi}{2}x^2\left(H_1(x)Y_0(x)+H_0(x)Y_1(x)\right)\right]$；

$\beta=-\dfrac{h^3E_f}{12}Ak^4-hE_f\left(\dfrac{1}{4}A^2k^2-\varepsilon_{pre}\right)Ak^2$。将系统总势能分别对波幅 A 和频率 k 求变分，可得到屈曲波幅和波长分别为

$$A=\begin{cases}\dfrac{2}{k}\sqrt{\varepsilon_{pre}-F},&F<\varepsilon_{pre}\\0,&F\geqslant\varepsilon_{pre}\end{cases}\qquad(4.49)$$

$$\lambda=2\pi h\left(\dfrac{E_f}{3\bar{E}_s}\right)^{\frac{1}{3}}\tanh\left\{\dfrac{16}{15}\left[\left(\dfrac{\bar{E}_s}{E_f}\right)^{\frac{1}{3}}\dfrac{W}{h}\right]^{\frac{1}{4}}\right\}\qquad(4.50)$$

式中，$F=\dfrac{\pi W\bar{E}_s}{4hE_f\rho(Wk)}+\dfrac{1}{12}h^2k^2$。

式(4.48)和式(4.49)结果如图 4.25 所示，式(4.50)表明波长依赖于薄膜宽度是通过无量纲参数 $\left(\dfrac{\bar{E}_s}{E_f}\right)^{\frac{1}{3}}\dfrac{W}{h}$ 得以体现。如果薄膜宽度非常大，例如 $W\to\infty$，则 $\rho(Wk)=0.5\pi Wk$ 和 $R(Wk)=\pi/Wk$，以至于 $f\to1$，式(4.49)回归到式(4.25)。

基板上相隔较远的多个薄膜的屈曲行为相互独立，结果为式(4.49)和式(4.50)。

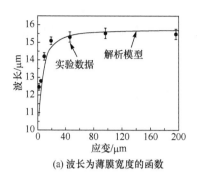
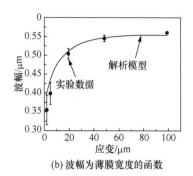

(a) 波长为薄膜宽度的函数　　　　　(b) 波幅为薄膜宽度的函数

图 4.25　屈曲轮廓的理论结果与实验数据

当薄膜间距不断减小时,通过基板传递的机械耦合作用变得更加明显。以两个同等宽度 W 和厚度 h 薄膜为例进行说明,当薄膜间距减小时,两个薄膜之间形成强烈的相互作用,会逐渐形成相同的波长和相位。薄膜和基板的总能量为

$$\Pi_{\text{tot}} = WhE_f\left(\varepsilon_{\text{pre}} - \frac{1}{4}A^2k^2\right)\left(\varepsilon_{\text{pre}} + \frac{3}{4}A^2k^2\right) - \frac{h^3E_fW}{24}k^4A^2$$

$$- \frac{\beta^2}{k^2\pi\overline{E}_s}\left[(2\rho(Wk) + \rho(sk) - 2\rho(Wk+sk)) + \rho(2Wk+sk)\right] \quad (4.51)$$

通过对总能量求变分即可得到相应的波长和波幅。图 4.26 为波长 λ 与薄膜间距 s 的对应关系[45],其中图(a)为两个中等宽度的薄膜($W = 20\,\mu\text{m}$),图(b)为两个较窄的薄膜($W = 2\,\mu\text{m}$),薄膜厚度都是 $h = 100\,\text{nm}$。当间距 s 趋近于零或者无穷大,则波长 λ 就分别为宽度为 W 和 $2W$ 的单个薄膜的结果。

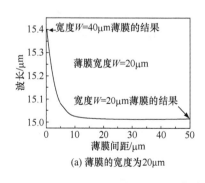
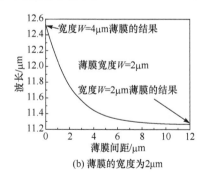

(a) 薄膜的宽度为20μm　　　　　　(b) 薄膜的宽度为2μm

图 4.26　屈曲波长为薄膜间距的函数[45]

2. 膜-基结构的整体屈曲与局部屈曲

膜-基结构常规研究中,假设弹性基板为半无限弹性体,认为基板厚度远大于薄膜厚度,基板厚度的影响可以忽略。除了薄膜的厚度、宽度和间距外,基板尺寸同样

影响膜-基结构的屈曲行为,膜-基结构会出现局部屈曲(薄膜屈曲、基板整体保持形状不变,只在薄膜屈曲结合部出现局部变形)或整体屈曲(薄膜和基板同时屈曲),如图 4.27 所示[46]。

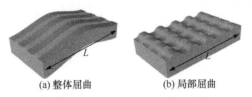

(a) 整体屈曲　　　　　　(b) 局部屈曲

图 4.27　单晶硅薄膜带-PDMS 基板整体和局部屈曲结构[46]

　　局部屈曲和整体屈曲的临界条件主要取决于基板的几何尺寸,可通过局部屈曲临界条件 $\varepsilon_c^{\text{local}}$ 和整体屈曲临界条件 $\varepsilon_c^{\text{global}}$ 进行比较,得到基板的临界长度和厚度[46]。在整体分析中,将薄膜和基板结构视为复合梁,则可得到两端固结、长度为 L 的梁,在考虑剪切效应时的屈曲临界值为

$$\varepsilon_c^{\text{global}} = \frac{\bar{G}(h_s + h_f)F_{\text{cr}}^0}{\overline{EA}[\bar{G}(h_s + h_f) + 1.2F_{\text{cr}}^0]} \tag{4.52}$$

式中,$\bar{G}$ 是复合梁的等效剪切模量,近似等于基板剪切模量 $\bar{G}_s$；$\overline{EA} = \bar{E}_s h_s + \bar{E}_f h_f$ 是等效拉伸刚度；$F_{\text{cr}}^0 = \dfrac{4\pi^2 \overline{EI}}{L^2}$,$\overline{EI} = \dfrac{(\bar{E}_f h_f^2 - \bar{E}_s h_s^2)^2 + 4\bar{E}_f h_f \bar{E}_s h_s (h_f + h_s)^2}{12(\bar{E}_f h_f + \bar{E}_s h_s)}$ 是等效弯曲刚度。

　　得到局部屈曲和整体屈曲的临界值后,就可以判断结构的屈曲形式。当 $\varepsilon_c^{\text{local}} < \varepsilon_c^{\text{global}}$ 时,发生局部屈曲；当 $\varepsilon_c^{\text{local}} > \varepsilon_c^{\text{global}}$ 时,发生整体屈曲。图 4.28(a)给出了局部屈曲和整体屈曲的临界应变与基板厚度的关系。整体屈曲应变随着基板厚度的增加而增加,局部屈曲应变基本保持为恒定值。特别地,当 $\varepsilon_c^{\text{local}} = \varepsilon_c^{\text{global}}$ 时,可计算两

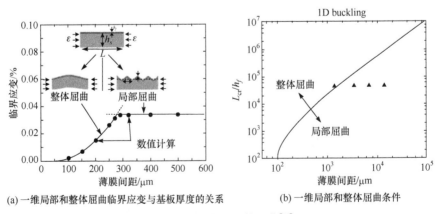

(a) 一维局部和整体屈曲临界应变与基板厚度的关系　　(b) 一维局部和整体屈曲条件

图 4.28　局部和整体屈曲[46]

条线的交点,可得到区分局部屈曲和整体屈曲的临界长度

$$L_c = 4\pi \sqrt{\overline{EI} \left[\frac{(\overline{E}_f/3\overline{E}_s)^{\frac{2}{3}}}{\overline{E}_f h_f + \overline{E}_s h_s} - \frac{0.3}{G_s(h_f + h_s)} \right]} \quad (4.53)$$

由此可知,当 $L < L_c$ 时,出现局部屈曲;当 $L < L_c$ 时,出现整体屈曲。通过对长度进行无量纲化,即 L_c/h_f,可得到临界长度与膜-基厚度比之间的关系,如图 4.28(b) 所示。在曲线上方出现整体屈曲,在曲线下方则出现局部屈曲。以上分析只针对于单向屈曲分析,对于双向屈曲的分析,过程类似,只是局部屈曲和整体屈曲的临界应变分别为 $(\varepsilon_c)^{2D} = \dfrac{\varepsilon_c}{1+v_f}$ 和 $(\varepsilon_c^{\text{global}})^{2D} = \dfrac{4(1-v_s)\pi^2}{\overline{EA}} \overline{EI} \left(\dfrac{1}{L_1^2} + \dfrac{1}{L_2^2} \right)$。使得 $(\varepsilon_c^{\text{local}})^{2D} = (\varepsilon_c^{\text{global}})^{2D}$,可得到局部屈曲和整体屈曲间的临界长度 $L_c = L_1 = L_2$。

4.5.6 膜-基结构可控屈曲

对于可延展柔性电子而言,半导体纳米结构的构成、形状、分布、构形进行控制非常重要,通过控制屈曲行为来构造特定的三维形状具有非常重要的意义[7]。可控屈曲的膜-基结构制备过程如图 4.29 所示:①将弹性基板进行拉伸;②结合图案化掩膜进行紫外线照射,形成黏性区;③在图案化黏性区进行薄膜粘贴;④释放弹性基板的预拉应变,形成屈曲波纹结构。根据黏性区的间距,可以实现波纹结构的波长和波幅的控制。波纹状屈曲结构的形貌可由下式表示[47]:

$$w = \begin{cases} w_1 = \dfrac{1}{2}A\left(1 + \cos\dfrac{\pi x_1}{L_1}\right), & -L_1 < x_1 < L_1 \\ w_2 = 0, & L_1 < |x_1| < L_2 \end{cases} \quad (4.54)$$

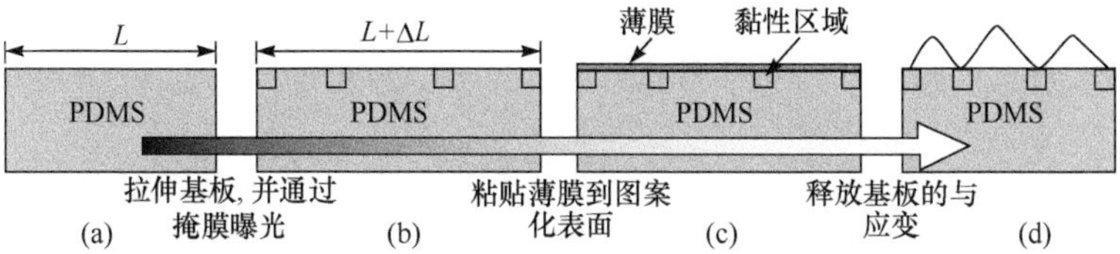

图 4.29 可控屈曲的膜-基结构制备过程

式中,A 为待定的屈曲幅值;$2L_1 = W_{\text{in}}/(1+\varepsilon_{\text{pre}})$ 为屈曲波长;$2L_2 = W_{\text{in}}/(1+\varepsilon_{\text{pre}}) + W_{\text{act}}$ 为释放预应变之后黏性区和非黏性区的总长度。通过变分原理对膜-基结构的屈曲行为进行研究,可得到波幅值、最大应变等[47]。薄膜的弯曲能 U_b 和膜应变能 U_m 分别为

$$U_b = \int_{-L_2}^{L_2} \frac{1}{2} \frac{h_f^3 \overline{E}_f}{12} \left(\frac{\mathrm{d}^2 w}{\mathrm{d} x_1^2}\right)^2 \mathrm{d} x_1 = \frac{h_f^3 \overline{E}_f \pi^4 A^2}{96 L_1^3} \quad (4.55)$$

$$U_m = \int_{-L_2}^{L_2} \frac{1}{2} h_f \overline{E}_f \left(\frac{A^2 \pi^2}{16 L_1 L_2} - \varepsilon_{\text{pre}}\right)^2 \mathrm{d} x_1 = h \overline{E}_f L_x \left(\frac{A^2 \pi^2}{16 L_1 L_2} - \varepsilon_{\text{pre}}\right)^2 \quad (4.56)$$

　　当 PDMS 基板的预应变释放之后，基板的能量主要来自于薄膜与基板界面的牵引力。当薄膜发生屈曲后，$2L_1$ 部分的牵引力消失，而 $2(L_2-L_1)$ 部分位移虽然保持不变，但是相对于整个长度来说，可以忽略，所以基板的能量 $U_s \approx 0$。将总能量 $U=U_b+U_m$ 对波幅 A 求变分，即 $\partial U/\partial A=0$，可得到波幅 A 为

$$A=\frac{4}{\pi}\sqrt{L_1 L_2 (\varepsilon_{pre}-\varepsilon_c)}, \quad \varepsilon_{pre}>\varepsilon_c \tag{4.57}$$

式中，$\varepsilon_c=\dfrac{h^2\pi^2}{12L_1^2}$ 是临界屈曲应变，与两端固结的欧拉梁结构（长度为 $2L_1$，弯曲刚度为 $h_f^3 E_f/12$）屈曲应变相同。当 $\varepsilon_{pre}<\varepsilon_c$ 时，结构不发生屈曲。当 $\varepsilon_{pre}>\varepsilon_c$ 时，结构发生屈曲，但是膜应变保持不变，即 $\varepsilon_{11}=-\varepsilon_c$，当预应变 ε_{pre} 变化时，薄膜通过调节波纹的幅值保持 $\varepsilon_{11}=-\varepsilon_c$。

　　由于实际结构当中，临界应变 $\varepsilon_c \ll \varepsilon_{pre}$，式（4.45）可变为[47]

$$A \approx \frac{4}{\pi}\sqrt{L_1 L_2 \varepsilon_{pre}}=\frac{2}{\pi(1+\varepsilon_{pre})}\sqrt{W_{in}[W_{in}+W_{act}(1+\varepsilon_{pre})]\varepsilon_{pre}} \tag{4.58}$$

　　从式（4.58）可知，结构的屈曲构型与薄膜的属性没有关系（如厚度、弹性模量等），而只与图案化结构的布局（W_{in}，W_{act}）和预应变 ε_{pre} 相关。结构中最大应变来自薄膜的弯曲，因此可得[47]

$$\varepsilon_{max}=\frac{h_f}{2}\max\left(\frac{\mathrm{d}^2 w}{\mathrm{d}x_1^2}\right)=\frac{h_f \pi}{L_1^2}\sqrt{L_1 L_2 \varepsilon_{pre}} \tag{4.59}$$

　　由于 $W_{act} \ll W_{in}$，则 $\varepsilon_{max} \approx \dfrac{h_f \pi}{L_1}\sqrt{\varepsilon_{pre}}$，可以看出 $\varepsilon_{max} \ll \varepsilon_{pre}$。例如，对于 GaAs-PDMS 结构（$W_{act}=10\mu m$，$W_{in}=400\mu m$），当 $\varepsilon_{pre}=60\%$ 时，$\varepsilon_{max}=0.6\%$。

4.5.7　膜-基界面结合缺陷诱导屈曲

　　膜-基结构在高温中沉积，然后逐渐冷却到室温，并在使用中系统的温度逐渐升高，如此往复循环。由于薄膜和基板的热膨胀系数差异，造成薄膜和基板界面出现较高的残余应力和热诱导应力。由于基板材料的热膨胀系数大于薄膜，受热时薄膜内的残余应力常呈现为拉应力，降温时薄膜呈现压应力。对于微电子电路、薄膜电子元器件、功能薄膜结构，薄膜残余压应力会引起薄膜弯曲、分层、屈曲，使得薄膜容易破裂和脱离基板。薄膜的屈曲形态与残余应力的大小、薄膜与基体的结合强度、膜-基接触界面的形貌等有关。

　　在硬质基板上，如果薄膜和基板之间不存在缺陷时，薄膜难以直接发生屈曲。当薄膜内的残余应力很大，而膜-基界面结合强度较弱，则会发生膜-基界面分离，屈曲尺寸逐渐扩展，如图 4.30 所示。由断裂力学原理可知，薄膜和基板接触面裂开微小长度 $2(c-b)$ 时需外力做功为

$$W = \frac{\pi}{2E} q^2 (c-b) \qquad (4.60)$$

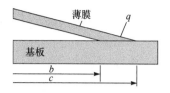

图 4.30　屈曲尺寸的扩展

式中，q 为薄膜和基体的界面结合强度；b 为扩展前的屈曲半长；c 为扩展后的屈曲半长。

发生屈曲时单位面积薄膜内的能量为 $U = U_0 \left[1 - \frac{1+v}{2} \left(1 - \frac{\sigma_c}{\sigma_0} \right)^2 \right]$，式中，$U_0 = \frac{1-v}{E} \sigma_0^2 h_f$ 是存在残余应力而未发生屈曲时薄膜内储存的能量，σ_c、σ_0 分别是临界应力和初始应力。则薄膜在单位面积释放的能量为

$$G = U_0 \left[\frac{1+v}{2} \left(1 - \frac{\sigma_c}{\sigma_0} \right)^2 \right] \qquad (4.61)$$

假设薄膜屈曲释放的能量全用来使薄膜和基体分离，则有 $G=W$，即 $\frac{\pi}{2E} q^2 (c-b) = \frac{1-v^2}{2E} \sigma_0^2 h_f \left(1 - \frac{\sigma_c}{\sigma_0} \right)^2$，将临界应力式（4.22）和式（4.23）代入可分别得到受单轴压应力和等双轴压应力作用下关于屈曲扩展尺寸和结合强度的关系

$$\frac{\pi}{2E} q^2 (c-b) = \frac{1-v^2}{2E} \sigma_0^2 h_f \left[1 - \frac{\pi^2}{12\sigma_0} \frac{E}{1-v^2} \left(\frac{h_f}{b} \right)^2 \right]^2 \qquad (4.62)$$

$$\frac{\pi}{2E} q^2 (c-b) = \frac{1-v^2}{2E} \sigma_0^2 h_f \left[1 - \frac{\pi^2}{12\sigma_0} \frac{E}{1-v} \left(\frac{h_f}{b} \right)^2 \right]^2 \qquad (4.63)$$

式（4.62）和式（4.63）理论还可用于膜-基结合强度的实验测试，解释残余应力下膜-基界面裂纹的扩展。

薄膜屈曲时存在挠度，在残余应力作用下存在弯矩，如图 4.16 所示。弯矩会在薄膜内产生弯曲应力，单位宽度薄膜在屈曲挠度最大处的弯矩为

$$M_{\max} = \sigma_0 h_f w_{\max} \qquad (4.64)$$

则弯矩在薄膜上表面产生的拉应力为

$$\sigma_{\max} = \frac{6M_{\max}}{h_f^2} = \frac{6\sigma_0 w_{\max}}{h_f} \qquad (4.65)$$

屈曲薄膜在最大挠度处弯矩最大，也最容易发生破裂。$[\sigma_t]$ 为抗拉强度，薄膜内本身的残余应力为压，当弯曲拉应力与残余应力满足 $\sigma_{\max} - \sigma_0 \geq [\sigma_t]$，脆性薄膜表面将产生裂纹，更大的残余应力会直接导致薄膜破裂。存在界面结合缺陷的膜-基结构，在残余应力作用下容易发生薄膜剥离屈曲，发生屈曲的临界应力与薄膜厚度和屈曲长度相关。当发生屈曲释放的能量大于薄膜与基体的结合能时，界面裂纹就会扩展。

4.6　膜-基结构机械性能测量与表征

　　膜-基结构的可靠性直接关系到电子器件的性能,薄膜与基板的材料属性和结构尺寸差异非常大。由于薄膜制备工艺、热处理工艺及生长过程不同,薄膜中不可避免会出现残余应力,当其超过极限值时就会使整个柔性电子器件失效。

　　膜-基界面结合强度和薄膜残余应力是膜-基结构两个基本力学特征。界面结合强度是指薄膜附着在基板上的牢固程度,取决于膜-基界面的附着力,主要由包括原子、分子或原子团之间的物理吸附力、化学吸附力、化学键合力以及机械结合力等。表征和评价膜-基界面力学性能主要有两种方式[48]:①基于应力的方法——薄膜从基体上剥离时单位面积所需要力的大小,即膜-基界面结合强度,表征膜-基界面起裂瞬时作用在界面上的最大正应力与最大剪应力,属于强度指标;②基于能量的方法——薄膜从基板上剥离时单位面积所需要的能量,包括界面韧性和界面断裂韧性,前者是表征在膜-基界面从产生变形直到断裂的整个过程所吸收的能量,后者是表征在界面存在裂纹的情形下抵抗界面裂纹扩展的能力。由于膜-基结构体系及其制备工艺的多样性与复杂性,测量界面结合强度的表征参量和表征方法也多种多样。目前主要测量方法有拉伸法、剪切法、弯曲法、划痕法和压痕法等,还有采用弯曲次数和临界载荷指标来表征和评价膜-基界面结合的力学性能。

4.6.1　X射线衍射法表征残余应力

　　X射线衍射法是目前最成熟的测量结构表面残余应力方法,图4.31是X射线衍射法测量应力的原理示意图,是通过测量材料的局部应变得到基板上晶体薄膜的应力值,属于非破坏性测试手段。在已知材料弹性模量的条件下,通过测量弹性应变获得弹性应力。此方法由于精度高,被广泛应用于异质外延材料生长的结晶质量检测,可以提供异质外延材料的应变、缺陷、结晶完整性、界面和均匀性等重要信息。材料应力会使晶格常数发生变化,根据晶格畸变量和胡克定律可以计算出薄膜的残余应力。

　　X射线是波长 0.01～10nm 的电磁波,照射在晶体物质后会发生衍射。当一束波长为 λ_X 的单色 X 射线和一块具有无规则晶体取向、晶粒足够细的多晶体材料相遇时将发生干涉,如图4.32所示。当晶面{HKL}与入射线间的夹角满足 Bragg 定

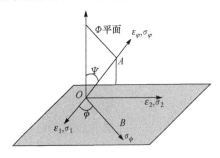

图 4.31　X射线衍射常规法测量
应力示意图

律,可确定相邻晶体薄膜表面某{HKL}面的晶面间距 d_n。当入射束以角度 θ 照射到无应力晶体上,由于晶面间距 d_n 保持固定,所以当相临两原子面的 X 射线光程差 $2\sin\theta d_{hkl}$ 为波长 λ_X 的整数倍时将发生衍射现象。根据 Bragg 方程有

$$2\sin\theta d_{hkl} = n\lambda_X \tag{4.66}$$

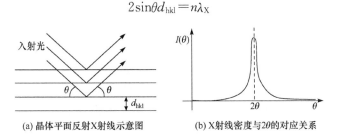

(a) 晶体平面反射X射线示意图　　　　(b) X射线密度与2θ的对应关系

图 4.32　X 射射线衍射常规法测量

式中,λ_X 为入射 X 射线波长;θ 为入射角和反射角;n 为反射级数,如果依据一级反射进行测量,则 $n=1$。

对于低缺陷密度晶体,当出现结构干涉的角度,材料周期性将会在 X 射线散射场中产生极窄的强度峰值[见图 4.32(b)],而衍射峰值的变化反映所对应的衍射面间距的变化。如果晶面间距改变量为 Δd,则角度改变量为 $\Delta\theta$,即表现为 {HKL}晶面衍射峰位的位移。通常检测到得 X 射线散射强度 $I(\theta)$ 为 2θ 的函数,通过测量垂直试样表面 Φ 平面内不同 ψ 角下同种{HKL}晶面的衍射峰位 $2\theta_\psi$,然后根据式(4.66)可以得到 d_{hkl},即为由{HKL}表示的晶体面的"d 距离"[5]。若试样应变量很小,可以用工程应变代替真应变来计算应变量,由 Bragg 公式得

$$\varepsilon_\psi = \left(\frac{d_{hkl} - d_0}{d_0}\right)_\psi = -\cot\theta_0(\theta_\psi - \theta_0) \tag{4.67}$$

式中,θ_0 为 $\psi=0$ 时的 Bragg 角;θ_ψ 为 ψ 角下的 Bragg 角;有关无应力状态下距离 d_0 的测量可以参考文献[5]。应变量 ε_ψ 与 $2\theta_\psi$ 呈线性关系,那么 $2\theta_\psi$ 与 $\sin^2\psi$ 也呈线性关系。根据弹性力学方程可求出应力

$$\sigma_\psi = KM \tag{4.68}$$

式中,$K = \dfrac{E}{2(1+v)}\cot\theta_0$ 为应力常数;$M = \dfrac{\partial(2\theta)_\psi}{\partial\sin^2(\psi)}$ 通过实验测定。在实际测量中,需要测量多个不同角度{HKL}晶面的一组晶面间距 d_ψ。

X 射线测量应力是无损检测多晶体材料表面残余应力最常用的方法,能够直接测量实际工件而无需制备样品,具有测量速度快、测量结果准确可靠、非破坏性测量等特点,可以测量指定点应力的大小和方向[5]。但是 X 射线法只是提供对许多线样本的平均应力值,无法估计单条线的应力值,所以标准 X 射线的精度通常不能用于图案化结构的测量,使用范围也局限于晶体材料,通常能给出清晰明锐的衍射峰。对于淬火硬化或冷加工材料,衍射峰分散,测量误差增大,只能测得表层

二维应力,而垂直于表层的应力分量为零。

4.6.2　微拉曼光谱散射测残余应力

微拉曼光谱法是利用光子与分子之间发生非弹性碰撞获得散射光谱,通过光谱和光学技术测量薄膜内部残余应力及其梯度,适用于菱形晶体结构材料(如硅、碳化硅、锗),得益于此类材料的拉曼光谱对应力很敏感。图 4.33 是微观拉曼光谱的实验装置示意图,拉曼光谱散射通常采用氩离子激光器,直接照射到指定位置,

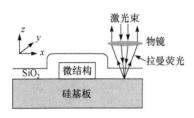

图 4.33　Si 基板上直接环绕互联
结构的拉曼光谱实验装置示意图

通过物镜收集受激发的拉曼荧光,然后经过频率分析,可得到互联结构上的拉曼光谱。拉曼散射光反映了物质晶格振动能级信息,通过计算光谱频率、宽度、线形和光强,可以反映物质元素组分、晶格质量、分子结构等信息。微观拉曼光谱法成为研究超大规模集成电路、MEMS、复合材料和薄膜微器件的重要工具,用于估计非平面、亚微米结构的局部应力。

当频率为 ω_i 的激光与样品中频率为 ω_j 的声子发生能量交换,从样品散射回来的激光频率为 ω_s 满足 $\omega_s = \omega_i \pm \omega_j$。微拉曼光谱法的实验结果是一系列波谱图形,可得到拉曼波峰的频移值。若无应变时拉曼波数为 ω_0,而有应变时的拉曼波数为 ω_j,则拉曼频移 $\Delta\omega$ 为

$$\Delta\omega_j = \omega_j - \omega_0 \approx \frac{\omega_j^2 - \omega_0^2}{2\omega_0} = \frac{\lambda_j}{2\omega_0} \tag{4.69}$$

得到拉曼频移值之后,通过求解动力学 Secular 方程的特征值 λ_j 可得到拉曼频移与应变/应力的关系[49]。对于单晶硅有

$$\begin{vmatrix} p\varepsilon_{11} + q(\varepsilon_{22} + \varepsilon_{33}) - \lambda & 2r\varepsilon_{12} & 2r\varepsilon_{13} \\ 2r\varepsilon_{12} & p\varepsilon_{22} + q(\varepsilon_{11} + \varepsilon_{33}) - \lambda & 2r\varepsilon_{23} \\ 2r\varepsilon_{13} & 2r\varepsilon_{23} & p\varepsilon_{33} + q(\varepsilon_{11} + \varepsilon_{22}) - \lambda \end{vmatrix} = 0$$

$$\tag{4.70}$$

式中,p、q 和 r 是声子变形电压;ε_{ij} 为应变张量分量。不同材料的拉曼频移与应变、应力之间有特定的映射关系。无应变硅的一级 Stokes 拉曼波谱为如图 4.34 所示的单峰,为三重简并的光学声子,即具有相同的拉曼波数,可得到单晶硅应力与频移关系为 $\sigma[\text{MPa}] \approx 521\Delta\omega(\text{cm}^{-1})$。当硅膜内存在残余拉应力时谱峰向左移动,受压时向右移动。

微拉曼光谱法在微尺度测量方面具有独特优势,属于无损无接触的光学方法,激光极强的方向性可对极微量样品进行测定,照射光斑直径只有 $1\sim2\mu\text{m}$;激光强度大,在几秒内就能记录拉曼光谱,配合 CCD 检测器可在 $10^{-3}\sim10^{-1}\text{s}$ 内获得全

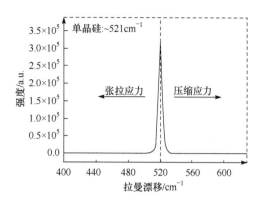

图 4.34　单晶硅膜在单轴压应力下的拉曼光谱谱峰图

部拉曼光谱。拉曼光谱的频移不受激光光源频率的限制,可依据样品特点选择激光光源,可以穿透透明/半透明物体,直接进行体内物体表面/界面测量。拉曼光谱频率范围大(10~4000cm^{-1}),可用于单晶、多晶和非晶材料、水溶液的测量。微观拉曼光谱法在某些金属材料、非透明基板中互联结构所覆盖区域中的应用受到限制[5]。

4.6.3　拉伸法表征膜-基界面机械性能

拉伸法可测定的性能指标多,测试结果通用性好。单轴拉伸(简称单拉)包括横向拉伸法(基片拉伸法)和垂直拉伸法(黏结拉伸法),是获得材料应力与应变关系最直接的方法。单拉实验在薄膜结构测试中面临较大的挑战,但仍是薄膜材料力学性能测试最常用的方法。薄膜拉伸装置可以分为测量伸长率的软拉伸装置(加载速率恒定)和测量外加载荷的硬拉伸装置(伸长率恒定)[50]。

横向拉伸法[48]:改良于硬薄膜拉伸测试法,作用力平行于膜-基结合界面[见图4.35(a)],界面结合强度定义为薄膜在基体上保持不脱落的最大剪切应力。在拉伸载荷作用下,薄膜断裂后的拉伸应力和界面剪应力分布如图 4.35(b)所示。如果膜-基结构界面无结合力,则薄膜不受界面剪切应力作用。如果膜-基结构界面

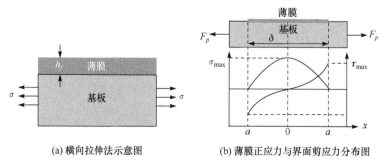

(a) 横向拉伸示意图　　　　　(b) 薄膜正应力与界面剪应力分布图

图 4.35　横向拉伸法[48]

结合良好,在界面上将会产生剪切应力,应力值与薄膜和基板弹性模量、厚度等有关。在界面上加载能够维持膜-基应变一致的剪切应力,如果超过界面结合强度就会发生薄膜分层。薄膜承受的应力都由膜-基界面传递,表达式为

$$\sigma = \frac{1}{h_f} \int_0^a \tau(x) \mathrm{d}x \qquad (4.71)$$

式中,h_f 为薄膜厚度;$\tau(x)$ 为界面剪应力;σ 为薄膜正应力;a 为断开后的每段薄膜长度的一半。

Argawal 等[51]提出了金属-陶瓷界面结合强度的基片拉伸测试法,在拉伸载荷的作用下,脆性薄膜沿垂直拉伸的方向开裂,当裂纹饱和后,即裂纹数量不随拉伸应变增加而增加,膜-基界面剪切强度为

$$\tau = \frac{\pi \sigma_f h_f}{\delta_{max}} \qquad (4.72)$$

式中,δ_{max} 为薄膜裂纹最大间距;σ_f 为薄膜断裂强度。横向拉伸法假定仅在薄膜弹性模量大于基板弹性模量的情况下成立,反之薄膜变形能力大于基板变形能力时,横向拉伸法无法测定膜-基界面结合强度。

垂直拉伸法:用胶黏剂将薄膜表面黏结在能够方便施加载荷的物体上,然后在该物体上施加拉伸载荷,如图 4.36 所示。垂直拉伸法能够较准确、定量化地测量出界面结合的拉伸强度,但是由于薄膜层可能发生黏结剂的渗入,测量结果偏离真实值。实验所得到的界面结合强度等于膜-基界面断开所对应的载荷除以界面面积

$$\sigma = \frac{F_p}{A} \qquad (4.73)$$

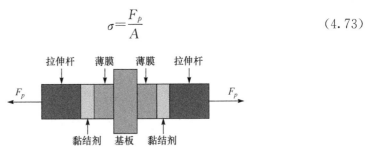

图 4.36 垂直拉伸法测量膜-基结构界面强度的实验示意图

4.6.4 划痕法表征膜-基界面机械性能

纳米划痕法是一种半定量测量硬质膜-基界面强度的方法,对试样的制作不需要严格的规范。纳米划痕法是将小曲率半径(直径约 $200\mu m$ 的半球形)、圆锥形端头(锥角为 $120°$)的金刚石类硬质划头在薄膜表面上滑动,通过自动连续增加正压

力,当达到其临界载荷时,膜-基界面开始分离,界面开裂瞬时所对应的载荷被视为膜-基界面结合强度。采用划痕法来测量膜-基界面剪切强度的计算模型为[48]

$$\tau = \frac{kAH}{\sqrt{R^2 - A^2}} \tag{4.74}$$

式中,R 为划针头半径;A 为划针头与涂层的接触半径,$A = \sqrt{\dfrac{F_c}{\pi H}}$,$F_c$ 为临界载荷,H 为基体硬度;k 是无量纲常数,取值范围为 $0.1 \sim 0.2$。

　　划痕法主要适用于厚度较小(通常小于 $7\mu m$)的硬质薄膜,无法测量厚度大于 $50\mu m$ 的薄膜。确定临界载荷的方法中,显微观察法、微区成分分析法不易实现和操作,声发射法主要适用于 $2 \sim 7\mu m$ 的硬质薄膜的检测,切向力法只适用于较硬或厚度小于 $2\mu m$ 的薄膜。

　　临界载荷虽然能一定程度上反映界面结合性能,但未反映全部界面结合性能。划痕法会导致薄膜出现多种失效模式,而且由于被测结构的特殊性、载荷的复杂性、划头的磨损、划头的几何形状和尺寸和材料弹塑性等因素,使得划痕法具有高度非线性。临界载荷是力的概念,不是反映强度的应力指标,其测量结果只是对膜-基结合强度的定性描述,对于不同性能的膜-基体系不具可比性。依靠声发射或者载荷位移曲线来判断是否开裂结果不可靠,所捕捉的信号和载荷位移曲线偶尔突变不一定对应界面开裂。测量的临界载荷不一定是界面剥离时对应的法向载荷,这给划痕法评价界面强度带来不确定性。测量结果只能反映局部很小区域内膜-基结构的性能,所以测量结果不确定性较大。

4.6.5　压痕法表征薄膜机械性能

　　压痕法是在不同载荷下进行压痕试验,当载荷较小时,薄膜与基板同步变形,当达到临界载荷时,薄膜产生剥落,即以临界载荷来表征结合强度,压痕系统如图 4.37 所示[52]。压痕法可以测量硬度、弹性模量、屈服强度、断裂韧度、硬化指数和蠕变等。两相材料裂纹产生和扩展规律为膜-基界面结合强度的表征提供了理论基础[22]。压痕法克服了拉伸法中试样的夹持和固定问题,不需要制作标准样。与划痕法相比,压痕法测量界面结合强度参数 P_c 对基体的硬度不敏感。随着试样尺寸小型化,传统压痕法已经无法满足需要,必须采用纳米压痕技术。纳米压痕技术具有极高的力分辨率和位移分辨率,能连续记录加载与卸载过程中载荷与位移的变化。加载过程中,给压头施加外载荷,使之压入样品表面,压入深度随着载荷的增大而增加。卸载过程中,当载荷达到最大值时,移除外载,试件表面会残留压痕的痕迹,位移回到固定值——残留压痕深度。压头形状如图 4.37 所示,实验用压头的各种参数见表 4.3 所示。图 4.38 给出了完整加载-卸载循环过程的载荷-位移变化曲线,其中,P_{max} 为最大载荷,h_{max} 为最大位移,h_r 为完全卸载后的残余位移。

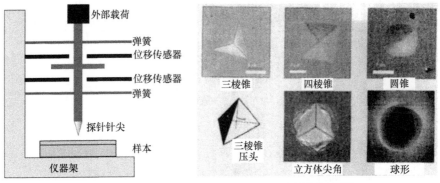

| (a) 压痕系统示意图 | (b) 压头的几何形状 |

图 4.37　压痕表征系统[52]

表 4.3　纳米压痕试验用压头的基本参数[52]

参数	压头名称					
	维氏	Berkovich	修正 Berkovich	Cube-corner	圆锥	球
α	68°	65.03°	65.27°	35.27°	α	—
A_a	$\dfrac{4\sin\alpha}{\cos^2\alpha}h^2$	$\dfrac{3\sqrt{3}\sin\alpha}{\cos^2\alpha}h^2$	$\dfrac{3\sqrt{3}\sin\alpha}{\cos^2\alpha}h^2$	$4.5h^2$	—	$2\pi Rh$
	$\approx 26.43h^2$	$\approx 26.43h^2$	$\approx 26.97h^2$	$4.5h^2$	—	$2\pi Rh$
A_P	$4\tan^2\alpha\times h_c^2$	$3\sqrt{3}\tan^2\alpha\times h_c^2$	$3\sqrt{3}\tan^2\alpha\times h_c^2$	$\dfrac{3\sqrt{3}}{2}h_c^2$	$\pi\tan^2\alpha h_c^2$	$\pi(2Rh_c^2-h_c^2)$
	$\approx 24.50h_c^2$	$\approx 23.96h_c^2$	$\approx 24.50h_c^2$	$\approx 2.598h_c^2$	—	—

注:α 为中心线与面夹角;A_a 为压痕的接触面积;A_P 为压痕的投影接触面积;h 为压痕深度;h_c 为压痕的接触深度;R 为球压头的球半径。

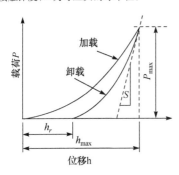

图 4.38　纳米压痕测试中的载荷-位移曲线

纳米压痕技术的理论基础是 Sneddon 关于轴对称压头载荷与压入深度关系的分析,适用于球形、图柱形等几何形状的压头以及一切可以用光滑函数表示的回转体压头等[50]。压头载荷与压入深度关系如下:

$$S=\frac{\mathrm{d}P}{\mathrm{d}h}=\frac{2}{\sqrt{\pi}}E_r\sqrt{A} \qquad (4.75)$$

式中,h 为压头的纵向位移;S 为实验卸载曲线的薄膜材料刚度;A 是压头的接触面积;E_r 是等效弹性模量,满足 $\dfrac{1}{E_r}=\dfrac{1-v_f^2}{E_f}+\dfrac{1-v_I^2}{E_I}$,其中 E_f、E_I、

v_f、v_I 分别为薄膜和压头的弹性模量和泊松比。被测试材料的硬度值 H 定义为

$$H = \frac{P_{max}}{A} \qquad (4.76)$$

卸载曲线即使在起始阶段也不是直线,若按直线假设进行计算,得到的接触刚度误差很大,可采用指数函数表征卸载曲线,如 $P = c(h - h_r)^m$,其中,c、m、h_r 是拟合参数[53]。当压头是刚性,或者弹性模量远大于被测材料的弹性模量,直接利用接触问题求解接触位移或接触深度时测量结果才正确[50]。通过量纲分析和有限元计算用纳米压痕法测量硬度和弹性模量如下:[54]

$$H = \frac{\pi}{4P} \Pi_\theta^2 \left(\frac{W_{tol} - W_u}{W_{tol}} \right) \left(\frac{dP}{dh} \right)^2 \qquad (4.77)$$

$$\overline{E} = \frac{\pi}{4P} \Pi_\theta \left(\frac{W_{tol} - W_u}{W_{tol}} \right) \left(\frac{dP}{dh} \right)^2 \qquad (4.78)$$

式中,Π_θ 是无量纲量,用有限元求解;W_{tol} 是圆锥形压头压入弹塑性材料过程所做的功;W_u 是在卸载过程中材料对压头做的功。对实验测得的加载-卸载曲线进行数值积分可求得 W_{tol} 和 W_u。压入深度应小于膜厚的 20%,以避免基板对测试结果的影响。当压头压入深度较大时,应考虑基底对测量结果的影响,可对 $\frac{1}{E_r} = \frac{1 - v_f^2}{E_f} + \frac{1 - v_I^2}{E_I}$ 进行修正[55]

$$\frac{1}{E_r} = \frac{1}{\overline{E}_f}(1 - e^{-\frac{ah_f}{\sqrt{A}}}) + \frac{1}{\overline{E}_s} e^{-\frac{ah_f}{\sqrt{A}}} + \frac{1}{\overline{E}_I} \qquad (4.79)$$

式中,a 为与压头形状和压入深度有关的常数。基底对薄膜硬度测量值的影响,因压痕附近复杂的塑性变形而很难解决。可用有限元法对此问题进行了研究,软膜在硬基板上薄膜硬度测量值 H_{soft} 和硬膜在软基板上薄膜硬度测量值 H_{hard} 的结果可表示为[56]

$$\frac{H_{soft}}{H_s} = 1 + \left(\frac{H_f}{H_s} - 1 \right) \exp\left[-\frac{\sigma_f / \sigma_s}{E_f / E_s} \left(\frac{h}{t} \right)^2 \right] \qquad (4.80)$$

$$\frac{H_{hard}}{H_s} = 1 + \left(\frac{H_f}{H_s} - 1 \right) \exp\left[-\frac{H_f / H_s}{\sigma_f / \sigma_s \sqrt{E_f / E_s}} \left(\frac{h}{t} \right)^2 \right] \qquad (4.81)$$

式中,H_s、H_f 分别是基体与薄膜的硬度,H 为压入深度为 h 时硬度的测量值,通过此测量值和基体的硬度,由式(4.67)、式(4.68)可导出薄膜的硬度。在以上讨论中,均未考虑压头周围材料堆积或沉陷给测量接触面积带来的影响,这有可能对测试结果产生较大误差,可以引入一个系数来修正接触面积的变化,通过实验标定修正系数[57]。精确确定 A 还比较困难,压痕方法的直接测量变量是载荷 P 和压头的纵向位移 h,如何由加载和卸载曲线定出 A 非常关键[50]。

压痕法还可以测量膜-基界面结合强度，利用硬度仪在试件表面压痕，在膜-基界面区域产生裂纹，以观察到薄膜破坏的临界载荷 P_c 以及根据压入载荷与界面横向裂纹长度间的关系得到界面断裂韧性，以此评价膜-基界面结合强度。根据压痕法得到的载荷-位移曲线中有关参数和压头及试样的几何参数与性能，得到试样的弹性模量，针对小体积材料、MEMS 构件、薄膜等材料的弹性模量测量的公式为

$$E = \frac{1-\upsilon^2}{\dfrac{1}{E_r} - \dfrac{1-\upsilon_I^2}{E_I}}, \quad E_r = \frac{\sqrt{\pi}S}{2\sqrt{A(h_c)}} \tag{4.82}$$

针对膜-基结构中薄膜弹性模量的测量，且不考虑压头材料性能的影响，弹性模量表达式为

$$E = \frac{1-\upsilon_f^2}{\dfrac{1}{E_c} - \dfrac{1-\upsilon_s^2}{E_s}}, \quad E_c = \frac{\sqrt{\pi}S}{2\sqrt{A(h_c)}} \tag{4.83}$$

式中，υ、υ_I、υ_f、υ_s 分别为试样、压头、薄膜和基底的泊松比；E_I、E_s 分别为压头和薄膜基底的弹性模量；E_r、E_c 分别为考虑压头弹性模量影响的复合弹性模量和考虑薄膜基底弹性模量影响的复合弹性模量；$A(h_c)$ 为接触深度为 h_c 时的压头横截面积。

4.6.6　弯曲测试法表征薄膜机械性能

弯曲法被广泛应用于测量膜-基界面结合性能（薄梁和薄膜弹性模量、屈服强度和抗弯强度等），试样主要通过微加工工艺制备。弯曲测试法可分为接触法和非接触法，最常用的有采用悬臂梁弯曲、三点弯曲与四点弯曲。接触法中常用悬臂梁法和微桥法，原理是在梁的末端或中间施加集中力，可以用简单的公式计算弹性模量和强度。悬臂梁法中，薄膜试样一端固定于基底之上，另一端自由，自由端加载使膜弯曲，记录载荷与自由端力点位移之间的关系。对于悬臂梁长 L，宽 b，厚度 h，计算弹性模量和抗弯强度的公式为

$$E = \frac{4(1-\upsilon^2)PL^3}{bh^3\delta}, \quad \sigma_F = \frac{6LP_{max}}{bh^2}$$

式中，P_{max} 为梁破坏时的集中载荷，在支撑基础为刚体和微小的变形 δ 前提条件下成立。悬臂梁法模型简单，但对于某些薄膜材料只能压弯不能压断，因此不能用其测定这类薄膜的断裂强度，并且当挠度较大时压头在施力点往往会发生相对滑动，影响测量精度。

非接触法起初主要为鼓膜试验，将薄膜张在有圆孔的基板上，通过薄膜两侧的压差使薄膜凹凸，通过测量薄膜中间的位移扰度和压差可以得到应力-应变曲线

和力学特性。假设薄膜在流体压力作用下凸起的形状为球冠,且 $h \ll a$,则膜内最大应力为

$$\sigma_{\max} = \frac{pr_0}{2h_f} = \frac{pa^2}{4h_f h}$$

最大应变为

$$\varepsilon_{\max} = \frac{\eta h^2}{a^2}$$

式中,p 为流体压力;r_0 为薄膜突起的曲率半径;a 是孔半径;h 为突起高度;η 为常数(通常可取 $\eta = 2/3$)。可得到压力与位移的关系

$$p = \frac{8Et}{3(1-v)a^4} h^3 \tag{4.84}$$

除了圆形薄膜的鼓膜试验外,还发展了矩形膜的鼓膜技术。对于正方形薄膜厚度为 h_f,边长为 a,通过对存在残余应力的薄膜公式改进得到中点扰度

$$P = A \frac{h_f \sigma_R \delta}{a^2} + B(v) \frac{h_f E \delta^3}{a^4} \tag{4.85}$$

式中,P 为薄膜两面的压力差;σ_R,v 为薄膜内残余应力和泊松比;$A = \frac{\pi^4(1+n^2)}{64}$;

$B = \frac{\pi^6}{32(1-v^2)} \left(\frac{9+2n^2+9n^4}{256} - \frac{[4+n+n^2+4n^3-3nv(1+n)]^2}{2\{81\pi^2(1+n^2)+128n+v[128n-9\pi^2(1+n^2)]\}} \right)$,

$n = a/b$,a,b 分别为矩形膜的长边和短边[50]。当为正方形薄膜,$v = 0.25$ 时 A、B 分别取 3.04 和 1.83。由于系数精度比较差,Vlassak 等[58]建立的改进模型中,系数 A 是取决于长宽比的常数,B 是取决于长宽比和泊松比的常数,但与前面得到结果差别很大,$A = 3.393$,$B = 1/[(1-v)(0.800+0.062v)^3]$。当为正方形薄膜,$v = 0.25$ 时,A、B 分别取 3.393 和 2.458。可以看出这两种方法的系数 B 相差 34%,通过实验和仿真证明 Vlassak 等的结果精度较高,误差不超过 1%。当用于圆形膜的测试时,公式(4.70)同样适用,只是系数为 $A = 4.0$,$B = 2.67/[(1-v) \times (1.026+0.233v)]$[50]。

采用悬臂梁模型并结合声发射仪器,可以测量界面结合强度。根据悬臂梁的几何尺寸和界面瞬时开裂所对应的临界载荷,可以确定界面结合的拉伸强度。不足之处在于加载时加载端的压头容易发生滑动,使声发射仪器误认为界面开裂的信号。当满足 $\frac{1-\cos\theta}{\cos^2\theta} \frac{E_s hb}{F_p} \geqslant \mu$ 时,加载头会发生滑动,式中,$\theta = F_p l^2/2EI$,I 是悬臂梁截面惯性矩,l 是悬臂梁长度;E_s 是金属基板弹性模量,h 是悬臂梁高度,F_p 是载荷,b 是悬臂梁宽度,μ 是加载头与金属基板摩擦系数[48]。

为弥补悬臂梁模型的不足,可利用三层结构的三点弯曲试验来测量界面结合

强度(见图 4.39)。在基板、薄膜与基板对称层的拉应力、剪切应力计算公式分别为[48]

$$(\sigma_x)_i = -\frac{M_z E_i}{\langle EI \rangle} y \tag{4.86}$$

$$(\tau_{xy})_a = \frac{|T| E_a}{\langle EI \rangle} \frac{y_h^2 - y_0^2}{2} \tag{4.87}$$

$$(\tau_{xy})_b = \frac{|T|}{\langle EI \rangle} \frac{(y_i^2 - y_0^2) E_a + (y_h^2 - y_i^2) E_b}{2} \tag{4.88}$$

$$(\tau_{xy})_c = \frac{|T| E_c}{\langle EI \rangle} \frac{y_b^2 - y_0^2}{2} \tag{4.89}$$

式中,M_z 为弯矩;$|T|$ 为剪力;h_i、E_i、S_i、I_i($i=a,b,c$)分别表示所对应层的高度、弹性模量、横截面面积、横截面惯性矩;y_0 是横截面上的计算位置,$\bar{y}_a$、$\bar{y}_b$、$\bar{y}_c$ 分别为基板、薄膜与基板对称层在图示坐标系中的形心坐标。

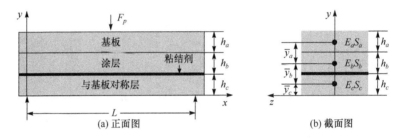

图 4.39　三点弯曲法示意图

膜-基弯曲实验是测量薄膜残余应力的非集成测量技术,可以测量受约束的薄膜和厚膜结构,特别适用于连续沉积在厚基板上的薄膜,无需薄膜任何参数就可以得到其内部的残余应力。当发生小变形,且薄膜厚度 h_f 远小于基板厚度 h_s 时,可通过 Stoney 公式得到残余应力与变形之间的关系

$$\kappa = -\frac{1-v_s}{E_s} \frac{12M}{h_s^3} = \frac{1-v_s}{E_s} \frac{6\sigma_f h_f h_s}{h_s^2} \tag{4.90}$$

式中,κ 为基板和薄膜弯曲时的曲率。

4.6.7　剪切法表征膜-基界面机械性能

剪切法常用于测量厚膜-基界面剪切性能。圆柱形试件不带薄膜部分的半径接近于被固定的套筒半径,凸出的薄膜将在载荷作用下被剪切掉,界面平均剪切强度为[48]

$$\tau = \frac{F_p}{\pi D h_f} \tag{4.91}$$

式中,F_p 为薄膜被剪断的临界载荷;D 为试件的直径(不加上薄膜厚度);h_f 为薄膜在试件上的高度。

采用应变叠层方法以替代外部加载的方法,基本思想是在较厚基板上沉积薄膜之后,然后在薄膜上再镀一层膜——叠层[5]。而存储在叠层中的能量将足以使得薄膜和基板界面分层。对于厚度小于 $1\mu m$ 金属薄膜,由工艺引起的残余应力小于 100MPa,自发分层的驱动力 G 通常约小于 $0.1\mathrm{J/m^2}$。实际界面所需要的分离功 Γ 通常大于驱动力所能提供的,因此,需要提高用于分层的驱动力。叠层方法可以满足以上要求,只需要叠层沉积过程中不改变薄膜微结构和界面特性,叠层必须产生较大残余拉应力,在膜-基界面脱层时叠层和薄膜界面保持完好[5]。

4.6.8　屈曲测试法表征薄膜机械性能

纳米压痕技术已经成功的用于陶瓷和金属材料,但是直接用于软材料,特别是亚微米尺度下的软材料的测量非常具有挑战性。扫描探针显微镜也已经用于测量聚合物薄膜的弹性模量,但是针尖尺寸和接触面积的不确定性限制了此类测量的精度。屈曲法的优点在于不需要昂贵的仪器设备,只需要低倍数的光学显微镜以及较为简单的辅助工具,可以得到与 X 射线仪测量结果相媲美的结果。屈曲法总体上可分为两类:①直接沿薄膜长度方向加载,在垂直于加载方向上会出现屈曲;②利用膜-基相互作用原理,在预应变的基板上沉积薄膜,让释放基板预应变后,薄膜会出现屈曲。这种方法利用硬薄膜-软厚基板双层结构的屈曲不稳定性,利用屈曲力学理论直接通过高度周期性褶皱间隔计算薄膜的弹性模量,已经成功应用于厚度从纳米到微米,弹性模量从 MPa 到 GPa 的薄膜测量。

应变诱导弹性屈曲不稳定性进行机械表征(SIEBIMM)可以快速测量薄膜的弹性模量。将需要测量的薄膜转移到预拉伸的弹性基板上,释放基板上的应变就会出现屈曲,而屈曲波长依赖于薄膜和基板的材料属性。如果假设屈曲波为正弦波,则可以得到波长为

$$\lambda = 2\pi h \left[\frac{(1-v_s^2)E_f}{3(1-v_f^2)E_s} \right]^{\frac{1}{3}}$$

可得到测量弹性模量的表达式

$$\frac{E_f}{1-v_f^2} = \frac{3E_s}{1-v_s^2} \left(\frac{\lambda}{2\pi h} \right)^3 \tag{4.92}$$

这是基于平面应变假设,要求薄膜泊松比已知,在泊松比未知的情况下可采用基于平面应力的假设计算。需要满足的条件有[35]:①小应变,要求 $\varepsilon \ll 10\%$,而对于较大应变的情况则需要采用非线性分析手段;②薄膜弹性模量远大于基板弹性模量,$E_f/E_s \gg 1$;③基板厚度要远大于薄膜厚度,$h_s/h_f \gg 1$;④屈曲的幅值远小于波长,$A \ll \lambda$;⑤结构处于弹性变形状态下,如果出现屈服则测量结果无效。

　　在外力作用下,薄膜容易褶皱,即使在纯平面张力作用下,超薄薄膜也会出现褶皱。例如,厚度为几十纳米的自由聚合物薄膜,受到滴落在薄膜表面水滴毛细管力的作用而出现褶皱。柔性电子在采用全溶液化打印工艺后,在薄膜基板上也会出现类似的薄膜褶皱现象,这会影响器件的封装、性能和可靠性。Cerda 等[59,60]研究了四边固接弹性膜的伸展行为,当超过临界应变时,薄膜发生褶皱,并且褶皱的幅值和波长之间满足映射关系。实际测量过程中,褶皱图案通常用褶皱的数量和长度进行表征,依赖于薄膜的弹性模量和液体引起的毛细管力。利用这个原理建立褶皱波长度与褶皱波数量的尺度相关性,可以测量薄膜的弹性模量和厚度,而此方法仅需要利用水滴和低倍数显微镜[39]。

　　图 4.40 中的褶皱来源于空气-水-聚苯乙烯接触线的表面张力引起的毛细管力作用,而不是液滴的自重[39]。液滴周围的径向应力 σ_r 主要来源于表面张力,大约是液体自重的 100 倍。有两个可以定量描述褶皱的参数——褶皱数量 N 和褶皱长度 L。图 4.40 中四张直径为 22.8mm、厚度不等聚苯乙烯薄膜,表面悬浮液滴的直径约为 0.5mm,质量大概为 0.2mg。可以看出,随着薄膜变厚,褶皱波数 N 逐渐减少,褶皱长度 L 增加。通过确定 N、L 与薄膜弹性(厚度 h_s,弹性模量 E_s 和泊松比 v_s)、载荷参数(表面张力 γ、液滴半径 a)之间的映射关系,可以对材料属性进行表征。实验观察发现,$N \sim \sqrt{a}\sqrt[4]{h^{-3}}$,由于褶皱数量在径向保持不变,可得到褶皱的波长为 $\lambda = 2\pi r / N$[39]。通过最小化横向弯曲和径向最小伸长计算得到波长

$$\lambda \sim \left(\frac{B}{\sigma_r}\right)^{\frac{1}{4}} r^{\frac{1}{2}} \tag{4.93}$$

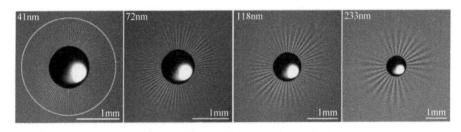

图 4.40　四张直径为 22.8mm,不同厚度的薄膜表面悬浮液滴的变化[39]

式中,$B = \bar{E}_s h^3 / 12$ 是弯曲模量。当圆形薄膜受到径向应力的作用,其中一个是作用在薄膜边缘的表面张力 γ,另外一个是作用的液滴边缘的表面张力 γ,可得到 $\sigma_r \sim \gamma a^2 / r^2$。可得到褶皱波数和长度分别为

$$N = C_N \left(\frac{12\gamma}{\bar{E}_s}\right)^{\frac{1}{4}} a^{\frac{1}{2}} h^{-\frac{3}{4}} \tag{4.94}$$

$$L = C_L \left(\frac{E_s}{\gamma}\right)^{\frac{1}{2}} a h^{\frac{1}{2}} \tag{4.95}$$

式中，C_N 为常量，可通过弹性力学解析求解或者通过实验计算获得。例如，$E_s=3.4\text{GPa}$，$v=0.33$，$\gamma=(72\pm0.3)\text{mN/m}$，可得到 $C_N=3.62$，$C_L=0.031$。

　　毛细管力驱动的褶皱成形用来测量超薄膜的弹性模量和厚度数据与 X 射线测量设备得到的结果非常接近。图 4.41 为测量结果的比较[39]，图 4.41(a) 为杨氏模量与塑化剂浓度之间的关系，采用了三种方法进行比较[39]，分别为褶皱法、屈曲法和压痕法，从中可以看出，三者得到的结果非常接近，其中黑点符号为式(4.94)和式(4.95)的计算结果，另外两组结果来源于文献[35]。图 4.41(b) 为薄膜厚度与塑化剂浓度的关系，黑点符号为式(4.94)和式(4.95)的计算结果，另外一组数据来源于 X 射线法。

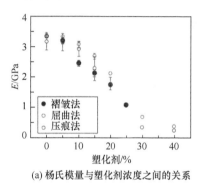

(a) 杨氏模量与塑化剂浓度之间的关系

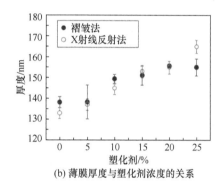

(b) 薄膜厚度与塑化剂浓度的关系

图 4.41　塑化剂对弹性模量和厚度的影响规律表征[39]

参 考 文 献

[1] Lacour S P, Jones J, Wagner S, et al. Stretchable interconnects for elastic electronic surfaces. Proceedings of the IEEE, 2005, 93(8): 1459−1467.

[2] Doerner M F, Nix W D. Stresses and deformation processes in thin films on substrates. Critical Reviews in Solid State and Materials Sciences, 1988, 14(3): 225−268.

[3] Chason E, Sheldon B W, Freund L B, et al. Origin of compressive residual stress in polycrystalline thin films. Physical Review Letters, 2002, 88(15):213−250.

[4] Guduru P R, Chason E, Freund L B. Mechanics of compressive stress evolution during thin film growth. Journal of the Mechanics and Physics of Solids, 2003, 51(11-12): 2127−2148.

[5] Freund L B, Suresh S. Thin Film Materials: Stress, Defect Formation, and Surface Evolution. London: Cambridge University Press, 2003.

[6] Gray D S, Tien J, Chen C S. High-conductivity elastomeric electronics. Advanced Materials, 2004, 16(5): 393−397.

[7] Sun Y, Choi W M, Jiang H, et al. Controlled buckling of semiconductor nanoribbons for stretchable electronics. Nature Nanotechnology, 2006, 1(3): 201−206.

[8] Kim D H, Ahn J H, Choi W M, et al. Stretchable and foldable silicon integrated circuits. Science, 2008, 320(5875): 507—511.

[9] Khang D Y, Jiang H, Huang Y, et al. A ftretchable form of single-crystal silicon for high-performance electronics on rubber substrates. Science, 2006, 311(5758): 208—212.

[10] Lacour S P, Wagner S, Huang Z, et al. Stretchable gold conductors on elastomeric substrates. Applied Physics Letters, 2003, 82(15): 2404—2406.

[11] Huang R, Suo Z. Wrinkling of a compressed elastic film on a viscous layer. Journal of Applifd Physics, 2002, 91(3): 1135—1142.

[12] Duan Y, Huang Y, Yin Z, et al. Non-wrinkled, highly stretchable piezoelectric devices by electrohydrodynamic direct-writing. Nanoscale, 2014, 6(6): 3289—3295.

[13] Jiang H, Khang D Y, Song J, et al. Finite deformation mechanics in buckled thin films on compliant supports. Proceedings of the National Academy of Sciences of the United States of America, 2007, 104(40): 15607—15612.

[14] Lacour S P, Chan D, Wagner S, et al. Mechanisms of reversible stretchability of thin metal films on elastomeric substrates. Applied Physics Letters, 2006, 88(20): 204103.

[15] Chortos A, Lim J, To J W, et al. Highly stretchable transistors using a microcracked organic semiconductor. Advanced Materials, 2014, 26(25): 4253—4259.

[16] Xu S, Zhang Y, Cho J, et al. Stretchable batteries with self-similar serpentine interconnects and integrated wireless recharging systems. Nature Communications, 2013, 4(2): 1543.

[17] Lewis J. Material challenge for flexible organic devices. Materials Today, 2006, 9(4): 38—45.

[18] Xiang Y, Li T, Suo Z G, et al. High ductility of a metal film adherent on a polymer substrate. Applied Physics Letters, 2005, 87(16): 161910.

[19] Li T, Huang Z Y, Xi Z C, et al. Delocalizing strain in a thin metal film on a polymer substrate. Mechanics of Materials, 2005, 37(2-3): 261—273.

[20] Suo Z, Vlassak J, Wagner S. Micromechanics of macroelectronics. China Particuology, 2005, 3(6): 321—328.

[21] Li T, Suo Z. Deformability of thin metal films on elastomer substrates. International Journal of Solids and Structures, 2006, 43(7-8): 2351—2363.

[22] Hutchinson J W, Suo Z. Mixed mode cracking in layered materials. Advances in Aapplied Mechanics, 1992, 29(1): 63—191.

[23] Wei Y G, Hutchinson J W. Nonlinear delamination mechanics for thin films. Journal of the Mechanics and Physics of Solids, 1997, 45(7): 1137—1159.

[24] Park S I, Ahn J H, Feng X, et al. Theoretical and experimental studies of bending of inorganic electronic materials on plastic substrates. Advanced Functional Materials, 2008, 18(18): 2673—2684.

[25] Wang K P, Huang Y Y, Chandra A, et al. Interfacial shear stress, peeling stress, and die cracking stress in trilayer electronic assemblies. IEEE Transactions on Components and

Packaging Technologies, 2000, 23(2): 309—316.

[26] Jiang Z Q, Huang Y, Chandra A. Thermal stresses in layered electronic assemblies. Journal of Electronic Packaging-Transactions of the ASME, 1997, 119(2): 127—132.

[27] Huang Y, Rosakis A J. Extension of Stoney's formula to arbitrary temperature distributions in thin film/substrate systems. Journal of Applied Mechanics-Transactions of the ASME, 2007, 74(6): 1225—1233.

[28] Feng X, Huang Y, Rosakis A J. Stresses in a multilayer thin film/substrate system subjected to nonuniform temperature. Journal of Applied Mechanics-Transactions of the ASME, 2008, 75(2): 021022.

[29] Suo Z, Ma E Y, Gleskova H, et al. Mechanics of rollable and foldable film-on-foil electronics. Applied Physics Letters, 1999, 74(8): 1177—1179.

[30] Zhang X C, Xu B S, Wang H D, et al. Analytical modeling of edge effects on the residual stresses within the film/substrate systems I Interfacial stresses. Journal of Applied Physics, 2006, 100(11): 113524.

[31] Suhir E. Stresses in Bi-metal thermostats. Journal of Applied Mechanics-Transactions of the ASME, 1986, 53(3): 657—660.

[32] Mirman B, Knecht S. Creep strains in an elongated bond layer. IEEE Transactions on Components, Hybrids, and Manufacturing Technology, 1990, 3(4): 914—928.

[33] Bowden N, Brittain S, Evans A G, et al. Spontaneous formation of ordered structures in thin films of metals supported on an elastomeric polymer. Nature, 1998, 393(6681): 146—149.

[34] Fu Y Q, Sanjabi S, Barber Z H, et al. Evolution of surface morphology in TiNiCu shape memory thin films. Applied Physics Letters, 2006, 89(17): 171922.

[35] Stafford C M, Harrison C, Beers K L, et al. A buckling-based metrology for measuring the elastic moduli of polymeric thin films. Nature Materials, 2004, 3(8): 545—550.

[36] Wilder E A, Guo S, Lin-Gibson S, et al. Measuring the modulus of soft polymer networks via a buckling-based metrology. Macromolecules, 2006, 39(12): 4138—4143.

[37] Khang D Y, Rogers J A, Lee H H. Mechanical buckling: Mechanics, metrology, and stretchable electronics. Advanced Functional Materials, 2009, 19(10): 1526—1536.

[38] Wu X F, Dzenis Y A, Strabala K W. Wrinkling of a charged elastic film on a viscous layer. Meccanica, 2007, 42(3): 273—282.

[39] Huang J, Juszkiewicz M, de Jeu W H, et al. Capillary wrinkling of floating thin polymer films. Science, 2007, 317(5838): 650—653.

[40] Huang Z Y, Hong W, Suo Z. Nonlinear analyses of wrinkles in a film bonded to a compliant substrate. Journal of the Mechanics and Physics of Solids, 2005, 53(9): 2101—2118.

[41] Song J, Jiang H, Liu Z J, et al. Buckling of a stiff thin film on a compliant substrate in large deformation. International Journal of Solids and Structures, 2008, 45(10): 3107—3121.

[42] Song J, Jiang H, Choi W M, et al. An analytical study of two-dimensional buckling of thin

films on compliant substrates. Journal of Applied Physics, 2008, 103(1): 014303.

[43] Chen X, Hutchinson J W. Herringbone buckling patterns of compressed thin films on compliant substrates. Journal of Applied Mechanics-Transactions of the ASME, 2004, 71(5): 597—603.

[44] Kim T H, Choi W M, Kim D H, et al. Printable, flexible, and stretchable forms of ultrananocrystalline diamond with applications in thermal management. Advanced Materials, 2008, 20(11): 2171—2176.

[45] Jiang H Q, Khang D Y, Fei H Y, et al. Finite width effect of thin-films buckling on compliant substrate: Experimental and theoretical studies. Journal of the Mechanics and Physics of Solids, 2008, 56(8): 2585—2598.

[46] Wang S, Song J, Kim D H, et al. Local versus global buckling of thin films on elastomeric substrates. Applied Physics Letters, 2008, 93(2): 023126.

[47] Jiang H Q, Sun Y G, Rogers J A, et al. Mechanics of precisely controlled thin film buckling on elastomeric substrate. Applied Physics Letters, 2007, 90(13): 133119.

[48] 杨班权，陈光南，张坤，等. 涂层/基体材料界面结合强度测量方法的现状与展望. 力学进展, 2007, 37(1): 67—79.

[49] Wolf I D. Micro-Raman spectroscopy to study local mechanical stress in silicon integrated circuits. Semiconductor Science and Technology, 1996, 11(2): 139—154.

[50] 陈隆庆，赵明噭，张统一. 薄膜的力学测试技术. 机械强度, 2001, 23(4): 413—429.

[51] Agrawal D C, Raj R. Measurement of the ultimate shear strength of a metal-ceramic interface. Acta Metallurgica, 1989, 37(4): 1265—1270.

[52] VanLandingham M R. Review of instrumented indentation. Journal of Research of the National Institute of Standards and Technology, 2003, 108(4): 249—265.

[53] Oliver W C, Pharr G M. Improved technique for determining hardness and elastic modulus using load and displacement sensing indentation experiments. Journal of Materials Research, 1992, 7(6): 1564—1583.

[54] Cheng Y T, Cheng C M. Relationships between hardness, elastic modulus, and the work of indentation. Applied Physics Letters, 1998, 73(5): 614—616.

[55] King R B. Elastic analysis of some punch problems for a layered medium. International Journal of Solids and Structures, 1987, 23(12): 1657—1664.

[56] Bhattacharya A K, Nix W D. Analysis of elastic and plastic deformation associated with indentation testing of thin films on substrates. International Journal of Solids and Structures, 1998, 24(12): 1287—1298.

[57] McElhaney K W, Vlassak J J, Nix W D. Determination of indenter tip geometry and indentation contact area for depth-sensing indentation experiments. Journal of Materials Research, 1998, 13(5): 1300—1306.

[58] Vlassak J J, Nix W D. New bulge test technique for the determination of Young's modulus and Poisson's ratio of thin films. Journal of Materials Research, 1992, 7(12): 3242—3249.

[59] Cerda E, Ravi-Chandar K, Mahadevan L. Thin films-Wrinkling of an elastic sheet under tension. Nature, 2002, 419(6907): 579,580.

[60] Cerda E, Mahadevan L. Geometry and physics of wrinkling. Physical Review Letters, 2003, 90(7): 074302.

第 5 章 薄膜沉积与器件封装

5.1 引　　言

随着电子器件柔性化、多功能化、高集成化,对结构变形、内应力、阻隔性的要求越来越高,采用薄膜制作功能层和封装层是目前的首选方案,并可有效降低器件重量和厚度。薄膜器件的制作工艺就是薄膜图案化、表面处理与封装等,其基本流程为:玻璃基板处理→预处理→空穴注入层→空穴传输层→光敏层→电子传输层→金属电极沉积→后处理→测试,其关键是有机高分子或小分子功能薄膜、金属电极、ITO 透明导电薄膜和保护膜的沉积。上述工艺过程除广泛应用于大规模集成电路外,还用于制备磁性膜及磁记录介质、绝缘膜、电介质膜、压电膜、光学膜、光导膜、超导膜、传感器膜、装饰膜以及耐磨、抗蚀、自润滑等特殊功能膜。用于半导体薄膜层材料有 Si、Ge、Ⅲ-Ⅴ、Ⅱ-Ⅵ,介电层材料有 SiO_2、AlN、Si_3N_4,金属薄膜的材料有 W、Pt、Mo、Al、Cu 等,最典型的封装层材料是 Al_2O_3[1]。

20 世纪 70 年代以来,薄膜技术突飞猛进,已成为真空技术和材料科学中最活跃的研究领域。薄膜制备方法依据所使用材料的相,可分为气相沉积和液相沉积。液相沉积包括旋涂和喷墨打印等工艺,而气相沉积依据沉积过程中是否含有化学反应,可以分为物理气相沉积(physical vapor deposition,PVD)和化学气相沉积(chemical vapor deposition,CVD)。气相沉积技术不仅可以沉积金属膜、合金膜,还可以沉积各种化合物、非金属、半导体、陶瓷、塑料膜等,几乎可以在任何基体上沉积任何物质的薄膜。相对于其他薄膜制备工艺,气相工艺路线是目前唯一能够生产高质量、高纯度薄膜,并能够在原子层或纳米水平进行结构化控制的薄膜制备工艺。薄膜制备与光学刻蚀、离子刻蚀、反应离子刻蚀、离子注入和离子束混合改性等微细加工技术一起,可以制备各种复杂的 2D/3D 微纳电子功能结构,已经成为微电子工业的基础工艺。

聚合物可以非常容易地通过溶液化工艺在非真空环境下进行低温沉积,广泛应用于柔性 OLED、有机光伏、有机光电探测器、OTFT。但是有机半导体器件的环境稳定性差,对水汽和氧气非常敏感,须对器件进行封装,在保持原有柔性、光学透明性等性能的同时,实现其所需的电学性能和使用寿命。例如,p 型薄膜晶体管通常采用 p 掺杂,在空气中运行时开关比会急剧下降[2]。太阳电池和 OLED 在没有密封保护的条件下的使用寿命只有几个小时。大面积柔性 OLED 的进展相对缓慢,由于三种主元色不同的使用寿命,需要解决柔性基板代替刚性基板带来的气密性、柔性封装等问题。

高质量的薄膜封装技术对于柔性电子的发展尤为重要,传统封装工艺采用刚性的玻璃和金属盖子,无法满足柔性电子的变形要求。柔性 OLED 是对封装要求最高的电子器件,除了阻止水汽、氧气与空穴传输层、电子传输层发生化学反应而引起器件失效,并同时满足良好的变形性能、光学透明性等。针对不同的柔性电子器件需要采用不同的薄膜沉积工艺进行器件封装,以降低体系结构的复杂度和工艺时间,同时在较大面积、较低工艺温度条件下制备出高质量的封装薄膜。发展用于柔性器件的多种分层阻隔薄膜和整体薄膜封装技术,是柔性电子器件实用化的前提。

5.2　物理气相沉积

PVD 在真空条件下将物理方法产生的原子或分子沉积到基板上形成薄膜,在较低温度下沉积金属、玻璃、陶瓷、塑料等材料。按照沉积时物理机制可分为真空蒸镀、真空溅射、离子镀和分子束外延(molecular beam epitaxy,MBE)等。PVD沉积的材料来自固体物质源,通过加热或溅射方式使固态物质变为原子态。蒸发热源主要有电阻、电子束、高频感应、激光等加热源。PVD 沉积薄膜的厚度从纳米级到数十微米,能够制备高纯度的薄膜。PVD 在低温等离子体条件下获得的沉积层组织细密、与基体的结合强度好,而在辉光放电、弧光放电等低温等离子体条件下进行沉积,沉积层粒子的整体活性大。

5.2.1　常规物理气相沉积

在高真空室内加热靶材使材料发生气化或升华,以原子、分子或原子团形式离开熔体表面,凝聚在具有一定温度的基板表面形成薄膜,这个过程称为真空蒸发镀膜(蒸镀)。蒸镀工艺首先需要清洁基板表面,然后加热镀膜材料促使材料蒸发或升华,在真空室内形成饱和蒸汽,蒸汽在基板表面凝聚、沉积成膜。薄膜形成机理主要有:核生长型、单层生长型和混合生长型,如图 5.1 所示。①核生长型是蒸发原子在基板表面上形核并生长、合并成膜的过程,大多数膜沉积属于这种类型。沉积开始时,晶核在平行基板表面的二维尺寸大于垂直方向尺寸,继续沉积时,晶核密度不明显增大,沉积原子通过表面扩散与已有晶核结合并长大。②单层生长型是沉积原子在基板表面上均匀覆盖,以单原子层的形式逐次形成。③混合生长型是在最初一两个单原子层沉积之后,再以形核与长大的方式进行,一般在清洁的金属表面上沉积金属时容易产生。

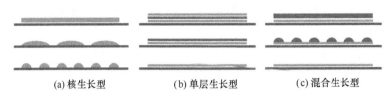

(a) 核生长型　　　　　(b) 单层生长型　　　　　(c) 混合生长型

图 5.1　薄膜生长的三种类型

薄膜的生长形式由薄膜物质的凝聚力与薄膜-基板间吸附力的相对大小、基板温度等因素决定。核生长型薄膜的形成过程:①从蒸发源射出的蒸汽流和基板碰撞,或被反射,或被吸附;②吸附原子在基板表面扩散,沉积原子之间产生二维碰撞,形成簇团,部分被吸附的原子在表面停留一段时间仍可能再被蒸发;③原子簇团和表面扩散原子相互碰撞,或吸附单原子,或放出单原子,当原子数超过某一临界值时就变为稳定核;④稳定核通过捕获表面扩散原子或靠入射原子的直接碰撞而长大;⑤稳定核继续生长,和临近的稳定核合并,进而变成连续膜。

沉积到基板表面的蒸汽原子能否凝结、成核并生长为连续薄膜,存在一个临界温度。当基板温度高于该临界温度时,先沉积的滞留原子会重新蒸发,不能成膜;当低于临界温度时,容易成膜。因此,真空蒸镀时,基板温度通常为室温或稍高温度。影响蒸镀过程的主要参数如下:

(1) 真空度。一般要达到 $10^{-4} \sim 10^{-2}$ Pa,要保证蒸镀前有较高的真空度,尽量减少蒸汽原子与气体分子间的碰撞,使它们到达基板表面后有足够的能量进行扩散、迁移,形成致密的高纯膜。否则蒸汽原子与气体分子间发生碰撞而损失能量,到达基板后易形成粗大的岛状晶核,使镀膜组织粗大、致密度下降、表面粗糙,导致成膜质量低。若从蒸发源到基板的距离为 L,为使从蒸发源出来的膜料分子(或原子)大部分不与残余气体发生碰撞而直接到达基板表面,根据分子动力学理论可知蒸镀室的压强

$$P_r = \frac{1.3 \times 10^{-1}}{L} \quad \text{Pa}$$

P_r 可用来确定蒸镀时的起始真空度,为保证镀膜质量,其真空度最好再降低 1~2 个数量级。

(2) 基板表面温度。取决于蒸发源物质的熔点。当表面温度较低时,有利于膜凝聚,但不利于提高膜与基板的结合力;表面温度适当升高时,使膜与基板间形成薄的扩散层以增大膜对基板的附着力,同时也提高膜的密度。当基板为单晶体,镀膜也会沿原晶面成长为单晶膜。

(3) 蒸发温度。直接影响成膜速率和质量。将蒸发物质加热,使其平衡蒸汽压达到几帕以上,此时温度定义为蒸发温度。根据热力学 Clasius-Clapeyron 公式,材料蒸汽压 p 与温度 T 的关系可近似为

$$\lg p = A - B/T_{ab}$$

式中，A、B 分别为蒸发膜与基板材料性质有关的常数；T_{ab} 为绝对温度；p 的单位为微米汞柱。

（4）蒸发和凝结速率。单位时间内单位面积上蒸发和凝结的分子数为

$$N_v = n_i \sqrt{\frac{kT}{2\pi m}} \exp(-q/kT)，\quad N_c = n_l \sqrt{\frac{kT}{2\pi m}}$$

式中，n_i 为蒸发膜材料的分子密度；n_l 为蒸发面附近气相分子密度；k 为波尔兹曼常数；m 为一个蒸发分子的质量；T 为温度；q 为每个分子的汽化热，其值为 $m v_g^2/2$，v_g 为分子的逃逸速度。如果蒸发和凝结两个过程处于动态平衡，则 $N_v = N_c$，即单位时间从单位面积蒸发的分子应该等于凝结的分子。因此，可以把蒸发速率等效为单位时间从空间碰撞到单位面积并凝结的分子数。若用单位时间从单位面积蒸发的质量 N_m 来表示蒸发速率，考虑到碰撞到液面或固面的分子部分凝结，引入系数 $\alpha(\alpha<1)$，则有

$$N_m = m\alpha N_c = m\alpha n_l \sqrt{\frac{kT}{2\pi m}}$$

引入气体状态方程 $p = nkT$ 得

$$N_m = \alpha p \sqrt{\frac{m}{2\pi kT}} = \alpha p \sqrt{\frac{\mu}{2\pi RT}} = 4.375 \times 10^{-3} \alpha p \sqrt{\frac{\mu}{T}} \, \text{kg/(m}^2 \cdot \text{s)}$$

式中，p 为温度 T 时该单质靶料的饱和蒸汽压（Pa）；μ 为摩尔质量；T 为蒸发温度（K）；R 为普适气体常数。由材料蒸汽压 p 与温度 T 之间的关系可知，控制蒸发速率的关键在于精确控制蒸发温度。

合金薄膜的制备一般通过蒸发合金或化合物材料获得。在同一蒸发温度下，合金中各元素的蒸气压不同导致蒸发速率也不同，会产生分馏现象，难以得到预先设计成份比例的合金或化合物膜。根据合金热力学，两种或两种以上组元的合金遵守分压定律、Laoult 定律和 Henry 定律。理想溶液的总蒸气压为 $p = \sum_i p_i \gamma_i$。利用纯金属蒸发速率公式 $N_m = 4.375 \times 10^{-3} \alpha p \sqrt{\mu/T} [\text{kg/(m}^2 \cdot \text{s)}]$，可得到合金中各组分的蒸发速率 $G_i = 4.375 \times 10^{-3} \alpha p_i^0 \gamma_i S_i \sqrt{\mu_i/T} [\text{kg/(m}^2 \cdot \text{s)}]$，式中，下标 i 表示合金组元，p_i^0 为合金组元 i 单独存在且在温度 T 时的饱和蒸气压，μ_i 为摩尔质量，γ_i 为合金中的摩尔分数，S_i 为活度系数。S_i 是 γ_i 的函数，由实验测定。据 G_i 公式可知，当蒸镀合金或化合物原料时，未必能够获得与原料相同成分的薄膜。

（5）基板表面与蒸发源的空间关系。蒸镀膜厚度分布由蒸发源与基板表面的相对位置和蒸发源的分布特性所决定。一般都应使工件旋转，并尽可能使工件表面各处与蒸发源的距离相等或相近。

蒸镀工艺衍生出多种特殊蒸镀工艺。①同时蒸发法：使用不同蒸发源同时蒸发各组成元素，并分别控制各种组分的蒸发速率可以获得所设计成分的薄膜。通

过连续控制蒸发速率,可以获得成分连续变化的梯度薄膜。②瞬时蒸发法:把蒸发镀料做成颗粒状或粉末状,再逐渐注入高温蒸发源中,使蒸发物质在蒸发源上瞬间蒸发,可以解决合金和化合物中的组元蒸发速度相差较大的问题,保证薄膜成分与镀料相同。③分子束蒸发法:采用气态蒸发材料运动方向几乎相同的分子流即分子束来制备薄膜,在超高真空($10^{-7} \sim 10^{-6}$ Pa)下直接监控分子束种类及其强度来控制薄膜的生长,可以精确控制晶体生长速率、杂质浓度比、多元化合物成分比等。同时蒸镀和瞬时蒸镀法可以直接制作合金薄膜和化合物薄膜,但蒸镀室结构复杂,需要精确控制,而且为达到完全合金化和均匀化,蒸镀后通常需要进行热处理。

5.2.2 离子镀

离子镀是真空蒸发与溅射相结合的镀膜工艺,兼有蒸镀和溅射的优点,又克服了两者的缺点,具有沉积速率快、镀前清洗工序简单、环境无污染等优点。镀料的气化方式有电阻、电子束、等离子电子束、高频感应等加热方式。气化分子或原子的离化和激发方式有电子束型、热电子型、辉光放电型、等离子电子束型以及各种类型的离子源等。离子镀膜层附着力强、绕射性好,高能量的离子能打入基板,在与基板表面原子撞击时,生成的热量可以使膜层与基板间形成显微合金层,提高结合强度,能获得表面强化的耐磨镀层、表面致密的耐蚀镀层、润滑镀层以及电子学、光学、能源科学所需要的特殊功能镀层。离子镀可以实现膜层与基板之间较强的黏附性,除了原子、分子外,还有部分能量达几百上千电子伏特的离子,可潜入基板约几纳米,提高薄膜与基板间的结合强度。可以实现柔软或者高硬度薄膜,厚度从几十纳米到几十微米,满足工业应用对薄膜性能的苛刻要求。

直流二极型离子镀是利用直流电场引起放电,阳极兼作蒸发源,基板放在阴极板上,在 $10^{-4} \sim 10^{-3}$ Pa 真空室中充入氩气,使压强维持在 $0.01 \sim 1$ Pa,在基板和蒸发源间施加数百至数千伏的电压能够电离氩气,形成低压气体放电的等离子区。处于负高压的基板被等离子体包围,不断遭到氩离子的高速轰击,然后连接交流电,使蒸发源中的膜料加热蒸发,蒸发的粒子通过辉光放电等离子区时部分粒子被电离为正离子,通过电场与扩散作用,高速轰击基板表面。大部分仍处于激发态的中性蒸发粒子在惯性作用下到达基板表面形成薄膜。为了有利于形成膜,沉积速率必须大于溅射速率,通常通过控制蒸发速率和充氩气控制压强来实现。在成膜的同时氩离子继续轰击基板,使膜层表面始终处于清洁与活化状态,有利于膜继续沉积和生长,但会在沉积的薄膜中产生缺陷和针孔。

在基本离子镀的基础上发展了一系列新的技术,如热阴极离子镀、射频离子镀、空心阴极离子镀和多弧离子镀等。

(1)空心阴极离子镀。利用空心热阴极放电产生等离子体,空心钽管作为阴极,镀料作为辅助阳极,两者一起作为弧光放电的两极。弧光放电时,电子轰击阳极镀料,使其熔化而实现蒸镀。蒸镀时基板加上负偏压,使蒸发原子离化,阳离子在负偏压的作用下飞向基板,从而实现离子镀。氩气经过钽管流进真空室,钽管收成小口以维持管内和真空室之间的压差。弧光放电主要在管口部位产生,在离子轰击下温度高达 2500K 左右。弧光放电是靠辉光放电点燃,待钽管温度升高后,用数十伏电源维持弧光放电。轰击基板的离子能量约为数十电子伏,远超过表面吸附气体的物理吸附能范围 0.1~0.5eV,也超过了化学吸附能范围 1~10eV。由于等离子体对基板的轰击和对膜料分子的活化作用,提了膜的质量,降低了基板温度(仍然超过 200℃),而且由于直流辉光放电条件的限制,氧分压必须维持在100Pa 以上。但对于 ITO 薄膜而言,影响电学性能的主要参数之一就是氧空位的浓度,低氧分压可以形成高浓度的氧空位,获得高电导率[3]。

(2) 多弧离子镀。可以提高原子、分子离化率。蒸发离化源包括由蒸发材料制成的阴极、固定阴极的座架、水冷系统及电源引线极等,工作气压为 0.1~10Pa。引弧电极在阴极表面接触与离开的瞬间引燃电弧,低压强电流电源将维持阴极和阳极之间的弧光放电过程不间断,电流一般为几安至几百安,工作电压为 10~25V,电弧电流可达 $10^5 \sim 10^7 A/cm^2$,从而使金属靶蒸发,并且蒸发的金属粒子通过电弧弧柱时会部分电离,满足离子镀膜的条件。放电弧斑称为辉点,直径为 1~100μm,每个辉点的维持时间约为几微秒至几千微秒。阴极辉点使阴极材料蒸发,形成定向运动的、能量为 19~100eV 的原子和离子束流,可以在基板上形成附着力强的膜层,并可使沉积速率达 10~1000nm/s。若在蒸镀室中通入反应气体,则能生成化合物膜层。在系统中设置磁场可以改善蒸发离化源的性能,磁场使电弧等离子体加速运动,增加阴极发射原子和离子的数量,并提高束流的密度和定向性,有助于提高薄膜沉积速率、质量和附着性能。影响多弧离子镀膜层质量的因素主要有气体压力、电弧电流、蒸发离化源与工件间距离、工件位置和夹具的运动形式、工件的温度控制、工件的镀前处理工艺等。

(3) 磁控溅射离子镀。将磁控溅射的大面积稳定溅射源和离子镀技术的高能离子对基板的轰击作用结合起来,实现氩离子对磁控靶的大面积稳定的溅射,同时在基板负偏压的作用下,高能靶材元素离子在基板上发生轰击、溅射、注入及沉积。可以使膜-基界面形成明显的过渡层,镀层的附着性能良好,能形成均匀的颗粒状晶体,并使材料表面合金化。

(4) 活性反应离子镀。在真空室中导入可与金属蒸气发生反应的气体,如氧、氮、乙炔、甲烷等代替氩气,用不同的放电形式使金属蒸气和反应气体的分子、原子离化或活化,促进化学反应发生,在基板表面就可以获得化合物镀层。活性反应离子镀可以获得较好的化合物镀层,电离增加了反应物的活性,能在较低温度下获得附着性能优良的碳化物、氮化物镀层。由于采用大功率、高密度的电子束蒸发源,几乎可以沉积所有的金属和化合物镀层。通过调节或改变镀料蒸发速率及反应气体压力,获得具有不同配比、结构、性质的同类化合物镀层。

5.3　化学气相沉积

　　CVD工艺过程如图5.2所示[1]，在热、光、等离子等激化环境中，把一种或几种含有构成薄膜元素的化合物、单质气体通入放置有基板的反应室，气态反应物发生分裂、化合反应，其反应产物沉积生成薄膜。沉积过程包含了空间中各向同性气相反应和加热基板表面上/附近的各向异性化学反应。CVD在原子或纳米尺度可控，并可用于单层、多层、复合结构、纳米结构和功能梯度涂层的制备，对尺寸具有高度的可控性，在电子半导体和电路涂层、高温刀具、涡轮叶片、陶瓷纤维、陶瓷增韧复合材料、高效太阳能电池等领域得到广泛应用。

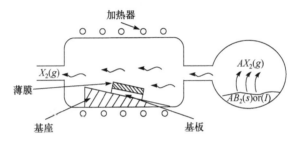

图5.2　CVD涂层制备系统示意图[1]

　　CVD技术依据加热方法、前驱物的不同，可分为热激活CVD(TA-CVD)、等离子增强CVD(PE-CVD)、光辅助CVD(PA-CVD)、原子层外延工艺(atomic layer epitaxy，ALE)、金属有机物辅助CVD(MA-CVD)以及静电喷雾辅助气相沉积(ESAVD)、低压化学气相沉积(LPCVD)法、热丝化学气相沉积(HWCVD)等。ESAVD沉积过程可在敞开的系统里进行，不需要复杂的反应设备和真空条件，由于前驱物雾化体在静电场作用下沉积到基板表面，沉积效率高于一般的化学沉积方法，可用于单组分、多组分薄膜和 II-IV 主族半导体薄膜的制备[3]。LPCVD在利用气体 SiH_4 在压力 $p=13.3\sim26.6Pa$，沉积温度 $t_d= 580\sim630℃$ 和生长速率 $\sim5nm/min$ 的条件下获得了呈 V 字形和具有 $\langle110\rangle$ 择优取向的晶粒，并且内含高密度的薄层状 $\langle111\rangle$ 微孪晶[4]，具有生长速率快、成膜致密均匀和装片容量大等优点，是集成电路中多晶硅薄膜制备的主要方法之一[5]。HWCVD采用 SiH_4 或其他源气体，通过固定在基板附近温度高达 $\sim1800℃$ 的钨丝时，源气体的分子键发生断裂，形成各种中性基团，通过气相输运在基板上沉积成多晶硅薄膜，沉积速率可达 $0.18nm/s$[6]。制备过程中基板温度低，仅为 $175\sim300℃$，有利于采用柔性玻璃薄板作为基板，生长的多晶硅薄膜晶粒尺寸为 $0.3\sim1\mu m$，呈柱状结构，择优取向 $\langle111\rangle$ 晶向[7]。

　　CVD设备按沉积温度可分为高温($>500℃$)设备和低温($<500℃$)设备。高温CVD装置广泛用来沉积 TiC、TiN 等超硬薄膜以及 III-V 族和 II-VI 族的化合物

半导体。低温 CVD 反应室主要用于基板温度不宜在高温下进行沉积的应用,如平面硅和 MOS 集成电路的钝化膜。根据沉积时系统压强可分为常压 CVD 和低压 CVD,前者压强约一个大气压,后者约为数百帕至数十帕。低压 CVD 与常压 CVD 相比,沉积的薄膜具有均匀性好、台阶覆盖及一致性好、针孔较少、结构完整性优良、反应气体利用率高等优点。根据膜层材料的差异,CVD 技术中可采用不同的反应类型(见表 5.1)。

表 5.1　CVD 反应类型及所沉积材料

反应类型	反应式	材料
热分解	$SiH_4 \xrightarrow{\triangle} Si + 2H_2$ $W(CO)_6 \xrightarrow{\triangle} W + 6CO$ $2Al(OR)_3 \xrightarrow{\triangle} Al_2O_3 + R'$ $SiI_4 \xrightarrow{\triangle} Si + 2I_2$	金属氧化物 金属碳酰化合物 有机金属化合物 金属卤化物
氢还原	$SiCl_4 + H_2 \xrightarrow{\triangle} Si + 4HCl$ $SiHCl_3 + H_2 \xrightarrow{\triangle} Si + 3HCl$ $MoCl_5 + 5/2H_2 \xrightarrow{\triangle} Mo + 5\ HCl_2$	金属卤化物
金属还原	$BeCl_4 + Zn \xrightarrow{\triangle} Be + ZnCl_2$ $SiCl_4 + 2Zn \xrightarrow{\triangle} Si + ZnCl_2$	金属卤化物,单质金属
基板材料还原	$WF_6 + 3/2Si \rightarrow W + 3/2\ SiF_4$	金属卤化物,硅基板
化学输送反应	$2SiI_2 \Longleftrightarrow Si + SiI_4$	硅化物等
氧化	$SiH_4 + O_2 \rightarrow SiO_2 + 2H_2$ $SiCl_4 + O_2 \xrightarrow{\triangle} SiO_2 + 2Cl_2$ $POCl_3 + 3/4O_2 \rightarrow 1/2\ SP_2O_5 + 3/2Cl_2$ $AlR_3 + 3/4O_2 \rightarrow 1/2\ Al_2O_3 + R'$	金属氢化物 金属卤化物 金属氧氯化合物 有机金属化合物
加水反应	$SiCl_4 + 2H_2O \rightarrow SiO_2 + 4HCl$ $2AlCl_3 + 3H_2O \rightarrow Al_2O_3 + 6HCl$	金属卤化物
与氨反应	$SiH_2Cl_2 + 4/3\ NH_3 \rightarrow 1/3\ Si_3N_4 + 2HCl + 2H_2$ $SiH_4 + 4/3\ NH_3 \rightarrow 1/3\ Si_3N_4 + 2H_2$	金属卤化物 金属氢化物
等离子体激发反应	$SiH_4 + 4/3N \rightarrow 1/3\ Si_3N_4$ $SiH_4 + 2O \rightarrow SiO_2 + 2H_2$	硅氢化合物
光激发反应	$SiH_4 + 2O \rightarrow SiO_2 + 2H_2$ $SiH_4 + 4/3\ NH_3 \rightarrow 1/3\ Si_3N_4 + 2H_2$	硅氢化合物
激光激发反应	$W(CO)_6, Cr(CO)_6, Fe(CO)_5 \rightarrow W, Cr, Fe, CO$	有机金属化合物

CVD可以方便控制薄膜组成，制备各种单质、化合物、氧化物和氮化物甚至全新结构的薄膜，或形成不同薄膜组分，可以制造纳米器件、碳碳复合材料等。CVD可以制备高纯度、高密实性材料；可以制备均匀的薄膜，并在合理的沉积率下具有良好的重复性和黏附性；可以在复杂形状器件表面制备良好覆盖性的薄膜；能够控制晶体结构、表面形貌和制备产品的定向性；可以调节沉积率，满足电子应用中外延薄膜生长低沉积率和保护涂层的高速沉积的不同要求；具有相对较低的沉积温度，可以低于薄膜组分物质的熔点，通过气态反应物以较低能量得到期望的沉积相，并在基板表面成核和生长[1]。但是CVD中参加沉积反应的气源和反应后的余气都有一定毒性、腐蚀性、易燃性，可以通过改进CVD工艺在一定程度上避免。CVD难以高可控性地沉积多组分材料，主要由于不同的前驱物具有不同的气化率，通常沉积速率较低。要使CVD能顺利进行，在一定沉积温度下，反应物必须有足够高的蒸气压。

CVD主要工艺参数包括温度、压力、反应气体浓度、气流等，在整个工艺过程中需要控制和检测[1]。温度对CVD膜的生长速度的影响很大，温度升高会使CVD化学反应速度加快，基板表面对气体分子或原子的吸附加强，故成膜速度增加。原料要选择常温下气态物质或具有高蒸气压的液体或固体，反应气体按照一定组成比例通入反应器。反应器内压力（整体压力、反应物的分压）将会影响反应器内热量、质量及动量传输，从而影响CVD反应效率、膜质量及厚度均匀性。在负压反应器内，由于气体扩散增强，可获质量好、厚度大及无针孔的薄膜。反应气体传输到基板表面是通过反应气体偏压、整个反应器内压力、反应器几何形状和基板的结构所决定[1]。

5.3.1　热激活化学气相沉积

热激活化学气相沉积（TA-CVD）利用热能激活化学反应，加热方式包括RF加热、红外辐射加热和电阻加热，通常加热和冷却的速度缓慢。快速加热CVD工艺中，基板加热或冷却的速度非常快，可以通过切换和控制气流触发反应开始和结束化学反应。TA-CVD可以根据压力范围细化为常压CVD（大气压力）、低压CVD（$0.01 \sim 1.33 \text{kPa}$）和超高真空CVD（低于$10^{-4} \text{kPa}$）。TA-CVD具有广泛的应用，从相对低温工艺的薄膜沉积到高温工艺的涂层。TA-CVD用于制备多晶硅时，采用SiH_4作为前驱物，在低压H_2、He或N_2环境中进行裂解，在温度$610 \sim 630 ℃$以2000Å/min高速沉积，如果降低温度到$\sim 550 ℃$，沉积得到非晶硅。超高真空CVD最早用于Si、SiGe等半导体材料的外延生长[8]。

TA-CVD沉积薄膜已用于OLED的封装，采用了聚对二甲苯（poly-p-xylylene，PPX）和/或聚代对二甲苯（poly-2-chloro-p-xylylene，PCPX）材料，在室温下利用干工艺进行沉积，利用沉积$0.6 \mu\text{m}$薄膜对OLED进行封装，使用寿命提高了四倍,并随着沉积薄膜厚度增加将进一步提高[9]。采用 TA-CVD 沉积薄膜封装的 OLED 可以使用湿工艺,例如光刻胶工艺,虽然 TA-CVD 沉积薄膜系统并非 OLED 显示器的完美封装工艺,但是可以作为 OLED 的预封装。

5.3.2 等离子体增强化学气相沉积

PECVD 是在沉积室内建立高压电场,反应气体在一定气压和高压电场作用下产生辉光放电。反应气体被激发成非常活泼的分子、原子、离子和原子团构成的等离子体,大大降低了沉积反应温度,加速了化学反应过程,生成的薄膜具有良好的均匀性、缺陷密度较低、易实现掺杂、可大面积制备等优点。目前主要的 PECVD 技术有电子回旋共振等离子体增强化学气相沉积(MWECR-PECVD)、射频等离子体增强化学气相沉积(RF-PECVD)、甚高频等离子体增强化学气相沉积(VHF-PECVD)和介质层阻挡放电增强化学气相沉积(DBD-PECVD)。与高温 CVD 不同,PECVD 可以在 $350\sim400℃$ 低温下以 $50\sim100nm/min$ 的速率沉积薄膜。气态反应物被电离,受到电子轰击,产生化学活性粒子和原子团,会在加热基板表面上或附近发生异质化学反应,实现薄膜沉积。由于离子具有溅射清洁基板表面和轰击效应,膜与基板结合强度高。采用灯丝增强辅助 CVD,可以增加电离程度、降低电极间电压、降低 C/H 比[10]。

对于聚乙烯等低活性聚合物,需要在薄膜沉积前对基板进行 N_2 等离子处理,以便在界面上生成 Si-O-C 和 Si-N-C 键。实验发现即使在 PET 基板上蒸镀薄膜,界面同样会出现强共价键(Si-C 和 Si-O-C)。PECVD 沉积的 SiO_x 和 SiN_x 薄膜与 PET 的界面不同于 PVD 工艺[11]。利用 PECVD 沉积的薄膜存在界相区域,厚度为 $40\sim100nm$,具有交联有机硅特性,而且呈现 PET 到无机薄膜层的梯度变化[12],但是 PVD 沉积薄膜的界相区域不超过几个纳米。

PECVD 可以在相对较低工艺温度下进行大面积沉积,如沉积 TiN 膜,成膜温度仅为 $500℃$(传统 CVD 需要 $\sim1000℃$),如果使用金属有机化合物和有机金属化合物作为前驱物可进一步降低沉积温度。由于在低温状态下存在不完全解吸和未反应的前驱物,沉积高纯度薄膜有一定难度。PECVD 可用于低温领域,弥补热激活 CVD 工艺的不足[13]。等离子体激发可对难以发生反应成膜材料进行沉积,能够对沉积过程进行相对独立地控制。低温沉积特性可以在一定程度上解决柔性电子基板的温度敏感性难题,但是需要采用真空系统来生成等离子体,需要更加复杂的反应腔体来维持等离子。

RF-PECVD 起初用于沉积微晶硅,通过增大辉光功率、沉积气压,有效提高薄膜质量和沉积速率。VHF-PECVD 通过提高等离子的激发频率,有效地实现优质多晶硅的高速生长,但存在驻波效应和损耗波效应。HW-CVD 成本虽低,但易造成环境污染,材料中缺陷态密度也比较高。薄膜阻隔层通过蒸镀沉积到柔性聚合物基板防止气体渗透，已广泛应用于薄膜封装，可以提高纯塑料薄膜阻隔能力 1～3 个数量级。通过 PECVD 工艺沉积的硅基介电薄膜作为单层防渗阻隔层，实现多层薄膜用于电子发光器件的封装[14]。图 5.3 为氧气渗透率（OTR）与 13μm 厚 PET 薄膜上 PECVD 沉积 SiO_x 薄膜厚度的关系，在临界厚度（约为 15nm）附近 OTR 下降非常明显，然后即使增加厚度将不会明显提高 OTR 的阻隔性能[15]。由于薄膜内部或外部表面粗糙度的原因，阻隔层中存在纳米尺寸的结构缺陷，使单层阻隔层性能受限。大量小孔洞的整体渗透率（permeability）要远大于同样面积大孔洞的渗透率，可以通过横向扩散进行解释。当缺陷直径相对于基板厚度较小时，即使沉积多层无机结构，由于在生长过程的缺陷会传播到相邻无机层，阻隔性能的提升有限。

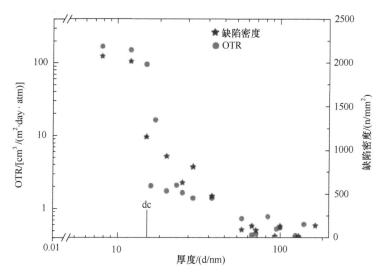

图 5.3   13μm PET 薄膜上 PECVD 工艺沉积薄膜的
OTR 和缺陷密度随 SiO_x 阻隔层厚度的关系[15]

5.3.3   金属有机化合物化学气相沉积

依据前驱物的不同，沉积工艺分为金属有机化合物化学气相沉积（MOCVD）和有机金属化合物化学气相沉积（OMCVD），都属于利用有机金属热分解反应进行气相外延生长的方法，其原理与利用硅烷热分解得到硅外延生长的技术相同，主要用于化合物半导体气相生长。MOCVD 是利用热来分解化合物，作为有机化合物半导体元素的化合物原料必须在常温下较稳定且容易处理，反应副产物不应妨碍晶体生长和污染生长层。表 5.2 为 b 族元素周期表，表中折线左侧元素具有强的金属性，而右侧元素具有强的非金属性，能满足上述化合物要求的物质是周期表粗线右侧元素的氢化物。折线左侧元素不能构成满足无机化合物原料,但其有机化合物大多能满足作为原料的要求。金属烷基化合物和非金属烷基化合物都能用作 MOCVD 的原料。

表 5.2　b 族元素周期表

周期	Ⅱ 族	Ⅲ b 族	Ⅳ b 族	Ⅴ b 族	Ⅵ b 族
2	—	B	C	N	O
3	—	Al	Si	P	S
4	Zn	Ca	Ge	As	Se
5	Cd	In	Sn	Sb	Te
6	Hg	—	Pb	—	—

金属有机化合物或有机金属化合物前驱物通常要经历分解或裂解,而通常情况下其分解或裂解温度要低于卤化物、氢化物等。因此,MOCVD 工艺温度要低于常规 CVD 工艺,可以在大气压力或者低压($2.7 \sim 26.7 \text{kPa}$)条件下进行。均匀生长温度范围是 MOCVD 工艺的必要条件。MOCVD 工艺无论在低压环境还是相对高的沉积温度下,沉积过程均动态可控。在高于 1kPa 条件下,扩散率受限机制在生长中起主导作用。在超高真空($< 0.01 \text{kPa}$)条件下,MOCVD 工艺的沉积过程属于完全动态受限,被称为金属有机化合物分子束外延和化学束外延,通常采用氢气作为运输气体或者沉积过程的生长环境。目前基本上所有的半导体化合物都可以通过 MOCVD 方法进行生长,还可以用于硅集成电路中高密度金属互连的薄膜生长[16] 以及金属氧化物薄膜的生长,包括铁电($PbTiO_3$、$PbZrTiO_3$、$BaTiO_3$)[17]、介电(ZnO)[18] 和超导薄膜($YBa_2Cu_3O_x$)[19]。

由于原料能以气体或蒸气状态进入反应室,容易实现导入气体量的精确控制,并可分别改变原料各组分量值,只改变原料就能容易地生长出各种成分的化合物晶体。但是 MOCVD 对于原料纯度要求高,其稳定性较差,金属有机化合前驱物相对于卤化物和氢化物等成本较高。大多数金属有机化合物是挥发性液体,需要对压力进行精确控制。高质量半导体材料的生长需要低氧含量的前驱物,而有机金属化合前驱物通常非常活跃,难以提纯。尽管前驱物的成本较高,但是 MOCVD 反应装置容易设计,较气相外延法简单,适合于工业化大批量生产,已经研发用于Ⅲ-Ⅴ、Ⅱ-Ⅵ、Ⅳ-Ⅵ半导体材料的外延生长,在 LED、异质结双极型晶体管、太阳能电池等领域得到应用。

5.3.4　光辅助化学气相沉积

光辅助化学气相沉积(PACVD)是利用光化学反应进行沉积的 CVD 工艺,反应物吸收一定波长与能量的光子,促使原子团和离子发生反应,生成化合物。光化学反应的基本原理是当物质 M 和光子相互作用，M 吸收光子后处于激发态 M^*（新的化学粒子），化学活性增大，即 $M+h\nu \rightarrow M^*$，式中，h 是普朗克常数，ν 是光频率，$h\nu$ 是一个光子的能量。目前可用于 PACVD 的电子材料包括半导体（硅、Ⅲ-Ⅴ、Ⅱ-Ⅵ）、金属、绝缘体（SiO_2 和 Si_3N_4）、多晶 Si 膜、金属膜以及 Ga、Ge、Ti、W 等元素的氧化物，是高性能半导体器件不可缺少的工艺。

　　PACVD 可以通过聚焦光束实现在特定部位发生反应，聚焦激光在局部面积或者图案的投影可以实现局部沉积、选择性沉积或图案化沉积。光化学反应在低激发能就可以促发，通常小于 5eV，可以避免薄膜损伤，不会出现 PECVD 电磁辐射及带电粒子轰击对薄膜质量的影响。可有效减低杂质扩散、缺陷、层间扩散和高温引起的热应力，这对亚微米尺度以下的器件非常重要。由于采用光化学反应，沉积过程的温度较低。相对于 PECVD 或热激活 CVD，PACVD 限制了可能的反应路径，能够更好地控制所沉积的薄膜属性。表 5.3 比较了蒸发镀膜、溅射镀膜、离子镀膜、PECVD 的主要工艺参数、沉积过程和沉积膜的特点等。

表 5.3　气相沉积技术的比较

沉积特性		蒸发镀膜	溅射镀膜	离子镀膜	PECVD
涂覆材料	金属	可	可	可	卤化物蒸气加 H_2 金属蒸气加气体
	合金（AB）	$p_a \sim p_b$	可	可能	
	化合物	$p_v > p_d$	可	金属蒸气加气体	
质点撞击能量		$\leqslant 0.4eV$	$\leqslant 30eV$	$\leqslant 1000eV$	$\leqslant 0.1eV$
沉积速率		$\leqslant 75\mu m/min$	$\leqslant 2\mu m/min$	$\leqslant 50\mu m/min$	—
与清洁基体的结合力		好	优	优	好
背面涂覆		不行	不行	稍行	可
无热扩散时基体表面和沉积物之间的界面		在 SEM 下清楚	AES 观察到迁移	界面渐变	较清楚
工作压力/Pa		$<10^{-2}$	$10^{-2} \sim 1$	$10^{-3} \sim 1$	$10^{-2} \sim 10$
基体材料		任意	任意	任意	任意

5.3.5　分子束外延生长工艺

　　外延生长工艺可用于制备单晶薄膜，在单晶基板表面沿原来的结晶轴向生成一层晶格完整的新单晶层，包括气相外延（如 CVD）、液相外延（如电镀）和 MBE。MBE 是由真空蒸发镀膜技术发展而来的成膜技术，在超高真空环境中将薄膜组分元素的分子束流直接喷到温度适宜的基板表面，沉积所需要的外延层。若外延层与基板材料在结构和性质上相同则称为同质外延,如硅基板上外延硅层等,若两者不同则称为异质外延,如蓝宝石上外延硅层等。MBE 能生长极薄的单晶膜层,并且能精确地控制膜厚和组分与掺杂,在制作集成光学和超大规模集成电路中发挥重要作用。

将沉积薄膜所需要的物质分别放入系统中多个喷射源的坩埚内,加热使物质熔化、升华后产生分子束。在 MBE 中,多采用孔径远小于容器内蒸气分子平均自由程的喷射源,通过选择合适喷射源炉温和基板温度,可得到预期化学组分和按晶格位置生长的结晶薄膜。为控制外延生长,在每个喷射源和基板之间都单独装有可瞬间打开与关闭的挡板。为保证外延层的质量、减少缺陷,工作室压强不应高于 10^{-8} Pa,同时产生分子束时的压强也要达到 10^{-6} Pa。为控制分子束的种类和强度,在分子束路径上安装四级质谱仪,通过高能电子衍射仪的电子枪评价结晶性能。

分子束向基板喷射,当蒸气分子与基板表面为几个原子间距时,由于受到表面力场的作用而被吸附于基板表面,并沿表面进一步迁移,在适当位置上释放潜热,形成晶核或嫁接到晶格结点上,或由于其能量过大而重新返回到气相中。常以黏附系数来表示被化学吸附的分子数与入射到表面的分子数的比例。由于吸附通常是放热过程,会使基板温度增高而不利于吸附,导致黏附系数下降等。在获得Ⅲ-Ⅴ族化合物半导体外延层的过程中,大多数基板温度都在 $500\sim600$℃时较易生长单晶薄膜。分子束外延掺杂是把杂质元素装入喷射源中,以便在结晶生长过程中进行掺杂,例如 GaAs 使用的 n 型杂质有 Sn、Ge、Si,p 型杂质有 Mn、Mg、Be、Zn等。只要适当选择基板温度,通过控制分子束强度就能得到生长速率为 $0.1\sim$ $1\mu m/h$,掺杂浓度为 $10^{13}\sim10^{19}/cm^3$ 的外延层。MBE 可制备微结构的分辨率比 CVD 和液相外延技术高约两个数量级,也是基板温度最低的单晶薄膜的技术,有利于减少自掺杂。

与通常 CVD 外延和真空蒸发镀膜相比,MBE 虽然是以气体分子理论为基础的蒸发过程,但并不以蒸发温度为监控参数,而是用四级质谱仪和原子吸收光谱等现代分析仪器,精密地监控分子束的种类和强度,从而严格控制生长过程和生长速率。MBE 需在超高真空中进行沉积过程,既不需要考虑中间化学反应,也不受质量传输的影响,只是利用开闭挡板来实现对生长进行瞬时控制,膜的组分和掺杂浓度可随着源的变化而迅速调整。

5.4　原子层沉积

原子层沉积(atomic layer deposition,ALD)在 2000 年前被普遍称为原子层外延(atomic layer epitaxy,ALE)或原子层化学气相沉积(atomic layer chemical vapor deposition，ALCVD)，属于一类特殊的 CVD 工艺。ALD 的历史可以追溯到 20 世纪 70 年代，George 对 ALE 的发展历史进行了系统的总结[20]。ALE 第一次应用是薄膜电流明显示器，在大面积基板上沉积高质量介电层和电流明薄膜。ALE 目前可以沉积的材料包括半导体 Ⅲ-Ⅴ 和 Ⅱ-Ⅵ、氧化物、氮化物、氟化物、金属、磷化物、碳化物、硫化物、纳米薄层、各类半导体材料和超导材料等。由 ALE 转变到 ALD 是由于大多数薄膜生长采用基于二进制反应序列、自限性表面反应，而不是简单的基板外延生长[21]。由于早期 ALD 涉及复杂的表面化学过程，沉积速度较慢，一直没取得实质性突破。20 世纪 90 年代中期，由于微电子和深亚微米芯片技术的发展，器件和材料尺寸不断降低，结构的高宽比不断增加，所使用材料的厚度降低到几个纳米数量级，传统镀膜方法无法实现。通过 ALD 在 OLED 和有机太阳电池表面沉积 Al_2O_3 进行封装，阻隔水汽渗透，能够满足高敏感性 OLED 对于柔性显示和发光技术的要求[22]。相对于传统沉积工艺，ALD 在膜层的均匀性、阶梯覆盖率以及厚度控制等方面都具有明显的优势，在微纳电子和纳米材料等领域具有广泛的应用潜力。

　　ALD 通过化学反应得到生成物，但在反应原理、反应条件和沉积层质量上都与传统 CVD 不同。传统 CVD 工艺中化学蒸汽不断通入真空室内，沉积过程是连续的，沉积薄膜的厚度与温度、压力、气体流量以及流动的均匀性、时间等多种因素有关。ALD 是将气相反应前驱体以脉冲方式交替通入反应器，新一层原子膜的化学反应直接与前一层相关联，化学吸附在沉积基板上并发生反应，将物质以单原子膜形式一层一层地镀在基板表面，并不是一个连续的工艺过程。由此可知，前驱体物质能否在被沉积到材料表面实现化学吸附是 ALD 的关键。由于采用序列反应方式，可消除气相反应，实现更加广泛的反应物选择，如卤化物、金属有机化合物、金属等。ALD 在加热反应器中连续引入至少两种气相前驱体物种，化学吸附直至表面饱和时自动终止。ALD 能够在原子级别对薄膜的厚度和构成进行控制，并可沉积不同类型的薄膜，包括氧化物、金属氮化物、金属硫化物等。ALD 可在大气、惰性气体及真空环境中进行。

　　ALD 技术是基于表面自限制性反应，通过二进制反应序列发生两个自限性的表面反应，沉积一层二元化合物薄膜，可以满足原子层控制和一致性沉积的要求。ALD 原理如图 5.4 所示[23,24]：自限性沉积过程中，第一种反应前驱体 A 输入到基板材料表面并通过化学吸附保持在基板表面；第二种前驱体 B 通入反应器，与已吸附在基板表面的第一种前驱体发生反应。由于只有有限量反应物 A 分子被化学吸附，序列反应中也只能沉积有限量反应物 B 分子。两个前驱体之间会发生置换反应并产生副产物，直到反应表面上一个前驱体完全消耗，反应会自动停止并形成原子层。由于只有有限的表面位，反应只能沉积有限的表面样本。如果两个表面反应都是自限性，则两个反应可以按照有序方式，在原子可控条件下实现薄膜沉积,不断重复这种自限性反应就会形成二元复合薄膜。根据沉积前驱体和基板材料的不同,ALD 有两种不同自限制机制:化学吸附自限制和顺次反应自限制。与化学吸附自限制过程不同,顺次反应自限制原子层沉积过程是通过活性前驱体物质与活性基板材料表面化学反应来驱动的,沉积的薄膜来源于前驱体与基板材料间的化学反应。

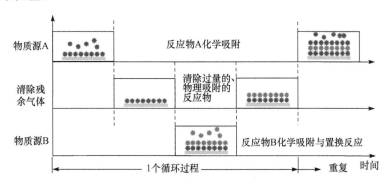

图 5.4　ALD 自限性表面化学反应和 AB 二进制反应序列示意图[24]

　　ALD 优势体现在单原子层依次沉积,能够在埃米尺度或单分子层水平实现薄膜厚度的精确控制,自限性可以实现优异的阶梯覆盖和高深宽比结构的一致性沉积。ALD 的自限制性和互补性致使该技术对薄膜的成分和厚度具有出色的控制能力,目前还没有一种薄膜工艺可以达到 ALD 所实现的一致性。由于采用不同的气相前驱反应物,部分表面会先发生反应而首先吸附到表面,但随后又从反应完成的表面上脱离。由于采用二进制序列化表面反应,两种气相反应物不会在气相状态下发生接触。前驱体开始与其他未反应表面发生反应,而且在每个反应循环中反应都会完全完成,这使得 ALD 薄膜与原始基板保持极端光滑和一致性[25]。在薄膜生长后没有遗留表面位置,所以薄膜非常连续且无针孔。ALD 前驱体是气相分子,将会填满所有空间,不受基板的形状影响,不要求基板在可视范围内,仅受限于反应腔体的大小,所以 ALD 工艺可以用于复杂形状、大面积基板沉积,或采用并行方式对多个基板进行沉积[21]。

　　ALD 广泛应用在半导体领域,包括晶体管栅极电介质层、光电元件的涂层、晶体管中的扩散势垒层和互联势垒层、集成电路中嵌入电容器的电介质层、电磁记录头的涂层和金属-绝缘层-金属电容器涂层等。其他特殊应用领域包括:①材料的光学常数和性能在 X 射线区随波长的变化非常显著,ALD 可沉积非常均匀的极薄薄膜,在 X 射线光学薄膜器件制备方面具有绝对优势;②ALD 可以精确控制膜层,所获得的高度均匀的表面对光子禁带特性有很大影响,为获得高性能光子晶体结构提供了一条有效途径,可解决自然界中光子晶体有限问题;③ALD 是实现柔性电子薄膜封装的理想工艺之一。

分子层沉积(molecular layer deposition,MLD)也同样采用自限性表面反应生长有机聚合物，在每个循环中沉积的是分子结构。MLD 可用于聚酰胺、聚酰亚胺，聚对苯二甲酰对苯二胺(PPTA)、聚脲、聚亚安酯等材料生长。MLD 沉积所需要的无机前驱物可来源于 ALD 在有机前驱物上沉积的无机薄膜，通过交错使用 MLD 和 ALD，可以实现有机-无机复合薄膜，其水汽和氧气渗透率要比单层无机结构低约三个数量级。低温 ALD 制备的有机-无机复合薄膜，可在热敏感性的聚合物材料表面沉积均匀、共形的扩散阻隔薄膜。

PECVD 工艺是目前为数不多具有良好沉积率和相对低沉积温度的工业级薄膜沉积工艺，但是所沉积的薄膜具有缺陷，为水汽和氧气的渗透提供通道。因此，多数 PECVD 沉积的薄膜不能满足有机器件的严格封装要求，不得不采用复杂的多层封装结构，而 ALD 的沉积率要比 PECVD 工艺低一个数量级，需要非常长的沉积时间，因此可以将 PECVD 与 ALD 工艺结合。首先 PECVD 用于沉积 SiO_x 或 SiN_x 薄膜(100nm)，然后 ALD 用于沉积 Al_2O_3 薄膜($10 \sim 50nm$)，接着采用 PECVD 沉积 $1\mu m$ 聚对二甲苯层，在 20℃和 50%相对湿度下，通过 Ca 腐蚀方法测量封装层有效 WVTR 为 $(2\pm1)\times10^{-5} g/(m^2 \cdot d)$[26]。用于并五苯/C60 太阳电池封装，使得太阳电池在空气中暴露 5800h 之后，电池转换效率并没有降低。用 ALD 工艺可以在 80℃低温下，在没有涂层的纸、聚合物薄膜表面沉积氧化铝涂层，结果表明 ALD 沉积的 Al_2O_3 涂层可以有效地增强多孔、非多孔材料对水汽、氧气的气密性[27,28]。

5.5 薄 膜 封 装

5.5.1 柔性电子器件封装要求

目前，塑料基板的材料有聚醚砜树脂(PES)、聚对苯二甲酸乙二醇酯(PET)、聚萘二甲酸乙二醇酯(PEN)和聚碳酸酯(PC)等，具有良好的机械柔韧性和透明性，但是致密性不高，无法完全阻挡水分和氧气的渗透，需要在塑料基板上沉积阻挡层。虽然在柔性基板上制备器件比在玻璃基板上制备器件要更加可靠，但由于其中活性材料对空气中的氧气和水汽非常敏感，以及活性材料自身发生反应，使用寿命受限，因此必须进行密封和封装。沉积阻隔层的工艺条件需要与基板兼容，这是非常苛刻的要求，特别是针对有机电子器件，其中有源层在相对低的温度(150~200℃)下易快速退化，并对紫外辐射和离子轰击非常敏感。多层薄膜结构的可靠性挑战包括：①由于大的接触面积、化学和毛细力、介电层电荷，薄膜微结构对粘附性非常敏感；②微结构易摩擦和磨损，导致结构寿命短；③多层微结构在制造、组装和使用过程中易变形；④柔性电子受环境影响大，对氧气和水汽渗透性要求非常高。

用于柔性电子的基板材料主要有高分子聚合物、薄玻璃和不锈钢箔,后两者具有与刚性玻璃一样的良好阻隔特性,不需要额外的阻隔层,在器件封装时只需要在器件上表面沉积阻隔层。聚合物基板需要考虑水汽和氧气渗透率、弹性模量、热稳定性、UV 稳定性、尺寸稳定性、工艺兼容性、水分吸收性、成本等因素。聚合物基板的水汽渗透率(water vapor tract ratio,WVTR)和氧气渗透率(oxygen tract ratio,OTR)取决于聚合物的分子量、单体密度和极化程度等,大约为 $10^{-1} \sim 40$ g/$(m^2 \cdot d)$ 和 $10^{-2} \sim 10^2$ cm³/$(m^2 \cdot d)$,可作为食品和药物的包装(对湿气敏感程度、透明度和表面质量要求不严格),但难以满足有机电子器件对隔绝氧气和水汽的要求,主要原因在于常规塑料薄膜阻隔性较差,而且受温度和湿度影响尺寸、热膨胀系数大、溶剂可溶性、表面质量粗糙和光学透明度不高。聚合物基板无法提供像玻璃一样的阻隔性能,所以聚合物基板上的柔性电子器件需要在上下表面沉积薄膜作为阻隔层。通过真空蒸镀在塑料薄膜表面沉积非常薄的单层无机层,可以显著提高阻隔特性。最初蒸镀的阻隔层都是金属材料,随后蒸镀透明的氧化物阻隔层,如 SiO_x 和 AlO_x。氧化物阻隔层通常用于塑料薄膜的涂层,实现透明阻隔封装,WVTR 为 10^{-2} g/$(m^2 \cdot d)$。

OLED 具有发光亮度高、色彩丰富、低压直流驱动、制备工艺简单等显著优点,其显示质量可与 AMLCD 相媲美。此外,OLED 具有高效率和优异的光发射、固态特性和视角效果,还可实现柔性显示,但是其使用寿命仍不够理想。当不需要机械柔性时,OLED 器件的基板材料可以选择玻璃,这得益于其透明、光滑、阻隔性能优异和良好的化学和热稳定性。最直接有效的方法就是将器件封装到玻璃平板中,即使玻璃非常薄,也能取得非常好的效果。玻璃也可以用于柔性电子,当厚度小于 $200\mu m$ 时具有一定弯曲性,目前玻璃薄板厚度可减小到 $30\mu m$[29]。玻璃基板可为器件提供一侧的有效阻隔,但另外一侧的封装依然是一种挑战[30]。用聚合物涂敷过的薄玻璃可以用于柔性显示器,但会在边缘产生微裂纹,而且玻璃容易破碎。

不锈钢箔可用于制作柔性薄膜太阳能电池,但是不锈钢箔不透明,需要打磨和/或通过平滑层来降低表面粗糙度,在器件和基板之间还需要额外的电绝缘层。金属箔的均一性超过了薄玻璃,但是与塑料膜相比其柔韧性有限,如果增加聚合物层来改善不锈钢的性质,会限制与高温处理工艺的兼容性。金属箔具有柔性,而且具有良好的阻隔性和热学特性,并与 R2R 工艺兼容。不锈钢箔已经成功集成到柔性有源矩阵电泳显示器和柔性 AMOLED 显示器中。金属箔本身也需要进行薄膜涂层,以提高表面平整度、电绝缘性和防止化学腐蚀等。

采用水汽和氧气穿透率低的薄膜取代玻璃或金属作为面板的封盖,可用于 OLED 面板。薄膜封装可以大幅度减小面板厚度和重量、面板边框封装的面积、封装材料以及干燥剂的成本等[31]。薄膜的玻璃态转化温度决定了工艺温度和时间，并涉及底层结构是非晶体还是半晶体，这会产生不同的热-力学薄膜特性。非晶聚合物可以分成热塑性材料和高玻璃态转化温度材料，前者可以通过挤压工艺形成薄膜，后者需要溶剂浇筑形成薄膜。PET 和 PEN 等半晶体聚合物薄膜已经有商业化产品。PET 的玻璃态转化温度较低，约为 78℃，而 PEN 约为 120℃。两者热膨胀系数较低，约为 15ppm/℃，可通过高温下释放薄膜内应力提高尺寸稳定性。

目前，OLED 实用化的关键技术之一是薄膜封装。OLED 使用对水和氧敏感的低功函阴极材料，当暴露在空气中很快就会失去电导性，而有源层中的有机材料则会失去发射特性，水汽会通过真空沉积阴极中的孔洞进行渗透，一直扩散到金属-有机界面，会限制电子注入并导致分层[32]。1987 年，Tang 等[33]研制出低压有机薄膜电致发光的双层有机薄膜发光器件，但器件亮度衰减非常快，连续工作 100h 后，亮度降至初始一半①。电致发光器件发展速度非常快，1990 年，英国剑桥大学首次研制出聚合物有机电致发光器件，1994 年有机电致发光小分子器件寿命就达到 1000h，1997 年寿命达几千小时，但仍不足以实现大规模产业化。1992 年，Gustafsson 等[34]发明了基于 PET 基板上的柔性高分子材料的 OLED。1997 年，Forrest[35]发明了柔性小分子材料的 OLED。目前已经制作出了使用寿命突破 10000h，存储寿命超过 50000h 的 OLED 器件，但与液晶显示和等离子体显示相比，其寿命相对较短，仍是制约目前 OLED 商业化的重要因素之一。

OLED 使用寿命通常必须达到 10000h，要求 WVTR 和 OTR 分别低于 10^{-6} g/(m²·d)和 10^{-3} cm³/(m²·d·atm)，要比目前商业化的聚合物薄膜的 WVTR 和 OTR 低 6~8 个数量级，如图 5.5 所示[36]。图 5.6 为主要产品对水汽阻隔性的要求，可以看出 OLED 器件需要非常高水汽阻隔保护，而塑料无法满足如此高的阻隔性能要求。为了使 OLED 满足使用寿命要求，并具有合理的亮度水平(>100cd/m²)，存储寿命超过 50000h，密封层的性能直接决定了使用寿命[要求封装后 WVTR 小于 10^{-6}g/(m²·d)，OTR 要求小于 10^{-5} cm³/(m²·d)[37]]这些值最初通过计算退化反应的阴极所需要的氧气和水的量获得[38]。此外，要求工艺温度不超过 100℃，避免有机材料产生结晶或凝聚效应。比较 LCD，要求基板阻隔层 OTR 小于 0.1 cm³/(m²·d)，WVTR 小于 0.1 g/(m²·d)，OLED 渗透阻隔层的要求超过了目前已有的基板材料[39]。在 OLED 器件中，在器件和观众之间至少有一层透明阻隔层。阻隔层的光学特性直接影响到显示器的效率，须在可见光谱的透明性和氧气/水气防渗性上做出权衡[12]。利用氧氮化硅(SiON)作为防渗阻隔层，通过调整其中的氧密度比来优化薄膜的光学特性，在足够湿气防渗性上具有

———————————

① 有机电致发光器件的寿命定义为器件发光亮度降到其初始亮度一半时器件的连续工作时间。

超过 90％的光学透明性[40]。

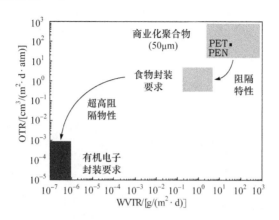

图 5.5　商业化聚合物、食品和有机电子封装要求的氧气传输率和 WVTR 要求[36]

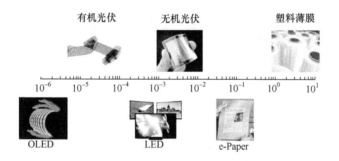

图 5.6　不同光电器件(OLED、PV、LCD、e-Paper)对水汽阻隔性能的要求

　　由于共轭聚合物和小分子材料具有轻质、机械柔性、半透明等特性,为光伏电池封装提供了全新的途径。共轭聚合物易溶于有机溶剂,可通过印刷技术与大规模卷到卷工艺结合,实现高效率、低成本制造,如图 5.7 所示[36]。共轭聚合物非常容易在氧气和水汽诱导下发生光降解。为实现最小化电子注入势垒和最大化开环电压,通常采用 Al 和 Ca 等低功函材料作为电极,但这些金属材料在空气易被氧化,在表面形成薄的绝缘氧化层[41]。此外,水汽会影响金属电极与有机半导体的界面,导致电极分层。共轭聚合物与富勒烯材料混合后,退化效应会明显降低,但未封装的聚合物光伏太阳能电池在空气中的寿命依然只有几个小时。为了满足市场的需求,产品需要至少 10000h 的使用寿命,储存寿命要求 5 年[42]。

　　薄膜封装采用蒸镀和溶液浇筑方法将器件密封在薄膜中,与大面积、柔性器件兼容,对柔性电子非常有效。柔性电子薄膜封装步骤如下:①采用无机薄膜以获得足够的阻隔性能;②将聚合物薄膜增加到多层薄膜堆叠中,以避免无机薄膜缺陷导致的失效。有机-无机堆叠工艺相对复杂,如何采用更简单的工艺进行封装是目前

(a) 横截面视图

(b) 弯曲状态下的器件

图 5.7　共轭聚合物太阳电池横截面视图和弯曲状态下的器件[36]

需解决的难题。ALD 可以避免在柔性电子封装中采用有机-无机堆叠结构，得益于 ALD 可在低温条件下沉积无缺陷无机薄膜[43]。目前最知名的有机-无机多层薄膜结构为 Vitex 技术，能够将 OLED 阴极整体封装。Vitex 技术通过将多层结构合并到一起，聚合物薄膜可以解耦氧化层之间的缺陷，可阻止缺陷在多层结构中传播，阻止阻隔层发生机械损伤。文献[44]提出了 OTFT 器件的自封装技术。

　　柔性电子器件进行薄膜封装比较困难，在基板和盖板上制作的阻挡层必须能与柔性电子器件的基板或盖板紧密结合，并且水、氧渗透率满足器件寿命、机械柔性和机械强度要求。除了考虑阻隔性能外，用于柔性电子器件的无机阻隔层还须经受反复弯曲引起的应力应变。对于透明阻隔层，无机层通常是氧化物、氮化物等类似的介电、脆性材料。由机械变形引起的裂纹易导致阻隔层薄膜失效。ITO 薄膜是器件中必不可少的无机有源层，但弯曲时 ITO 层易失效，拉伸应变小于 2.5% 就会出现裂纹，如果采用循环加载，在拉伸应变仅为 1.5% 时就会出现裂纹[45]。Suo 等针对薄膜-基板提出了应变计算的简单方法，脆性薄膜的最大应变为

$$\varepsilon_{top} = \frac{h_f + h_s}{2R} \frac{1 + 2\eta + \chi\eta^2}{(1+\eta)(\chi\eta)}$$

式中，$\eta = \dfrac{h_f}{h_s}$；$\chi = \dfrac{E_f}{E_s}$；h_f 和 h_s、E_f 和 E_s 分别为薄膜和基板的厚度和弹性模量；R 为

曲率半径[46]。需要指出的是阻隔层的机械性能要求比器件层更加苛刻,ITO 层中出现裂纹会导致电阻增加,而阻隔层出现微裂纹则直接导致阻隔效果丧失。

5.5.2　柔性电子器件失效原因

柔性电子中以 OLED 对封装的要求最高,使用寿命是影响产业化的关键。有机材料的大量采用不可避免对工艺提出了挑战,包括寿命、色纯度、大面积制备和全彩工艺等,而材料方面包括热衰减、光化学衰减、界面不稳定等。由于有机材料、阴极金属材料对氧气和水汽非常敏感,柔性电子封装对隔离氧气和水汽侵入有非常高的要求。

影响柔性电子寿命的主要因素有物理影响和化学影响。物理影响包括功能层的界面、电流密度、阴极材料、ITO 表面粗糙度、驱动方式等,例如器件工作时的焦耳热使界面气体受热脱离界面,从而在阴极和有机层之间形成气泡,隔绝载流子的注入,导致黑斑出现。化学影响包括阴极氧化、空穴传输层晶化等,例如水汽和氧气通过器件边缘渗透进入器件内部,与金属阴极发生氧化反应,在其表面形成一层绝缘层阻碍电子的注入,导致器件局部不发光,从而出现黑斑[26]。在水汽环境中,通电会导致水汽分解产生气体,将阴极金属层顶起。如果使用 AlQ_3 作发光材料、Mg:Ag 合金作阴极的 OLED,研究表明大部分黑斑是由于在 AlQ_3/Mg:Ag 界面生成 $Mg(OH)_2$ 并伴随局部 AlQ_3 的失效;另一种黑斑是阴极金属鼓起的气泡,是由器件吸收水分导致 Mg/Ag 金属间发生电化学反应和水的电解放气引起的。观测 OLED 器件失效的典型试验可以看出:①在氩气中输入恒定电流($25mA/m$),初始亮度为 $250cd/m$ 的条件下,在最初较短的工作时间中亮度快速衰减,连续工作 100h 后亮度降至初始一半,驱动电压从 6V 逐渐增加到 14V,并逐渐形成不发光的黑斑,当时将其归结为电极接触失效[33];②发现器件工作时产生大量的热会引起气体膨胀,使有机层形成裂缝并使 Al 电极氧化,气泡由小变大,由少变多,逐渐将阴极剥离[47]。

柔性电子器件除了阴极会受到腐蚀而影响器件寿命外,阳极 ITO 膜同样会引起器件失效[48]。由于不同材料间的接触势垒不同,器件需要考虑各层间功函数匹配。通常阴极的功函数越低越好,有利于电子注入,阳极功函数越高越好,有利于空穴注入。水汽还会与空穴传输层以及电子传输层发生化学反应,引起器件失效。从薄膜缺陷密度和渗透率的相关性得知,图 5.8 为缺陷密度和氧气传输率的相关性[15]。对柔性电子器件进行有效封装,使功能层与大气中的水汽、氧气等成分隔开,可以大大延长器件寿命[49]。

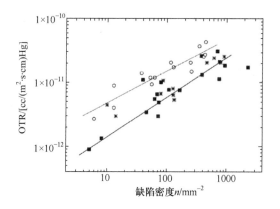

图 5.8　OTR 是缺陷密度的函数[15]

Al-○，SiO$_x$-＊，SiN$_x$-■

5.5.3　薄膜封装工艺

柔性 OLED 封装不同于集成电路封装,不仅要求能够保护器件性能,而且还要求透光和机械柔性。尽管 OLED 封装技术是在分立器件封装技术基础上发展与演变而来的,但有其特殊性。分立器件的管芯通常被密封在封装体内,保护管芯并实现电气互连。在玻璃等刚性基板上制备 OLED 显示器的阻隔层要求考虑如下的特征:①沉积工艺必须与 OLED 兼容,且不损失显示器的有源层;②阻隔层的水、气渗透率满足 WVTR$<10^{-6}$g/(m^2·d),OTR$<10^{-3}$cm^3/(m^2·d);③阻隔层必须有足够的机械强度,在显示器使用时不会损失阻隔层性能;④阻隔层在显示器使用寿命期限内保持稳定,与显示器表面具有良好的黏附性,并与临接层的热膨胀系数接近。

柔性电子封装主要采用传统玻璃盖子封装、柔性聚合物盖子封装、薄膜封装三种方式,如图 5.9 所示[12]。如果采用两种高弹性模量材料,例如玻璃-玻璃或者金属箔-玻璃,可以实现一定弯曲,也不需要密封层。薄膜阻隔层主要是指在聚合物基板上沉积金属或金属氧化物薄膜,无需封装盖板、黏合剂和干燥剂,可实现传统封装无法达到的薄型化、轻量化,且不必担心聚合物盖子的磨损。但是这种薄膜阻挡层在形成过程中必须与 OLED 基板紧密黏结,该过程一般在较低温度下完成,而且要尽量避免对有机层的损坏。OLED 封装从最初的后盖式封装发展到现在的薄膜封装,其寿命和稳定性也随之提高。

OLED 中的有机层厚度通常在 100~200nm 范围,在工作过程中需要施加较大的电场,通常在10^{6}V/cm 量级,任何明显的非均匀性都会导致局部高场强,会导致 OLED 的性能不稳定,例如像素短路、暗点和器件退化等。聚合物不同于玻璃,表面不能抛光,其表面粗糙度非常重要,对于商业化 PET 基板的表面粗糙度大于150nm。在 OLED 器件层沉积之前,任何阻隔层结构须沉积一层异常光滑的表面,才能实现器件的高效率、长寿命。薄膜封装所用材料要满足高透光性(可见光

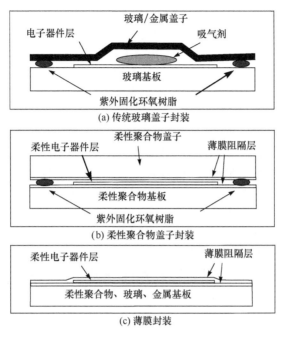

图 5.9 电子器件封装结构示意图[12]

的透过率大于 90%)、质量轻且有一定的韧性、耐高温、抗酸碱腐蚀性强、表面致密、平整且能紧贴器件等要求。

Vitex System 公司针对柔性塑料基板阻隔层进行了大量研究,充分利用有机-无机多层结构的改良阻隔质量,开发出独特的 Barix 薄膜隔离层,由聚合物膜和陶瓷薄膜在真空中相互交错沉积而成,总厚度仅为 3μm,可实现相当于玻璃的水汽、氧气渗透性[50]。Barix 隔离层能直接加在 OLED 显示器上,不需要使用机械封装元件就可实现对湿气和氧气的隔离保护,被视为 OLED 显示器理想封装解决方案。Pioneer 公司在具有单层 SiO_xN_y 阻隔层的塑料基板上制备了 3 英寸全彩无源 OLED 器件[51]。Vitex 首先在多层阻隔层上制造柔性 OLED 概念产品——128×64 无源矩阵单色显示器,在热稳定 PET 上制备了多层阻隔层[38]。Chwang 展示了带有多层阻隔层的 PET 基板上制备的无源矩阵柔性 OLED 器件,采用透光的多层阻隔层直接进行封装,室温下半寿命达到 2500 小时(初始流明 600cd/m²)[14]。清华大学有机光电子与分子工程实验室对 OLED 器件进行新型多层薄膜堆叠结构封装[52]。德国不伦瑞克大学采用交替沉积 Al_2O_3 和 ZrO_2 形成纳米堆叠结构,对器件进行封装[53]。加利福尼亚大学圣芭芭拉分校采取旋涂全氯代聚合物作为水汽阻挡层的封装方法,将器件半衰寿命提高了五倍以上[26]。Kodak 公司研究利用原子层沉积 Al_2O_3 作为初始阻挡层进行薄膜封装,器件封装后在 85℃、相对湿度 85% 条件下,测量表明,1000h 以内器件性能没有明显衰退[54]。

1. 刚性盖板封装

传统电子器件在刚性基板上制作电极和功能层,通过给器件加盖板实现封装,如图 5.9(a)所示。在氮、氩等惰性气体环境中将基板和盖板通过紫外光照射环氧树脂黏结,在基板和盖板之间形成了一个罩子,把器件和空气隔开[49]。环氧树脂虽然具有优良的机械性能和黏结性能,在集成电路的封装得到广泛应,但并不适合OLED 的封装,主要是环氧树脂固化交联后形成的三维立体网状结构易产生较大的内应力,使环氧树脂开裂、变脆而导致密封性能下降[55]。UV 胶固化后稀松多孔,水汽和氧气较容易从中通过,环氧树脂是水、氧向器件内部渗透的唯一途径。因此,一般在器件内部加入氧化钡(BaO)、氧化钙(CaO)和氧化锶(SrO)作为干燥剂来吸收在涂环氧树脂时和封装时残留的水分或 OLED 器件工作时产生的水汽。传统盖板封装方式的优点是热传导性好、电屏蔽性好、水分子阻隔能力强、化学稳定、抗氧化、电绝缘、致密。金属盖板不透光,封装时容易导致金属盖板接触到器件的电极而引起短路,在显示器件封装领域受到限制。

OLED 显示器具有多种不同的结构,图 5.10(a)为传统 OLED 器件结构的示意图,在透明阳极 ITO 和金属阴极之间有多层有机层。由于大多数 OLED 工作只集中在研发和制造玻璃板基显示器,通过紫外固化环氧树脂将氮气或者氩气等惰性气体密封到玻璃或者金属盖子来实现显示器的封装。刚性盖板封装所形成的器件相对来说较厚重,而内置吸湿剂,吸水后膨胀易使器件变形,从而导致金属、玻璃后盖发生翘曲变形产生微裂纹及扩展、封装的器件相对厚重、且盖板不可卷曲,无法用于柔性器件封装。用于柔性显示器封装方法包括涂覆阻隔层的柔性盖子和薄膜阻隔层。图 5.10(b)为典型的薄膜封装结构,其优点是更薄更轻,具有更高的柔性。薄膜封装的优势在于更薄的形式,无需过多关心卷曲使用时后盖的磨损。然而薄膜阻隔层沉积必须与柔性电子器件基板兼容,需要在较低温度下进行薄膜沉积,需尽量少用有腐蚀性的溶剂以减少对元器件的损伤。涂有阻隔层的柔性封盖法给予制造商更大的灵活性,可以将阻隔层直接沉积到后盖材料表面,而不是易碎的电子器件上。

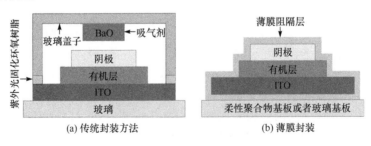

(a) 传统封装方法　　　　　　　(b) 薄膜封装

图 5.10　OLED 封装结构示意图

2. 单层薄膜封装

单层薄膜封装分为有机高分子薄膜封装和无机薄膜封装,前者柔性非常好,但是阻隔特性较差,主要用于食品的封装和保存,而后者阻隔特性相对较高,在电子器件领域得到广泛应用。

有机薄膜封装的材料主要有聚对二甲苯类(如 PPX-聚对二甲苯、PCPX-聚-氯对二甲苯)、聚烯类(如 PE-聚乙烯、PS-聚苯乙烯、PP-聚丙烯、PET-聚对苯二甲酸乙烯、PTFE-聚四氟乙烯、PFA-可溶性聚四氟乙烯)、聚酯类(如 PEN-聚苯二甲酸乙二醇酯、PC-聚碳酸酯、PMMA-聚甲基丙烯酸甲酯、PVAC-聚醋酸乙烯酯、PES-聚醚砜树脂)、聚酰亚胺(PI)[56]。氟树脂(Cytop)为含氟聚合物,具有优良的化学、热学、电学性能以及高光学透明性、稳定的化学性、无定型形态、良好的金属附着性等[56]。Cytop 的含氟因子增加了材料的憎水性,表现出对水汽和氧气优良的隔绝性能,利用 Cytop 封装的 OLED 寿命比未封装的提高了五倍,并且对发光效率的影响不大[57]。沉积聚合物薄膜的工艺较多,经常采用的工艺包括 CVD[58]、旋转涂布法[59]、热裂解化学气相法[9],但封装膜的最大不足在于高分子膜较为松散,其抗水、氧渗透的效果无法达到标准,故封装后的组件寿命只增加 2～3 倍。利用热化学气相沉积聚合物膜封装 OLED,取得了良好的效果[60]。

20 世纪 60 年代,无机薄膜就被用来减少水汽对聚合物的渗透,随后 PET 上蒸镀铝膜技术实现了商业化。目前常用于无机薄膜封装层的材料包括透明氧化物薄膜(如 TiO_2、MgO、SiO_2、ZrO_2、ZnO、Al_2O_3 等)、透明氟化物薄膜(如 LiF、MgF_2 等)[61]、氮化硅系列 Si_xN_y(如 Si_3N_4、TiN、SiN_x 等)、氮氧化物(AlO_xN_y)、硫系玻璃(Se、Te、Sb)、ZnS、SiO_xC_y 等。这些材料在块状结构时,即使厚度为 10nm 条件下氧和水在低温时依然无法渗透,但是在无机薄膜制备过程中不可避免地产生缺陷,降低了其水汽阻隔能力。溅射的氮氧化硅表现出较氮化硅更好的阻隔性能,并同时具备氧化硅良好的透明特性。在 $12\mu m$ 厚 PET 薄膜溅射沉积的碳氢化合物薄膜,阻隔性能提升 100 倍,但是在 2.8% 应变时就会出现微裂纹。由于沉积了一层碳氢化合物薄膜,在阻隔性能最佳时,透光性能从 83% 降低到 73%[62]。

单层薄膜封装技术一般采用溅射、蒸镀和 PECVD 等常规真空沉积技术,在器件上沉积阻挡层。PECVD 制备的氮化硅薄膜具有较好防潮气、防离子腐蚀作用,WVTR 只有 $10^{-2}g/(m^2 \cdot d)$,OTR 只有 $10^{-2}cm^3/(m^2 \cdot d \cdot atm)$[63],要比无涂层聚合物提高了 2～3 个数量级,但仍比相同厚度的块体氧化物材料降低多个数量级,主要原因在于阻隔层厚度、沉积过程形成的孔洞或裂纹、薄膜密度、形貌[64]。径向扩散导致在空洞附近出现大的集中渗透梯度,因此提高紧邻孔洞缺陷阻隔层的性能可以极大提高整个阻隔层的性能。利用电子束技术沉积薄膜,但是阻隔性能不足以满足 OLED 的要求。等离子体沉积的类金刚石薄膜,其阻隔性能比不上

SiO_xN_y 类材料[65]。电浆辅助化学气相沉积是最主要的无机薄膜封装技术,由 N_2 与 SiH_4 以 20∶1 的流量比沉积 SiN_x 薄膜。厚度为 3000nm 的 SiN_x 薄膜在 100℃ 和 95% 相对湿度条件下,Ca 氧化测试结果表明 500h 后其暗点只增加了极少量。

　　研究阻隔性能与薄膜厚度的函数关系是理解薄膜-基板结构渗透行为的最简单、直观的方法。氧气和水汽在聚合物/阻隔层系统中的渗透性通常是封装薄膜厚度的非线性函数,如图 5.11 所示,主要包括三个不同阶段[66]。①起初渗透率随着薄膜厚度增加而减小,随着薄膜厚度的增加,气体传输以两个数量级的速度递减,进一步增加厚度,气体传输会慢慢的递减到一个最小值,其中快速递减的厚度称为临界厚度 d_c,可以从图 5.3 得到印证。这个规律不取决于材料和沉积技术,但是临界厚度 d_c 极大地依赖于薄膜材料、沉积工艺和基板的表面特性。②一旦完全覆盖整个聚合物表面,渗透率基本上保持稳定,但依然远大于相应块体材料的渗透率。③当厚度超过 d_f,由于沉积过程形成的内应力产生了裂纹,阻隔层性能反而会下降。在设计阻隔层薄膜时,确定临界厚度 d_c 是非常关键的第一步,以避免过长的工艺时间。已报道的聚合物表面的薄膜临界厚度有 PECVD 沉积 SiO_x 为 40~50nm,电子束蒸发 AlO_x 为 ~20nm,溅射 AlO_x 为 20~30nm,PECVD 沉积 SiN_x 为 8~30nm,ALD 沉积 AlO_x 小于 25nm。

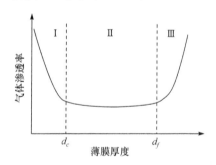

图 5.11　气体渗透率随薄膜厚度变化趋势的示意图[66]

　　图 5.12(a)是第一款在柔性多层聚合物基板上制造的柔性显示器样品,在 0.175mm 厚的热稳定 PET 基板上沉积阻隔层,显示器为 128×64 无源矩阵单色绿色 PHOLED 显示器,采用 175μm 厚含有涂层的热稳定 PET 基板[38]。在类似的基板上还制作了高性能的磷光 OLED,其性能等同于玻璃基板上的电子性能,WVTR 只有 2×10^{-6}g/($m^2 \cdot$ d)[67]。OLED 的驱动电流为 2.5mA/cm^2,器件的寿命为 3800h,如图 5.12(b)所示,室温下,阻隔层 PET 基板上 PHOLED(驱动电流 2.5mA/cm^2)无法与同样结构玻璃基板上 PHOLED(驱动电流 2.6mA/cm^2)的寿命比较。虽然上述技术还无法满足商业化显示器要求,但相对其他技术使用寿命已经提高一个数量级,并与柔性 OLED 兼容性良好。

　　在面积为 5mm^2 的柔性 OLED 背面和正面的 175μm 厚的 PET 基板沉积多层

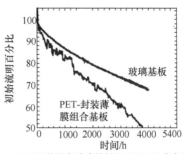

(a) 无源矩阵单色绿色PHOLED显示器　　　(b) PET基板和玻璃基板上PHOLED寿命比较

图 5.12　聚合物基板上制造的柔性显示器样本及其寿命比较

阻隔层(4~5 对交替的聚丙烯酸酯和 Al_2O_3 层),整个多层薄膜结构的厚度小于 $7\mu m$[14]。OLED 初始流明为 $600cd/m^2$,图 5.13 是在恒定 DC 电流驱动下器件的使用寿命测试结果[14],包括没有封装、玻璃基板+薄膜顶层封装、在玻璃基板上涂覆干燥剂的传统封装,实线表示在玻璃基板上利用玻璃盖子和干燥剂基进行封装的 PHOLED,降到一半流明强度的时间分别为 $<600,2500,3700$ 和 $9100h$。可以看出标准玻璃封装的 OLED 的使用寿命为 9000h,采用薄膜封装和玻璃基板组合 OLED 的流明降低到 50% 的时间为 3700h,大致是传统封装时间的 41%,采用涂覆阻隔层塑料基板的薄膜封装的使用寿命为 2500h。

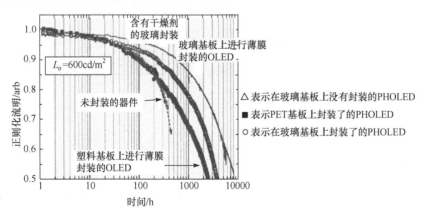

图 5.13　PHOLED 在标准室温下的寿命,恒定 DC 电流驱动[14]

3. 多层薄膜交错封装

　　单层有机或无机薄膜虽然能有效阻隔大气中水、氧快速进入器件,但难以满足柔性电子器件的密封性要求。为解决该问题,提出了多层薄膜封装技术,包括无机-无机、有机-有机、有机-无机三种薄膜堆叠封装形式。常用有机阻隔层材料有氟化聚合物、聚对二甲苯、甲基环戊烯醇酮、聚丙烯酸酯等；无机阻隔层材料有 SiO_x、Si_xN_y、SiN_xO_y、Al_2O_3、Mg 等[68]。多层无机-有机薄膜封装技术最初是由 GE 公司在研发电容时提出，其目的是为显著减少 Al 薄膜中的空洞密度。这种在聚合物基板上交替沉积有机和无机薄膜的方法被 Batelle 和 Vitex 公司作为阻隔层技术，结果表明可以显著提高阻隔性能，从而得到广泛研究与应用。

无机膜层对水汽和氧气有很好的阻挡作用，但是成膜后平整性差且容易形成缺陷，而聚合物层具有很好的成膜性、均匀性和表面平整度，但对水汽和氧气的阻隔效果欠佳，可为沉积无机膜提供良好的表面形态，减少成膜缺陷和减小应力，让两者交替成膜堆叠形成互补的水汽和氧气隔离单元。如图 5.14 所示，通过有机薄膜对多层无机薄膜的缺陷进行隔离，即使存在薄膜缺陷，多层封装方法可以提供良好的阻隔性能。利用有机薄膜阻断无机薄膜缺陷通道，避免缺陷在无机薄膜之间传递。当有机层的厚度小于无机阻隔层中空洞（缺陷）的平均尺寸时，渗透过程由"扭曲路径"机理控制，导致 WVTR 强烈依赖于有机层厚度。因此，多层结构可以实现缺陷在厚度方向的解耦，主要通过单层薄膜的组分在厚度方向实现梯度，增加了气体穿透的扩散路径，并可以得到更低空洞密度，从而得到更好的阻隔性能[57,58,69]。

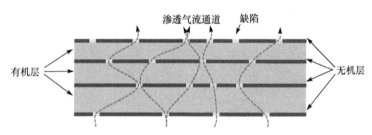

图 5.14　有机无机多层薄膜交错封装中的缺陷解耦气体渗透机制概念图

表 5.4 中数据看出聚合物-无机多层结构中出现了协同效应[70]。聚丙烯酸酯薄膜只能提高聚合物基板的阻隔氧气性能几个百分点，但是依次沉积聚丙烯酸酯层和铝金属层，其阻隔氧气性能提升了 37.5 倍。在聚丙烯酸酯-铝层叠结构之上再沉积聚丙烯酸酯层，其阻隔性能又提高一个数量级。依次沉积不同的无机层薄膜对于提高阻隔性能非常有限[71]。聚合物表面涂层可以钝化无机薄膜层中的机械裂纹来提高无机薄膜层的机械强度[13]。薄膜封装工艺多采用有机和无机薄膜交替堆叠的形式，使封装更加致密，并提高器件稳定性。

表 5.4　附着不同阻隔薄膜的聚丙烯基板的氧气渗透率[70]

阻隔结构	OTR/[cm³/(m²·d)]
聚丙烯	~1500
聚丙烯/聚丙烯酸酯	~1400
聚丙烯/铝	~30
聚丙烯/聚丙烯酸酯/铝	~0.8
聚丙烯/聚丙烯酸酯/铝/聚丙烯酸酯	~0.08

目前采用较多的封装薄膜是在 PEN 基板沉积的超高阻隔性能多层薄膜。PEN 具有较高的玻璃态转化温度,有助于器件后处理工艺。超高阻隔性能薄膜由致密无机透明薄膜 SiO_x 和 PECVD 沉积的有机硅交替组成,无机材料直接与柔性基板接触,无机和有机层在同一个沉积腔体内在 PEN 薄膜上按顺序生长。SiO_x 通过挥发性有机硅前驱物在氧化等离子环境下制备得到,而有机硅采用相似的有机硅前驱物在非氧化等离子环境下沉积得到。最后阻隔层由总厚度为 500nm 的五层组成,具有 $T > 85\%$ 的透明度。采用加速透明测试(50℃,85% 相对湿度)进行 1000h 测试(至少相当于常规环境中 10000h),器件性能依然能够满足要求。对于常规有机溶剂具有较好的稳定性,在利用异丙醇、丙酮和氯苯等进行清洗时性能不会退化。

Vitex 是柔性封装领域的开拓者,提出了 Barix 封装技术,主要利用 Al_2O_3 和聚丙烯酸酯交替沉积的多层结构构筑柔性封装层,如图 5.15(a)所示。丙烯酸树脂单体为几种不同丙烯酸酯的配合物,加入光引发剂闪蒸,在基板上积聚,紫外光交联固化,封装过程中基板温度低于 90℃。Barix 技术基本过程如下:①快速在冷却的塑料基板上闪蒸一层丙烯酸类树脂单体,并利用紫外光交联固化形成一种非共形、原子级光滑的聚丙烯酸酯膜;②将无机介质层薄膜溅射反应型无机薄膜(如 SiO_2、Si_3N_4、Al_2O_3 等)沉积在聚合物薄膜层上,作为阻挡水和氧扩散的屏障,形成一个 Barix 封装单元;③重复堆叠多个封装单元形成多层聚合物和无机层的组合,有效地消除了各防护层材料间的相互影响[72,73]。聚丙烯酸酯层有助于提高基板平整度,降低机械损伤,增加成核表面的热稳定性,无机薄膜层担负着阻隔层的作用。要求在这种无机物介质材料薄膜内几乎没有针孔和晶粒边界缺陷,才能使密封性更好。无机层厚度为几十纳米,而聚合物层厚度为微米量级,整个多层封装结构的厚度约为几微米,其中高分子膜用于抵消无机膜的应力和提高表面平整度以减少无机膜沉积时形成针孔的概率。Barix 技术独特之处在于单体薄膜的形成方式:快速将单体材料蒸发为气体后通入真空室,在基板上凝聚成液体,经过紫外固化后形成薄膜。Barix 技术是气体-液体模式,液体拥有更好的表面形态,形成的单体薄膜更加致密和平整。蒸镀、磁控溅射、化学气相沉积等传统成膜工艺是气体-

固体模式,只能形成与基板表面形态和粗糙度相同的薄膜。

WVTR 由 Ca 测试确定,测试结果如图 5.15(b)[74] 所示,当无机-有机复合结构达到三层时,水汽渗透性会明显降低。通过反复沉积多层无机-有机结构,聚合物薄膜可以隔离氧化层的缺陷,阻止缺陷在多层结构中的贯通,得到 WVTR 约为 $2\times10^{-6}\,g/(m^2 \cdot d)$,可使 $5mm^2$ OLED 的寿命超过 2500h[14]。Wong 等[75] 选取 CF_x/Si_3N_4 作为薄膜封装单元,并由五个单元组成整个封装,薄膜封装后的器件寿命可达 8000h。薄膜封装不需要封装盖及胶框,明显减少了器件厚度和重量。传统盖板封装的器件厚度为 4.5mm,而薄膜封装器件的厚度仅为 0.7mm,加上基板后的总厚度为 $10\mu m$。

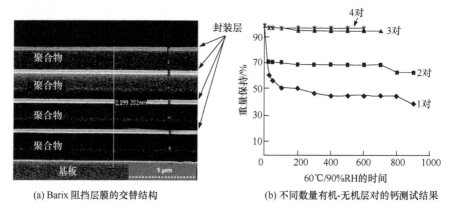

(a) Barix 阻挡层膜的交替结构　　　　(b) 不同数量有机-无机层对的钙测试结果

图 5.15　Barix 阻挡层膜的交替结构[74]

PECVD 能够在阶梯形结构上沉积良好覆盖性的密封层,但由于孔洞影响,PECVD 沉积单层氮化硅密封层的防水性比较差。为此,Philips 公司提出多层堆叠结构:氮化硅-氧化硅-氮化硅-氧化硅-氮化硅(NONON)进行薄膜封装。最近,多层 ALD/MLD 组合方法被视为 Vitex 技术的替代方法,其优势在于能够实现低水汽渗透率,这得益于 ALD/MLD 沉积层具有非常好的薄膜完整性,但其缺点是沉积效率较低,ALD/MLD 工艺的可扩展性有限[76]。

随着薄膜封装的发展和技术创新,有机-无机交错薄膜封装技术、有机-无机杂化聚合物以及其与其他封装方式的结合应用,将是柔性电子封装一个值得关注的研究方向。杂化聚合物具有无机物和有机物的双重特性,兼具无机物的高阻水性和有机物的柔韧性。杂化聚合物具有非晶结构、无针孔、高度交联、对热敏感性不高、耐腐蚀、黏着性强等特点。得益于分子结构中的无机和有机功能基团,HMD-SO(hexamethyldisiloxane)、四甲基硅烷(tetramethylsilane,TMS)和正硅酸乙酯(tetraethoxysilane,TEOS)等有机硅化合物和 SiO_xC_y 具有无机有机双重特性,并可以通过调整反应源气体使它们更接近于有机物或无机物,这是单纯无机物或有机物所不具备的。但是,单纯地用杂化聚合物封装,效果不理想,封装的器件很快衰减[68]。

5.5.4　薄膜封装中的干燥剂集成

　　柔性电子器件是用有机黏结剂进行封装,水、氧可能通过封接面渗透到器件内部。为此,封装时可在电子器件内部加入干燥剂,以吸收少量渗透到内部的水汽。在封装过程中使用干燥剂厚度通常为 1mm,无法满足柔性电子器件的机械变形要求,只能将其制作成干燥剂薄膜。图 5.16(a)和(b)分别说明了如何在整体阻隔层结构或分层阻隔层结构中集成薄膜干燥剂[12],但是制成薄膜形式后,会在一定程度上影响干燥性能,因为柔性电子寿命取决于干燥剂覆盖面积、可吸收水的体积。干燥剂制备成薄膜结构后,可通过在整个器件面积上涂覆干燥剂来增加覆盖面积,但减小了干燥剂的体积。阻隔层中加入干燥剂后,干燥剂吸水分后体积膨胀,会使阻挡层失效。对于图 5.16(a)中的整体阻隔结构而言,干燥剂局部体积膨胀会导致阻隔层局部失效和性能过早退化。对于图 5.16(b)的叠层结构,由于有足够的空间,干燥剂体积膨胀影响不大。将薄膜干燥剂集成到玻璃基板器件中,可以显著减少暗点的形成和像素的收缩,这种干燥剂需要非常高的固化温度,高于一般聚合物基板所能承受的温度。

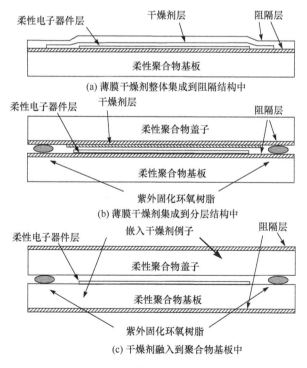

(a) 薄膜干燥剂整体集成到阻隔结构中

(b) 薄膜干燥剂集成到分层结构中

(c) 干燥剂融入到聚合物基板中

图 5.16　干燥剂多种集成形式[12]

　　图 5.16(c)是将干燥剂集成到柔性聚合物基板中,然后将阻隔层制作在基板

外表面[77]。其基本思想是将干燥剂粒子嵌入到聚合物基板中，可以避免干燥剂和有机层直接接触，但要求干燥剂粒子尺寸远小于器件发射光的波长（如五分之一），避免光散射现象。并要求薄膜阻挡层在形成过程中与柔性电子器件基板紧密黏结，一般要求在较低温度下完成，而且要尽量避免损坏有机层。图 5.16(c)采用单层或多层薄膜直接封装，可以集成比一层薄膜体积更大的干燥剂，整个基板都可以用于填充干燥剂，能够吸收更多的水汽，相对于图 5.16(b)结构而言，器件更薄。

5.6　薄膜阻隔性能检测

　　柔性电子器件封装材料气体渗透率的测量对于研制高阻隔性封装材料、改善封装结构和工艺、提高柔性电子器件寿命具有重要意义。有几种常用的 ASTM 标准用于测量气体和水汽的传输率、浸透和渗透率，例如 D1434 和 D3985 用于气体、E96 和 F1249 用于水汽[78]，但尚不能满足 OLED 低渗透率测试敏感度的要求。目前提出能够满足测量 WVTR 敏感度要求的测试方法有质谱法、利用 X 射线和中子反射进行测量[79]、氚扩散测试[80]和钙测试法，测量 OTR 的有超高真空残余气体分析法。

5.6.1　湿度传感器法

　　测量阻隔层薄膜 WVTR 和 OTR 最常用的方法是 MOCON 测量。氧气和水汽的渗透性通过 Mocon Oxtran、Permatran 和 Brugger 标准装置进行测量[24]，对氧气和水汽的测量极限值为 $0.005 \text{cm}^3/(\text{m}^2 \cdot \text{d} \cdot \text{atm})$ 和 $0.005 \text{g}/(\text{m}^2 \cdot \text{d})$。MOCON 公司的装备测量水汽的原理如图 5.17 所示[66]，阻隔薄膜上游侧达到一定浓度的水饱和，下游侧通过干燥运载气体进行净化。当水汽透过薄膜时，运载气体将水汽带到湿度传感器上。当达到稳态，就会得到给定温度和相对湿度水平下的 WVTR 值，敏感性主要受限于边缘泄漏[81]。

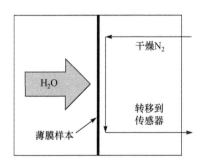

图 5.17　MOCON 公司的装备测量水汽传输率的原理[66]

湿度传感器测量方法是将湿度传感器裸片置入标定好的湿度箱内,固定某一温度不变,在 20%~85% 相对湿度范围内,每隔 5% 相对湿度阶梯式逐渐升高腔体内的相对湿度,每个阶梯保持 20 分钟以达到平衡,并测其电容值,之后换算成湿度传感器表面的相对湿度值,通过扩散方程的一维近似拟合,可得水蒸气透过薄膜的扩散系数。这种方法可以准确实时的跟踪变化,但是不能测量除水蒸气之外的氧气及其他气体的渗透率[82]。由于传感器法是利用传感器测试计算所需的湿度以及相关数据,因此对传感器的要求比较严格。动态相对湿度检定法要求传感器对湿度变化快速响应,灵敏度至少为 0.05% 相对湿度。

5.6.2 称重法

称重法(增重法和减重法)是最早测试水汽渗透性的方法,通过测量一定时间间隔内透湿杯质量的变化,计算出水汽渗透率。称重法要求试样两侧相对湿度达到一定差值,温度和湿度都是测试的环境参数,对湿度传感器的要求并不是很高。将待测封装材料薄膜沉积在聚乙烯萘(PEN)薄膜上,并用其密封装有干燥剂($CaCl_2$)的铝罐口,然后将铝罐置于恒温恒湿环境下(85℃,85% 相对湿度)。因为铝罐本身不透水,所以铝罐增加的重量完全来自沉积有封装薄膜的 PEN 薄膜的水汽渗透。利用电子秤定时称量铝罐的增重,可以计算出封装薄膜的水汽渗透率。在测试原理上增重法与减重法(见图 5.18)完全一样,区别在于增重法中的质量变化取吸湿剂的增加值,减重法中取透湿杯中蒸馏水质量的减少量[82]。

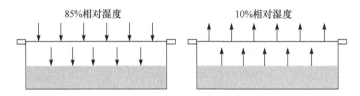

85%相对湿度　　　　　　　　　10%相对湿度

图 5.18　增重法和减重法示意图

减重法的实验环境与传感器法的实验环境相似,都采用蒸馏水或饱和盐溶液来实现试样一侧为相对湿度 100% 的条件,通过调节实验环境的相对湿度使得试样两侧达到稳定的相对湿度差,比增重法更加稳定。透湿性测试需要在规定的温度、相对湿度下,在试样两侧保持一定的水蒸气压差,通过分析天平得到透过试样的水蒸气量,计算水蒸气透过量和水蒸气透过系数[82]。当湿腔内绝对湿度增加以及环境温度增加时,水蒸气透过率会变大,所以在不同的测试条件下得到的数据没有可比性,选择的实验条件需要尽可能地接近真实使用条件,同时要尽可能地减小温湿度的波动。

称重法通过长期的发展,测量技术已经十分成熟,测量结果稳定、重复性好,对水的渗透率测量是累积式的,灵敏度比较高,仪器设备价格低廉。但是称重法不能对除水蒸气之外的氧气或其他气体的渗透率进行测量,测量速度慢,需要长时间才能得到测量结果,不能对器件内部放气因素对器件的影响进行测量和评价,不适用于过厚的试样,对于透过量低或精度要求较高的试样需要进行空白实验来提高测试精度[82]。

5.6.3　钙测试法

封装后的钙膜在被水汽腐蚀后会出现透明斑块,这是因为水汽与钙膜发生反应生成透明的氢氧化钙。钙测试法是通过观测不透明反应金属转变为透明氧化物和氢氧化物的光学变化进行水汽测量,即通过计算钙膜被腐蚀的相对面积的变化来计算水汽渗透率[83]。钙可以收集通过阻隔层薄膜渗透的水汽和氧气发生化学反应:$2Ca+O_2 \rightarrow 2CaO$、$Ca+H_2O \rightarrow CaO+H_2$ 和 $CaO+H_2O \rightarrow Ca(OH)_2$。钙测试法通常可以分为总体渗透率测试和缺陷成像测试,前者测量整个区域的渗透率,后者对局部渗透率的变化非常敏感。

总体渗透率测试法的测量系统和钙单元如图 5.19(a)所示,基本过程为:①在干净的玻璃载片上蒸镀 50nm 的钙薄膜;②在手套箱中利用另外一块玻璃载片或者聚合物阻隔层对玻璃载片进行封装,并利用紫外固化胶水进行密封。为确保钙能够在整个面积上均匀腐蚀,需将钙沉积到玻璃基板上,而不是阻隔层上,因此钙腐蚀率测量的是整个阻隔层面积的扩散率。当水汽不断渗透,钙会被均匀腐蚀,变得越来越薄,可以明显观察到钙的光学变化,从金属色变为透明。由于钙被氧化成 CaO 或者 $Ca(OH)_2$,因此钙光学测试用于测量其中氧元素传输[84]。钙在 880nm 波长光下的透光率通过光电探测器连续测量,如图 5.19(a)[66]。钙在转化为透明氧化物绝缘体或者氢氧化物盐之后,钙的光学和电学方面活性会降低。另外一方面,通过测量常值电压下电流变化可以得到钙层的厚度,因此钙电阻测试可以非常精确地确定钙的腐蚀程度。

化学反应速率(即水渗透率)可通过测量钙膜的透明度或者电导性进行测量,测量装置如图 5.19(b)所示。钙测试法能够测量的有效传输率为 $3 \times 10^{-7} g/(m^2 \cdot d)$。虽然钙测试法原理非常简单,测量灵敏度高,但是测试结果对样本的准备、密封材料和采集方法非常敏感。钙测试法不能辨别氧气与水汽渗透率,不能实现对除水汽之外的氧气及其他气体的渗透率的测量。为了能够稳定测量水汽渗透,可采用氚传输速率测量(tritium transport rate,TTR),借助放射性 HTO(氢-氚-氧)追踪方法,图 5.19(c)为 TTR 测量示意图[24]。HTO 作为氚源,以 HTO 分子或者氚原子形式沿着薄膜进行扩散。吸收 LiCl 的氚融入到 HTO 中,而 HTO 渗透过聚合物薄膜。LiCl 从测试单元或者外部环境中吸收了 H_2O。利用配备残余气体分析仪的超高真空腔体的渗透分析技术与标准的孔径一起使用,可以测量出 OTR 低至 $1 \times 10^{-6} cm^3/(m^2 \cdot d)$,但难以对水汽进行同样的测量。

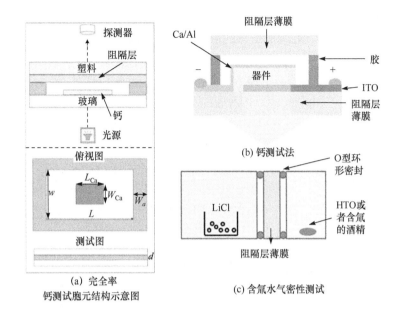

图 5.19　气密性测量布局图

　　钙缺陷成像测试可以辨别块体渗透率和缺陷渗透率,后者可以通过观测钙膜上的斑点得知,灵敏度较高。总体渗透率测试技术无法测量孔洞的渗透率,然而这正是缺陷成像测试的强项。Erlat 缺陷影像测试对柔性塑料基板进行测试[85],采用热蒸发法在 $1'' \times 1''$ 塑料基板的阻隔层上沉积 100nm 厚的钙,整个结构被封装在紫外固化环氧树脂和直径 $1''$ 的玻璃载片中。由于采用了低黏性的紫外固化环氧树脂,可以实现 $10\mu m$ 厚的密封圈,保证密封圈的低水汽渗透性。样本密封好后,从手套箱中移除,并对光密度进行初次成像和测量,然后放置环境控制腔体中,利用自动成像系统进行周期性成像。当水汽渗透过塑料基板之后,与钙接触,在局部区域发生反应,形成 $Ca(OH)_2$,局部反应区域的扩展为时间的函数,整个处理过程如图 5.20 所示[66]。其缺点是在 60℃/90%RH 条件下,检测过程超过 1000h。

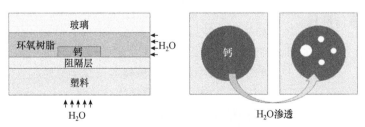

图 5.20　钙缺陷成像测试法示意图[66]

钙测试法用于表征太阳电池多层封装薄膜渗透性，用于监视被封装钙传感器的电导性变化。测试中采用了 4.5 mm×7 mm 的钙传感器和用于测量电阻的 Al 互联结构，Al 厚度为 100nm，钙厚度为 300nm，采用热蒸发和掩膜工艺沉积到玻璃基板上；然后将钙样本转移到 PECVD 系统，沉积 400nm 厚度的 SiO_x 缓冲层在钙表面，实现侧向渗透，如图 5.21(a)所示；然后沉积有机-无机封装层，包括 100nm 厚 SiO_x 或 SiN_x、50nm 厚 Al_2O_3、$1\mu m$ 聚对二甲苯。将被封装的钙传感器保存在 20℃和相对湿度为 50％的环境中，测量 800h 后的电阻值变化表征 WVTR。电阻值是时间的线性函数，如图 5.21(b)～(d)所示(封装结构从上至下分别为 100nm 厚 SiO_x/50nm 厚 Al_2O_3/$1\mu m$ 厚 parylene、100nm 厚 SiN_x/50nm 厚 Al_2O_3/$1\mu m$ 厚 parylene、100nm 厚 SiO_x/10nmAl_2O_3/$1\mu m$ 厚 parylene)，即

$$\mathrm{WVTR}=-n\delta_{Ca}\rho_{Ca}\frac{\mathrm{d}G}{\mathrm{d}t}\frac{1}{w}\frac{M(\mathrm{H_2O})}{M(\mathrm{Ca})}\frac{\mathrm{area(Ca)}}{\mathrm{area(window)}}$$

式中，δ_{Ca}、ρ_{Ca} 分别为 Ca 的电阻和密度；$M(\mathrm{H_2O})$、$M(\mathrm{Ca})$ 分别为水(18amu)和 Ca(40.1amu)的摩尔质量；n 为降解反应的摩尔数，在 Ca 与水的反应中 $n=2$，即 $\mathrm{Ca}+2\mathrm{H_2O}(n=2)\rightarrow\mathrm{Ca(OH)_2}+\mathrm{H_2}$；l、$w$ 分别为 Ca 传感器的长度和宽度。Ca 传感器面积与窗口面积之比为 1。

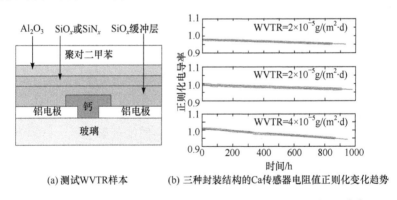

(a) 测试WVTR样本　　　(b) 三种封装结构的Ca传感器电阻值正则化变化趋势

图 5.21　"钙测试"法用于表征太阳电池多层封装薄膜渗透性[26]

5.6.4　质谱法测量

质谱学是研究如何使中性样品形成离子，并使这些具有不同质荷比的离子在特定的电磁场中运动进行分离的科学。质谱分析技术是真空科学与技术领域中发展很成熟的气体分压强测量技术，目前最小可检气体分压强为 $10^{-14}\sim10^{-13}\mathrm{Pa}$，并且能够测量所有种类的气体，测量速度达到毫秒级。将质谱技术应用于柔性电子封装材料渗透测量，可实现各种气体对封装材料渗透率的快速测量。除测量水和氧渗透率外，其他活性气体对有机发光器件封装材料的渗透及对器件寿命和稳定

性的影响也可测量。利用质谱法,可对有机发光器件内部各种材料(封装材料、发光材料)的放气种类、放气速率及其对器件的影响、制造工艺对器件内部放气率的影响进行研究。

5.6.5　氧等离子体

　　最近提出一种凸显阻隔层裂纹缺陷的方法,也适用顶层有机薄膜,方法快速简单、可成批处理。其基本思路是利用活性氧等离子体对密封层中的缺陷进行放大。由于基板快速腐蚀,在显微镜下很容易直接观察到密封层缺陷下形成的缺口,如图 5.22 所示[86]。

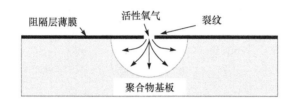

图 5.22　氧等离子体凸显保护层缺陷的示意图

参 考 文 献

[1] Choy K L. Chemical vapour deposition of coatings. Progress in Materials Science,2003, 48(2):57—170.

[2] Li D,Borkent E J,Nortrup R,et al. Humidity effect on electrical performance of organic thin-film transistors. Applied Physics Letters,2005,86(4):042105.

[3] 王树林,夏冬林. ITO 薄膜的制备工艺及进展. 玻璃与搪瓷,2004,32(5):51—54.

[4] Fortunato G. Polycrystalline silicon thin-film transistors:A continuous evolving technology. Thin Solid Films,1997,296(1-2):82—90.

[5] Modreanu M,Bercu M,Cobianu C. Physical properties of polycrystalline silicon films related to LPCVD conditions. Thin Solid Films,2001,383(1-2):212—215.

[6] Schropp R E I,Stannowski B,Rath J K. New challenges in thin film transistor(TFT) re-search. Journal of Non-Crystalline Solids,2002,299(2):1304—1310.

[7] 刘丰珍,朱美芳,冯勇,等. 等离子体—热丝 CVD 技术制备多晶硅薄膜. 半导体学报,2003, 24(5):499—503.

[8] Meyerson B S. Low-temperature silicon epitaxy by ultrahigh vacuum/chemical vapor deposi-tion. Applied Physics Letters,1986,48(12):797—799.

[9] Yamashita K,Mori T,Mizutani T. Encapsulation of organic light-emitting diode using ther-mal chemical-vapour-deposition polymer film. Journal of Physics D-Applied Physics,2001, 34(5):740—743.

［10］Dehbi-Alaoui A，Matthews A. Diamond-like carbon films grown in a new configuration for filament enhanced plasma assisted CVD. Vacuum，1995，46(11)：1305－1309.

［11］Martinu L，Wertheimer M R，Klemberg-Sapieha J E. Recent advances in plasma deposition of functional coatings on polymers. Plasma Deposition and Treatment of Polymers，1998，544：251－256.

［12］Lewis J S，Weaver M S. Thin-film permeation-barrier technology for flexible organic light-emitting devices. IEEE Journal of Selected Topics in Quantum Electronics，2004，10(1)：45－57.

［13］Yves L. Durability of nanosized oxygen-barrier coatings on polymers. Progress in Materials Science，2003，48(1)：1－55.

［14］Chwang A B，Rothman M A，Mao S Y，et al. Thin film encapsulated flexible organic electroluminescent displays. Applied Physics Letters，2003，83(3)：413－415.

［15］Sobrinho A S D S，Czeremuszkin G，Latrèche M，et al. Defect-permeation correlation for ultrathin transparent barrier coatings on polymers. Journal of Vacuum Science & Technology A，2000，18(1)：149－157.

［16］Razeghi M. The Mocvd Challenge. New York：CRC Press，2010.

［17］Kim D S，Lee C H. Preparation of barium titanate thin films by MOCVD using ultrasonic nebulization. Ferroelectrics，2010，406(1)：130－136.

［18］Bekermann D，Ludwig A，Toader T，et al. MOCVD of ZnO films from Bis(Ketoiminato)Zn (II) precursors：Structure，morphology and optical properties. Chemical Vapor Deposition，2011，17(4－6)：155－161.

［19］Muydinov R Y，Stadel O，Brauer G. MOCVD of YBCO and oxide buffer layers on textured Ni-Alloy tapes. IEEE Transactions on Applied Superconductivity，2011，21(3)：2916－2919.

［20］Ahonen M，Pessa M，Suntola T. A study of ZnTe films grown on glass substrates using an atomic layer evaporation method. Thin Solid Films，1980，65(3)：301－307.

［21］George S M. Atomic layer deposition：An overview. Chemical Reviews，2010，110(1)：111－131.

［22］Carcia P F，McLean R S，Reilly M H，et al. Ca test of Al_2O_3 gas diffusion barriers grown by atomic layer deposition on polymers. Applied Physics Letters，2006，89(3)：031915.

［23］George S M，Ott A W，Klaus J W. Surface chemistry for atomic layer growth. Journal of Physical Chemistry，1996，100(31)：13121－13131.

［24］Park J S，Chae H，Chung H K，et al. Thin film encapsulation for flexible AM-OLED：A review. Semiconductor Science and Technology，2011，26(3)：034001.

［25］Fabreguette F H，Wind R A，George S M. Ultrahigh x-ray reflectivity from W/AlO multilayers fabricated using atomic layer deposition. Applied Physics Letters，2006，88(1)：0131161.

［26］Kim N，Potscavage J W J，Domercq B，et al. A hybrid encapsulation method for organic electronics. Applied Physics Letters，2009，94(16)：163308.

［27］Hirvikorpi T，Vähä-Nissi M，Mustonen T，et al. Atomic layer deposited aluminum oxide barrier coatings for packaging materials. Thin Solid Films，2010，518(10)：2654－2658.

[28] Yun S J, Ko Y W, Lim J W. Passivation of organic light-emitting diodes with aluminum oxide thin films grown by plasma-enhanced atomic layer deposition. Applied Physics Letters, 2004, 85(21):4896—4898.

[29] Crawford G P. Flexible Flat Panel Displays. Chichester:John Wiley & Sons, 2005.

[30] Allen K. OLED encapsulation. Information Display, 2002, 18(7):26—29.

[31] 朱哲民. 开发逆式压印技术及其应用于大尺寸可挠性 OLED 面板与 OLED 封装膜之制备 [D]. 台南:成功大学, 2011.

[32] Schaer M, Nüesch F, Berner D, et al. Water vapor and oxygen degradation mechanisms in organic light emitting diodes. Advanced Functional Materials, 2001, 11(2):116—121.

[33] Tang C W, VanSlyke S A. Organic electroluminescent diodes. Applied Physics Letters, 1987, 51(12):913—915.

[34] Gustafsson G, Cao Y, Treacy G M, et al. Flexible light-emitting diodes made from soluble conducting polymers. Nature Biotechnology, 1992, 357(6378):477—479.

[35] Forrest S R. Ultrathin organic films grown by organic molecular beam deposition and related techniques. Chemical Reviews, 1997, 97(6):1793—1896.

[36] Dennler G, Lungenschmied C, Neugebauer H, et al. A new encapsulation solution for flexible organic solar cells. Thin Solid Films, 2006, 511:349—353.

[37] Guenther E, Kumar R S, Zhu F, et al. Building blocks for ultrathin flexible organic electroluminescent devices. Proceedings of SPIE, 2002, 4464(23):23—33.

[38] Burrows P E, Graff G L, Gross M E, et al. Gas permeation and lifetime tests on polymer-based barrier coatings. Proceedings of SPIE, 2001, 4105(75):75—83.

[39] Kim J Y, Sohn D, Kim E R. Polymer-based multi-layer conductive electrode film for plastic LCD applications. Applied Physics A:Materials Science & Processing, 2001, 72(6):699—704.

[40] Yoshida A, Fujimura S, Miyake T, et al. 3-inch full-color OLED display using a plastic substrate. SID Symposium Digest of Technical Papers, 2003, 34(1):856—859.

[41] Brabec C, Cravino A, Meissner D, et al. The influence of materials work function on the open circuit voltage of plastic solar cells. Thin Solid Films, 2002, 403:368—372.

[42] Brabec C J. Organic photovoltaics:Technology and market. Solar Energy Materials and Solar Cells, 2004, 83(2-3):273—292.

[43] Groner M D, George S M, McLean R S, et al. Gas diffusion barriers on polymers using Al [sub 2]O[sub 3] atomic layer deposition. Applied Physics Letters, 2006, 88(5):051907.

[44] Arias A C, Endicott F, Street R A. Surface-induced self-encapsulation of polymer thin-film transistors. Advanced Materials, 2006, 18(21):2900—2904.

[45] Cairns D R, Witte R P, Sparacin D K, et al. Strain-dependent electrical resistance of tin-doped indium oxide on polymer substrates. Applied Physics Letters, 2000, 76(11):1425—1427.

[46] Suo Z, Ma E Y, Gleskova H, et al. Mechanics of rollable and foldable film-on-foil electronics. Applied Physics Letters, 1999, 74(8):1177—1179.

[47] Kawaharada M, Ooishi M, Saito T, et al. Nuclei of dark spots in organic EL devices:Detec-

tion by DFM and observation of the microstructure by TEM. Synthetic Metals, 1997, 91(1-3):113—116.

[48] Liew Y F, Aziz H, Hu N X, et al. Investigation of the sites of dark spots in organic light-emitting devices. Applied Physics Letters, 2000, 77(17):2650—2652.

[49] Burrows P E, Bulovic V, Forrest S R, et al. Reliability and degradation of organic light-emitting devices. Applied Physics Letters, 1994, 65(23):2922—2924.

[50] Fehse K, Meerheim R, Walzer K, et al. Lifetime of organic light emitting diodes on polymer anodes. Applied Physics Letters, 2008, 93(8):083303.

[51] Sugimoto A, Ochi H, Fujimura S, et al. Flexible OLED displays using plastic substrates. IEEE Journal of Selected Topics in Quantum Electronics, 2004, 10(1):107—114.

[52] Liu S, Zhang D, Li Y, et al. New hybrid encapsulation for flexible organic light-emitting devices on plastic substrates. Chinese Science Bulletin, 2008, 53(6):958—960.

[53] Meyer J, Schneidenbach D, Winkler T, et al. Reliable thin film encapsulation for organic light emitting diodes grown by low-temperature atomic layer deposition. Applied Physics Letters, 2009, 94(23):233305.

[54] Ghosh A P, Gerenser L J, Jarman C M, et al. Thin-film encapsulation of organic light-emitting devices. Applied Physics Letters, 2005, 86(22):223503.

[55] 黄大勇, 牛萍娟, 李晓云. 有机电致发光器件封装技术的研究进展. 微电子学, 2010, 40(6): 875—879.

[56] 高卓. OLED 器件封装工艺研究[D]. 成都:电子科技大学, 2011.

[57] Granstrom J, Swensen J S, Moon J S, et al. Encapsulation of organic light-emitting devices using a perfluorinated polymer. Applied Physics Letters, 2008, 93(19):193304.

[58] Huang W D, Wang X H, Sheng M, et al. Low temperature PECVD SiN$_x$ films applied in OLED packaging Materials Science and Engineering B-Solid State Materials for Advanced Techology, 2003, 98(3):248-254.

[59] Kho S, Cho D, Jung D. Passivation of organic light-emitting diodes by the plasma polymerized para-xylene thin film. Japanese Journal of Applied Physics Part 2-Letters, 2002, 41(11B):L1336—L1338.

[60] Yamashita K, Mori T, Mizutani T. Encapsulation of organic light-emitting diode using thermal chemical-vapour-deposition polymer film. Journal of Physics D: Applied Physics, 2001, 34(5):740.

[61] Mandlik P, Gartside J, Han L, et al. A single-layer permeation barrier for organic light-emitting displays. Applied Physics Letters, 2008, 92(10):103309.

[62] Moser E M, Urech R, Hack E, et al. Hydrocarbon films inhibit oxygen permeation through plastic packaging material. Thin Solid Films, 1998, 317(1-2):388—392.

[63] Chatham H. Oxygen diffusion barrier properties of transparent oxide coatings on polymeric substrates. Surface and Coatings Technology, 1996, 78(1-3):1—9.

[64] Hanika M, Langowski H C, Moosheimer U, et al. Inorganic layers on polymeric films-influ-

ence of defects and morphology on barrier properties. Chemical Engineering & Technology, 2003,26(5):605—614.

[65] Tanaka T,Yoshida M,Shinohara M,et al. Diamondlike carbon deposition on plastic films by plasma source ion implantation. Journal of Vacuum Science & Technology a-Vacuum Surfaces and Films,2002,20(3):625—633.

[66] Wong W S,Salleo A. Flexible Electronics:Materials and Applications. New York:Springer, 2009.

[67] Weaver M S,Michalski L A,Rajan K,et al. Organic light-emitting devices with extended operating lifetimes on plastic substrates. Applied Physics Letters,2002,81(16):2929—2931.

[68] 王振国,高健,赵伟明,等. 有机发光器件(OLED)封装技术的研究现状分析. 现代显示, 2011,1(1):27—31.

[69] Yan M,Kim T W,Erlat A,et al. A transparent,high barrier,and high heat substrate for organic electronics. Proceedings of the IEEE,2005,93(8):1468—1477.

[70] Shaw D G,Langlois M G. Some performance-characteristics of evaporated acrylate coatings. Proceedings of Seventh International Conference on Vacuum Web Coating,1993:268—276.

[71] Erlat A G,Spontak R J,Clarke R P,et al. SiO_x gas barrier coatings on polymer substrates: Morphology and gas transport considerations. The Journal of Physical Chemistry B,1999, 103(29):6047—6055.

[72] Burrows P E,Graff G L,Gross M E,et al. Ultra barrier flexible substrates for flat panel displays. Displays,2001,22(2):65—69.

[73] Affinito J D,Gross M E,Coronado C A,et al. A new method for fabricating transparent barrier layers. Thin Solid Films,1996,290:63—67.

[74] Suen C S,Chu X. Multilayer thin film barrier for protection of flex-electronics. Solid State Technology,2008,51(3):36—39.

[75] Wong F L,Fung M K,Tao S L,et al. Long-lifetime thin-film encapsulated organic light-emitting diodes. Journal of Applied Physics,2008,104(1):014509.

[76] Dameron A A,Davidson S D,Burton B B,et al. Gas diffusion barriers on polymers using multilayers fabricated by Al_2O_3 and rapid SiO_2 atomic layer deposition. The Journal of Physical Chemistry C,2008,112(12):4573—4580.

[77] Duggal A R. Plastic substrates with improved barrier properties for devices sensitive to water and/or oxygen, such as organic electroluminescent devices. United States Patent 6465953,2002.

[78] Massey L K. Permeability Properties of Plastics and Elastomers:A Guide to Packaging and Barrier Materials. New York:William Andrew Publishing,2001.

[79] Vogt B D,Lee H J,Prabhu V M,et al. X-ray and neutron reflectivity measurements of moisture transport through model multilayered barrier films for flexible displays. Journal of Applied Physics,2005,97(11):114509.

[80] Dunkel R,Bujas R,Klein A,et al. Method of measuring ultralow water vapor permeation for

OLED displays. Proceedings of the IEEE,2005,93(8):1478—1482.

[81] Stevens M,Tuomela S,Mayer D. Water vapor permeation testing of ultra-barriers:Limitations of current methods and advancements resulting in increased sensitivity//Society of Vacuum Coaters 48th Annual Technical Conference Proceedings,New York,2005:189—191.

[82] 李树林. OLED 封装材料气体渗透率的测量[D]. 天津：电子科技大学,2009.

[83] Kumara R S,Aucha M,Oua E,et al. Low moisture permeation measurement through polymer substrates for organic light emitting devices. Thin Solid Films,2002,417(1,2):120—126.

[84] Kim T W,Yan M,Erlat A G,et al. Transparent hybrid inorganic/organic barrier coatings for plastic organic light-emitting diode substrates. Journal of Vacuum Science & Technology A:Vacuum,Surfaces,and Films,2005,23(4):971—977.

[85] Erlat A,Yan M,Kim T,et al. Ultra-high barrier coatings for flexible organic electronics//Society of Vacuum Coaters 48th Annual Technical Conference Proceedings,2005:116—120.

[86] Lewis J. Material challenge for flexible organic devices. Materials Today,2006,9(4):38—45.

第6章 微纳图案化工艺

6.1 引 言

薄膜图案化是柔性电子制造的核心技术之一,遵循着制造领域自上而下去除材料或自下而上增加材料的基本思想,其关键技术是薄膜的制造、图案化、转移、复制、保真等工艺。柔性电子不同于微电子,需要采用大面积、低温、低成本的图案化技术。柔性电子制造的最大挑战在于晶体管阵列的源极和漏极之间沟道的制备,直接决定了电流输出、切换速度等器件性能。可借鉴微电子、微机电、生物医疗器件的图案化技术,但同时又必须考虑柔性电子器件的柔性基板、有机材料、大面积等特点,需要考虑有机材料热稳定性(低熔点、低玻璃态转化温度等)、兼容性(溶剂敏感性等)、一致性(结构均匀性、电学特性等)和大变形性(有机-无机混合软硬结构伸缩性等)。柔性电子可采用与微电子相似的制造工艺,用柔性基板代替硅、玻璃基板,但现有制造过程包括高温和化学刻蚀工序,如光刻、高温沉积、紫外光照射等,需要生产能耐高温或具有更高玻璃化温度的塑料,这仍是巨大的挑战。目前可用于柔性电子的图案化技术包括光刻、印刷、软刻蚀、纳米压印、纳米蘸笔、激光直写和喷墨打印等工艺。光刻是目前最成功,应用最广泛的图案化工艺。柔性电子图案化采用低温工艺,与柔性基板兼容,并减少材料热膨胀系数失配引起界面残余应力的不利影响。

直写技术无需掩膜、周期短、材料利用率高、对环境污染小,已用于印刷电路板、玻璃和环氧树脂上微米尺度结构的加工,包括微接触印刷(microcontact printing,μ-CP)、蘸笔、近场电纺丝等墨液直写技术,激光消融、MAPLE 等激光直写技术。直写技术从原理上可分为加成法和减成法。前者可以根据需要在基板表面选区沉积不同成分的膜层,灵活程度高,节约原材料,后者主要是激光刻蚀直写技术。喷印技术与数字化技术结合,通过构建和存储打印数据,利用数据驱动实现墨液定量化控制,图案复制过程不受印版的限制。根据直写方式的不同,可以把加成法分为:①喷射沉积直写,包括喷墨直写、等离子体热喷射直写等;②微流动沉积直写,包括微笔直写、n-Scrypt 直写和蘸笔纳米刻蚀(dip pen nanolithography,DPN)直写;③激光直写,包括激光化学气相沉积、激光诱导化学液相沉积、激光薄膜转移法等;④pen-on-paper 直写,是通过圆珠笔将导电墨水滴涂到柔性基板上[1]。柔性电子的理想图案化方法是采用溶液化材料,通过打印方式直接沉积到基板上形成图案,可在常温常压下进行卷到卷制造,具有低成本、高可靠、环境友好等优点。

　　物理接触图案化工艺包括纳米压印、转移印刷、表面模压(embossing)与铸模(molding)技术等,图案分辨率由分子间范德华力、润湿现象、毛细管填充过程的动力学因素和材料性质(在温度和压力下的变化)所共同决定。软刻蚀与金属刻蚀、化学镀、电聚合化、金属层转移进行组合,实现柔性基板的微尺度金属图案化,为物理接触复模技术提供了新的机遇。复模技术的模板从单一的硬模板拓展到 PDMS模板,在降低成本、减小图案尺寸和使物理接触更充分提高精度的同时,还将物理接触复模技术的应用范围扩大到曲面。

6.2　光　刻　工　艺

　　光刻工艺是利用光刻胶光敏感度不同,在光照下发生物理化学反应,从而将图案从光掩膜上转移到基板上。光刻工艺具有对准和套刻精度高、掩模制作相对简单、工艺条件容易掌握等优点,已成为微电子工业发展的基石。光刻工艺的典型过程为硅片清洗烘干、涂底、旋涂光刻胶、前烘、对准曝光、后烘、显影、刻蚀、检测等工序[2]。光刻工艺常用分类如表 6.1 所示。从微电子发展历史可知,光学曝光工具的成本呈指数增长,且占制造时间的 $40\%\sim50\%$。

表 6.1　光刻工艺的分类方法

分类方式	类别
光源	光学光刻、电子束光刻、离子束光刻
曝光系统的控制方式	基于掩模版的光刻、直接光刻
掩模的平行方式	接触式光刻、接近式光刻、投影光刻等
投影式曝光	扫描投影曝光、步进重复投影曝光、扫描步进投影曝光

　　光刻胶是一种对某些波长感光灵敏,如对紫外、深紫外、极紫外、X 射线等光源辐照敏感,利用光化学反应进行图形转移的感光材料,是决定光刻精度的决定性因素。光刻胶在光照下发生反应,材料属性发生变化,经显影后形成模压图形。光刻胶按照曝光光源或辐射源分成紫外光刻胶、电子束胶、离子束光刻胶和 X 射线光刻胶;按掩模图形传递方式可分为正性光刻胶(分辨率较高,感光灵敏度低)和负性光刻胶(分辨率较差,感光灵敏度高)。曝光光束经过掩模照射到光刻胶上并使其感光,其他部分光束被掩模不透光部分遮挡。通过显影使感光层受到曝光或未受到曝光的部分留在基底材料表面,即设计的图案。通过多层曝光、腐蚀或沉积,复杂的微纳米结构可以从基底材料上构筑起来。众所周知,光刻机的曝光波长有紫外谱 G 线(436nm)和 I 线(365nm)发展至 248nm、193nm、极紫外光(extreme ultravidet,EUV)甚至 X 射线,非光学光刻(如电子束曝光、离子束曝光等)技术也已

出现,光刻胶的综合性能也随之提高,以满足集成工艺的要求。

由于光的波动性容易造成图形转移过程中特征失真,光学光刻系统中必须考虑光的干涉和衍射现象。分辨率和焦深是决定分步光刻机性能极为重要的两个参数。通过采用大数值孔径的光刻物镜和缩短曝光波长,并结合增强技术提升分辨率。当加工图形尺寸小于 100nm 时,光波波长和数值孔径越来越接近其物理极限,而且考虑氧化膜、金属膜及刻蚀可能引起的掩模变形,从工艺性出发,希望通过缩小光学系统获得尽可能大的焦深。

接近式曝光光刻。理论分辨率为

$$2b_{\min}=3\sqrt{\lambda\left(s+\frac{d}{2}\right)}$$

式中,$2b_{\min}$ 是最小可光刻线宽;λ 是入射光波长;s 是掩模和光刻胶间距离;d 是光刻胶层厚度[3]。最大的高宽比为 $\frac{d}{2b_{\min}}$。为使高宽比增大,在 λ 和 d 不变的情况下,可以减小掩模光刻胶间的距离实现调整。当 $s=0$ 时,为理想的接触式曝光,高宽比达到最大值。实际接触式曝光时存在气隙,仍然属于间隙很小的接近式曝光。

投影式光刻。光刻图形的最小特征尺寸由 Rayleigh 判据得到。微缩光学系统的理论分辨率 R 由 Fraunhofer 公式给出,焦深 DOF 由 Rayleigh 公式给出,分别为最小特征尺寸 $R=\dfrac{k_1\lambda}{\mathrm{NA}}$、焦深 $\mathrm{DOF}=\dfrac{k_2\lambda}{(\mathrm{NA})^2}$ 和对比度 $\mathrm{CON}=\dfrac{I_{\max}-I_{\min}}{I_{\max}+I_{\min}}$。由此可知,这些指标由系统曝光波长 λ、透镜系统的数值孔径 NA、工艺因子 k_1 和 k_2、像差、照明条件、掩模图形和系统的光学传递特性等因素决定。由最小特征尺寸公式可知,通过增大物镜的数值孔径 NA 和缩短曝光波长 λ 来提高光刻系统分辨率。焦深表示在能刻出最小线宽时,像面偏离理想焦面的范围,可知减小波长和增大孔径将使焦深和视场范围迅速缩小,影响工艺因子 k_1,使高分辨力的优点不能充分被利用。对比度是评价成像图形质量的重要指标,对比度越高,表明最大光强 $I_{\max}$ 和最小光强 $I_{\min}$ 的差距越大,光刻图形的边缘锐度越好,最终在光刻胶上形成的图形质量就越高。光刻面临的主要问题是如何利用现有工艺和设备权衡分辨率与焦深这两个矛盾参数,由此产生光源、抗蚀剂、掩模、工艺、透镜材料与设计等诸多需要解决的问题。

实现超微图形成像的光刻技术一直是推动集成电路工艺水平发展的核心驱动力。光刻工艺可实现高精度图案,但装备昂贵、工艺过程复杂、能耗大、需要高温和高真空度环境、会产生有毒废料,在柔性电子器件中受到极大的限制。此外,光刻工艺中采用了抗蚀剂、蚀刻剂与显影剂等,与有机材料化学不兼容,在抗蚀层到图案层的图案转移过程中易导致有机材料性能下降甚至破坏。对于柔性显示器等尺寸不断增加的电子器件,传统微电子采用光刻、电子束和离子束刻蚀等硅基制造工艺无法直接使用,需要增加额外的转印工艺,很难满足柔性电子大面积、高效率、低成本制造要求。

6.3　印刷工艺

印刷工艺大致分为凸版、平版、凹版、孔版印刷。随着科技的发展,印刷工艺已经从传统的文字和图像领域扩展到微结构图案化领域,演化出软刻蚀、转移印刷、纳米压印、丝网印刷等方法。印刷工艺通常利用印版通过印刷机将墨液转移到基板上生成图案,包含了五个重要元素:印版、印刷机、墨液、基板和图案。

凸版印刷(relief printing)是在图像版面和文字凸出部分接受墨液,凹进去的部分不接受墨液,当图版与基板紧压时,图案周围的较低区域不发生接触,使图案上的墨液转移到基板上。印版图案通过光化学湿刻蚀方法制作,涂抹光刻胶到印版表面,通过一系列曝光和最后的显影等工艺制备而成。根据印版和滚子的形状,印刷机有平压印刷机、平底滚筒压力机、旋转式压印机三种类型,如图 6.1 所示[4]。旋转式压印机效率最高,利用一个印版滚筒和一个压力滚筒,适用于大行程印刷,可以是单独的纸张,也可与卷到卷制造结合。通过串联多个对准的压力单元一次性实现多种功能墨液的印刷。

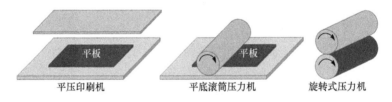

平压印刷机　　　　　平底滚筒压力机　　　　　旋转式压力机

图 6.1　凸版印刷机的形式[4]

柔印技术(flexography printing technique)在不断地变化,随着激光雕刻陶瓷网纹辊和反向角度刮墨刀的面世,极大改进了柔性版印刷机的墨路系统。随着感光树脂印版、墨液、印前技术和印刷设备的进步,柔性版印刷成为目前发展最快的印制技术之一,适合不同基板上大面积的印刷[4]。

凹版印刷(gravure printing)与凸版印刷原理相反,图案凹于版面之下,凹区携带墨液。由于凹版印刷可实现低成本、高效率、大规模生产,在微型电路印刷领域受到重视。凹版印刷分为直接凹印和间接凹印,前者包括一个雕刻的滚筒,用普通刮墨刀把墨液填入到凹版中,后者在雕刻印版滚筒与承印物之间增加橡皮滚筒。由于采用了雕刻图案,凹印是可以高度预测的图案化工艺,印刷浓度与凹区深浅有关,深则浓,浅则淡。常规印刷的凹版分辨率局限于 $50\mu m$ 到 $100\mu m$,其深度取决于沟槽的宽度。凹版印刷的墨液转移过程如图 6.2 所示[5]:将墨液从墨斗中注入凹版的凹槽→用刮刀将多余墨液刮掉→通过橡皮辊将凹版凹槽中的墨液粘贴带走→硅橡胶辊绕着目标承印物旋转→棍子将墨液压到基板上并不断向前滚动→墨液留在基板上。打印图案的横截面呈半圆形,有利于电学特性的稳定。凹版胶印可用于微米级导线的印制,但墨液的转移率和印刷质量受材料表面性能和墨液性能的影响,须深入研究液体在两平行印版之间转移时出现的拉伸、分裂和反冲过程,液体的转移受到分离速度、液体黏度、表面张力、液滴大小以及重力对液体转移率的影响[6]。三星和 LG 已经分别实现了基板大小为 3m×3m 和 1m×1m 的凹版胶印[5]。

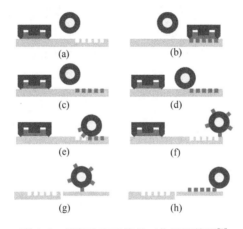

图 6.2　凹版胶印系统的工作原理简图[5]

平版印刷(planographic printing)不同于凸版印刷的模压表面,采用平面印版,利用油与水不相容特性,在同一平面上刻画出图案区和非图案区[4],如图 6.3 所示[4]。利用水与墨液的相互排斥原理,图案区接受墨液不接受水分,非图案区则相反。印版中图案区采用含墨液的疏水性物质,非图案区则采用亲水性。印刷过程采用间接法,先将图案印在橡皮滚筒上,图案由正变反,再将橡皮滚筒上的图案转印到纸上。根据图案的转移方式,刻蚀打印可分为直接刻蚀和胶印刻蚀。在胶印刻蚀中,图案首先转移到滚筒上的橡皮垫表面,然后再转移到基板上。

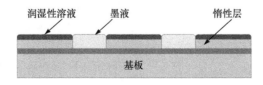

图 6.3　平版印刷示意图[4]

孔版印刷又称丝网印刷(screen printing),在印刷时通过一定的压力使墨液通过孔版的图案化孔眼转移到基板上,形成图案或结构等。利用金属及合成材料的丝网作为印版,将图案部分镂空成细孔,非图案部位以印刷材料保护,印版紧贴基板,用刮板把墨液挤压到基板上。目前已经应用到晶体管的栅极、源极和漏极的印刷[7]。丝网印刷技术由于其可进行大面积、曲面印刷及快速、低成本,通常可在几秒钟内印刷面积大于 50cm×50cm 的图案[8]。丝网印刷不足之处在于分辨率低,通常只能印制分辨率约为 $75\mu m$ 的图案,而大多有机半导体要求沟道长度小于 $25\mu m$。丝网印刷通常用于制作厚膜电极,其性能受到浆料、刮板、丝网、印刷方式、基板等因素综合影响[9]。非接触式印刷工艺过程如图 6.4 所示,张拉丝网并与基板间略微留有空隙,然后用移动刮刀或橡皮滚子越过丝网,丝网与基板接触,通过丝网将墨液挤压出去,使得墨液流到基板表面并与其粘连,固化后形成图案。近十年来,丝网印刷的应用在电子工业上越来越广泛,电子产品的表面装饰、薄膜开关、仪器面板、印制电路、厚膜电路、液晶显示器、触摸开关以及各种电器产品的仪器面板、机壳印字等的生产都用丝网印刷。丝网印刷已用来制造生物传感器、太阳能电池、应变传感器、PCB、RFID 天线,以及 TFT、二极管、电容和 LED 等器件。

图 6.4　非接触式印刷的过程示意图

6.4　软刻蚀工艺

软刻蚀工艺首先由美国 Harvard 大学 Whitesides 等[10]于 1993 年提出的一种柔性非光刻平板印刷方法,通过弹性图章、模具和适当光掩膜进行图形复制和转移[11],通过控制纳(微)区表面特性实现图案化。软刻蚀工艺是涉及传统光刻、有机分子自组装、电化学、聚合物科学等领域的综合性技术[12],包括 μCP[10]、复制模铸(replica molding,REM)[13]、微转移模铸(microtransfer molding,μTM)[14]、毛细微模铸(micromolding in capillaries,MIMIC)[15]、溶剂辅助微模铸(solvent-assisted micromolding,SAMIM)[16]以及软接触分层(soft contact lamination)。软刻蚀为微纳结构的成形与制造提供了操作简单、无须复杂设备及苛刻工作环境的低成本制作方法,在制作 100nm 以下精细结构具有相当优势。

软刻蚀工艺可弥补光刻技术的不足,在微纳加工中的潜在重要性已得到体现,主要优势包括[17]:工艺快速、精确重复、操作简单、成本低廉;材料兼容性好,能够实现小分子、聚合物、生物大分子以及细胞,在材料表面的选择性吸附或黏附;适合于柔性和刚性基板上非平面、大面积图案化应用;图案化方法丰富多样化,包括墨液的选择、图案化工艺等;分辨率最高可达 6nm;对环境条件要求不高,适于没有光刻设备的实验室使用;分辨率取决于模塑的特征尺寸,不受光衍射的限制。目前软刻蚀技术亟待解决的问题:分子层的横向扩散导致图形模糊、模具变形和分子层缺陷导致图形的失真、湿法刻蚀金属导致边缘模糊等,需提高图案复制的精度和重复性以满足柔性电子制造的要求[18]。

6.4.1　弹性软图章制备

　　软刻蚀通常采用表面具有微图案的 PDMS 弹性图章来实现微结构的复制,最终制造结构的好坏与图章直接关联,因而寻找合适的材料并生成微纳图案对软刻蚀技术至关重要。软刻蚀图章的制造过程如图 6.5 所示:在洁净、平整的玻璃或硅表面旋涂光刻胶→在光掩模下紫外曝光显影,制作含有精细图纹的母版→将加入交联剂的 PDMS 均匀混合后浇铸在母模板上→用 UV 光照或热处理数小时使其交联→剥离 PDMS 得到了含有反衬图案的弹性图章。图章表面用于生成图案和结构的图案化浮雕结构的特征尺寸为 $30nm\sim300\mu m$,图章图案大小与分辨率取决于母版,深度则由光刻胶的浓度及旋涂的转速来调节。软刻蚀工艺与纳米压印工艺过程非常相似,都包含了母版制作和利用图章复制图形,两者主要区别在于图章的机械特性和图形的成形原理,软刻蚀通常指采用柔性印模将材料转移到基板上形成图案,而纳米压印通常指采用刚性印模挤压附有材料的基板实现图案。

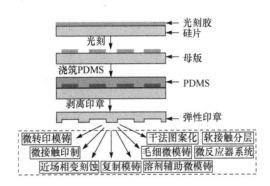

图 6.5　软刻蚀工艺的图章制造过程及其主要工艺形式

　　由于采用了柔性图章,具有良好的变形性,软刻蚀工艺能够用于弯曲或不平坦的目标衬底表面的图案制备。光刻仅用来构建母版,母版可重复使用近 20 次,PDMS 软图章可使用近 100 次,在器件批量化生产时其成本可忽略不计。图章材料除了 PDMS 外,还可以选用聚酰亚胺、酚醛树脂等聚合物。作为理想图章材料之一,PDMS 具有以下优点:良好的生物相容性、气体渗透性、光学透明;玻璃态转化温度低,室温下为流体;通过交联,流体转变为弹性固体。由于 PDMS 图章具有良好的弹性,能够与非平面基板形成良好的接触,并有很强的化学稳定性和图形稳定性,可在较长时间内多次使用不发生明显性能下降等。PDMS 的弹性和低表面能使得图章或模具与复制微结构容易分离,使原始模具可多次使用。PDMS 柔软而有弹性,能够达到原子尺度的接触,可实现大面积($>50cm^2$)、曲面的图形化印刷[19]。

6.4.2　微接触印刷工艺

微接触印刷(μCP)是最具代表性的软刻蚀技术。μCP 是在高分子弹性图章表面涂敷一层自组装单分子层(SAM)化学墨液,最后将这层 SAM 转移到目标基板上。这种工艺是基于柔性聚合物图章有选择性的将功能材料转移到基板上形成图案。SAM 墨液通常采用烷基硫醇,在镀有金箔的基板表面上盖印,与金表面无缝接触 $10\sim20s$,墨液中的硫醇基与金反应,形成的 SAM 作为抗蚀剂掩蔽层,通过刻蚀工艺,实现抗蚀剂图形化。未被 SAM 覆盖的部分则可继续吸附含另一种末端基的烷基硫醇。μCP 是一种灵活的、非光刻类的微纳图案化方法,形成亚微米级、不同化学官能团区域的图案化 SAM。

μCP 墨液的选择不再局限于自组装分子,诸如有机质子酸、胶体溶液等多种材料都可进行微接触印制,能在金、银、硅片、陶瓷等衬底表面印刷出微纳米精细结构,印制导电高分子微电路,以及制作三维微结构。μCP 工艺过程如图 6.6 所示。①将制作好的弹性图章与墨液垫片接触或浸在墨液中,使用自组装分子作为墨液分子(通常采用含有硫醇的试剂);②在图章表面形成图案化自组装单分子膜,可以对基板表面进行理化改性或化学刻蚀形成保护膜;③用浸过墨液的图章将分子转印到基板上,分子与基板表面形成共价键,精细图纹就从弹性图章传递到了金基板的表面[10],为了增加与基板的黏力,先在基板镀上非常薄的钛层,然后再镀金;④墨液中的硫醇与金发生反应,形成的 SAM 作为刻蚀或者沉积的掩膜。印刷后有两种处理工艺。①采用湿法刻蚀,在氰化物溶液中的氰化物离子会溶解未被 SAM 层覆盖的金,就在基板上生成与原刻蚀图纹一样的精细图纹。以图案化的金为掩模,对未被金覆盖的部分进行刻蚀,实现图案转移。②在金膜上通过自组装单层的硫醇分子来链接某些有机分子,使基板上没有印上单层膜的区域形成另一种SAM。为实现 TFT 电极的良好接触,金属层采用蒸镀工艺,然后通过 μCP 沉积有机 SAM 的光刻胶,蚀刻金属层得到图案,在蒸镀的金、银和铜薄膜上生成图案化的 SAM 非常方便。

μCP 通常与其他工艺进行组合,常见的组合方式有 μCP-蚀刻、μCP-化学沉积、μCP-区域选择性电聚合等[20]。①μCP-蚀刻组合工艺为:PDMS 图章突出部分覆盖 SAM→PDMS 图章与基板接触实现转移 SAM→SAM 层图案化→未覆盖SAM 层的部分腐蚀后形成金源极和漏极。已经通过 μCP 和 ITO 刻蚀得到用于柔性电子纸的高分辨率有机活性矩阵背板电路[21]。②μCP-区域选择性电聚合组合工艺为:前三步与 μCP-蚀刻组合工艺相同,第四步利用在没有覆盖 SAM 层的

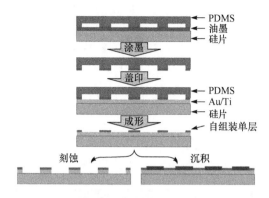

图 6.6　微接触印刷工艺

地方发生电聚合,通过电镀形成金源极和漏极。③μCP-化学沉积组合工艺为:前三步与 μCP-蚀刻组合工艺相同,第四步只在被/未被 SAM 覆盖的疏水区/亲水区发生化学沉积。除此之外,新型 μCP 技术也被相继开发出来,如电致 μCP(e-μCP)[22]、纳米转移印刷(nano-tranfer printing,nTP)[23]等。

　　nTP 是利用涂覆非常薄的固体墨液薄膜的高分辨率图章进行图案化,表面化学键合来控制从图章上的突出结构到基板的固体材料转移,材料层只沉积到所需要的位置,可生成复杂的二维和三维的单层或多层纳米结构[23~25]。将固体薄膜材料沉积到模压特征的图章上生成图案,然后将图章与基板接触,由于基板的特殊表面化学特性,图案化结构与基板紧密接触。对图章表面进行特殊处理,保证图案化结构从图章表面高保真转移到基板[26]。nTP 分辨率要高于 μCP,但是 nTP 工艺窗口小于 μCP。要实现高保真度的转移,需要考虑以下重要因素[26]。①沉积过程需要仔细控制,避免金属薄膜出现裂纹和屈曲,高沉积率和表面处理提高图章表面金属的润湿性。②PDMS 图章在印刷之前和过程中需要避免表面应变,以免对金属涂层造成损伤。可设计刚性衬底结合薄 PDMS 层的复合图章,以阻止平面内畸变,同时实现多级套印。③对表面进行化学处理,降低表面粗糙度,图章和基板必须能够实现一致性紧密接触,以保证有效的转移。μCP 和 nTP 为亚微米结构的图案化提供了简单、低成本制造工艺,已经用于制备有机电子器件[27]、复杂金属薄膜结构的转印[28]。

　　热转移印刷(thermal transfer printing,tTP)工艺过程是基于固体薄膜的纯加成法,如图 6.7 所示[29],有选择性地将薄膜从供体转移到基板。激光束聚焦于吸收层,将光能转化为热能,打印层直接放置于激光吸收层下,导热层覆盖在吸收层之上。金属界面生成的热分解周围的有机物,产生气泡,当其破裂时,可将导电层打印到受体基板,然后供体与受体薄膜分离。tTP 与大部分材料兼容,并在高速、高分辨率和多层套准的大规模制造中高保真地转移特征结构,这主要得益于 tTP

全干式、加成法操作，不需要刻蚀剂，核心材料的沉积和图案化过程不需要溶液工艺。将 tTP 与 μCP 和 nTP 结合，可实现 5μm 以下高分辨率源漏极的打印[26]。tTP 已经应用到晶体管的制备，其中给体上涂覆有单壁碳纳米管，利用红外激光作为热源，成功制备并五苯晶体管的源极和漏极[29]。tTP 可制造大面积有机电路，如通过热成像方法制备一块面积为 50cm×75cm 的打印晶体管背板；同时可用于转移活性半导体层，如转移蓝光有机发光聚合物和 p 型半导体层到受体，形成高分辨率的蓝光 OLED[30]。

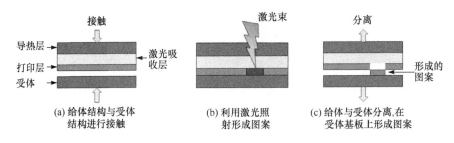

图 6.7　热转移印刷工艺示意图[29]

亚微米微接触印刷技术已得到广泛研究，但用于小尺度图案制备时还存在不确定性，包括图形保真度、刻蚀工艺的各项异性以及弹性橡胶材料的形变/扭曲等。其关键因素包括以下几点[31]。①PDMS 图章表面图案须有足够的深度和垂直度，才能保证较高的移印质量。②溶液须具有合适的浓度、良好的浸润性，方可在 PDMS 表面形成均匀的单分子层。溶液在 PDMS 表面浸涂不充分或不均匀，均将导致图案失真。③压力要足以确保图章与基底接触良好，压力不足或过大都会导致所得图案不清晰。对硫醇在金表面、硅烷在玻璃表面的移印，采用压力为 10～15kPa；对于蛋白质等软材料在 PS 表面的移印，接触压力常控制在 5～6kPa。④接触时间对移印物从 PDMS 表面转移到基底表面很重要。硫醇在金表面反应可在几秒之内完成，接触时间过久也会导致图案失真，但对反应性 μCP 则根据界面反应活性不同，保持 10～20min 不等。⑤浸涂溶液后烘干 PDMS 和移印后冲洗基底很重要，溶液一般用惰性气体缓慢吹干，基底一般使用超声波清洗或相应溶剂冲洗以去掉多余或物理吸附的移印物。

6.4.3　转移印刷工艺

转移印刷在传统印刷领域中被称为贴花，是通过无图案的图章将图案化表面凹结构/凸结构转移到受体基板上的印刷方式，其基本原理是利用打印层相对于图章和基板两者黏性不同来实现图案的转移。转移印刷可分为直接转移印刷和间接转移印刷两种方式，前者是将凹版版面上全部涂以墨液，然后用刮刀刮去凸面部分的墨液，再用硅橡胶制作的图章粘出凹面图案部分的墨液，然后再转移到目标基板;后者是利用预先印制图案化薄膜转印到受体基板。转移印刷工艺可实现纳米尺度特征的印刷,工艺过程相对简单,与各种材料兼容。转移印刷与 μCP 的区别在于采用的图章是否进行图案化,所转移的功能层是否图案化。

　　转移印刷工艺如图 6.8(a)所示,首先将图案从给体基板转移到图章(转移基板)上,然后将图章与受体基板(器件基板)接触,使得图案层夹于两基板之间[32]。如果图案层和受体基板界面间的黏附功 W_A(DS/PL)大于与转移基板界面间的黏附功 W_A(TS/PL),当图章移开后,图案层将保留在受体基板上。然而,如果图案层材料的凝聚功 W_C(PL)小于图案层与两个基板间的黏附功 W_A(DS/PL)和 W_A(TS/PL),打印层将会部分的被转移。黏附功可通过表面化学处理或加热热塑性材料来调控,或通过运动来调控界面的黏附力[33]。印刷层可包含多层,依次组装到器件基板上,如图 6.8(b)所示。图章和图案层界面黏附功 W_A(TS/PL)须小于图案层 i 和层 j 之间界面的黏附功 $W_A(i/j)$,也须小于所有层的凝聚功 $W_C(i)$,即 W_A(TS/PL)$<W_A(i/j)$ 和 W_A(TS/PL)$<W_C(i)$。利用转移印刷按序列组装薄膜晶体管的栅极和源极、漏极,PMMA 介电层,并五苯有机半导体层,实现在柔性PET 基板上制备有机电子器件[32]。转移印刷还广泛应用于纳米材料薄膜的转移[34]、三维纳米结构的转移[23]等。

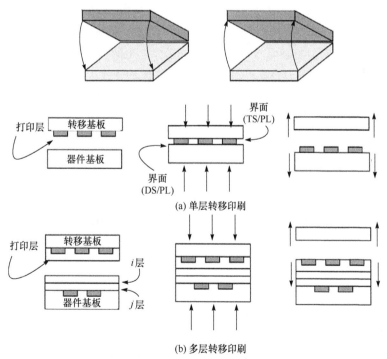

(a) 单层转移印刷

(b) 多层转移印刷

图 6.8　转移印刷示意图(转移基板、打印层、器件基板)[32]

操作高质量纳米线,对功能器件的制备非常重要。可通过微流体剪切力、电场、Langmuir-Blodgett 技术实现纳米线的组装,但难以调控纳米线的间距、长度和晶向,无法实现高速、大面积规模化的制造。利用转移印刷实现有序单晶纳米/微米线阵列的大面积转移到柔性基板上,而保持线的长度、宽度和界面形状,以及次序和晶向,并且显示出高的机械柔韧性,为制备高性能柔性电子系统提供了有效的途径[35]。

转移印刷工艺中的界面黏附功可通过运动控制的方式进行调控:由于 PDMS 具有黏弹性效应,通过运动控制图章和被转移结构之间界面的黏性,实现图案层的转移[33]。工艺过程如图 6.9 所示[33]。①预先准备给体基板,提供完全成形的、排列有序的图案层,然后利用软橡胶图章接触固体图案层,在不变形的条件下将图案层吸附到图章上。②由于橡胶的黏弹性行为,图案层与图章之间的黏结作用与速度相关,即黏结作用是运动可控的。以足够大的剥离速度从给体基板上掀起图章,通常约为 10cm/s 或者更大,使得图章与图案层之间具有足够的黏结性,将图案层从给体基板上剥离。③图章与受体基板接触,以足够小的剥离速度掀起图章,通常约为 1mm/s 或者更小,使得图案层优先与受体基板结合,并与图章分开。除了利用 PDMS 图章黏弹性行为外,还可以利用范德华作用[如软接触层压工艺(ScL)],而不需要外部施加压力和加热,避免损害有机半导体薄膜化学输运特性和机械疲劳,可最大程度降低有机物化学、物理、形貌的变化,为柔性电路提供了强大的加工技术[36,37]。有限元分析表明,PDMS 层相对于介电层的保形接触和润湿对于层压方法非常关键,会得到极好的电接触。PDMS 表面的-Si-OH 官能团和介电层表面的官能团发生化学反应,会得到-Si-O-Si-键,实现可靠的机械密封。转移印刷工艺的柔软、分层接触特性能够实现晶体管和电路元件自然、有效地封装,可获得更好的器件性能,易于实现具有纳米特征尺寸图案化;工艺过程可逆,器件结构易剥离而不会产生相互明显的损伤。

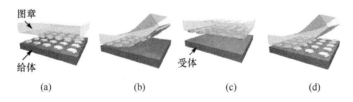

图 6.9　运动可控转移印刷工艺流程示意图[33]

激光转印工艺是利用激光作为辅助手段的非接触式转印工艺,能有效地转移较大面积的图案化结构,如图 6.10 所示。激光转印工艺基本过程为[38]:①将 PDMS 图章与给体基板上的图案化结构接触;②图案化结构被转移到图章表面;③将图章定位到受体基板,并通过脉冲激光束照射图章,加热图章界面的图案化结构域;④图案化结构被转移到指定的位置,撤回图章进入下一个转移过程。图案化结构从图章上剥离的机理是:利用激光束照射透明图章和图案化结构,结构就将吸收热量而促使温度升高[39];由于热传导而使得图章产生热膨胀,促使结构与图章界面边缘产生裂纹,并不断向中心传递,实现图章与图案化结构剥离。其工艺关键是控制好激光照射的功率与时间,能够使图案化结构顺利从图章上剥离,并不至于改变图章表面特性。

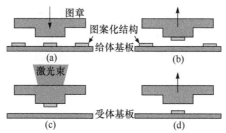

图 6.10　激光转印工艺过程示意图

6.5　纳米蘸笔直写工艺

纳米蘸笔刻蚀(DPN)工艺由美国西北大学 Mirkin 课题组提出,用于构建纳米结构,具有高分辨率、定位准确、直接书写、与软物质兼容、可实现序列/并行方式直写等优点,在物理、化学、生物等领域得到了广泛应用[40]。可直接在加工过程中对基板表面纳米图案化结构进行原位测量,快速评估所生成的纳米团质量。DPN 工艺类似于自来水笔书写过程,可采用多种墨液进行图案化,包括有机小分子、聚合物、生物分子、DNA、蛋白质、缩氨酸、纳米粒子胶体、金属离子、溶胶体等,图案化基板也扩展到绝缘体、半导体和金属基板[41]。DPN 避免活性分子受到电子光刻术和离子束光刻的电子束辐射或离子束辐射,可构建复杂功能系统,在构造柔性有机分子和生物活性的分子上具有无可比拟的优势[41]。

DPN 已用于纳米材料单元(如纳米颗粒、纳米线、纳米管等)的直写与组装,实现多种结构(如点、环、弧等)的组装[42,43]、生物纳米阵列制造[44],以及纳米电路构造、生物芯片化学检测、微尺度催化反应、分子马达等[45]。可对 DPN 进行多种改进,如通过引入多功能笔尖,使得 DPN 更加耐磨,可携带更多的墨液、独立驱动等,通过对笔尖进行加热、施加电场等方式促使墨液分子实现物理、化学反应,极大地扩展了 DPN 技术的应用领域。

6.5.1　工艺原理

DPN 是基于扫描探针的直写刻蚀工艺,采用原子力显微镜(atomic force microscope，AFM)探针传送化学溶剂到目标基板，具有非常高的分辨率和定位精度。DPN 工艺利用溶液将分子传送到 AFM 尖端，溶液蒸发形成的水蒸气在探针针尖与基板表面之间形成弯月面，针尖及表面之间分子浓度梯度促使分子经过弯月面扩散至基底表面形成 SAM，SAM 与纳米颗粒之间通过静电作用、共价作用或物理和化学吸附作用，形成功能性的纳米结构[40]。DPN 工艺原理如图 6.11 所示[40]，AFM 针尖在常规环境下涂覆墨液分子→针尖与基板表面接触，在针尖和基板之间形成弯月面→墨液分子从 AFM 针尖传输到基板表面→墨液分子进行自组装形成基于分子的纳米图案。DPN 涉及三个关键过程：墨液分子从 AFM 针尖到弯月面的去吸附作用、墨液分子通过弯月面的扩散作用、墨液分子在基板表面的自组装。

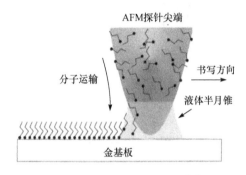

图 6.11　DPN 工艺示意图[40]

　　DPN 能够在任意表面按照计算机程序设计的形状实现图层沉积或分配不同材料。早期 DPN 可用于图案化烷基硫醇 SAM 到金表面，继而利用单分子层与纳米结构之间的特定相互作用将纳米结构固定在基底表面形成纳米系统，可重复线宽小于 50nm。实验结果表明，基底上形成的图案取决于针尖-基板间分子的传输，但其过程复杂，受到多因素的影响，如墨液与基板之间的化学反应，针尖表面墨液的分布与流动性，针尖与基底接触时间、工艺温度、湿度，针尖的形状、材质、表面化学特性和书写速度的影响等。深入理解针尖-基板间的墨液传输机理，优化墨液-基板组合，有助于提高 DPN 工艺的分辨率。

　　工艺微环境和墨液水溶性直接影响 DPN 的沉积过程，液膜在基材表面的扩展取决于环境温度和湿度、液膜与基材的相互作用、针尖曲率半径和扫描速度等[18]。为降低上述不确定因素的影响，可将 AFM 仪器置于温度、湿度可控的手套操作箱或环境室中。通过揭示湿度和温度对 DPN 图案化的定量影响，有望建立工艺参数与制备纳米结构的映射关系。Weeks 等[46]发现金基板上巯基十六烷基酸(mercapto hexadecanedioic acid，MHA)的沉积是接触时间和湿度的函数，如高湿度环境下，由于墨液溶液到弯月面的动力学与弯月面尺寸变化的综合影响，沉积速度更快。Rozhok 等[47]系统地研究了 MHA 和十八硫醇(ODT)的沉积行为，得到了类似的结论,并表明分子从针尖到基板的传输速度受湿度的影响程度是温度的函数。Sheehan 等[48]发现 ODT 直写速度受环境湿度的影响可以忽略。还研究了图案的拓扑结构对分子传输的影响,移动针尖书写不同于原位书写,它们受温度和湿度的影响都不同,如图 6.12 所示。对于 MHA 图案化过程,针尖-基板界面间弯月面的体积随着相对湿度的增加而增加,而对于 ODT 图案化则相反,两者的差异可归结为两种材料的亲水性不同。

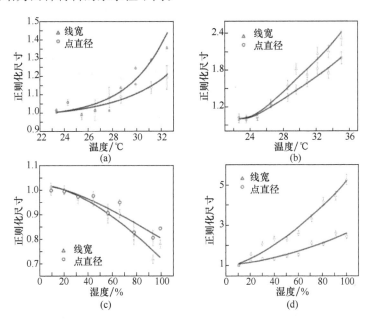

图 6.12　ODT 材料和 MHA 材料生长率与温度和湿度的关系
(a)和(b)分别为 ODT 材料和 MHA 材料的点和线生长率与温度的关系;
(c)和(d)分别为 ODT 材料和 MHA 材料的点和线生长率与湿度的关系

研究决定 DPN 直写分辨率的主要因素及其影响非常关键,如针尖大小与直写结构特征尺寸、作用时间与特征尺寸之间的关系等。实验发现,直写结构的特征尺寸不受材料的影响,特征尺寸随接触时间的增加规律表现出极其相似的函数形式。如果用 DPN 工艺直写一个点,可得到点的面积 a 是接触时间 t 的线性函数,即

$$a = kt + b$$

式中,k 是墨液、温度、湿度等综合影响的拟合参数;b 是针尖尺寸和涂层的相关参数。利用二维扩散模型,分析纳米点半径 $R(t)$ 与针尖、基底接触时间 t 的关系,得到在速度较小时为

$$R(t) = \sqrt{\frac{nt}{\pi \rho}}$$

在速度较大时为

$$R(t)=\sqrt{4Dt\ln\frac{n}{4\pi\rho D}}$$

式中,n 为单位时间内沉积分子数;ρ 为单分子层密度,D 为扩散系数。在两种条件下,$R(t)$ 均与接触时间的平方根呈线性关系。对此模型进行修正,得到溶解-扩散模型

$$R=\sqrt{A\left(\beta_+\tau-\pi r^2\beta_-\int_0^\tau C_0(t)\,\mathrm{d}t\right)}$$

式中,R 为点半径;A 为半月板与针尖的接触面积;τ 为接触时间;r 为墨液分子的半径;C_0 为针尖附近溶液的浓度;而 β_+ 和 β_- 均为与动力学有关的系数。分析表明,无论接触时间长和短,点的半径尺 R 均与 $\tau^{1/2}$ 呈线性关系,只是两种情况下斜率不同,接触时间长时斜率较小。针尖书写速度较小时,直写线宽 $w\approx(D/v)^{0.5}$,书写速度较大时

$$w\approx\frac{G}{2vl_0}$$

式中,G 为常数;l_0 为探针上分子源与接触点的距离,表明在速度较小时 $w\propto v^{-1}$,速度较大时 $w\propto v^{0.5}$[40]。目前 DPN 技术研究还存在一些开放问题[49],如 AFM 针尖的光滑度和形状对墨水半月板有何影响,墨液分子如何在基底表面上形成SAM 等。

6.5.2　热蘸笔直写工艺

为提高纳米蘸笔直写工艺的可控性和材料适用性,提出了热蘸笔直写(thermal dip pen nanolithography,tDPN)技术,如图 6.13 所示[50]。tDPN 工艺是在针尖表面涂覆金属铟,通过集成在悬臂梁中的加热器进行控制,在玻璃或硅表面实现厚度为 80nm 的金属铟纳米结构的连续直接沉积。对于室温下呈固态,又无法溶解在溶剂中的金属材料,tDPN 则具有非常明显的优势。使用加热的并覆盖了固体墨液的 AFM 针尖,当针尖足够热时,墨液融化并流动到基板表面形成图案。当针尖冷却后,沉积停止,可实现完全可控的沉积,并通过改变笔尖的温度调节墨液的扩散速率。利用 tDPN 实现固体墨液(磷酸正十八酯,熔点 100℃)在室温条件下沉积。传统 DPN 技术可以用于高熔点复合材料,但前提条件是材料能够溶解于弯月面的水溶液中[44]。溶解度是控制传输的关键因素之一,通过控制湿度可调控墨液的传输率。

热化学纳米光刻(thermochemical nanolithography,TCNL)技术如图 6.14(a)所示,将原子力显微镜的硅探针加热,扫描高分子薄膜,导致高分子膜表面性质改变,产生图案、结构[51]。TCNL 速度相当快,每秒钟刻写长度超过数毫米,最小线宽仅为 12nm,而蘸笔刻写速度仅为每秒钟 0.1μm。静电调幅光刻(amplitude

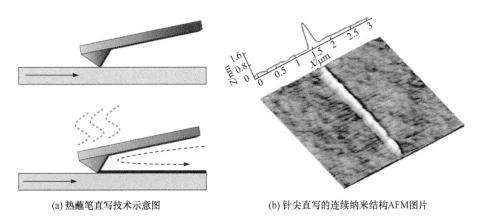

(a) 热蘸笔直写技术示意图　　　　　　(b) 针尖直写的连续纳米结构AFM图片

图 6.13　热蘸笔直写技术[50]

modulated electrostatic lithography, AMEL) 技术是在探针与薄膜所在基材上施加偏压(电场强度达到$10^8 \sim 10^9$ V/m), 利用针尖处焦耳热局部液化聚合物, 并在电场诱导下流变并突起成型, 书写纳米结构宽度10~50nm, 高度 1~10nm, 工艺过程见图 6.14(b), 应用 AMEL, 在高分子薄膜上制作纳米点阵列[52]。

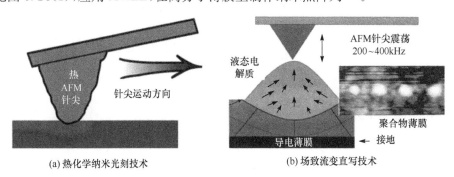

(a) 热化学纳米光刻技术　　　　　　　(b) 场致流变直写技术

图 6.14　热蘸笔直写工艺

6.5.3　电镀蘸笔直写工艺

将 DPN 与电化学融合形成电镀蘸笔直写(electroplate pen nanolithography, EPN), 这种工艺需要对基板进行电化学改性, 以便能够与墨液快速吸附, 从而将笔尖的材料转移到基板上, 如图 6.15 所示。在潮湿环境中, 在 AFM 针尖和硅基板中施加电压, 使得 OTS 端部的甲基团转换成带有活性羧基表面(OTSox), 墨液分子就从充满墨液的针尖转移到 OTSox 表面, 通过同一次扫描, 形成两层, 而在甲基区域表面并没有第二层出现。这种方法可以一步工艺实现多种化学功能, 而且可实现相对较快的高精度图案化和生成多层三维图案, 速度可达 $10 \mu m/s$, 分辨率可达 50nm[53]。为利用笔尖书写, 并增加墨液的吸附量, 出现了各种改良的笔尖,如在 AFM 尖端包裹一层 PDMS,可增加墨液的装载量[54]。当在针尖-基板间施加负向电压时,由于电化学单体聚合作用,将在针尖-基板界面间形成多噻吩。利用静电作用作为驱动力将导电聚合物固定到基板上,带电聚合物将会转移到带电表面相反的方向,可实现 100nm 的图案化分辨率。应用上述方法可以实现正电荷聚合物沉积到负电荷 Si/SiO$_x$ 的基板上[55]。Maynor 等[56]用电化学蘸笔纳米刻蚀(electrochemical dip pen nano,EDPN),实现在半导体和绝缘体表面直写导电多噻吩纳米线。

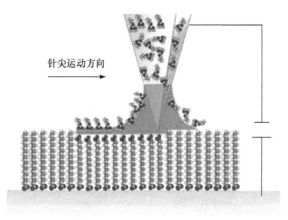

针尖运动方向

图 6.15　覆盖 OTS 表面实现电镀蘸笔直写技术的示意图

6.5.4　纳米自来水笔直写工艺

在 DPN 工艺中,分子墨液是附着在 AFM 针尖上,通过控制针尖停留或移动实现直写。由于针尖所能携带的墨液非常有限,当墨液输运到基板之后需要不断补充墨液,导致无法连续直写;在补充墨液后需要进行二次调整,在制备大面积复杂图案时会显著增加墨液补充和针尖对准时间,以及引入累积误差。具备连续输送分子墨液的 DPN 技术是目前的发展趋势,如同手写笔从鹅毛笔到自来水笔的转变一样。纳米自来水笔直写工艺(nanofountain pen,NFP)是将 NFP 笔尖替代常规蘸笔中的 AFM 针尖,NFP 笔尖是将微流道集成到 AFM 笔尖中。

NFP 直写工艺机理如图 6.16 所示[57],当 NFP 笔尖与基板表面接触时,笔尖中用于沉积的溶液将从环孔径气-液界面处不断扩散到基板上,得到线宽约为 40nm。能够将烷基硫醇沉积到金薄膜表面,分辨率优于 50nm[57]。NFP 直写工艺保证墨液可以稳定转移到基板表面,并保持墨液分子处于溶解状态,这对于生物活性和蛋白质结构非常重要。NFP 直写结构的线宽主要由两部分组成,即

$$L_f = L_t + L_d$$

式中,L_t 取决于针尖,受加速度和液柱弯月面初始质量的影响;L_d 是扩散造成的附加线宽,受环境温度和湿度的影响[58]。纳米自来水笔如图 6.17(a)所示(1-金密封层;2-书写针尖;3-氮化物层),在室温、相对湿度为 60% 环境下,以扫描速度 0.05 mm/s 进行书写,得到 40nm 线宽的图案,如图 6.17(b)所示,说明了 NFP 制备器件的可行性[57]。实验采用的墨液是 MHA 溶液,溶剂是浓度为 1mM/L 的乙醇,芯片上的墨盒通过毛细管作用向针尖供给墨液。当针尖与金基板接触后,分子输运到基板上,针尖按照预先设定的路径移动就会生成理想的图案。

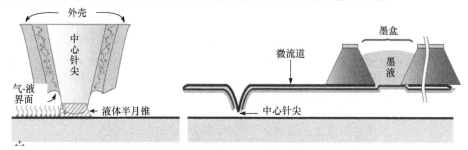

图 6.16　NFP 直写技术示意图[57]

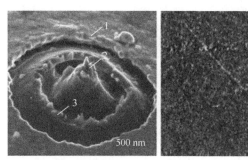

(a) 用于书写实验的火山　　(b) MHA 沉积到金基板表面的图案
　　形针尖的扫描电镜图片

图 6.17　纳米自来水笔实物图与直写图案

6.5.5　DPN 技术的阵列化

为提高 DPN 的书写效率,利用阵列针尖替代单针尖,使用阵列针尖在基板上书写,发展并行 DPN 技术将是今后发展的热点[59,60]。DPN 阵列笔尖的驱动方式包括独立可控驱动和被动同步驱动,前者可通过压电、热电和静电方式实现,也可以通过热驱动,如笔尖由两种不同热膨胀系数的材料构成,结构会在受热时产生弯曲;双金属材料热驱动的稳定性更高、简单、有效,但不可避免地会加热所要沉积的墨液材料;采用静电驱动的 DPN 阵列探针进行直写,可降低由于探针生热引起笔尖之间的相互干扰。

独立可控笔尖可灵活生成复杂化学特性的图案，并极大提高 DPN 效率。第一代主动探针阵列中采用热电驱动器，通过多层悬臂梁电阻加热，导致部件间膨胀不同，促使探针发生弯曲，实现复杂图案的高速直写。Salaita[61] 将含 55000 探针的阵列探针引入到 DPN 中。IBM 制作了 32×32 的可独立寻址的探针阵列，阵列边长为 3mm，每个探针分配的读写区域为 $100\mu m \times 100\mu m$，如图 6.18 所示[62]。IBM 的 Millipede 系统通过传递能量而非材料到基材表面，在数据存储方面具有潜在的应用，但是其设计并不适应 DPN 技术，笔尖的反馈是基于热耗散的，这极大地影响分子传输[60]。斯坦福大学的 Quate 等[63] 研发出多种一维和二维探针阵列用于绘图与刻蚀，主要是电流诱导刻蚀，通过针尖-基板偏置来调控针尖释放电流。Bullen 等[64] 进行了概念验证实验，将 10 个热双压电驱动探针阵列应用于 DPN 中，在金基板上生成了 10 个不同图案，表明原则上任何一个图案集合都可并行生成。在 DPN 中集成 MEMS 的主要挑战是针尖涂层和墨液自动输运。

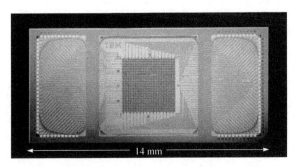

图 6.18　Millipede 悬臂梁阵列数据存储芯片[62]

被动同步驱动的阵列探针是 DPN 实现并行操作最简单的方式，针尖无需独立驱动和控制，而是所有探针同步接触基板表面同时进行扫描，允许一次复制多个相同的图案，复制图案数量等于阵列探针中针尖的数量。Hong 等[65] 利用商业化悬臂结构搭建了 8 探针的被动阵列探针，只需对其中一个针尖进行反馈，可以实现并行处理。Zhang 制造出含有多达 10000 个探针的悬臂梁阵列探针，与 Mirkin 团队合作，展示了利用 32 个并行探针进行书写，获得 60nm 的特征结构[41,66]，这种方法同样只需要对阵列中的悬臂梁进行主动反馈，其他探针被动跟随即可，但要求阵列探针与基板表面能够吻合，以及悬臂梁满足足够的柔性[66]。NanoInk 公司已经生产出被动阵列原型样机，具有百万笔尖。

图 6.19 是利用 55000 个并行 AFM 探针所制备的阵列化结构[44]。图 6.19(a)是二维 AFM 探针阵列局部的光学显微图片，其中右上角的插图为针尖的 SEM 图。图 6.19(b)是衬底上典型区域的光学显微图案，大约有 55000 个复杂的特征进行了图案化，每个圆形图案是 2005 年美国五分硬币一面上的托马斯·杰斐逊头像。图 6.19(c)是在二氧化硅衬底上制备的 88000000 金点阵列的局部 SEM

图,每块图案中有 40×40 个金点,右边是其中一块图案中的局部 AFM 拓扑图。系统中的悬臂梁表面进行镀金,通过加热可以实现弯曲,使得所有针尖能够与衬底接触,克服了衬底和所有笔尖对准后带来的笔尖涂墨均匀性的问题。

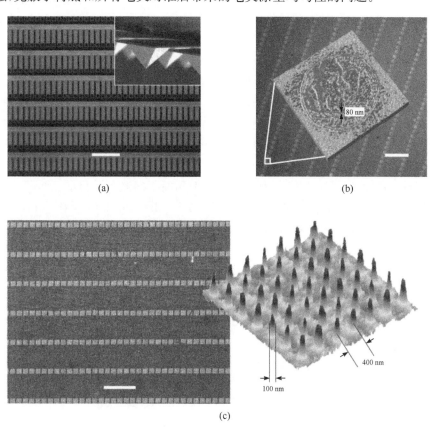

(a)

(b)

(c)

图 6.19 利用 55000 个平行 AFM 探针的 DPN 图案化[44]

6.6 纳米压印工艺

纳米压印是在平坦硬质衬底上制备纳米图案的工艺,将刚性模具直接扣压到聚合物薄膜材料上,形成凹凸的图案化结构,然后对聚合物材料进行各向异性刻蚀,彻底去除减薄区的聚合物材料。纳米压印由美国普林斯顿大学的 Chou 于1995 年提出,最初是在 PMMA 薄膜上压出了直径 25nm,间距 120nm 的点阵列,随后又完成了光栅、场效应晶体管等微器件的制作[67]。纳米压印实质上是用传统机械模实现微复型来代替包含光学、化学及光化学反应的光刻工艺,可避免对高精度聚焦系统、特殊曝光束源、极短波长透镜系统和抗蚀剂分辨率受光半波长效应的限制和要求。纳米压印采用聚合物衬底，与生物表面具有良好的相容性，易于加工、低成本、高产量，已广泛应用于纳米光子器件、有机电子、生物纳米结构、磁性材料、微光学、数据存储、微纳流体等领域，特别是纳电子和生物传感器中金属材料的图案化。纳米压印为有机电子器件的超精细图案（如 FET 沟道）的加工提供了有效的解决方案，可实现几微米甚至到几十纳米的分辨率，并具有良好的一致性。

　　纳米压印工艺主要包括模塑复形（replica molding）、步进闪烁压印光刻（step and flash imprint lithography）、紫外固化压印（ultraviolet nanoimprint lithography）或热压印（hot embossing nanoimprint lithography）等。压印技术种类繁多，工艺之间的差别主要集中在聚合物溶液的填充方式、模具的撤出方式、聚合物抗蚀剂固化方式，主要分类包括：①按照压印面积可分为步进式压印和整片压印；②按照压印过程中是否需要加热抗蚀剂，可以分为热压印光刻和常温压印光刻；③按照压印模具的硬度的大小，可以分为软压印光刻和硬压印光刻。目前全世界主要有五家纳米压印光刻设备提供商，分别是美国 Molecular Imprints、美国 Nanonex、奥地利 EV Group、瑞典 Obducat AB 和德国 Suss Microtec[68]。纳米压印技术实现工业化生产的标志性进展是与 R2R 工艺结合，充分利用柔性基板的优势，集成涂层工艺、沉积工艺、封装工艺等，实现柔性电子大规模低成本制造，如图 6.20 所示[69]。

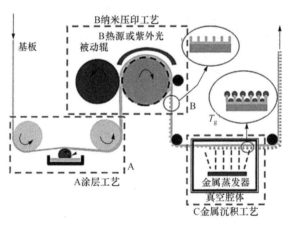

图 6.20　卷到卷纳米压印（R2RNIL）工艺示意图[69]

　　纳米压印工艺中，模具特征结构的物理尺寸决定转移图形的最小线宽和分辨率，柔性模具保证模具和基底在很大范围内的共形接触，可采用分子材料作为用于转移的单分子层。与传统光刻工艺相比，纳米压印不是通过改变抗蚀剂的化学特性实现抗蚀剂的图形化，而是通过抗蚀剂的受力变形实现图形化[68]。纳米压印技术需要采用光刻技术制造压印模具，然后通过模具进行图案复制。

　　纳米压印工艺已经被 2005 版国际半导体技术路线图收录，作为下一代光刻技术的候选者,有望在 2019 年用于 16nm 节点。纳米压印最终能否被电子制造行业规模化应用,取决于其产能、制造可靠性和所能达到的最小特征尺寸。纳米压印产能主要取决于模具转移面积和单次压印循环时间。从最小图形特征尺寸、压印面积、套刻精度、压印时间和模具寿命等对不同的纳米压印技术进行比较,结果如表 6.2 所示[70]。热压印、紫外压印、微接触印刷三种工艺方法比较如表 6.3 所示[71]。纳米压印还存在一系列关键技术问题,例如模具上的初始污染和压印过程中黏结在模板上的材料所引起的缺陷传播规律难以掌握和控制,能否实现大面积高精度的多层图形的套刻对准,以及大规模生产工艺等。

表 6.2　各种压印技术对比[70]

参数	HEL	SFIL	MCP	RIL	LADI	金属压模
最小图形特征尺寸 s/mm	5~30	10~50	60	500	10.00	10
最大压印面积 A/mm²	100	800	1000	—	2.30	1
套刻精度 s'/nm	200	10	500	—	—	—
定位时间 t_1/s	100~300	20	60	100~300	—	100~300
压印时间 t_2/s	60	10~20	1~30	100~200	0.25	800~900
脱模时间 t_3/s	100~300	10	10	—	—	200
单次压印循环时间 t_0/min	15	1	2	20	—	30
模具使用次数 n	50	>100	>100	>100	—	—

表 6.3　热压印、紫外压印、微接触印刷的比较[71]

工艺	热压印	紫外压印	微接触印刷
温度	高温	室温	室温
压力 P/kN	0.002~40	0.001~0.1	0.001~0.04
最小尺寸/nm	5	10	60
深宽比	1~6	1~4	无
多次压印	好	好	差
多层压印	可以	可以	较难
套刻精度	较好	好	差

6.6.1　纳米压印工艺机理

纳米压印光刻工艺过程如图 6.21 所示[68],当温度高于聚合物玻璃化转变温度时,在具有纳米图案的刚性/弹性模具上施加一定的压力,纳米图案的拓扑形貌就转移到热塑性聚合物的膜层中,形成纳米图案,然后通过活性离子刻蚀等常规的刻蚀、剥离加工手段使基底露出,最终制成纳米结构和器件。纳米压印在高温条件下将模具上的结构按要求复制到大面积基板上,高效率、低成本复制纳米结构。

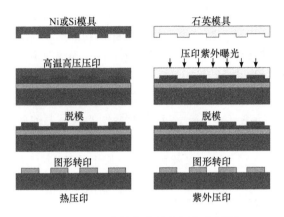

图 6.21　现有的主流纳米压印光刻[68]

　　纳米压印的核心是图形的复制与转移,工艺过程涉及模具、墨液和压印装备三个基本要素[72]。①模具:模具表面的图案质量和分辨率决定了所要生成图案的质量和分辨率,任何缺陷和畸变都会等比例转移到基板图形上。超高分辨率的纳米压印依赖于模具的最小化特征尺寸,其取决于所采用的光刻工艺:如模具特征尺寸非常小,则采用极紫外光、电子束刻蚀、干刻蚀、反应离子等高精度刻蚀方法进行加工,如需较大的特征尺寸,则采用普通光刻实现。②墨液:通常在基板上旋涂一层几百纳米厚的聚合物薄膜,要求其具有合适的玻璃转化温度和分子量。压印过程中成形材料在纳米尺度空隙中的填充机理不明、过程不稳定性和欠充盈性会影响图形的几何精度。模具设计、压印压力和温度须与所应用的聚合物墨液相适应。③纳米压印装备:能够对温度、压力进行适当控制,并且能够调节基板和模具之间的平行度等工艺因素,保证生成高分辨率的图案。纳米压印技术已经可以制造尺寸特征仅有 5nm 的三维有序结构,超过最先进的光学光刻技术[73]。

　　随着研究的日益深入,应用领域不断扩大,压印模具的制造日益重要,已经成为当前纳米压印最重要的研究热点,纳米压印的发展历史也是压印模具不断发展的历史。如 1995 年 Wang 等[74]首先提出纳米压印技术,作为纳米制造的潜在技术[67];1998 年利用纳米压印技术加工了聚合物光学器件;1999 年商用纳米压印设备在大面积图案化中实现 $1\mu m$ 的套准精度[75];2001 年 Studer 等[76]使用纳米压印技术加工微流体器件;2008 年 Park 等[77]直接在柔性聚合物基板上进行金属层图案化。电子束直写曝光技术是用波长更短的电子束光源代替光子光源在抗蚀剂表面扫描曝光,可达 1～5nm,是目前分辨率最高的曝光工具,可满足高分辨率模具的需要。对于热压印模具,必须具备以下条件[78]。①高硬度,压印模具要在一定压力下挤压聚合物形成图案,模具需要有足够硬度,在压模和撤模的过程中不容易变形和受损,Si 和 SiO_2 是最常用的模具材料。②低膨胀系数,热变形等因素对压印精度会产生较大的影响,热压印过程中需要同时将模具和聚合物加热至聚合物的玻璃态转化温度以上,并同时施加外压力使聚合物流动成型。③良好的抗黏性能,聚合物和模具材料表面相互作用力对压印质量至关重要。脱模过程中,固化定型后的纳米结构在模具腔壁作用下可能发生黏结和撕裂,造成纳米结构缺陷,从而污染模具和破坏部分模具图案。为提高压印图形质量,延长模具寿命,模具需要进行表面修饰,以便聚合物在压模时能完全浸润模具表面,而在撤模时又能与模具完全分离。模具材料要求较低的热膨胀系数和较高的弹性模量,避免热膨胀和压力导致图形变形。通常在 Si 衬底上化学气相沉积 Si_xN_y,利用电子束直写曝光技术制备 Si_xN_y 模具,由于 Si_xN_y 材料本身的表面性能和硬度,在压印过程中避免了聚合物对模具的污染,可在～60℃低温下实现图形化转移,有利于降低压印温度引起模具和基板的热失配,可提高套刻精度及热压印胶的稳定性。

胶层特性对纳米压印影响很大,胶层材料选择、压印模式和工艺必须有针对性。常用的胶层材料包括下面几种。①PMMA 具有较好的透明性、化学稳定性和耐热性(软化点温度 130～140℃、熔点温度 70～190℃,流动温度 170～190℃,分解温度高于 270℃),易加工,光学特性好(透光率可见光透过率 92%、涂层折射率为 1.49)。PMMA 是无定形聚合物,收缩率及其变化范围都较小,在纳米结构压印中具有高保真度。PMMA 熔体黏度较高,冷却速率又较快,制品容易产生内应力,因此压印成型时对工艺条件控制要求严重,涂层的厚度不宜太厚,通常涂层厚度 0.2～3μm。②紫外固化树脂用于实时快速固化的纳米压印,低温压印的衬底材料变形小,对于深沟槽结构(～50μm)图形(如电子纸的微腔衬底、微透镜阵列增亮膜)具有良好的复制特性。不足之处为版辊、薄膜表面处理的工艺相对复杂,运行速度相对较慢,需解决 UV 胶层与 PET 薄膜之间的结合力、胶体内的气泡等问题。③PE 涂层用于涂覆在 PET 薄膜(6～50μm),可用于不同深度结构的图形高品质复制。低密度聚乙烯的软化温度 100～110℃,透明度好,加热后冷却速度慢,不溶于水,微溶于烃类、甲苯等。能耐大多灵敏酸的侵蚀,吸水性小,在低温时仍能保持柔软性、电绝缘性高。

目前主要有三类材料用作热压印模板的抗黏层。①金属薄膜,对于给定聚合物表面,另一物质表面自由能越小,两者之间的黏附功越小,反之则黏附功越大。由于很多金属的表面能较低,界面张力小,表现出对聚合物的疏水性和化学惰性,即使在高温下聚合物也不容易吸附到模具上。Cr、Ni、Al 是热压印中常用的抗黏层,实验证明 Ni 的抗黏效果最好。真空蒸镀金属薄膜的厚度在 10～20nm,为不影响模板原有图形的分辨率,金属抗黏层适合于图形特征尺寸较大的模具。②含氟聚合物薄膜,对于特定压印过程,基底和聚合物材料就已经确定,通过对模具表面进行修饰可以获得较好的分离效果。F 原子的强吸电子能力,C-F 键表现出很强的化学惰性、表面能较低,是理想的抗黏层材料。如在模具表面旋涂全氟聚合物，在真空中除去溶剂，薄膜厚度通常为 5～10nm，适合于图形特征尺寸较小的模具。③长链硅烷，如十八烷基三氯硅烷，在 Si 或 SiO₂ 表面形成 1～2nm 厚的有序单分子膜，具有抗酸碱、耐高温，能有效地避免聚合物的黏附，但机械稳定性和润滑性不是很好（常采用在表面形成自由能较低的 SAM 克服），适合于图形特征尺寸在 10nm 以下的模具。

6.6.2　热压印工艺

　　热压印主要以 Si 或 SiO₂ 作为模具材料，通过加热使抗蚀剂熔化，将模具压入抗蚀剂，实现图形化，最小特征尺寸达到 5nm[73]。热压印实现图形转移的整个过程涉及时间、温度和压力的完整循环，如图 6.22 所示[79]。①制作模具，采用高分辨率电子束、光刻等方法将结构复杂的纳米特征图案制作在模具衬底上。②加热旋涂在衬底上的聚合物至玻璃转化温度态以上，聚合物大分子链的运动才能充分开展，使其相应处于高弹态，增加压印过程中聚合物的流动性。温度太高则会增加压印周期，而且对压印结构却没有明显改善，甚至会导致模具受损。③在模具上施加压力，聚合物产生流动并填充模具表面特征图案，压力太小容易造成聚合物不能完全填充腔体。④在抗蚀剂减薄过程中压力保持恒定。当聚合物减薄到设定的留膜厚度时停止模具下压，并固化聚合物。当模具上具有较大线宽尺度时，模具难以有效填充，并会产生扭曲。⑤压印结束后，叠层冷却到聚合物玻璃化温度以下进行固化。⑥进行脱模操作，需要防止用力过度而使模具损伤，此时会在聚合物中形成与模具相反的图案。⑦对压印的图案进行显影，用氧等离子体刻蚀工艺去除残留的聚合物薄层。图案转移可通过刻蚀和剥离两种方法实现。刻蚀技术以聚合物为掩模，对聚合物下层结构进行选择性刻蚀，利用反应离子刻蚀技术对整个聚合物表面进行减薄，去掉薄聚合物层，衬底裸露，而厚聚合物层只是均匀降低，得到均匀图案。

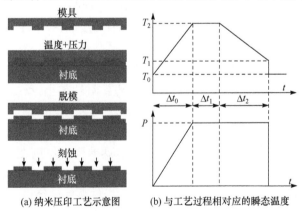

(a) 纳米压印工艺示意图　　　　(b) 与工艺过程相对应的瞬态温度

图 6.22　纳米压印工艺[79]

剥离工艺一般先采用镀金工艺在表面形成一层金层,然后用有机溶剂进行溶解,有聚合物的部分都会被溶解,连同它上面的金一起剥离,就可在衬底表面形成了金图案层,接下来以金为掩模,进一步对衬底进行刻蚀加工。

热压印机理研究主要集中在高温下高聚物的流体行为,以优化压印工艺参数和提高复制精度。高聚物熔体在外力或外力矩作用下,存在典型的非牛顿流体行为,在温度变化过程中还会出现相变。聚合物与低分子化合物相比,分子运动更为复杂和多样化,其响应与诸多内外因素相关,包括高分子材料的结构、形态、组分、压力、温度、时间以及外部作用力的性质、大小及作用速率等[78]。高分子热运动是松弛过程,与温度有关,其快慢用松弛时间来衡量,温度升高使高分子热运动的能量增加,当能量增加到足以克服热运动的位垒时,开始热运动;温度升高还会使高分子发生体积膨胀,当达到临界值后,高分子链就可自由运动。

压印时间与聚合物黏度、图形化面积、图案厚度等因素相关,而且直接影响成形结构的质量,包括充盈度、固化度等。目前已取得了丰富的研究成果,下面介绍Heyderman 公式[80] 和 Scheer 公式[81]。

Heyderman 推导了聚合物完全转移形成压印图形所需时间的计算公式

$$t_{\mathrm{f}} = \frac{\eta_0 S^2}{2p} \left(\frac{1}{h_{\mathrm{f}}^2} - \frac{1}{h_0^2} \right)$$

式中,t_{f} 为压印时间;η_0 为聚合物黏度;S 为图形化面积尺寸;h_{f} 为压印后聚合物高度;h_0 为聚合物初始高度;p 为外部载荷。该方程假设聚合物与基底之间是理想黏附力,熔融态下聚合物不可压缩,可计算图形完全转移所需时间。

Scheer 根据流体力学推导了热压印的速度计算公式

$$v(t) \approx \frac{p_{\mathrm{eff}} h(t)^3}{\eta R^2}$$

式中,$v(t)$ 是压印速度;$h(t)$ 是聚合物初始高度;R 是模板的半径;η 为聚合物黏度;p_{eff} 是有效压力,即模板和聚合物实际接触部分面积所承受的压力。在聚合物完全填充模板的空腔之前,$p_{\mathrm{eff}} > p_{\mathrm{ext}}$,如模板空腔被完全填满,则 $p_{\mathrm{eff}} = p_{\mathrm{ext}}$,$p_{\mathrm{ext}}$ 是压印过程中施加的外压。

根据 Heyderman 公式和 Scheer 公式可以看出,缩短压印时间和提高压印速度的结论基本一致。由于非晶态聚合物的黏度强烈依赖于温度和分子量,可通过升高温度来降低黏性,达到缩短压印时间的目的。在不破坏化学键的情况下,压印温度越高,压印时间越短。通过减小图形的周期或间距(接触面积)增加有效压力,缩短聚合物填充的时间,提高压印效率。降低聚合物分子量可减小聚合物黏度,以缩短压印时间。如平均分子量太低,则聚合物很脆,在撤模时易损伤模具和衬底,因此平均分子量应大于临界平均分子量 M_{c}。增加初始聚合物高度 h_0,可提高聚合物的运动速度,缩短聚合物填充时间。依据 Scheer 公式,对于正型模具(图形化区域是凸起),则 $p_{\text{eff}} \gg p_{\text{ext}}$,聚合物填充时间短,压印速度快;对于负型模具(非图形化区域是凸起),则 $p_{\text{eff}} \ll p_{\text{ext}}$,聚合物填充时间长,压印速度慢。此外,当压印特征尺寸为微米级时需要较长时间,而到纳米级时速度较快。

聚合物导体难以满足高性能电子器件的要求,通常采用金属导体提高器件的电学性能。在柔性基板上直接进行金属的纳米压印还非常少,主要由于金属熔点高于聚合物基板的玻璃态转化温度。金属层的间接纳米压印工艺首先利用纳米压印将聚合物进行图案化,然后将其作为金属刻蚀和去除的掩膜。但是工艺中的化学过程对柔性基板的损伤非常大,柔性聚合物基板不耐高温,受压力变形较大。

由于金属纳米粒子的熔点非常低,采用纳米压印工艺所需的压力和温度都非常低,可直接在柔性基板上实现超精细金属纳米尺度图案化[82]。纳米金属粒子与有机溶剂的混合物,压印过程中可以非常灵活地调整流体属性,在极低的压力下获得高压印质量,在柔性基板上直接实现纳米图案化[77]。工艺过程如图 6.23 所示[77],包括柔性基板预处理(清洗、晾干、固定于刚性基板上)→将溶液均匀分散到柔性基板表面,利用 PDMS 模具在 80℃条件下,以较低压力进行压印→溶剂蒸发和冷却后,对 PDMS 模具进行脱模→纳米金属粒子图案加热到 140℃大约 10 分钟,金属离子融化→从刚性基板上取下柔性基板。此工艺中采用了 PDMS 模具,而不是常规刚性模具(如硅或石英),这与传统压印方式有所不同,主要是纳米粒子溶液黏度非常低,无需较大的压力即可生成较好的图案。PDMS 易于制作,具有较好的透气性,有利于压印过程中有机溶剂的挥发;同时易于脱模,对基板表面的污染物不敏感。

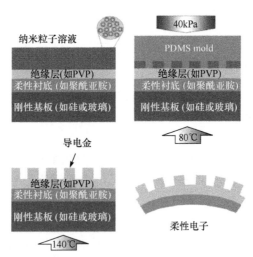

图 6.23　直接压印金纳米粒子的工艺示意图[77]

6.6.3　紫外压印工艺

热压印工艺涉及加热、高压力,造成压印过程难以控制,而且模具图案转移到加热软化的聚合物后进行冷却,由于扩散效应导致图形线条变宽。紫外压印工艺利用紫外光固化聚合物,可以在室温、低压环境下进行操作[83]。紫外压印工艺基本流程是:将涂覆材料的衬底和透明模具装载到对准设备中进行光学对准、接触→透过透明模具进行紫外曝光,促使压印区域的聚合物发生聚合和固化成型,移开模具。在此基础上提出了步进-闪光压印,如图 6.24 所示[84],有效降低制造成本,并提升模具寿命、产量和尺寸重现精度。其过程包括:①具有紫外固化功能的溶液滴在基板上,再用模具将其展开,用很低的压力将模具压到圆片上,使其液态分散并填充模具空腔;②紫外光透过模具照射单体,固化成型后,移开模具;③通过反应离子刻蚀残留层和进行图案转移,在无紫外固化胶凸起图形的地方暴露衬底,得到高深宽比的结构。

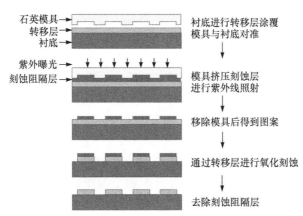

图 6.24　步进-闪光压印工艺示意图[84]

紫外压印过程中聚合物是图形转移的中间媒介,其黏度系数、收缩率和弹性系数以及光固化时间等参数直接决定了压印后聚合物薄膜的残留厚度、压印速度和压印质量。聚合物通常为高分子光敏固化树脂,具有高感光速度、低黏度系数。根据 Navier-stokes 方程,留膜厚度

$$h_{\mathrm{r}} = \sqrt[3]{\frac{3\pi\eta\upsilon R^4}{4F}}$$

式中,F 为施加的压力;η 为聚合物黏度;υ 为压印速度。可以看出,施加的压力越大或聚合物黏度越小,聚合物残留厚度越小。在紫外线辐射下,液态聚合物中的光引发剂受激发变为自由基或阳离子,引发聚合物中含不饱和双键物质间的化学反应,使聚合物固化。紫外固化聚合物主要关注附着力、热稳定性、机械性能等性质。

紫外纳米压印技术要达到较高的图形分辨率、精度、均匀性，还需考虑紫外固化聚合物的特性、紫外光能量、固化速度、固化环境等因素。Lee 等利用紫外压印工艺，采用不透明的 Si 模具在透明的 PET 基板上制备了 100nm 的金属线[85]。西安交通大学研究人员利用纳米压印工艺，制作了有机光伏器件的三维微纳尺度的电极[86]。

6.7　激光直写技术

激光直写技术利用计算机预先设计好图案，无需掩膜直接采用激光束烧蚀、光刻或光致化学反应等方法沉积金属、陶瓷、半导体、聚合物、复合材料和生物材料，在不同类型的材料表面形成一维、二维、三维图案或结构。激光直写技术于 20 世纪 80 年代由美国劳伦斯利弗莫尔国家实验室和 AT&T 贝尔实验室提出，用于制造一维和二维特征的微电子结构。20 世纪 90 年代激光直写技术取得了较大发展，主要贡献来源于德国马普研究所和美国海军研究中心，广泛应用于光子晶体、MEMS、半导体、PCB 等电子制造领域以及生物医学领域。利用激光直写技术直接在塑料基板上生成图案，有望应用于柔性电子领域。激光直写技术不用掩膜，可直接在基体材料表面完成图案转移，具有良好的空间选择性、高的直写速度和加工精度、对环境没有污染。

激光化学气相沉积（laser chemical vapour deposition，LCVD）是指在反应容器内，利用激光束的高温、高能效应诱导前驱体气体物质发生化学反应，并使反应产物沉积在激光扫描区域形成薄膜，LCVD 反应器的基本结构可参考文献[87]。当激光束按预定轨迹在基板上扫描，即可沉积所需图案，可用于二维/三维结构的制备，线宽通常为激光束直径的 2~3 倍，沉积率受到气体传输的限制而导致处理速度较慢。利用三烷基胺三氢化铝前驱物，将铝沉积到 Si、GaAs 和 Al_2O_3 基板上，当温度超过 300K 时前驱物气体开始热分解，表面成核出现在 Al 生长后的 0.01~0.1s 内。晶体生长速率大于成核速率，这将导致随着线厚度的增加，表面粗糙度也在不断增加。目前已采用 LCVD 法在 SiO_xN_y、TiN、GaAs、多晶硅/SiO_2/单晶硅等材料表面沉积 Au、Al、Ag 等金属线。光子超材料通过光产生磁力现象，采用电子束刻蚀和金属薄膜沉积技术进行制备，利用 LCVD 工艺可以实现真正意义上的三维光子超材料的快速制造[88]。

LCVD 工艺采用功率低于 2W、514.5nm 波长的氩离子激光器，经过光学显微镜头聚焦形成直径为 $2\mu m$ 的焦点，激光束以 0.5~5mm/s 的速度在充满前驱气体的反应室内扫描基板。由于焦点局部高温会分解气体，一次可以在基板表面沉积厚度不超过 $1\mu m$ 固体薄膜，重复扫描表面可沉积多层[89]。LCVD 沉积率比标准 CVD 沉积高几个数量级，LCVD 沉积薄膜的厚度预估为

$$h_{\mathrm{f}}(v_{\mathrm{s}},t)=\frac{\sqrt{\pi}R_0 rt}{\sqrt{\pi}r+2v_{\mathrm{s}}t}$$

式中，R_0 是扩散受限的轴向生长率；r 激光束的半径；t 是时间；v_{s} 是扫描速度。LCVD 的沉积率依赖于前驱物气压、激光功率密度、扫描速度等因素，通常随着气压、功率密度而线性增加，与扫描速度成反比[89]。LCVD 制备的导线纯度高、组织致密、线细（最小可达 $2\mu m$），但需要高真空系统、成套设备昂贵、布线速度很低（典型速度为 $100\mu m/s$）和导线厚度偏低（$1\mu m$ 以下）且难以控制，为达到所要求的厚度需多次扫描。

激光诱导化学镀技术（laser-induced electroless plating，LEP）是将基板浸入含有金属离子的化学溶液中，由激光束照射基板，使基板受热后局部温度升高，当温度升高到可以分解溶液时，可以选择性反应沉积金属导线，然后利用电镀和化学镀增加沉积层的厚度。目前这种方法用于加工一维和二维结构。在原有直接诱导化学镀的基础上，LEP 又发展了激光预置晶种-化学镀复合法、激光直接照射局部活化基板-化学镀复合法两种工艺[89]。激光沉积层厚度通常为 $0.3\sim0.6\mu m$，可通过浸入溶液后进行化学电镀来增加厚度（可达 $3\mu m$）。化学镀要求溶剂的还原势低于金属的还原势，需要选择高催化活性的金属、以合理的速率发生阳极反应，选择合适的还原剂在较高温度下发生还原反应，实现图案化激光沉积[89]。

激光诱导液相沉积包括利用激光的光分解/热分解作用照射/扫描溶液，使溶液中的金属化合物/金属络合物分解成金属单质，然后沉积在被扫描区域的基板上形成导电图形。LEP 不需真空、设备投资比 LCVD 少、扫描速度比 LCVD 快近一个数量级，但基板须浸入电镀溶液中，溶液温度、溶质浓度等不确定性因素使导线的尺寸精度、重复性及质量稳定性较低，扫描速度仍然偏低、化学镀液对环境的严重污染等问题。

固体薄膜激光固化工艺（laser consolidation of thin solid film）是基于金属-有机材料前驱物（如含金属的墨液）固体薄膜的高温光热分解效应。首先在基板上旋涂含金属的墨液，并烘干多余的溶剂，得到厚度为 $0.1\sim2.5\mu m$ 的薄膜，通过激光进行表面图案化，有机黏结剂中的碳在空气中燃烧。激光通常为连续波长的氩激光，聚焦光束直径为 $0.8\sim1.5\mu m$，功率为 $20W$，扫描速度为 $100\sim2000\mu m/s$。金属粒子烧结或溶化后形成连续的微结构，没有曝光或部分曝光的材料通过化学溶液进行去除。前驱物需要较高均匀性的膜、较高金属含量以形成连续结构，足够低沉积温度以避免损伤基板等。由于这种方法需要附加层，目前仅限于一维和二维单层结构的图案化。

在固体薄膜激光固化技术基础上提出了选择性激光烧结喷墨打印技术，通过喷墨打印和激光烧结金属纳米粒子可以实现金属的低温沉积和高分辨率图案，并且实现按需打印，可节省大量的材料，并且与塑料兼容，实现了低成本、大面积柔性电子的加工[90]。选择性激光烧结喷墨打印技术的基本过程包括：①将金属纳米粒子均匀分散在有机溶剂中形成高金属含量的墨液；②通过喷印工艺将墨液打印到聚合物基板上，形成纳米粒子微图案[图 6.25(a)中圆代表带有自组织单分子层(SAM)的金纳米粒子]；③烘干打印的纳米粒子图案，通过激光进行局部烧结，形成连续的块体金属薄膜图案[图 6.25(b)中方形表示烧结后形成的导体图案]；④利用有机溶剂冲洗未烧结的松散纳米粒子，得到最终的金属导体微结构[图 6.25(c)]。纳米粒子的熔点非常低，块体金的熔点为 1063℃，纳米金粒子(直径小于 2nm)熔点约为 150℃。利用选择性激光烧结打印的纳米粒子，可得到用于晶体管门/源/漏极的高分辨率电极结构，最后直接通过喷墨打印聚合物介电层和半导体聚合物，完成 OFET 的制造。利用热力学尺度效应，可以在较低温度下直接在聚合物基板上进行图案化，与塑料基板具有非常好的兼容性。采用聚焦的激光束辐射能量，使得纳米粒子产生高度局部性融化，可以降低热影响区域，有利于能量的吸收。相对于传统喷印结构(分辨率约 20～100μm)，选择性激光烧结喷墨打印结构均匀性高，分辨率达到 1～2μm。

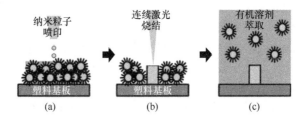

图 6.25　对聚合物基板上喷印沉积的纳米金属粒子溶液进行激光烧结
圆形代表带有自组织单分子层(SAM)的金纳米粒子；
方形表示烧结后形成的导体图案[90]

　　激光诱导固相反应沉积(laser-induced solid reactive deposition, LSRD)包括激光诱导转移法(laser induced forward transfer, LIFT)和 MAPLE，基本工艺过程如图 6.26 所示，包括：①将薄膜预置于透明丝带上；②把该丝带涂层面和基板紧密地贴在一起；③激光照射丝带反面，薄膜就会因激光的作用而脱落到基体上。激光诱导固相反应沉积比激光诱导气相沉积和激光诱导液相沉积在方法上有较大的改进，具有工艺简单、操作方便、适用性广、更易于应用等优势。LIFT 利用激光溅射或蒸发致密涂层成原子、离子或小分子，将透明支架上薄膜转移到基板上形成图案，基板处于支架下方 25～100μm。激光脉冲作用使得少量的材料蒸发从给体表面升华，然后沉积到受体表面，但这极大限制了应用范围。为此在透明玻璃板上沉积一层液膜，液体中含

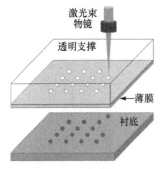

图 6.26　生物分子 LIFT 直写沉积工艺示意图

有生物分子,玻璃涂有一层吸光材料,脉冲激光加热吸光材料,将含有生物分子的溶液投射到固体基板上,投射液滴的体积线性依赖于激光的脉冲能量。LIFT 最初主要用于硅基材上沉积金属铜和银,后来被用于氧化物的转移。

MAPLE 技术源于 LIFT 技术,将涂层溅射成微米尺寸的粉末、纳米粒子、化学前驱物或者各种微小的添加物,两者不同之处在于载体吸收激光热能的目的不同[91,92]。由石英等材料制成激光可透射的圆盘(可称之为色带),外面包裹一层有机黏结剂和要沉积的材料,圆盘与受体基板平行放置,距离 $25\sim100\mu m$。脉冲激光通过圆盘进行聚焦到点阵涂层上,当激光脉冲不断轰击涂层时,一小部分聚合物就会分解为挥发物,将粉末转移到受体基板上。MAPLE 直写技术的材料是转移而不是被蒸发,激光的能量被用来分解光敏感性的聚合物,而低于粉末熔融的临界值。由于避免了沉积材料的蒸发,络合物可以直接被转移,而不需要对其构成、相态和功能进行改性。激光扫描过程不会对基板进行明显的加热,每次扫描可沉积厚度小于 $1\mu m$ 的结构层。如果需要沉积较厚的结构层,只需要增加扫描的次数。LIFT 和 MAPLE 技术可以构建三维结构,所应用的材料也非常广泛,可在不同材料的基板上进行沉积,并可以在低温条件下沉积生物材料。对沉积的厚度可进行良好的控制,实现近似单层覆盖,但要求基板平整,并与给体盘平行。由于材料转移过程温度较低,可以采用聚合物基板,非常有利于柔性电子的图案化,在微电容、互联结构、荧光显示器、共面电阻、锂离子微电池等领域得到广泛应用。

6.8　喷墨打印工艺

喷墨打印工艺(喷印)是一种数字化按需打印技术,通常用于多孔表面打印文本和图像、复杂三维结构的快速原型等领域,印版以数据形式保存在计算机中,通过编程生成虚拟印版来驱动打印头。随着技术的发展,喷印已经用于电子器件的制备,根据计算机设计的虚拟印版直接在基板上打印出电路[8,89,93]。喷印相对于其他图案化工艺具有明显的优势[94]:①便捷性,数据非常容易传输、保存和共享,打印过程中不需要印版,直接利用 CAD/CAM 数据进行打印路径规划,可实现大面积动态对准和实时调整;②灵活性,通过计算机可以直接对图案进行设计,可在非平面表面进行图案化;③快速性,数字化技术让打印可以随时进行,通过交互方式随时进行修改;④低成本,数字化打印是高度自动化,不需要人工干预,节约大量的材料,只在需要的区域打印材料;⑤兼容性,与有机/无机材料的良好兼容性;⑥可靠性,作为非接触式图案化技术,可有效减少瑕疵,并可利用虚拟掩模补偿层间变形、错位等缺陷。

6.8.1　传统喷墨打印工艺

喷印技术用于功能材料直写电子器件,面临墨液配置、驱动模式、基板选择和溶剂挥发性控制等挑战,喷印的图案化结构还需要经过干燥、固化、烧结等后处理。喷嘴尺寸约为 $20\sim30\mu m$,液滴体积约 $10\sim20$ pL(pL $=10^{-12}$ L),基板上墨滴直径约为滴落过程墨滴直径的 2 倍。

喷印主要有连续喷印和按需喷印两种液滴生成方式[93]。连续喷印方式是由液滴构成的液柱连续从喷嘴喷出,通过加载在液柱上的周期扰动产生间隔和大小均匀的液滴,通过偏转电场控制所需墨滴的位置,多余的液滴通过回收系统进行回收。连续喷印更适用于低黏度流体,滴落速度高,所需墨液量大。按需喷印中液滴按需要喷出,可避免连续喷印中复杂的墨滴加载和偏转机构,定位精度高、可控性好、节约材料,而且目前打印机设备变得越来越简单,可靠性和性能不断提高。按需喷印使用脉冲方式喷射墨滴,主要有热泡法和压电法两类原理截然不同的驱动方式。此外,还有热屈曲法[95]、声激励法[96]、电流体动力法[97,98]等。喷印过程最重要因素是墨液的表面张力和黏性,以及驱动的频率和幅度。

热泡法工艺如图 6.27 所示,喷射过程包括气泡成核、气泡成长、墨滴滴落、墨滴喷射四个阶段,打印机由发射腔、薄膜加热器和墨液回填通道组成,唯一需要移动的部分是墨液,喷嘴直径通常只有几十微米。通过局部加热形成细小的泡沫,蒸汽泡沫在数微秒内迅速扩大,将墨液从喷嘴中挤压出去。初始驱动压力接近过热极限条件下液体饱和蒸气压(通常水约为 4MPa,有机溶剂约为 1MPa)。当温度接近 $300℃$ 时易导致喷嘴堵塞[99],不适合打印熔融聚合物[100]。

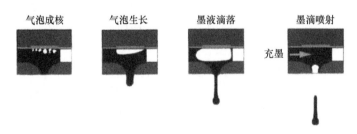

| 气泡成核 | 气泡生长 | 墨液滴落 | 墨滴喷射 |

充墨

图 6.27　热泡法工艺过程[93]

压电法工艺如图 6.28 所示[93],在打印头压电驱动器上通过数字信号施加电压,使每个喷嘴中的压电膜产生振动(脉冲),将墨液喷射到正确的位置[100]。压电式打印机是基于墨液流体的不可压缩性,即通过驱动隔膜,压电膜小位移被放大,可使墨滴产生较大位移。墨液中不能有较多气泡,否则会导致喷印效果大大降低。压电打印通常由三种模式:①伸缩驱动模式,压电驱动器一端与隔膜连接,尺寸变化只有几微米;②弯曲驱动模式,压电转换器沿着隔膜的长度方向固定,薄膜大概

弯曲 $0.1\mu m$；③剪切驱动模式，通过作用在极化垂直方向的电场驱动压电材料变形。压电打印模式可通过改变驱动电压和波形来控制喷射体积，不会加热墨液，有助于保护热敏感性墨液。喷射腔体和隔膜的尺寸要求会导致喷嘴集成度较低、打印头复杂、制造成本较高等。热泡法和压电法打印技术的比较见表 6.4。

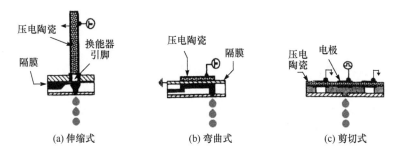

图 6.28　压电打印机的三种操作模式[93]

表 6.4　热泡法和压电法打印技术比较

驱动方式	优点	缺点
热泡法	• 大规模喷嘴密度和高分辨率 • 允许材料用存在气泡 • 材料浪费少	• 需要精确的热流控制 • 对墨液黏度非常敏感
压电法	• 允许黏度变化 • 液滴尺寸随控制信号变化 • 墨液不会出现热损伤 • 喷射腔体更大	• 对液体中的气泡敏感 • 需要墨液有规律流动 • 喷嘴集成度较低

　　由于墨滴形成的基础是 Plateau-Rayleigh 不稳定性，喷墨打印机通常采用液体墨液打印图案，如果采用固体墨液，在使用之前需要加热熔化成液体墨液。按需喷印中液滴形成过程包括喷射和射流拉伸、喷嘴液体飞线、液体飞线收缩、主/卫星液滴形成以及主/卫星液滴重新结合等阶段[101]。实现高效、高分辨率和高可靠打印，关键是精确操控掺杂大量固体粒子、非牛顿液体射流形成或液滴喷射的复杂物理过程，需要对高剪切速率的材料性质、射流不稳定性、液滴成形与运动、液带的拉伸以及飞行过程中射流和液滴的气动性和静电作用进行深入研究。

　　液体瞬态速度分布引起喷嘴处液体表面变形形成颈缩，颈缩加剧就会断裂成小液滴。控制液体射流和滴落行为的主要作用力包括惯性力、黏性力和表面张力。当液滴喷出，能量转化成黏性流动、液滴表面张力和动能。除主液滴外，紧随其后还会产生更细小的卫星液滴，并可能与主液滴再结合，其行为无法通过线性 Rayleigh 分析方法进行预测。喷印过程中应尽量抑制卫星液滴的出现，通常可通过改变驱动的扰动幅度来控制卫星液滴生成，通过减小喷嘴直径可获得更小的液滴和更高的分辨率。然而当喷嘴尺寸降低，表面张力和黏性力将逐渐增加，需要更大的驱动力对液体进行加速。墨液配方需要解决"第一滴墨滴生成"问题，避免墨液局部干燥而堵塞喷嘴[99]。目前主要解决手段包括对喷嘴进行清洗和盖帽、采用低挥发性墨液和吸收性基板、通过加热或紫外照射来固化墨液。随着活性有机材料的发展以及半导体薄膜打印精度的提高，可喷印的几何图案包括岛（电极）、线（互联导体）、面（绝缘层或半导体层）。在液滴层叠形成液态线的打印过程中，液态线的扩散和干燥等将导致颈缩现象等不稳定性问题，使长距离液态线的特征尺寸和形貌的精确控制极其困难[102]。TFT的电荷载流子传输性能取决于其形貌，为避免器件的短路和断路，需通过形貌控制实现无针孔层的喷印，包括基板表面改性、溶剂属性调整、采用分子间作用较强的P-P型有机半导体材料等[103]。

　　低黏度流体不会在喷嘴发生堵塞，可生成一致的液滴，并通过液体蒸发实现固化，其液滴尺寸控制取决于液滴在基板上的扩散行为。溶液扩散可通过光刻或其他方法辅助，在基板表面不同区域采用不同润湿性材料或拓扑结构等进行控制，由此发展出新型的喷墨打印技术。将喷墨打印工艺与其他图案化工艺结合，可以提高喷印工艺的分辨率。Sirringhaus在表面预制图案化结构的基板上打印晶体管，如图6.29所示[104]，制备出微米尺度沟道长度的全聚合物晶体管。通过对墨液改性，利用墨液之间结合实现自对准打印，提出了基于润湿性差异的自对准打印方法。其中，源漏极通过$5\mu m$宽的聚酰亚胺进行分离[105]，可解决打印电子中的套印对准难题，并以低成本制备高分辨率、低电容的晶体管。Bao[106]利用自对准打印技术制备出沟道尺寸为250nm的晶体管，Sele[107]在无光刻辅助情况下，通过自对准打印技术获得小于100nm线宽。Subramanian等[108]利用自对准打印技术制备了电容为$0.14\sim0.23pF/mm$的晶体管。为了满足延性器件的打印需求，Ahn提出了全方位打印技术，制备的导电电极具有良好的伸缩性能[109]。

　　利用喷印进行图案化面临以下挑战[4]：①溶剂兼容性，多层结构连续打印时，对溶剂和溶液的选择性有较高要求；②形貌一致性，表面张力、墨液边缘的溶质聚合和溶剂干燥，将导致厚度不均性，即所谓的咖啡环效应；③图案分辨率，喷射液滴的大小，使得打印特征尺寸很难小于$20\mu m$；④墨液的优化，低蒸发率的溶剂可能需要增加额外的烘烤工艺，高蒸发率的溶剂易导致打印过程中出现喷嘴堵塞；⑤定位精度，喷射的液滴经过飞行后沉积到基板上，其定位精度不仅取决于喷头定位精度，也取决于喷头与基板的角度、空气的扰动、喷嘴到基板的距离等。

6.8.2　电流体动力喷印工艺

　　传统喷印工艺为"挤"的驱动模式，难以直接沉积较高分辨率的图案，难以适应电子器件特征尺寸日趋减小的发展需求。电流体动力喷印（electrohydrodynamic

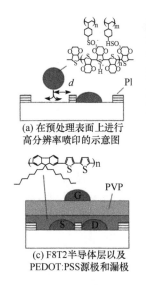

(a) 在预处理表面上进行
高分辨率喷印的示意图

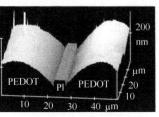

(b) 喷印 PEDOT:PSS 源极和
漏极的原子力显微镜图

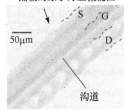

(c) F8T2 半导体层以及
PEDOT:PSS 源极和漏极

(d) 器件的光学显微图

图 6.29　在预制图案化基板上进行 TFT 喷印示意图[104]

printing,EHD Printing)采用电场驱动,以"拉"的方式从液锥顶端产生极细的射流,可以采用较粗的喷嘴实现微米或亚微米级分辨率的图案,能够打印较高黏性的墨液,在柔性电子领域具有广泛的应用前景。电流体动力喷印、热气泡法喷印和压电法喷印三种喷印技术比较见表 6.5。电喷印喷嘴直径越小可获得越高的分辨率[97],但分辨率受喷嘴的影响远低于传统喷印工艺,可采用较粗的喷嘴在避免溶液堵塞喷嘴的前提下实现亚微米甚至纳米结构的高精度喷印。根据所采用的材料属性和工艺参数的不同,可以分别形成喷雾(电喷涂-electrospraying)、纤维(电纺丝)和液滴(电点喷-E-jetting),这三种喷印模式具有相似的电流体动力学(electro-hydrodynamics)机理和实验装置。电喷印非常适合于复杂和高精度图案化,如电喷涂、电纺丝、电点喷可分别用于制备柔性电子的薄膜层、互联导体、复杂电极。

表 6.5　喷印技术比较

工艺特点	电流体动力喷印	热气泡法喷印	压电法喷印
喷头设计	喷头结构、加工简单,需要辅助电极产生电场	喷头设计、加工复杂	喷头设计、加工复杂、难以实现高集成度
溶液兼容性	对非牛顿流体适应性强,特别是高黏性溶液	对非牛顿流体适应性弱,对溶液蒸发性敏感	对非牛顿流体适应性弱,溶液不能有气泡
分辨率	较高,300nm～10μm	较低,20～50μm	较低,10～50μm
制造方式	可实现连续、离散喷印	液滴成线或膜不可连续	液滴成线或膜不可连续
效率	取决于液体本身黏弹性	受限于气泡发生速率	效率受限于压电频率

　　电喷印是利用电场将液体从喷嘴口拉出形成泰勒锥，由于喷嘴具有较高电势，喷嘴处的液体会受到电致切应力的作用。当局部电荷力超过液体表面张力后，带电液体从喷嘴处喷射，然后破裂成液柱或小液滴。通过改变流速、电压、液体性质和喷嘴结构，可形成具有不同射流形状和破碎机理的电喷印模式。连续锥射流采用直流电压形成连续的线，脉冲喷印采用脉冲电压或较低的直流电压以按需打印方式形成线或一系列的点。随着脉冲电压频率的升高，液锥不断震荡或破碎成许多小液滴，无法保证在每个脉冲作用下均发生滴落。如液体从喷嘴流出时仍保持非常高的电势，在电场力作用下将生成更小的液滴。

　　电喷印装置通常由墨液盒或精密流量泵、镀有金属的喷嘴、高压发生器、收集电极、x-y 运动平台等组成。电喷涂、电纺丝和电点喷的区别主要在于采用溶液性质、喷嘴、电极间的电压和距离，不同的材料与工艺参数组合产生不同的工艺类型。电喷印装置的电极有两个，通常不锈钢针头作为第一个电极，第二个电极采用针、环或平面等结构，直接位于针头下方并接地。通过控制注射泵流量，溶胶/凝胶溶液在两电极间的电压作用下喷射出液滴或纤维。当液滴处于高电势差空间中，其形状稳定性由重力 F_g、表面张力 F_{st} 和电场力 F_e 共同确定，如图 6.30(a)所示[110]。电场作用下，泰勒锥被拉长产生射流，然后破碎成小液滴。为预测静电力作用下喷嘴喷出的液滴半径 r，建立以下力平衡方程[110]：

$$F_g - F_{st} + F_e = 0$$

　　通过实验可计算出三力平衡时的半径 r，结果表明 r 是三个力的函数，同时三个力也受 r 的影响。如果电势差不高，液滴由于受到有限静电拉力而变形，电场引起电荷集中并最终形成泰勒锥，当达到临界电压，电场力与表面张力平衡被打破，高速射流从锥尖喷射出来，如图 6.30(b)所示[111]。

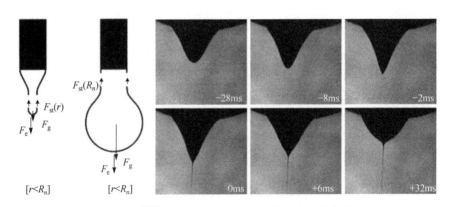

(a) 喷嘴顶端的液体半月锥示意图[110]　　　　　(b) 液体的形状演化[111]

图 6.30　电流体动力喷印喷嘴溶液动态行为

为获得稳定的射流,实现高精度电喷印,必须对材料、工艺因素进行控制,其中,材料因素包括材料结构(分子量、分子链类型、分子链长度等)、溶液物理性质(黏度、杨氏模量、电导率和介电常数等)等;工艺因素包括控制参数(喷嘴与收集电极的距离、电压、喷嘴直径等)、环境参数(压力、湿度、温度等)等。为实现不同线宽图案的电喷印,需要对断裂过程及其机理进行研究与控制。大分子量物质溶解导致溶液黏性增加,提高黏性有利于电纺出连续的纳米纤维,但不利于电喷涂和电喷印中溶液的断裂。表面张力影响液体的比表面积,增加溶液表面张力有益于小液滴的形成,对提高电喷涂和电点喷工艺精度有利,但会导致电纺丝工艺易形成纤维—液珠结构。溶液的电导率对电喷印工艺具有较大影响,高的电导性会增加射流速度和拉力,并有可能使得电极出现电导通,烧毁喷射的材料。基板的介电常数直接影响表面电荷密度,会引起电纺丝"鞭动"行为,使得定位更难。电极间距直接影响飞行时间和电场强度,较大间距可生成细小的液滴和纤维,但增加不稳定性,降低定位精度。控制电场可减小液滴尺寸,但其作用过程十分复杂,同时影响液滴和纤维的形貌、分辨率和稳定性[111]。沉积薄膜的厚度、结晶度、质地和沉积速度,可通过调节电压、流速、溶液浓度和基板温度进行控制[112]。

电喷涂(电雾化)用电场将液滴雾化,通常采用含有纳米粒子的溶胶/凝胶溶液,其黏度往往高于传统喷印的墨液。电喷涂可用于处理特殊溶液,如沉积 PZT 薄/厚膜、利用溶胶/凝胶溶液前驱物沉积金属等。电喷涂中,相同尺寸的粒子具有相似的热动力学状态,可得到较均匀薄膜,减少薄膜中的空隙和裂缝的数量。电喷涂已用于生产有机薄膜,也可作为图案化技术[112]。进行电喷涂研究的基本实验设备如图 6.31 所示,将具有导电特性的溶液通向一根金属毛细管。毛细管口处的液体收到重力、表面张力、电场力的共同作用,处于平衡态。当电压升高到临界值时,平衡状态被打破,液体将形成一个稳定的泰勒锥,并在锥顶产生细小的射流,射流继续破裂形成带电雾滴。电喷涂通常采用直接喷涂喷嘴和萃取喷嘴两种模式,两者区别在于毛细管和基板之间增加一个环形电极,以避免由于基板电极损伤造成薄膜不均性,但是部分液滴会落在环形电极上。在图 6.31(a)中,液体从喷嘴处弯月锥顶端直接喷射出液滴碎片,在分离过程中形成规则的大液滴、小液滴或拉伸纺锤体。在图 6.31(b)中,液体被拉伸成小射流,由于射流的不稳定最终破碎成液滴。

电喷涂生成的液滴尺寸极小,通过调节流速和电压控制液滴的尺寸和电荷,可达 10nm,液滴尺寸分布近似于均匀分散。由于电雾化后的液滴带有电荷,库仑力阻止液滴团聚,可通过施加一定的电场对雾化液滴的轨迹进行控制[112~114]。Jaworek[113]利用屏蔽电极获得更加均匀的电场,以提高电喷涂的操控性。Kim[115]利用高温玻璃导管使液滴集中到基板表面,在管内通入加热的保护气体获得高度均匀的薄膜。Fujihara 通过电喷涂制备出了用于染料敏化太阳能电池的大面积

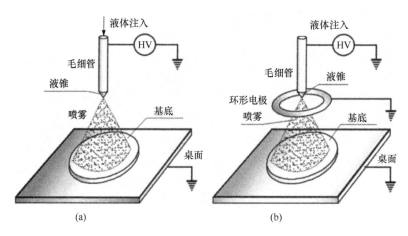

图 6.31　电喷涂喷头示意图[113]

TiO$_2$ 电极层（20cm^2）[116]。在充满氮气和乙醇的环境中，Cich 在硅（111）基板上电喷涂出了等离子活性显示层，研究表明薄膜形貌和荧光强度取决于电压、流速等沉积参数[117]。此外，电喷涂在质谱仪、纳米材料制备、农业、燃油喷射、药物运输等领域得到重点关注。电喷涂最近被应用于制作柔性电子器件，已开发出多喷嘴电喷涂系统[118]。

　　电纺丝被公认为是制造亚微米乃至纳米纤维的高效技术之一，较相分离、模板法、拉丝、自组装等纳米纤维制造方法，具有极高的灵活性和易于应用等优势。最近发展了无喷嘴电纺丝技术[119]、近场电纺丝技术[120]等新的电纺丝模式，已用于微纳米器件的制造[98]。电纺丝工艺如图 6.32 所示，利用高压使聚合物溶液/熔液形成带电的射流由喷嘴喷出，在到达收集电极之前，射流会干燥或者固化，最后收集到由小纤维连成的网状物。传统电纺丝过程中射流飞抵基板时通常为固态，可通过增加动态机械装置、使用不同形状和位置的辅助电极、减小电极间的距离和电压等方式提高工艺的可控性。目前已有一百多种材料成功地被电纺成极细的纤维，其中大多数是聚合物、无机物以及掺杂纳米材料的复合材料[121]。

　　虽然在喷头顶部射流稳定，在锥尖喷出的极细射流加速飞向收集电极同时固化成纤维过程中，将出现"鞭动"等复杂的动力学行为，如图 6.32 所示。电纺丝在正常状态下将产生几类不稳定，因而实现其可控性极具挑战性。目前电纺丝的研究主要集

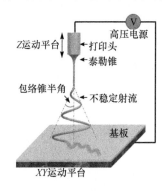

图 6.32　电纺丝工艺示意图

中在其物理化学基础研究，包括聚合物溶液浓度、施加电压和电极间距离等，对纺

丝控制的研究较少。MacDiarmid[122]在诺贝尔获奖演讲"合成金属：有机聚合物的新角色"中预测了电纺丝在有机电子中的应用，并加工出世界上第一根导体聚合物纤维（直径约为 950～2100nm），Chronakis 制备出直径为 70～300nm 的纳米纤维[123]，Zhang[124]电纺丝出直径约 100nm 的纤维，并在两个平行电极区间内实现定向排列。

Sun 等[120]提出了近场电纺丝技术（NFES），以一种直接、连续、可控的方式沉积固态纳米纤维。NFES 与传统电纺丝技术的主要不同包括：两电极间的距离为 $500\mu m$～3mm、聚合物溶液以类似蘸笔技术的方式实现供给、尖端为直径 $25\mu m$ 的钨针尖、电压因电极间距减小而降低等。随着钨针尖的聚合物溶液不断消耗导致液滴直径收缩，可实现更小的泰勒锥和纳米纤维。NFES 技术集成蘸笔、喷印和常规电纺丝技术的特点，有望实现 100nm 以下纤维的可控制备。Huang 和 Yin 等提出了力控电纺丝工艺（master electrospinning，MES），如图 6.33 所示[125]，在近场电纺丝基础上突出了运动基板对电纺丝的控制作用，并以针管代替钨针尖，所采用的溶液浓度也远低于近场电纺丝工艺[125,126]。力控电纺丝工艺如图 6.34 所示[125]，实验装置在常规电纺丝的基础上增加了高速运动平台，电极间距为 2～5mm，泰勒锥触发电压为 2kV，当纤维沉积到基板上时可将电压降到 0.8kV 以下。基板运动速度对纤维的形貌起着非常重要的作用，大的基板运动速度会产生更大的纤维拉力，如图 6.34（d）、（e）、（f）、（i）所示。电极间距对纤维形貌也起着非常重要的作用：①当采用 5mm 的间距，沉积到基板的结构为固态纤维，如图 6.34（a）～（d）所示[126]；②当采用 2mm 的间距，沉积到基板的结构为液态丝带，如图 6.34（e）～（h）所示[125]。基板速度对沉积结构大小具有明显影响，纤维直径随基板速度增加而减小[图 6.34（i）]，丝带宽度同样随基板速度增加而减小[图 6.34（j）]，但是两者相差 1～2 个数量级。

电点喷采用微垂流模式下按需喷墨控制方式，可产生非常均匀的液滴并形成非常高分辨率和高精度图案，通过改变偏置电压和脉冲电压实现对射流按需打印的操控[110]，确定喷射所需的最优脉冲条件等。电喷印喷嘴结构和系统组成如图 6.35所示[97]，针头内径通常为 0.1～1mm，通过采用更小内径的针头可获得更高的分辨率，电喷印产生的液滴至少比针头尺寸小一个数量级，能达到微米甚至纳米尺寸。

电点喷工艺中，射流从针尖射出并沉积到基板上，通过移动平台控制图案形状。Park 等[97]研究了静电诱导流体从微毛细管喷嘴中流出的动力学行为，打印出亚微米分辨率的图案，制作了典型电路和功能晶体管的金属电极、互联导线和探针点。在内径 $0.3～3\mu m$ 的玻璃毛细管外壁溅射导电层作电极，并在喷嘴处涂覆一层疏水材料制成微喷嘴，可以喷印特征尺寸为 $240nm～5\mu m$ 的微结构。打印 Au 电极的线宽为 $2\mu m$，源极和漏极电极间的沟道距离为 $1\mu m$。如果用内径为 $2\mu m$ 的针头以 $10\mu m/s$ 速度打印连续的线图案，线宽为 $3\mu m$，如果采用内径 $1\mu m$

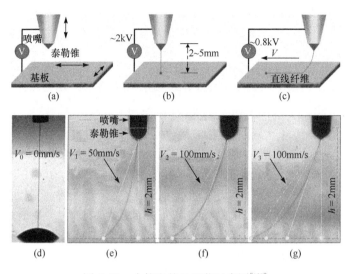

图 6.33　力控电纺丝工艺示意图[125]

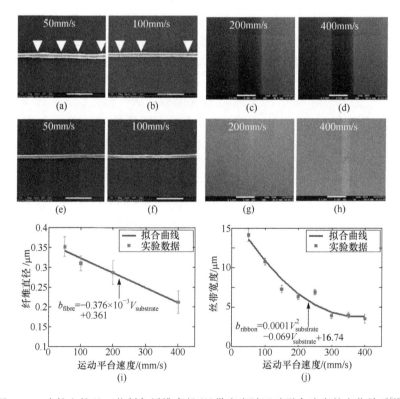

图 6.34　力控电纺丝工艺制备纤维直径/丝带宽度随运动平台速度的变化关系[125]

喷嘴,线宽可达到 700nm。

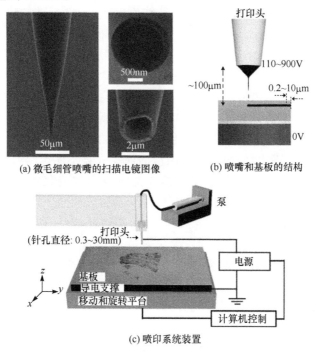

(a) 微毛细管喷嘴的扫描电镜图像　　　(b) 喷嘴和基板的结构

(c) 喷印系统装置

图 6.35　喷嘴结构和高精度电喷印系统示意图[97]

Sekitani 等[127]实现了亚飞升液滴精度打印,在高迁移率有机半导体表面打印了分辨率为 1μm 的金属结点,制作出 p 型和 n 型半导体晶体管。采用自组装单层膜制作晶体管的超薄低温栅极绝缘层,以降低晶体管的工作电压,墨液由单分散相、直径 2~3nm 的 Au 纳米颗粒组成,喷嘴由内部亲水外部疏水的玻璃毛细管制成(尖端直径小于 1μm)。亚飞升液滴精度打印可明显降低煅烧温度,避免有机半导体的损伤。Lee 等[128]采用直径 180μm 的喷嘴产生微米级射流,制作出银导线并测试了其电学性质。Choi 等[129]研究了脉冲射流模式下的射流直径与喷嘴尺寸、电场之间的关系,发现基频与电场强度成正比。Choi 等[110]测试了各种偏置电压和脉冲信号下的射流性能,以确定最优的射流条件。为提高锥射流模式的输出和稳定性,Lee 等[130]利用硅晶片开发了每个喷嘴可独立控制的多喷嘴电流体动力喷印系统,以减少电场的干涉和扭曲。

喷头结构是影响空间电场分布和喷印液滴/纤维尺寸的重要因素,对打印性能和精度有直接的影响。喷印头需要有良好的化学兼容性,以适应不同的材料;具有良好的墨滴生成稳定性,以提高打印质量。为确保适合聚合物打印,需要对喷嘴材料的物理化学性能进行优化,包括毛细管内/外部的润湿性、墨液喷射性等。目前电液耦合喷印技术的实验研究中,大多直接使用精密机械注射泵或气泵进行供液和流量控制，喷嘴通过导管与注射泵连接，结构形式较为单一，喷头结构的变化主要在喷嘴部分。喷嘴结构主要有两种结构形式：①空心结构喷嘴，结构简单，溶液直接从喷嘴中心喷射。减小喷嘴内径可以有效减小喷印线条/液滴尺寸。为提高喷印效率，Ohigashi 等[131]采用 MEMS 硅微加工工艺，制作出内径 $20\mu m$，外径 $30\mu m$，喷嘴间距 $200\mu m$ 空心微喷嘴阵列，实现微尺度线条批量直写，最小线宽可达 $1\mu m$，喷印的液滴直径约 $20\mu m$；②管芯结构喷嘴，即在空心结构中增加实心针或空心管，溶液从管芯与管壁间的环形间隙中流出，并在电场作用下于实心针/空心管尖端处喷射出，形成单层或多层结构的液滴。空心结构喷嘴喷射液滴的尺寸受限于喷嘴内径，喷嘴处自由液面面积大且不稳定，导致喷印定位精度受基底表面平整度影响较大，采用有芯结构可以有效避免这些缺陷[132]。脉冲电压作用下，液滴喷射时，空心结构喷嘴末端液面波动很大，增加了喷印控制的难度，而实心针头不仅能够避免溶液回流，减缓液面波动现象，还能加速液体的切向流动，提高喷射的定位精度[133]。在内径 $100\mu m$ 喷嘴中插入半径小于 $5\mu m$ 的针尖制作出有芯喷嘴，实现直写线宽小于 $1\mu m$ 的线条和直径几百纳米的微液滴[134]。

目前喷头普遍采用的流量控制方式，集成化程度不高，制约喷头结构的微型化、集成化进程。微泵作为微流量控制系统的核心部件，是实现微量液体供给和精确控制的动力元件，广泛应用于药物输送、活细胞供给、芯片冷却等领域。静电方式驱动的微泵具有结构简单、易于控制、响应时间短、能量密度高等特点，静电微泵成为微流量控制系统中的重要驱动源，与硅微加工工艺兼容性好，能够满足微喷印中微流量控制的要求。通过制造密集喷墨头阵列实现高效打印，如几十、几百甚至几千个独立喷嘴，墨液由同一个导管供给，但是每个喷头可单独进行控制[89]。结合当前较为成熟的 MEMS 微加工工艺，借鉴生物微流控芯片领域微流泵/微流道控制的相关研究结果，设计制造出适用于高精度微纳结构喷印的一体式微喷头结构，是实现批量化、一致性、低成本柔性电子制造的关键技术之一。

参 考 文 献

[1] Russo A，Ahn B Y，Adams J J，et al. Pen-on-paper flexible electronics. Advanced Materials，2011，23(30)：3426－3430.

[2] Cui Z. Micro-nanofabrication Technologies and Applications. Beijing：Higher Education Press，2005.

[3] Dentinger P M，Krafcik K L，Simison K L，et al. High aspect ratio patterning with a proximity ultraviolet source. Microelectronic Engineering，2002，61：1001－1007.

[4] Chen J. Novel Patterning Techniques for Manufacturing Organic and Nanostructured Electronics. Boston：Massachusetts Institute of Technology，2007.

[5] Lee T M，Noh J H，Kim C H，et al. Development of a gravure offset printing system for the

printing electrodes of flat panel display. Thin Solid Films,2010,518(12):3355—3359.

[6] Kang H W,Sung H J,Lee T M,et al. Liquid transfer between two separating plates for mi-cro-gravure-offset printing. Journal of Micromechanics and Microengineering, 2009, 19 (1):015025.

[7] Garnier F,Hajlaoui R,Yassar A,et al. All-polymer field-effect transistor realized by printing techniques. Science,1994,265(5179):1684—1686.

[8] Menard E,Meitl M A,Sun Y G,et al. Micro- and nanopatterning techniques for organic elec-tronic and optoelectronic systems. Chemical Reviews,2007,107(4):1117—1160.

[9] 韦群燕. 高导电率精密印刷银浆制备技术研究[D]. 昆明:昆明理工大学,2006.

[10] Kumar A,Whitesides G M. Features of gold having micrometer to centimeter dimensions can be formed through a combination of stamping with an elastomeric stamp and an alkane-thiol ink followed by chemical etching. Applied Physics Letters,1993,63(14):2002.

[11] Rogers J A,Nuzzo R G. Recent progress in soft lithography. Materials Today,2005,8(2): 50—56.

[12] Xia Y N,Whitesides G M. Soft lithography. Angewandte Chemie-International Edition, 1998,37(5):551—575.

[13] Xia Y,Kim E,Zhao X M,et al. Complex optical surfaces formed by replica molding against elastomeric masters. Science,1996,273(5273):347—349.

[14] Zhao X M,Xia Y,Whitesides G M. Fabrication of three-dimensional micro-structures:Mi-crotransfer molding. Advanced Materials,1996,8(10):837—840.

[15] Xia Y,Kim E,Whitesides G M. Micromolding of polymers in capillaries:Applications in mi-crofabrication. Chemistry of Materials,1996,8(7):1558—1567.

[16] Kim E,Xia Y N,Zhao X M,et al. Solvent-assisted microcontact molding:A convenient method for fabricating three-dimensional structures on surfaces of polymers. Advanced Ma-terials,1997,9(8):651—654.

[17] Quake S R,Scherer A. From micro to nanofabrication with soft materials. Science,2000, 290(5496):1536—1540.

[18] 王国彪. 纳米制造前沿综述. 北京:科学出版社,2009.

[19] Rogers J A,Jackman R J,Whitesides G M. Microcontact printing and electroplating on curved substrates:Production of free-standing three-dimensional metallic microstructures. Advanced Materials,1997,9(6):475.

[20] Parashkov R,Becker E,Riedl T,et al. Large area electronics using printing methods. Pro-ceedings of the IEEE,2005,93(7):1321—1329.

[21] Rogers J A,Bao Z,Baldwin K,et al. Paper-like electronic displays:Large-area rubber-stamped plastic sheets of electronics and microencapsulated electrophoretic inks. Proceed-ings of the National Academy of Sciences of the United States of America,2001,98(9): 4835—4840.

[22] Jacobs H O,Whitesides G M. Submicrometer patterning of charge in thin-film electrets. Sci-

ence,2001,291(5509):1763—1766.

[23] Zaumseil J,Meitl M A,Hsu J W P,et al. Three-dimensional and multilayer nanostructures formed by nanotransfer printing. Nano Letters,2003,3(9):1223—1227.

[24] Loo Y L,Willett R L,Baldwin K W,et al. Additive,nanoscale patterning of metal films with a stamp and a surface chemistry mediated transfer process:Applications in plastic electronics. Applied Physics Letters,2002,81(3):562—564.

[25] Loo Y L,Willett R L,Baldwin K W,et al. Interfacial chemistries for nanoscale transfer printing. Journal of the American Chemical Society,2002,124(26):7654—7655.

[26] Crawford G P. Flexible Flat Panel Displays. Chichester:John Wiley & Sons,2005.

[27] Kim C,Shtein M,Forrest S R. Nanolithography based on patterned metal transfer and its application to organic electronic devices. Applied Physics Letters,2002,80(21):4051—4053.

[28] Schmid H,Wolf H,Allenspach R,et al. Preparation of metallic films on elastomeric stamps and their application for contact processing and contact printing. Advanced Functional Materials,2003,13(2):145—153.

[29] Blanchet G B,Loo Y L,Rogers J A,et al. Large area,high resolution,dry printing of conducting polymers for organic electronics. Applied Physics Letters,2003,82(3):463—465.

[30] Forrest S R. The path to ubiquitous and low-cost organic electronic appliances on plastic. Nature,2004,428(6986):911—918.

[31] 冯杰,高长有,沈家骢. 微接触印刷技术在表面图案化中的应用. 高分子材料科学与工程,2004,20(6):1—5.

[32] Hines D R,Ballarotto V W,Williams E D,et al. Transfer printing methods for the fabrication of flexible organic electronics. Journal of Applied Physiscs,2007,101(2):024503.

[33] Meitl M A,Zhu Z T,Kumar V,et al. Transfer printing by kinetic control of adhesion to an elastomeric stamp. Nature Materials,2006,5(1):33—38.

[34] Meitl M A,Zhou Y X,Gaur A,et al. Solution casting and transfer printing single-walled carbon nanotube films. Nano Letters,2004,4(9):1643—1647.

[35] Sun Y G,Rogers J A. Fabricating semiconductor nano/microwires and transfer printing ordered arrays of them onto plastic substrates. Nano Letters,2004,4(10):1953—1959.

[36] Lee T W,Zaumseil J,Bao Z N,et al. Organic light-emitting diodes formed by soft contact lamination. Proceedings of the National Academy of Sciences of the United States of America,2004,101(2):429—433.

[37] Loo Y L,Someya T,Baldwin K W,et al. Soft,conformable electrical contacts for organic semiconductors:High-resolution plastic circuits by lamination. Proceedings of the National Academy of Sciences of the United States of America,2002,99(16):10252—10256.

[38] Saeidpourazar R,Li R,Li Y,et al. Laser-driven micro transfer placement of prefabricated microstructures. Journal of Microelectromechanical Systems,2012,21(5):1049—1058.

[39] Li R,Li Y H,Lu C F,et al. Thermo-mechanical modeling of laser-driven non-contact transfer printing:Two-dimensional analysis. Soft Matter,2012,8(27):7122—7127.

[40] Piner R D,Zhu J,Xu F,et al. Dip-Pen nanolithography. Science,1999,283(5402):661—663.

[41] Ginger D S,Zhang H,Mirkin C A. The evolution of dip-pen nanolithography. Angewandte Chemie-International Edition,2004,43(1):30—45.

[42] Rao S G,Huang L,Setyawan W,et al. Large-scale assembly of carbon nanotubes. Nature,2003,425(6953):36,37.

[43] Wang Y H,Maspoch D,Zou S L,et al. Controlling the shape,orientation,and linkage of carbon nanotube features with nano affinity templates. Proceedings of the National Academy of Sciences of the United States of America,2006,103(7):2026—2031.

[44] Salaita K,Wang Y H,Mirkin C A. Applications of dip-pen nanolithography. Nature Nanotechnology,2007,2(3):145—155.

[45] 梁蕾,刘之景. 蘸笔纳米光刻术的新应用. 现代科学仪器,2006,2(1):10—13.

[46] Weeks B L,Noy A,Miller A E,et al. Effect of dissolution kinetics on feature size in dip-pen nanolithography. Physical Review Letters,2002,88(25):255505.

[47] Rozhok S,Piner R,Mirkin C A. Dip-pen nanolithography:What controls ink transport? Journal of Physical Chemistry B,2003,107(3):751—757.

[48] Sheehan P E,Whitman L J. Thiol diffusion and the role of humidity in dip pen nanolithography. Physical Review Letters,2002,88(15):156104.

[49] 黄真,刘之景,王克逸. "墨水笔"纳米印刷技术新进展研究. 现代科学仪器,2005,2(1):39—42.

[50] Nelson B A,King W P,Laracuente A R,et al. Direct deposition of continuous metal nanostructures by thermal dip-pen nanolithography. Applied Physics Letters,2006,88(3):033104.

[51] Lyuksyutov S F,Paramonov P B,Juhl S,et al. Amplitude-modulated electrostatic nano-lithography in polymers based on atomic force microscopy. Applied Physics Letters,2003,83(21):4405—4407.

[52] Szoszkiewicz R,Okada T,Jones S C,et al. High-speed,sub-15nm feature size thermochemical nanolithography. Nano Letters,2007,7(4):1064—1069.

[53] Cai Y G,Ocko B M. Electro pen nanolithography. Journal of the American Chemical Society,2005,127(46):16287—16291.

[54] Zhang H,Elghanian R,Amro N A,et al. Dip pen nanolithography stamp tip. Nano Letters,2004,4(9):1649—1655.

[55] Lim J H,Mirkin C A. Electrostatically driven dip-pen nanolithography of conducting polymers. Advanced Materials,2002,14(20):1474—1477.

[56] Maynor B W,Filocamo S F,Grinstaff M W,et al. Direct-writing of polymer nanostructures:Poly(thiophene) nanowires on semiconducting and insulating surfaces. Journal of the American Chemical Society,2002,124(4):522—523.

[57] Kim K H,Moldovan N,Espinosa H D. A nanofountain probe with Sub-100nm molecular writing resolution. Small,2005,1(6):632—635.

[58] Hwang K,Dinh V D,Lee S H,et al. Analysis of line width with nano fountain pen using ac-

tive membrance pumping. Proceedings of the 2nd IEEE International Conference on Nano Micro Engineered and Molecular Systems,2007:759—763.

[59] King W P,Kenny T W,Goodson K E,et al. Design of atomic force microscope cantilevers for combined thermomechanical writing and thermal reading in array operation. Journal of Microelectromechanical Systems,2002,11(6):765—774.

[60] Vettiger P,Despont M,Drechsler U,et al. The Millipede- More than one thousand tips for future AFM data storage. IBM Journal of Research and Development,2000,44(3):323—340.

[61] Salaita K, Wang Y H, Fragala J, et al. Massively parallel dip-pen nanolithography with 55000-pen two-dimensional arrays. Angewandte Chemie-International Edition, 2006, 45(43):7220—7223.

[62] Despont M,Brugger J,Drechsler U,et al. VLSI-NEMS chip for parallel AFM data storage. Sensors and Actuators a-Physical,2000,80(2):100—107.

[63] Chow E M,Yaralioglu G G,Quate C F,et al. Characterization of a two-dimensional cantilever array with through-wafer electrical interconnects. Applied Physics Letters,2002,80(4): 664—666.

[64] Bullen D,Chung S W,Wang X F,et al. Parallel dip-pen nanolithography with arrays of individually addressable cantilevers. Applied Physics Letters,2004,84(5):789—791.

[65] Hong S H,Mirkin C A. A nanoplotter with both parallel and serial writing capabilities. Science,2000,288(5472):1808—1811.

[66] Zhang M,Bullen D,Chung S W,et al. A MEMS nanoplotter with high-density parallel dip-pen manolithography probe arrays. Nanotechnology,2002,13(2):212—217.

[67] Chou S Y,Krauss P R,Renstrom P J. Imprint of sub-25nm vias and trenches in polymers. Applied Physics Letter,1995,67(21):3114.

[68] 兰红波,丁玉成,刘红忠,等. 纳米压印光刻模具制作技术研究进展及其发展趋势. 机械工程学报,2008,45(6):1—13.

[69] Ahn S H,Guo L J. High-speed roll-to-roll nanoimprint lithography on flexible plastic substrates. Advanced Materials,2008,20(11):2044—2049.

[70] Torres C M S. Alternative lithography:Unleashing the potentials of nanotechnology. Boston:Kluwer Academic Publishers,2003.

[71] 孙洪文. 微纳压印关键技术研究. 上海:上海交通大学,2007.

[72] Torres C M S, Zankovych S, Seekamp J, et al. Nanoimprint lithography:An alternative nanofabrication approach. Materials Science & Engineering C-Biomimetic and Supramolecular Systems,2003,23(1-2):23—31.

[73] Austin M D,Ge H X,Wu W,et al. Fabrication of 5nm linewidth and 14nm pitch features by nanoimprint lithography. Applied Physics Letters,2004,84(26):5299—5301.

[74] Wang J,Sun X Y,Chen L,et al. Direct nanoimprint of submicron organic light-emitting structures. Applied Physics Letters,1999,75(18):2767—2769.

[75] Lebib A,Chen Y,Bourneix J,et al. Nanoimprint lithography for a large area pattern replica-

tion. Microelectronic Engineering,1999,46(1-4):319—322.

[76] Studer V,Pepin A,Chen Y. Nanoembossing of thermoplastic polymers for microfluidic applications. Applied Physics Letters,2002,80(19):3614—3616.

[77] Park I,Ko S H,Pan H,et al. Nanoscale patterning and electronics on flexible substrate by direct nanoimprinting of metallic nanoparticles. Advanced Materials,2008,20(3):489.

[78] 陈芳,高宏军,刘忠范. 热压印刻蚀技术. 微纳电子技术,2004,41(10):1—9.

[79] 张亚军,段玉刚,卢秉恒,等. 纳米压印光刻中模版与基片的平行调整方法. 微细加工技术,2005,2(1):34—38.

[80] Heyderman L J,Schift H,David C,et al. Flow behaviour of thin polymer films used for hot embossing lithography. Microelectronic Engineering,2000,54(3-4):229—245.

[81] Scheer H C,Schulz H. A contribution to the flow behaviour of thin polymer films during hot embossing lithography. Microelectronic Engineering,2001,56(3-4):311—332.

[82] Ko S H,Park I,Pan H,et al. Direct nanoimprinting of metal nanoparticles for nanoscale electronics fabrication. Nano Lett,2007,7(7):1869—1877.

[83] Colburn M,Johnson S,Stewart M,et al. Step and flash imprint lithography:A new approach to high-resolution patterning. Emerging Lithographic Technologies Iii, 1999, 3676:379—389,864.

[84] Sreenivasan S V,Willson C G,Schumaker N E,et al. Low-cost nanostructure patterning using step and flash imprint lithography. Nanostructure Science,Metrology and Technology,2002:187—194,278.

[85] Lee H,Hong S H,Yang K Y,et al. Fabrication of 100nm metal lines on flexible plastic substrate using ultraviolet curing nanoimprint lithography. Applied Physics Letters, 2006, 88(14):143112.

[86] Liu H Z,Ding Y C,Jiang W T,et al. Novel imprint lithography process used in fabrication of micro/nanostructures in organic photovoltaic devices. Journal of Micro-Nanolithography Mems and Moems,2009,8(2):021170.

[87] Bondi S N,Lackey W J,Johnson R W,et al. Laser assisted chemical vapor deposition synthesis of carbon nanotubes and their characterization. Carbon,2006,44(8):1393—1403.

[88] Rill M S,Plet C,Thiel M,et al. Photonic metamaterials by direct laser writing and silver chemical vapour deposition. Nature Materials,2008,7(7):543—546.

[89] Hon K K B,Li L,Hutchings I M. Direct writing technology-advances and developments. Cirp Annals-Manufacturing Technology,2008,57(2):601—620.

[90] Ko S H,Pan H,Grigoropoulos C P,et al. All-inkjet-printed flexible electronics fabrication on a polymer substrate by low-temperature high-resolution selective laser sintering of metal nanoparticles. Nanotechnology,2007,18(34):3452021.

[91] Pique A,Chrisey D B,Auyeung R C Y,et al. A novel laser transfer process for direct writing of electronic and sensor materials. Applied Physics A:Materials Science & Processing, 2004,69(7):S279—S284.

[92] Chrisey D B, Pique A, Modi R, et al. Direct writing of conformal mesoscopic electronic devices by MAPLE DW. Applied Surface Science, 2000, 168(1-4): 245—352.

[93] Le H P. Progress and trends in ink-jet printing technology. Journal of Imaging Science and Technology, 1998, 42(1): 49—62.

[94] 尹周平, 黄永安, 布宁斌, 等. 柔性电子喷印制造：材料、工艺和设备. 科学通报, 2010, 55(25): 2487—2509.

[95] Wang Y, Bokor J, Lee A. Maskless lithography using drop-on-demand inkjet printing method. Emerging Lithographic Technologies Viii, 2004, 5374(2): 628—636, 1110.

[96] Paul K E, Wong W S, Ready S E, et al. Additive jet printing of polymer thin-film transistors. Applied Physics Letters, 2003, 83(10): 2070—2072.

[97] Park J U, Hardy M, Kang S J, et al. High-resolution electrohydrodynamic jet printing. Nature Materials, 2007, 6(10): 782—789.

[98] Huang Y, Bu N, Duan Y, et al. Electrohydrodynamic direct-writing. Nanoscale, 2013, 5(24): 12007—12017.

[99] Calvert P. Inkjet printing for materials and devices. Chemistry of Materials, 2001, 13(10): 3299—3305.

[100] de Gans B J, Schubert U S. Inkjet printing of polymer micro-arrays and libraries: Instrumentation, requirements and perspectives. Macromolecular Rapid Communications, 2003, 24(11): 659—666.

[101] Dong H M, Carr W W, Morris J F. An experimental study of drop-on-demand drop formation. Physics of Fluids, 2006, 18(7): 072102.

[102] Duineveld P C. The stability of ink-jet printed lines of liquid with zero receding contact angle on a homogeneous substrate. Journal of Fluid Mechanics, 2003, 477(1): 175—200.

[103] Lim J A, Lee H S, Lee W H, et al. Control of the morphology and structural development of solution-processed functionalized acenes for high-performance organic transistors. Advanced Functional Materials, 2009, 19(10): 1515—1525.

[104] Sirringhaus H, Kawase T, Friend R H, et al. High-resolution inkjet printing of all-polymer transistor circuits. Science, 2000, 290(5499): 2123—2126.

[105] Noh Y Y, Zhao N, Caironi M, et al. Downscaling of self-aligned, all-printed polymer thin-film transistors. Nature Nanotechnology, 2007, 2(12): 784—789.

[106] Bao Z N. Fine printing. Nature Materials, 2004, 3(3): 137—138.

[107] Sele C W, von Werne T, Friend R H, et al. Lithography-free, self-aligned inkjet printing with sub-hundred-nanometer resolution. Advanced Materials, 2005, 17(8): 997—1001.

[108] Tseng H Y, Subramanian V. All inkjet-printed, fully self-aligned transistors for low-cost circuit applications. Organic Electronics, 2011, 12(2): 249—256.

[109] Ahn B Y, Duoss E B, Motala M J, et al. Omnidirectional printing of flexible, stretchable, and spanning silver microelectrodes. Science, 2009, 323(5921): 1590—1593.

[110] Choi J, Kim Y J, Lee S, et al. Drop-on-demand printing of conductive ink by electrostatic

field induced inkjet head. Applied Physics Letters,2008,93(19):193508.

[111] Reneker D H,Yarin A L. Electrospinning jets and polymer nanofibers. Polymer,2008, 49(10):2387—2425.

[112] Jaworek A,Sobczyk A T. Electrospraying route to nanotechnology:An overview. Journal of Electrostatics,2008,66(3-4):197—219.

[113] Jaworek A. Electrospray droplet sources for thin film deposition. Journal of Materials Science,2007,42(1):266—297.

[114] 陈效鹏,程久生,尹协振. 电流体动力学研究进展及其应用. 科学通报,2003,48(7):637—646.

[115] Kim S G,Choi K H,Eun J H,et al. Effects of additives on properties of MgO thin films by electrostatic spray deposition. Thin Solid Films,2000,377(1):694—698.

[116] Fujihara K,Kumar A,Jose R,et al. Spray deposition of electrospun TiO_2 nanorods for dye-sensitized solar cell. Nanotechnology,2007,18(36):3657091.

[117] Cich M,Kim K,Choi H,et al. Deposition of (Zn,Mn)(2)SiO_4 for plasma display panels using charged liquid cluster beam. Applied Physics Letters,1998,73(15):2116—2118.

[118] Jaworek A,Balachandran W,Lackowski M,et al. Multi-nozzle electrospray system for gas cleaning processes. Journal of Electrostatics,2006,64(3-4):194—202.

[119] Yarin A L,Zussman E. Upward needleless electrospinning of multiple nanofibers. Polymer,2004,45(9):2977—2980.

[120] Sun D,Chang C,Li S,et al. Near-field electrospinning. Nano Letters,2006,6(4):839—842.

[121] Huang Z M,Zhang Y Z,Kotaki M,et al. A review on polymer nanofibers by electrospinning and their applications in nanocomposites. Composites Science and Technology,2003, 63(15):2223—2253.

[122] MacDiarmid A G. Synthetic metals:A novel role for organic polymers (Nobel lecture). Angewandte Chemie-International Edition,2001,40(14):2581—2590.

[123] Chronakis I S,Grapenson S,Jakob A. Conductive polypyrrole nanofibers via electrospinning:Electrical and morphological properties. Polymer,2006,47(5):1597—1603.

[124] Zhang Q H,Chang Z J,Zhu M F,et al. Electrospun carbon nanotube composite nanofibres with uniaxially aligned arrays. Nanotechnology,2007,18(11):115611.

[125] Huang Y,Wang X,Duan Y,et al. Controllable self-organization of colloid microarrays based on finite length effects of electrospun ribbons. Soft Matter,2012,8(32):8302—8311.

[126] Bu N,Huang Y,Yin Z. Continuously tunable and oriented nanofiber direct-written by mechano-electrospinning. Materials and Manufacturing Processes,2012,27(12):1318—1323.

[127] Sekitani T,Noguchi Y,Zschieschang U,et al. Organic transistors manufactured using inkjet technology with subfemtoliter accuracy. Proceedings of the National Academy of Sciences of the United States of America,2008,105(13):4976—4980.

[128] Lee D Y,Shin Y S,Park S E,et al. Electrohydrodynamic printing of silver nanoparticles by using a focused nanocolloid jet. Applied Physics Letters,2007,90(8):081905.

[129] Choi H K,Park J U,Park O O,et al. Scaling laws for jet pulsations associated with high-

resolution electrohydrodynamic printing. Applied Physics Letters, 2008, 92(12):123109.

[130] Lee J S, Kim S Y, Kim Y J, et al. Design and evaluation of a silicon based multi-nozzle for addressable jetting using a controlled flow rate in electrohydrodynamic jet printing. Applied Physics Letters, 2008, 93(24):243114.

[131] Ohigashi R, Tsuchiya K, Mita Y, et al. Electric ejection of viscous inks from MEMS capillary array head for direct drawing of fine patterns. Journal of Microelectromechanical Systems, 2008, 17(2):272—277.

[132] Hakiai K, Ishida Y, Baba A, et al. Electrostatic droplet ejection using planar needle inkjet head. Japanese Journal of Applied Physics Part 1-Regular Papers Brief Communications & Review Papers, 2005, 44(7B):5781—5785.

[133] Li J L. Formation and stabilization of an EHD jet from a nozzle with an inserted non-conductive fibre. Journal of Aerosol Science, 2005, 36(3):373—386.

[134] Ishida Y, Hakiai K, Baba A, et al. Electrostatic inkjet patterning using Si needle prepared by anodization. Japanese Journal of Applied Physics Part 1-Regular Papers Brief Communications & Review Papers, 2005, 44(7B):5786—5790.

第7章 卷到卷制造技术

7.1 R2R制造工艺概况

7.1.1 R2R制造的优势与挑战

R2R生产方式从原材料准备开始,基板从开卷模块的料卷卷出后连续经过多个工艺模块,在柔性基板上进行连续加工(薄膜沉积、图案化、封装等),最后基板再卷成圆筒状料卷。R2R连续生产方式属于串行过程,包括卷出、加工、收卷三个基本环节,每个工序的输出是下一个工序的输入,如图7.1所示,已经成为RFID、薄膜太阳能电池、OLED、印刷电子(printed electronics)等领域理想制造技术。

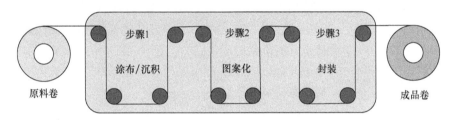

图7.1 典型的卷到卷工艺流程

柔性电子器件具有大尺寸、产量需求高、生产成本低的要求,采用R2R工艺是最理想的解决方案。例如,制造柔性线路板的最小线宽、线距通常为0.05mm,但产品整体尺寸可达1m以上,如图7.2(a)所示。柔性电子以柔性基板取代传统刚性基板为采用R2R生产方式创造条件,生产方式由传统片材式批量生产演变为R2R步进/连续生产,极大提高了生产效率。①生产效率,R2R工艺采用连续生产方式,有效节省了片材式生产中上下料等辅助工艺时间,且不受基材面积影响,为柔性电子高效生产奠定了基础。例如,以平板压印6英寸基极为例,以1min/片的速度计算,8h产能为480片;R2R压印即使基板速度仅为5m/min,8h的产能为28880片,是平板压印的60倍。②制造成本,实现RFID标签、OLED等柔性电子器件的关键因素是低成本,采用R2R技术是控制成本的有效途径,可以从材料利用率、工艺简化、制造效率等方面降低器件成本。传统硅基光刻工艺中95%的材料被浪费,R2R与印刷等加成制造方式集成,有效地避免材料浪费。③器件质量,R2R技术可以采用集成方式将多个工步集成,少了片材式生产需要人为操作的影响,提高了器件稳定性与质量。④工艺简化,R2R印刷电子制造系统中的工艺及流程大大简化,如图7.2(b)所示[1]。例如,柔性太阳能的工序只有晶体硅太阳能电池的一半。

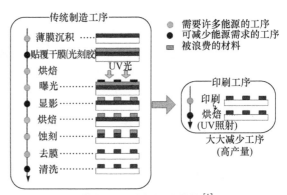

(a) 大尺寸的印刷柔性电子线路版　　　(b) 简化工序,节省能源与材料[1]

图 7.2　R2R 印刷技术

在薄膜太阳能方面,美国有较好的 R2R 大规模连续制造技术与产业。美国 Nanosolar 公司研发出非真空低成本纳米墨水印刷制备工艺,采用 R2R 印刷方式,产能高达 430MW,将太阳能电池价格降至 0.30 \$ /W,可以与传统化石燃料发电媲美,如图 7.3 所示[2]。美国 Global Solar 公司采用共蒸发 R2R 工艺在不锈钢薄片上制备 CIGS 电池,电池组件尺寸为 $7085cm^2$,转化率 10.10%,并且其透明导电层上面的栅电极也采用 R2R 银浆印刷[3]。Uni-solar 公司采用 R2R 连续制造方式,在总长 1.5 英里长的不锈钢卷上沉积太阳能薄膜电池模块。瑞士 Flexcell 公司利用带有导电层的塑料膜作为基板,制备出非晶硅柔性电池,采用四步 R2R 工艺:①在 $50\mu m$ 厚塑料膜上沉积导电金属膜;②用 PVD 沉积制备非晶硅 a-Si 层;③射频磁控溅射制备 TCO;④用聚合物黏合剂进行组件层压封装。

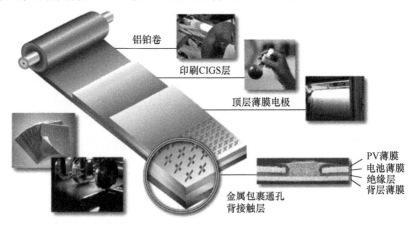

图 7.3　Nanosolar 的印刷太阳能电池[2]

在 OLED 显示及照明方面,美国、欧洲、日韩处于领先地位。欧洲是以欧盟主导的 FP6/FP7 计划、地平线 2020 计划投入为主,主要集中在有机显示材料、有机半导体、印刷工艺技术等方向。德国联邦教育和研究部的 ROLLEX 计划主要利用 R2R 工艺在柔性基板上生产 LED。德国夫琅和费研究所下属光学微系统研究所和电子束及离子技术研究所,在 2011 年成功利用 R2R 工艺制造出 OLED,在不断移动的柔性基板上沉积 OLED 材料,并在后续工序中直接将发光薄片与阻隔层系统封装在一起,以保证整个 OLED 寿命。亚洲以日本先进移动显示材料技术研究协会、韩国三星电子、LG 等公司为主,专注于 R2R 相关工艺与材料技术,并应用在柔性显示、柔性存储等方面。2011 年三星移动显示(SMD)与日本公司宇部兴产合作研发并量产柔性 OLED 使用的高分子化合物聚酰胺。SMD 在韩国建立柔性 OLED 专用的 5.5 代生产线。而 LG 显示则和另外两家公司投资 1.76 亿美元建立柔性 OLED 研发试验线,首款柔性 OLED 显示屏为 730mm×460mm。

R2R 制造目前面临着来自材料、工艺与工程等方面挑战,每个工序中的任何损坏或杂质都会影响后续所有工序,要求基板除了可弯曲外,还需要满足耐温性、热膨胀系数、粗糙度、表面能等要求,对系统可靠性、稳定性提出了极高要求。①柔性聚合物基板限制了工艺温度,一般要求低于 250℃。热膨胀系数(CTE)是影响柔性电子产品质量的重要因素,通常有机塑料基板 CTE 为 50ppm/℃,远大于薄膜晶体管的 4ppm/℃。CTE 失配将使器件产生较大内应力,影响器件性能和寿命。②柔性基板表面难以像硅片一样做镜面处理,其表面粗糙度会影响器件的性能,粗糙的基板在 PECVD 中可能会造成“通孔、穿膜”缺陷[1]。钢及非光学级聚合物基板的典型 RMS 粗糙度均值在 0.6~5nm,典型峰值可达 20~250nm,而普通玻璃为 0.13nm、硅片为 0.13~0.7nm。③柔性基板的变形使图案化结构的精确定位、多层套印成为难题,须解决热应力、温度变化、薄膜张力引起基板扭曲变形等问题。④有机材料的致密性通常较无机材料差,其对氧气、湿气的阻隔能力不足,在密封要求高的场合受到限制。⑤柔性基板沿着直线向前输送,常使用惰辊改变运行方向,但惰辊会给基板产生额外的弯曲应力,会导致薄膜的破裂、膜基结构剥离、表面刮花、带入微粒污染等,影响器件性能。

7.1.2 典型 R2R 系统组成

R2R 系统的主要组成单元基本类似,但依据不同的制造工艺,R2R 集成系统有所不同。典型的凹印 R2R 系统组成如图 7.4 所示[4],包括(a)放卷单元,采用浮辊控制张力;(b)边缘位置控制单元;(c)进给单元,通过张力传感器控制张力;(d)预处理单元,包括预热、电晕等热处理;(e)凹印单元;(f)热风干燥单元;(g)冷却单元;(h)非接触转向单元;(i)凹印补偿单元;(j)吸附驱动辊;(k)非接触热风干燥单元;(l)UV 固化单元;(m)收料进给单元,通过张力传感器控制张力;(n)收料单元,通过浮辊控制张力。R2R 系统关键在于辊轴设计和基板牵引技术、张力控制技术、纠偏控制技术和收卷技术。

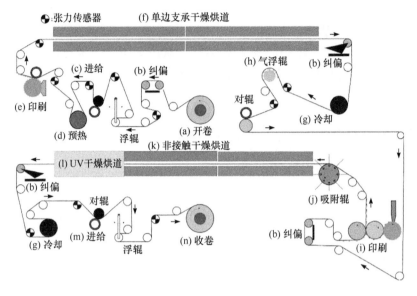

图 7.4　凹印 R2R 系统组成示意图[4]

1. 开/收卷系统

开卷系统在电机驱动下将成卷基板展平,为 R2R 系统输送基板。在 R2R 系统连续运行中,基板在较短时间内展开完毕,所使用的基板无法无限绕卷在一根芯轴上,需要根据基板尺寸和系统更换料卷。为降低对系统的干扰,常需要在设备中配置单独的接料平台或换卷机构。放卷系统需要考虑更换料卷的方便性,通常采用气涨轴或滑差轴与料轴连接的辅助下,完成新、旧料卷更换。气胀轴内部设有橡胶气囊,在充入高压空气后,橡胶气囊膨胀,将气胀轴部分表面顶起滑出,压紧料轴卷筒,使气胀轴与料卷可靠连接。放气后,滑出部件自动缩回,使气胀轴与料轴卷筒分离。气胀轴根据滑出部件的形式可分为键式气胀轴、板式气胀轴、圆点气胀轴、铝合金气胀轴与气钉轴等。气胀轴不能做张力控制,需与磁粉制动器/离合器配合,或加入浮辊才能实现开卷张力控制。

在张力要求不高的场合可以采用滑差轴作为料轴,并提供一定精度的张力控制。滑差轴结构如图 7.5 所示[5],由多个滑差环组成,利用滑差轴上各个滑差环打滑的原理,始终保持恒张力收放卷。工作时,滑差环以一定的滑转力矩值(扭矩)打滑,滑动量正好补偿产生的速度差,从而准确地控制卷料张力以恒张力卷取,保证了卷取质量。滑差轴主要结构形式有三种。①机械滑差式收卷轴主要由芯轴及多个套在芯轴上的滑环、摩擦片组成,适应低速、厚度误差小、卷数较少、卷取张力适中,但只能实现恒力矩控制,张力误差较大,不适应高速,多卷收卷时张力的一致性较差,收卷过程不能实现张力调整。②气动滑差式收卷轴结构和工作原理类似于机械滑差式收卷轴,区别在于将压紧弹簧改为压紧气缸,压紧压力可以精确调整,配置电控变换器和 PLC 即可实现恒张力或锥度张力控制。③中心气控式滑差轴由芯轴、滑差环、气囊、滑差键等组成,通过电机及传动装置驱动芯轴旋转,带动装在芯轴中的滑差键旋转,在摩擦力的作用下带动滑差环旋转,通过装在滑差环中的定位键及定位珠带动纸芯及料卷旋转,完成收卷。

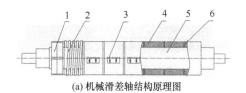 

(a) 机械滑差轴结构原理图　　　　　　(b) 滑差轴实物图

图 7.5　机械滑差轴[5]

1. 锁紧螺母；2. 压紧弹簧；3. 芯卷固定弹簧；4. 滑差环；5. 芯轴；6. 摩擦片

收卷系统是将加工完成的产品重新卷绕成卷,其结构与开卷系统相似,但收卷系统必须采用电机主动收料,收卷张力控制更为严格。如果收卷张力过大,则外圈基板会对内圈基板产生挤压,造成内圈基板内张力减少而产生松动。如果收卷张力过小,则料卷容易产生滑形,形成塔形。在张力控制不当的情况下,收卷系统收到一定卷径时内层基板的张力将减小到 0,导致内层将出现褶皱。在恒张力收卷的情况下,在收卷到 4.5 倍时内圈基板出现褶皱,达到最大收卷卷径。实际收卷中常采用锥张力控制方法,让收卷曲线随着收卷半径下降,使得收卷内张力保持均匀。

2. 进给系统

进给系统为工作区精确输送基板,在卷绕进给方向通常采取多套对辊夹持进给装置,通过共同驱动保证薄膜材料稳定、高效卷绕进给。对辊装置将系统分割为相对独立的多段区域,有效削弱大跨距中基板弹性变形对进给精度的影响。对辊常采用橡胶材质作为压力辊,可以降低接触应力,避免对制备好的电子器件造成损伤,而且橡胶较大的摩擦系数可以提供较大的牵引力。对辊橡胶硬度通常为肖氏 $60°\sim90°$,硬度过大会造成应力过大而损坏基板,接触区减小而易产生打滑;硬度过小则辊子压合后变形过大,影响进给精度,并使辊子产生明显的热积累,影响辊子寿命。除对辊形式外,还有夹持进给系统、吸附进给辊等非对辊形式。夹持进给通过机构夹持机构压紧基板,利用电机带动基板往返运动,可有效免避对辊进给的跑偏问题，实现高进给精度，而对于不能受压的工作段可以使用真空吸附方式实现基板进给。

3. 张力控制系统

张力控制系统用于保持基板张力在设定范围，降低张力波动，控制基板变形，保证进给可靠准确，避免褶皱或拉断。张力控制系统可分为手动、半自动和全自动张力控制系统。①手动张力控制通常设置在收卷和放卷模块，随着卷径变化而分阶段手动调整料轴阻尼进行基板张力调整。手动调整的对象为带摩擦阻尼的滑差轴、料轴上的磁粉制动器或离合器的励磁电流。常见的手动控制器主要有三菱 LE-50PAU 型和 LE-50PA 型功率放大器、三菱 LD40PSU 型张力控制器、上海佐林电器有限公司手动控制系列等。②半自动控制是在收卷和放卷过程中自动检测卷筒外径，利用卷径变化的输出信号控制收卷转矩或放卷制动转矩，调整基板中张力。在张立恒定时，根据卷筒径与卷轴扭矩的比例关系进行控制，即控制基板张力（F）与施加转轴扭矩（T）和卷径（D）之间的关系为 $F=2T/D$。市场上半自动张力控制器主要有三菱公司 LD-FX 型半自动控制器（通过比例演算检测法来检测卷径）、LD-50PAU-SET 型（通过速度-料厚设定法来检测卷径）、LD-30FTA 型控制器（使用超声波感应或者接触杆来测定卷径）以及亚克特公司生产的 TC808 控制器（用于手动、半自动和自动的张力控制器）。③全自动张力控制是由张力传感器直接测定输送基板的实际张力值，通过张力数据转换成张力信号反馈回张力控制器，并与控制器预先设定的张力值对比，计算控制信号输入到自动控制执行单元，达到张力稳定。市场上常见的国外控制器有德国 E+L 的 DC 系列、三菱 LE 系列等。国内其中具有代表性的有艾默生（华为）开发的 TD3300 系列张力控制专用变频器，该变频器具有弯曲力矩补偿、卷径计算等功能[6]。

4. 纠偏控制系统

基板发生横向偏移对卷绕设备的影响贯穿于整个工艺过程中，会造成加工区定位精度降低，套印误差增大，收料料卷参差不齐等，影响产品质量。R2R 系统要求稳定进给的同时需要保证侧向定位精度，特别是在套印印刷等定位要求较高的设备中。纠偏装置通过专用红外或超声传感器对基板纵向的偏移进行实时测定，并对偏移基板进行纠正。纠偏装置对基板偏移检测常分为边缘检测、线条检测和中心线检测三种，保证工作区域基板纵向进给精度和基板重新卷绕后的端面平整。

造成基板横向偏移影响因素可以分为以下几点。①设备因素，包括设计缺陷（跨距过大、包覆角过小）和加工装配误差。基板在大跨距的辊筒上更易发生横向偏移，而包覆角过小会导致基板和辊筒之间的摩擦力不足而发生滑移。辊筒加工精度存在误差，而装配过程中又难以保证众多辊筒之间的平行度，必然导致基板的横向偏移。②材料几何缺陷,如料卷不齐、边缘松弛、中间皱褶等,使基板在初始位置即存在横向偏差。③工艺因素,不同材料基板(如材料杨氏模量、基板宽度、厚度等)需要不同的工艺参数(基板张力和进给速度),否则会对基板横向偏移产生较大影响。④人为因素,人工操作完成的料卷装载、布料和换料时前后两段基板拼接都会导致存在初始横向偏差。

5. 换向系统

换向系统由一系列惰辊组成,基板以一定包角绕过惰辊,完成 R2R 系统布局。根据惰辊轴系的线性分布情况,惰辊系可以使辊子平行前进或偏转一个角度(通常为 90° 或 180°),如图 7.6 所示[7]。若基板经过 180° 换向辊后,基板的工作面发生翻转,使 R2R 系统获得双面加工能力。在换向辊中,基板与辊筒间会产生较大摩擦力,对基板表面的器件会带来不利影响。在基板与辊筒不能直接接触的工况下可采用气浮辊,将用高压气将基板与辊筒隔开。常规惰辊由固定芯轴、支承轴承和空心的辊筒组成。惰辊直径大小和包角需要满足要求:直径过大,辊筒惯量增加,启停时张力波动会增加;直径过小,则基板曲率增加,会产生过大内应力;包角过小,则惰辊的导正效果较差,基板容易产生侧向滑移。

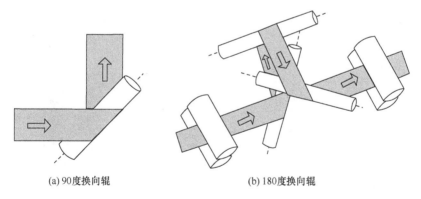

(a) 90 度换向辊　　　　　　　　　　(b) 180 度换向辊

图 7.6　换向系统[7]

7.2　R2R 制造对器件性能的影响

R2R 制造系统的基板输送张力、收卷张力、对辊压力、热处理温度、输送速度、弯曲应力与辊子接触所造成的污染等问题是共性问题。R2R 制造系统的工艺参数对器件性能的影响规律是柔性电子进行 R2R 制造的关键,通常从几何参数(平整性、膜厚、线宽、表面粗糙度)、电气参数(电阻/面电阻、均匀性)、可靠性等方面进行评判。基板张力会影响气相沉积中基板表面粗糙度、膜厚、面电阻、内应力。例如,印刷电子器件的质量除需要实现精确套印、厚度均匀外,还要保证表面粗糙度。平板电容器及基板晶体管的第一层导电基板表面粗糙度对器件电容影响极大,需要绝缘介质层尽可能薄,以便降低操作电压[8]。较大表面粗糙度的电极电阻大于均匀平滑表面的电极电阻[9]。OLED 发光层中任何缺陷或不平整将导致发光不均,甚至造成短路,通常对发光层厚度控制精度约为 100nm±2%。例如,通过印刷工艺降低了 OLED 的 MEH-PPV 层表面粗糙度(控制在 3.7nm 以内),使得器件亮度及效率均增加,提高器件性能[10]。

7.2.1　R2R 工艺对几何参数的影响

1. R2R 张力对基板平整性的影响

R2R 工艺系统中柔性基板难以保持平整,基板平整性是 R2R 工艺的基本要求,需要通过张力控制才能保证基板的平稳,但 R2R 工艺对所器件几何参数的影响主要来源于基板张力产生的变形。柔性电子制造领域对基板的变形要求十分严格,由于装配误差、辊子轴线不平行、进给对辊压力不均匀等因素,基板上张力不均程度超过临界条件(如张力场理论中基板的小主应力为 0 情况)时,基板将出现褶皱,使所制备的器件报废。在 R2R 压印制造系统中,压印对象是受张拉的基板,在压印完成后基板张力被释放,压印图案将会随着基板出现收缩现象。如果基板张力不均,即使尚未出现褶皱,压印图形阵列也有可能会出现错乱,影响产品质量,如图 7.7 所示[11]。

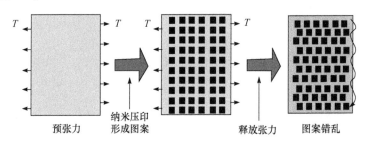

预张力　　　纳米压印形成图案　　　释放张力　　　图案错乱

图 7.7　张力会导致图案错乱[11]

张力对基板的表面粗糙度也有直接的影响。Lee 使用干涉仪测量了不同张力下基板表面的粗糙度,当张力从 $2N/mm^2$ 增至 $7N/mm^2$ 时,表面粗糙度从 8.16nm 降至 6.16nm(如图 7.8 所示[4],扫描区域为 $324\mu m \times 232\mu m$),对印刷电子质量产生影响。优化张力以及精确控制张力是获得所需厚度及表面粗糙度的重要保证[4]。通常张力较大时基板会抗变形能力较好。但张力过大,基板可能会因夹持效应产生褶皱,或者出现基板撕裂、断带,甚至基板上所制备的多层结构将会发生剥离。

　　(a) 张力为2N/mm², 粗糙度为8.16nm(rms)　　　　(b) 张力为72N/mm², 粗糙度为6.18nm(rms)

图 7.8　基板在干涉仪下的表面粗糙度图像[4]

　　R2R 需要根据基板材料性能与结构尺寸等因素确定张力值, 小型 R2R 系统可以设定为单一值, 而大型 R2R 系统需要分区域进行设定。单层基板设定张力时必须考虑材料发生塑性变形或断裂的限制。根据基板断裂应变计算张力上限值为

$$T_{\max} = E_s A_s K_{\mathrm{el}}$$

其中, $T_{\max}$ 为张力上限值; K_{el} 为允许伸长率; E_s 和 A_s 分别为基板弹性模量和横截面积。允许伸长率 K_{el} 除了跟基板有关外, 还与基板上印刷、刻蚀或黏结的材料或元件有关。薄膜器件通常由多层薄膜复合而成, 由于材料弹性模量、热膨胀系数相差较大, 当工艺温度、室温、工作温度的变化过程中, 薄膜界面形成了复杂的内应力状态, 并可能形成弯曲或扭转等造成断裂、分层[12,13]。

　　在膜-基结构发生剥离的临界状态下, 结合边界为应力最大集中点, 此时最大张力为

$$T_{m0\_\max} = H(\tau_{\max}, \sigma_{\max})$$

式中, $T_{m0\_\max}$ 取值较为复杂, 与两层材料参数 (弹性模量 E_f, E_s) 和结构形式 (膜厚度 h_f, h_s; 界面长度 L_s; 界面宽度 W_s 等) 有关。当结构破坏形式以剥离力为主时, 则可以选择张力 $\sigma_{\max}$ 作为计算依据; 以剪切力为主时, 可以选取 $\tau_{\max}$ 作为计算依据; 当两者对剥离的贡献度接近时, 需要考虑两者的综合影响。在柔性基板卷绕系统中设定张力上限时, 需要根据变形限制、断裂限制和剥离限制等多种情况, 取多值中最小者作为可承受张力最高值, 即张力上限为

$$T_{\min} = \min(T_{m0\_\max}, T_{k\_\max}, \cdots)$$

　　张力取值下限可以理解为仅拖动惯性辊轴转动值, 即张力下限为

$$T_{\min} = \frac{\pi N W_z \rho_z (r_z^2 - r_{z0}^2)^2}{r_z^2} a_{\max}$$

式中, $a_{\max}$ 为进给中加速度绝对值最大值[14]。需要设定安全系数 $k_{\min}$ 与 $k_{\max}$, 使得张力取值 T_{rx} 选择区间定义

$$T_{rx} \in [k_{\min} T_{\min}, k_{\max} T_{\max}]$$

2. R2R 工艺对图案化的影响

对于 R2R 凹印工艺制备的 TFT 阵列，其所印制电极的线宽 W_p 越稳定、粗糙度 R 越低，边缘波动 W 越小，膜厚 T 越小，则其性能越好。研究表明，这几项参数均与凹印版辊上的网孔深宽比、墨水黏度，印刷速度相关。不同印刷速度、网孔深宽比、墨水黏度下的印刷线宽如图 7.9(a) 所示。定义参数因子 $S_f = \dfrac{R}{T}\dfrac{W}{W_p}$；$S_f$ 越

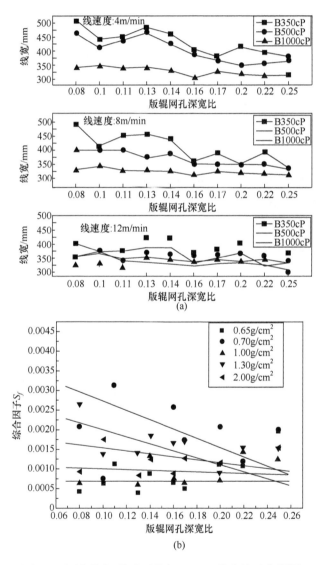

图 7.9　图案线宽、综合系数与 R2R 工艺的关系曲线[15]

小,所制备的薄膜越好。通过实验作出综合因素 S_f 的曲线如图 7.9(b)所示,显然为获得较好的印刷质量,应选取 S_f 较小的工艺参数组[15]。韩国学者 Lee 等[4] 的研究同样表明,膜厚 T_h、粗糙度 R 与基板张力 T,印刷速度 v、油墨黏度 η 密切相关:张力是影响印刷图案表面粗糙度的最敏感因素,单独的张力因素对膜厚影响较小,但张力与速度、张力与黏度的乘积对膜厚影响显著。

7.2.2　R2R 对器件电参数性能的影响

1. R2R 工艺对粗糙度的影响

研究表明 R2R 成膜过程会对电阻率产生显著影响,并且与薄膜粗糙度相关。基板表面粗糙度会影响成膜工艺,当表面粗糙度较大时,由于沉积工艺阴影效应和气相沉积薄膜孔隙率较高,需要增加膜层厚度实现完整覆盖和减少孔隙率。通常大于 $5\mu m$ 的薄膜可提高耐腐蚀和抗磨损性,在利用蒸发、溅射和电弧离子镀沉积时需要考虑成膜过程中产生的残余应力,避免残余应力过大造成整体镀层开裂、分层甚至脱落。

基板预应变对 TiO_2 薄膜的成膜品质与机械性能的具有重要影响,在预拉伸 0%、2%、4% 和 6% 的 PET 上沉积 TiO_2 薄膜,结果显示随着基板预应变增加,TiO_2 薄膜的残余应力也随之增加,并且试件弯曲曲率半径也随之减少[16]。预应变从 0% 增加至 2% 过程中,残留应力将大幅增加;从 2% 增至 6% 时,残留应力增加趋于缓和。PET 基板预应变增加时,TiO_2 薄膜表面粗糙度也有显著的增加,如表 7.1所示[16],主要原因是膜内空孔数量变多。并且 TiO_2 薄膜内的平均空孔尺寸/空孔厚度会随着 PET 基板的预应变增加而增加,导致膜的硬度与弹性模量降低。该现象在射频磁控溅射 ZnO 薄膜时也存在,并且 ZnO 膜的面电阻随着基板预应变增加而增加[17]。

表 7.1　不同应变下的 PET 镀膜粗糙度[16]

样本	粗糙度
纯 PET	13.69 ± 1.22
PET+0%应变	53.78 ± 8.99
PET+2%应变	80.89 ± 15.11
PET+4%应变	105.1 ± 22.52
PET+6%应变	103.38 ± 3.64

2. 基板张力对油墨转移的影响

印刷图形的厚膜、线宽等与墨水转移过程密切相关。例如,喷印工艺中墨滴铺展过程会影响图形质量,凹印工艺中油墨转移、基板润湿行为、溶剂系统、干燥温度等因素都会影响图形表面粗糙度及膜厚。Walker 和 Fetsko 的油墨转移方程构成了印刷理论体系的基础,成功建立了油墨转移的数学模型,并且把纸张、油墨对印刷过程的影响进行定量分析,对印刷工艺的标准化和规范化有指导意义。印刷方法、承印材料不同、选用油墨不同,导致油墨附着效果差别很大。纸张、高聚物、金属等基板材料表面存在着凸起和凹陷,甚至明显空隙,油墨转移到基板材料表面以后,部分油墨填入凹陷处或空隙中(如同机械投锚)使油墨附着在基板材料表面,即机械投锚效应。

原子、离子间的相互作用形成分子或晶体,而当分子和分子相遇时会产生弱于化学键的相互作用力。若把化学键称为原子或离子的一次结合力,则分子间结合力被称为二次结合力(包括色散力、诱导力和取向力)。油墨主要依据机械投锚效应和分子间二次结合力附着在基板材料上,当基板表面较为粗糙时,油墨通过机械投锚效应增强结合力,而当基板表面光滑时,油墨附着力主要为分子间二次结合力。对于高平滑度金属箔,油墨附着只能依靠分子间二次结合力,但金属表面是高能表面,远大于油墨表面张力,油墨附着时会显著降低金属表面自由能,具有较大的黏附功,可增加油墨的附着效果。高表面平滑度的聚合物基板与油墨附着也主要通过二次结合力,但是高聚物表面能低,油墨能否很好地附着主要取决于高聚物的表面能量。

油墨转移方程 $y(x)=F(x)[b\Phi(x)+f'(x-b\Phi(x))]$ 可用于解释油墨转移过程:供给印版单位面积的墨量 x 不能全部转移到纸张表面。由于纸张与油墨并非完全接触,只有部分油墨转移到接触面积上,通过乘以小于1的系数得到单位面积纸张上转移墨量 y。在转移过程中 x 先后被分成三部分:填充到纸张凹陷和孔隙部分、被印版带回的残存部分、被纸张黏附转移到纸张的部分。转移到单位面积的墨量还要考虑非接触面积的影响,$F(x)$ 和 $\Phi(x)$ 都用指数函数形式替代,即 $y(x)=(1-e^{-kx})\{b(1-e^{-\frac{x}{b}})+f'[x-b(1-e^{-\frac{x}{b}})]\}$,此方程叫做 Walker·Fetsko 油墨转移方程,简称 W·F 油墨转移方程。W·F 油墨转移方程的 b、f' 和 k 被称之为油墨转移常数。b 表示在多孔质承印物上印刷瞬间固化的油墨量,印刷压力愈大印刷速度愈低、纸张平滑度愈低、油墨黏度愈小,则 b 值愈大。f' 表示自由墨量转移到纸张的比例,与油墨流变特性、油墨连结料的黏度、油墨屈服值和油墨拉丝度有关。k 表示油墨膜厚度增加时油墨与纸张接触的平滑性,表征了纸张与印版的接触程度,其值随平滑度升高[18]。

油墨接触角受基板张力的影响,接触角随着张力增加而减小,基板表面能增加,将造成印刷薄膜变薄,例如当张力从 $2N/mm^2$ 增至 $7N/mm^2$ 时,接触角从 $73.76°$ 增加至 $75.61°$[4]。增大基板表面能可增大油墨在基板上的铺展力,可降低印刷图案的表面粗糙度,印刷薄膜变得更平滑。在印刷速度小于 4m/min,张力从 2kgf 变至 4.5kgf 时,膜厚变化超过 10%;当印刷速度大于 4.3m/min 时,张力影响有所减少。实际凹印印刷过程中,张力控制精度在 ±5%,当印刷速度小于 3.5m/min、油墨黏度较低时,膜厚度变化达 120nm;当油墨黏度较高时,油墨表面能较大,膜厚变化小于 10nm;低黏度情况下,图案表面粗糙度因张力波动引起变化达 142nm。为使表面粗糙度波动小于 ±20nm,要求张力波动小于 ±2%[4]。在丝网印刷银浆中,刮刀压力、烘干温度对所印制导线层影响显著[19]。在 R2R 成膜后经常会加入热压模块,对所制备的图案热压处理,使墨水层更加密实,降低粗糙度,改善电气性能。研究表明经热辊加压后,图案厚度从 2.91μm 降至 2.35μm,粗糙度则从 538nm 降至 270nm,并且薄膜电阻下降明显[20]。

7.2.3　R2R 工艺对器件可靠性的影响

1. 张力引起的残余应力

在受到张力作用下的基板上粘贴芯片/沉积薄膜,当释放基板上的预应力之后,电子器件会出现弯曲变形,并产生残余应力,影响器件性能和寿命。薄膜应力和弯曲曲率的关系由 Stoney 公式可知,较大残留应力会导致较大的曲率,也会影响结构强度、寿命[21]。器件薄膜层中的残余应力分为压应力和拉应力,当压应力过大时就会使薄膜发生屈曲,使薄膜的附着力减弱,甚至会出现薄膜与基板分离;当拉应力过大时会使薄膜产生褶皱,甚至出现破裂。在 R2R 制造系统中,会同时出现温度的波动、张力的变化,均会导致薄膜-基板结构产生界面残余应力,通过协同优化 R2R 制造过程的工艺温度、基板张力以及基板的材料和厚度等因素,理论上可以实现零残余应力[22]。

2. 温度引起的残余应力

基底与薄膜的热膨胀系数不同使薄膜生长时会产生残余应力。沉积薄膜生长过程、印刷导电油墨的干燥和烧结过程的温度都会对器件力学、电学性能有显著影响。例如,$CuInS_2$ 太阳能电池中的 ZnO 膜残余应力太大会降低光电转化效率。在基底和薄膜结构中没有塑性变形时,热应力对应的弹性应变为

$$\varepsilon_f = \int (\alpha_f(T) - \alpha_s(T)) \mathrm{d}T$$

式中,α_f、α_s 为薄膜和基底的热膨胀系数,通常为温度的函数。在温度变化较小时热膨胀系数可视为常数,可得

$$\varepsilon_f = (\alpha_f - \alpha_s)\Delta T, \quad \sigma_f = \frac{E_f}{1-v_f}\varepsilon_f = \frac{E_f}{1-v_f}(\alpha_f - \alpha_s)\Delta T$$

式中,E_f、v_f 分别代表薄膜的弹性模量和泊松比。虽然增加工艺温度会导致较大的残余应力,但可以提高薄膜附着性。提高基板温度可以去掉基板表面残留气体、

水汽和溶剂,还利于薄膜和基板原子相互扩散,加速化学反应,有利于形成扩散附着和通过中间层附着,晶格缺陷就会减少,而且粒子形状易形成纤维状的结构,有利于形成致密的膜层,降低薄膜与基板界面的孔隙度[23]。

3. 弯曲附加应力

在各向异性导电胶封装的器件中,界面是由于胶水黏结通过分子作用力或化学键结合,可能会在弯曲和扭折等外力作用下发生破坏。蔡雄辉等[24]设计的 Inlay 弯曲疲劳试验装置如图 7.10 所示,将 Inlay 两端用 PET 带粘好,一端固定在心轴上(直径为 20mm),一端悬挂 2N 的砝码,通过手柄使芯片位置反复卷绕到心轴上。在弯曲试验的同时实时测量 Inlay 芯片的直流电阻,弯曲实验中包括外弯曲(芯片凸点侧朝外)和内弯曲(芯片凸点侧朝内),外弯曲和内弯曲对直流电阻的影响如图 7.10 所示[24]。弯曲试验造成直流电阻发生周期性振荡。外弯曲试验使直流电阻呈现上升趋势,而内弯曲试验过程中,直流电阻基本保持不变。原因是外弯曲过程中,绑定点经历着周期性的张应力,导致直流电阻呈现增大的趋势。而在内弯曲实验时,绑定点周期性经历压应力,将胶点不断"压"于天线端子上而不遭受破坏作用,直流电阻因而基本保持不变。

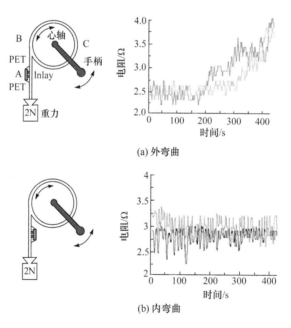

图 7.10　弯曲对 Inlay 芯片的影响[24]

7.3　R2R 系统张力控制

　　柔性基板在传输的过程中如果受到的张力值过小,基板定位性和同步性都会大大降低,影响产品质量。如果张力值过大,可能使基板过度变形而遭到破坏,并且张力过大或过小都可能在传输过程中产生褶皱。因而对柔性基板进行稳定控制,须先对柔性基板在输送过程中所受到的张力进行详细分析。

7.3.1　基板张力波动机理

1. 张力随时间波动

　　Campbell[25]在 1958 年提出了基板纵向动力学模型,但没有考虑入口跨度的基板张力。随后 King[26]考虑入口跨度的张力,基于理想单跨系统建立了新的数学模型,主要假设包括:①基板和辊筒接触区域长度相对于基板单跨长度可以忽略;②基板厚度远小于辊筒半径;③基板与辊筒没有相对滑动;④基板是理想弹性体,材料密度和杨氏模量都均匀;⑤基板只发生纵向形变,不考虑横向形变;⑥单跨度基板的应变远小于 1;⑦辊筒转动惯量不变。基于以上假设,Shin[27] 提出了多跨度基板纵向动力学模型。两个驱动辊之间基板跨度

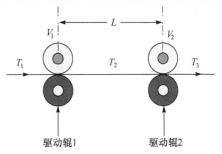

图 7.11　基板纵向动力学模型

为 L(见图 7.11),根据以上假设、质量守恒定律以及胡克定律,可得

$$\frac{\mathrm{d}T_2}{\mathrm{d}t}=\frac{AE}{L}(V_2-V_1)-\frac{V_2}{L}T_2+\frac{V_1}{L}T_1$$

　　驱动辊 2 的力矩平衡方程为

$$\frac{\mathrm{d}V_2}{\mathrm{d}t}=\frac{R_2^2}{J_2}(T_3-T_2)-\frac{B_{f2}}{J_2}V_2+\frac{R_2}{J_2}K_2U_2$$

式中,T_i 为第 i 个跨的基板张力(N);V_i 为第 i 个驱动辊的线速度(m/s);L 为基板长度(m);A 为基板横截面积(m^2);E 为基板杨氏模量(GPa);J_i 为第 i 个辊筒的转动惯量($\mathrm{Kg \cdot m^2}$);B_{fi} 为第 i 个辊筒的粘摩擦系数($\mathrm{N \cdot m \cdot s/rad}$);$K_i$ 为第 i 个驱动辊的电机扭矩常数($\mathrm{N \cdot m/A}$),U_i 为第 i 个驱动辊的电机输入电压(V)。状态空间表达式可以描述如下:

$$\dot{x}=Ax+Bu, \quad y=Cx$$

式中,$x=[x_1 \ x_2 \ x_3]^\mathrm{T}=[T_2 \ V_1 \ V_2]^\mathrm{T}$;$u=[u_1 u_2]^\mathrm{T}=[U_1 U_2]^\mathrm{T}$。

2. 张力沿空间上的分布

薄板两端受拉不均时容易出现褶皱情况,产生不均匀张力的主要形式如图 7.12 所示[28,29]。如图 7.13 所示[30],定义载荷集中系数 β 为载荷作用宽度与薄膜宽度的比值,再定义一无量纲系数 δ_e,屈曲系数 R 为

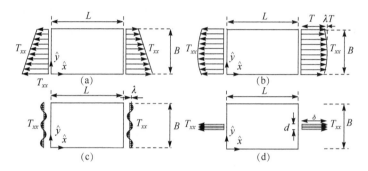

图 7.12　基板两端不均匀张力引起褶皱[28,29]

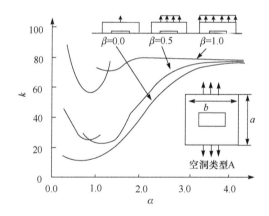

图 7.13　载荷集中系数对屈曲系数的影响[30]

$$k = \frac{\sigma_{cr}}{\sigma_e}$$

式中,σ_{cr} 为薄膜屈曲时的临界应力;$\sigma_e = \dfrac{\pi E}{1-\nu^2}\left(\dfrac{t}{b}\right)^2$ 为与薄膜材料、尺寸相关的常数,E 为薄膜弹性模量,ν 为泊松比,t 为薄膜厚度,b 为薄膜宽度。屈曲系数 k 直观地描述薄膜抗屈曲能力,屈曲系数越大,薄膜越不容易屈曲。载荷的分布形式 β 对屈曲系数有明显影响,且不同 β 对应的半波数变化长宽比也不同,通常载荷越集中屈曲系数越小。$\beta=0$ 时屈曲半波数保持不变,而在 $\beta=1$ 和 $\beta=0.5$ 两种工况中,屈曲系数曲线由两部分组成,即屈曲半波数发生了变化。如 $\beta=1$ 时对应着长宽比

$a=0.9,\beta=0.5$ 对应着长宽比 $\alpha=1.4$[30]。随着薄膜的长宽比增加,不同载荷集中系数对应的屈曲系数趋于一致,这与圣维南定律相符。

针对柔性基板两端夹持拉伸的情况,张力和对辊是柔性基板输送中的两个关键因素,张力是维持薄膜平整张紧的必要条件,但在对辊夹持作用下可能产生褶皱。通过对端部受纯拉伸作用的矩形薄膜的屈服褶皱现象进行研究,发现薄膜受拉伸时因泊松效应会产生横向收缩,但薄膜固定端受到位移约束作用,会使薄膜出现压应力区,从而产生褶皱,如图 7.14(a)所示[31]。借鉴常规矩形板屈曲分析中的屈曲系数概念,提出了临界拉应力计算公式

$$\sigma_{\text{crit}}^{*}=k_{c}E\left(\frac{t}{B}\right)^{2}$$

式中,k_{c} 为临界屈曲系数;t 为薄厚;B 为膜宽。用有限元法绘制出屈曲系数与矩形板长宽的关系,如图 7.14(b)所示。可以看出屈曲系数 k_{c} 与薄膜的长宽比 L/B 关系密切:①在 $L/B=1.5\sim2$ 时,k_{c} 随长宽比变化剧烈;②在 $L/B=2\sim5$ 范围中,k_{c} 变化缓慢;③$L/B>5$,k_{c} 趋于稳定。

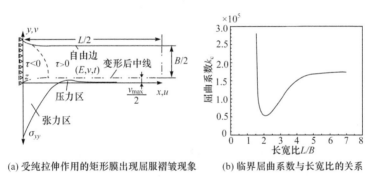

(a) 受纯拉伸作用的矩形膜出现屈服褶皱现象　　(b) 临界屈曲系数与长宽比的关系

图 7.14　矩形膜受拉出现屈曲褶皱[31]

Cerda 等[32]通过实验研究了拉伸引起的褶皱波长现象,发现波长随着拉应变的增加而减小,而褶皱幅值将增大,但对于褶皱产生的临界应力,褶皱数量并没有涉及。采用了能量法算出褶皱产生后的波长为 $\lambda\approx(tL)^{1/2}/\gamma^{1/4}$,波幅为 $A\approx(vtL)^{1/2}\gamma^{1/4}$,其中,$\gamma$ 为拉伸应变[33]。可以看出,褶皱波长正比于 $\gamma^{1/4}$,波幅反比于 $\gamma^{1/4}$。此外,Puntel 等[35]利用解析方法计算了临界拉力以及褶皱波长[34],Puntel 等确定了褶皱波长比例关系,Nayyar 等[36]考虑了大应变(超过 150%)问题,即薄膜材料从线弹性改为超弹性,褶皱幅值随着拉应变先增加再减小。

在纠偏装置滚筒不平行的情况下,同样会导致薄膜发生褶皱。Lakshmikuma-ran 等[37]对由辊子不平行所造所成的薄膜边缘褶皱问题进行了研究。辊筒不平行可分为面内、面外角度偏差,均对薄膜应力分布有非常重要的影响。辊筒不平行会对柔性电子图案化工艺造成严重影响,可以通过最小基板预张力来克服辊筒轴线

不平行的影响。利用有限元及板理论分析材料属性、允许预张力、材料宽度、偏移角度之间的关系发现，当存在角度偏差时，允许预张力将降低，并随着薄膜宽度增加而明显降低[11]。面内角度偏差 θ_H 会造成横向偏移（图 7.15[11]），横向偏移量为 $Y=\dfrac{2}{3}L\theta_H$，使薄膜产生压应力，最大压应力在 A 处。为避免 A 处出现压应力，可施加大小为 $T_{\min}=\dfrac{EhW^2\theta_H}{L}$ 的预张力。然而上述基于梁理论的分析未考虑基板长宽比的影响，通过有限元方法获得不同长宽比下的最小张力关系，得到修正公式 $T_{\min}^{*}=\left(1+0.727\dfrac{W}{L}\right)\dfrac{EhW^2\theta_H}{L}$，如图 7.16 所示[11]。

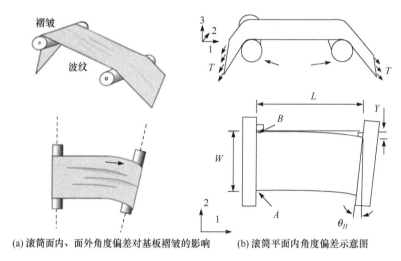

(a) 滚筒面内、面外角度偏差对基板褶皱的影响　　(b) 滚筒平面内角度偏差示意图

图 7.15　滚筒间偏差对基板褶皱的影响[11]

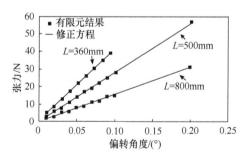

图 7.16　修正公式结果与有限元计算结果比较[11]

可以采用滚筒面内角度偏差类似方法对滚筒面外角度偏差的影响进行分析，结果表明面外角对应力分布的影响要小于面内角度偏差。面外角度偏差是产生褶皱的主要诱因，当面外角增大到一定程度时，薄膜将从稳态弯曲转变为褶皱[11]。

研究中并未考虑薄膜的弯曲刚度,仅认为当压变力出现时实会产生褶皱,所得到的结果偏于保守。Beisel 等[38]分析了纠偏产生的褶皱问题,将薄膜分成两部分:自由段(当成薄板来处理)和与辊子接触段(当成薄膜壳来处理)。从经典薄板屈曲方程推导出一端受拉,一端受压时的临界压应力为

$$\sigma_{\text{ycr}} = -2(\sigma_e + \sqrt{\sigma_e^2 + \sigma_e \sigma_x})$$

式中,$\sigma_e = \dfrac{\pi^2 D}{a^2 h}$。

可以看出临界压应力仅与基板长度相关,与基板宽度无关,完全不同于两端夹持的情况。

滚筒的形状对输送基板的褶皱也有明显影响[39]。Yurtcu[40]在 Beisel 提出的有限元分析基础上开发了简单易用的 Excel VBA 程序,用于指导设计。模型中考虑了锥型辊,设辊形为 $r(y) = my + R_0$,其中,m 为辊子锥度,r 为棍筒半径,如图 7.17 所示。速度差使薄膜在输送方向上产生不均拉应变和拉应力,分别为

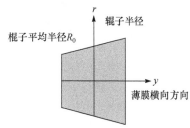

图 7.17　楔形辊轮廓图

$$\varepsilon_{\text{md}}(y) = \frac{V(y) - V_{\text{avg}}}{V_{\text{avg}}} = \frac{my}{R_0}, \quad \sigma_{\text{md}}(y) = E\varepsilon_{\text{md}}(y) = \frac{Emy}{R_0}$$

产生的附加弯矩为

$$M_j = \int_{-\frac{b}{2}}^{\frac{b}{2}} -\sigma_{\text{md}}(y) hy \, \mathrm{d}y = \frac{-mEhb^3}{12R_o}$$

求出弯矩后,即可采用与辊子不平行工况类似的方法进行处理。

当薄膜截面不均(如存在孔洞)时,在截面分界处附近容易产生压应力,使薄膜产生褶皱,如图 7.18 所示[39]。非均匀矩形板受压屈曲研究方法包括摄动法[41]、B-样

图 7.18　基板中的孔洞引起基板褶皱[39]

条法[42]、分段解析法[43]、有限差分法[44]、有限元法[45]与修正模态法[30]等。对于受拉屈曲,需要求解更高阶的微分方程,对于比较复杂的情况通常只能借助于有限元进行计算。平衡方程可以表示为广义节点力和节点位移之间的关系:$P = K\delta$,其中,K 为板的刚度矩阵,δ 为特征位移向量,当达到临界载荷时薄膜将失稳。假设整个加载过程中,刚度矩阵与载荷有关部分 K'' 和载荷系数 λ 成正比,于是有 $\lambda q = (K' + \lambda K'')\delta$,其中,$K'$ 为线性刚度矩阵列,K'' 为与所初加的初应力 p_0。当无横向载荷 q 作用时,可以转化为齐次方程 $(K' + \lambda K'')\delta = 0$,即薄膜屈曲方程的矩阵形式,可求得临界载荷为 $p_{cr} = \lambda p_0$。

通常矩形薄板在受拉时不会出现屈曲失稳现象,但薄板上的孔洞等缺陷会产生局部失稳引起褶皱。Shimizu[46] 和 Gilabert[47] 研究了板上孔洞对受拉应力作用基板的屈曲情况。Brighenti 等[48] 分析了在拉应力及剪应力作用下薄板上存在裂纹时,临界屈曲应力与裂纹的敏感性关系。El-Sawy 等[49] 研究了一侧受压、一侧受拉,或受压的带孔薄板的屈曲情况,分析了长宽比、孔洞尺寸、位置对屈曲系数的影响。Mallya[50] 在卷绕生产线上检测了带孔薄膜的褶皱情况,采用了 Beisel 方法和有限元分析了带椭圆或圆形孔洞的薄膜经过辊子的褶皱,Yurtcu 将这种方法扩展到非均匀材质上[40]。但处理非均匀材质时有很多限制,只是采用更薄的圆形材料来代替圆孔。除了孔洞外,截面厚度变化也是卷料处理中常见的情况,Patil[51] 采用有限元方法研究了简单变截面膜的褶皱情况。Takei[52] 分析了薄膜上复合了加强材料后在受拉时的褶皱情况,如图 7.19 所示。

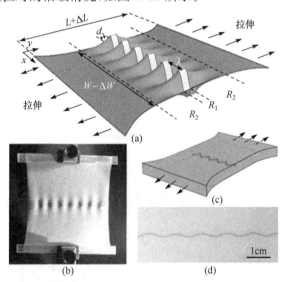

图 7.19　薄膜上复合了加强材料后在受拉时的褶皱情况[52]

基板上孔洞的形状对基板也具有非常明显的影响。Shimizu[30] 采用有限元方法研究了薄膜长宽比以及孔洞形状对屈曲系数的影响,发现孔洞边角有圆角过度时,可以增加屈曲系数,并且屈曲系数随长宽比的增加而增加。考虑如图 7.20 所示结构,方形薄膜上存在各类型的通孔,孔的宽度(直径)均为薄膜宽的一半。薄膜在上下两边的中点上受到一个集中拉力作用,当拉力超过临界值时薄膜发生屈曲,求出不同形状的孔的屈曲系数如图 7.20 曲线所示[30]。当孔长宽比为 1 时将出现一个极小值,圆形孔薄膜的屈曲系数高于方孔薄膜。虽然圆角可以有效地降低应力集中,但从曲线中可看到,圆角对增加屈曲系数的效果有限。

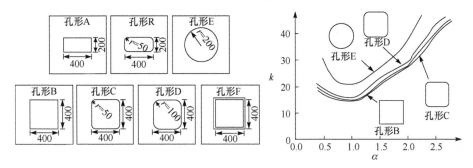

图 7.20　不同孔形对屈曲系数的影响[30]

　　动态稳定性在基板高速运送中非常关键,颤动临界速度直接限制了设备产能。运动稳定性研究包括求解薄膜面外颤动时的临界速度(见图 7.21[53]),以及相关因素(如膜的材料属性,长宽比等)的影响。Shin[54]等则对输送过程中出现的面外振动问题进行了研究[54],Banichuk 等[55]研究了薄膜材料在输送过程中的稳定性问题[55],随后将研究成果进一步扩展到各向异性材料[56]。Nguyen 提出一种新的控制算法用于抑制轴向移动网络系统的横向振动,并将其应用于 R2R 光刻设备上(见图 7.22)[57]。该设备可以连续制备面积达 1.5m×1.8m 的尺寸,10μm 特征尺寸,当产品尺寸限制在 0.6m×0.6m 以内时,特征尺寸还能进一步提高至 1μm。柔性基板从放料卷出发,在扫描平台的曝光,最后由收料卷收起。柔性基板和掩模板刚性地固定在单轴移动平台上,扫描平台在曝光时沿 y 方向运动,而基板在放料后及收料前均有一段松弛区域,这两段松弛区域使得曝光区域内的基板随扫描平台运动时张力不发生变化[58]。

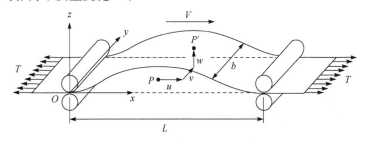

图 7.21　平移高速运动下单轴运动薄膜动力学模型[53]

(a) R2R光刻设备实物图

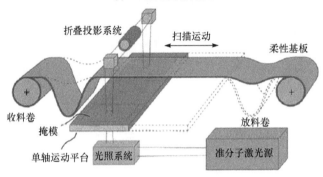

(b) R2R光刻设备原理图

图 7.22　R2R 光刻设备[57]

7.3.2　R2R 基板张力波动控制

R2R 系统保持基板张力稳定至关重要,张力控制是避免输送过程中基板出现波浪纹或褶皱的保证。张力分布不均会导致基板发生纵向形变及横向偏移,影响加工定位精度,产生定位误差或套印误差。而且,张力过大会导致收料卷挤压变形或出现套卷,甚至还会导致基板断裂。引起张力变化的主要因素有:收放料卷的卷径、转动惯量不断变化、各辊轴平行度、辊筒表面的摩擦力变化。在构建张力控制系统时,要确定卷绕设备的区域划分,及其相应张力控制方法和被控制量。

1. 张力控制装置

张力控制的驱动方式主要有电机驱动和磁粉制动器/离合器驱动。根据张力反馈器件,闭环控制系统主要分为浮辊式张力控制和张力传感器辊式张力控制,均可用于收卷、放卷、中间区域的张力控制。①浮辊式张力控制(见图 7.23):在卷绕过程中,浮辊会随基板张力的变化而上下移动,浮辊的枢轴连接有位置传感器,用以检测浮辊的位置变化,间接获得张力信号,与设定张力值进行比较后,驱动电机或磁粉离合器/制动器来调节张力。②张力传感器辊式张力控制(见图 7.24):张力传感器辊采用两个应变式张力传感器安装在辊轴两端作为辊筒的底座,基板张力信号直接被采集,然后与设定张力值进行比较,通过驱动电机或磁粉离合器/制动器调节张力。图 7.24 中的带张力反馈控制的 R2R 系统含一个放料卷、

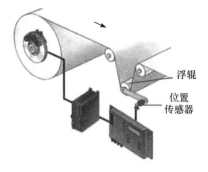

图 7.23 浮辊式张力控制

一个收料卷、一个张力传感器辊和两个惰辊(引导基板以固定包角穿过张力传感器辊),在卷绕过程中,放料卷的卷径不断减小,而收料卷卷径则不断增大。

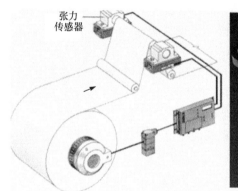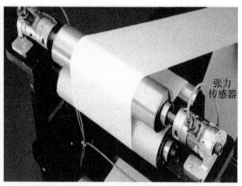

图 7.24 张力反馈系统示意及实物图

2. 张力控制方法

R2R 系统是具有多输入多输出、非线性、时变性等特性的复杂机电系统,系统中卷径变化、转动惯量变化、摩擦力、辊轴布局和其他不确定因素等影响,为控制装置、结构和算法提供了用武之地。早期 R2R 系统较多采用机械式和电控式张力控制系统。Uchiyama 等[59]分析了 VCR 磁带卷绕稳定性,通过仿真和实验判断磁带传送中的机械性能,增加缠绕角度和改变缠绕方法改变磁带的机械接触,直接影响输送带的效率和寿命。Ludwicki 等[60]提出了基于胶卷展开系统的开卷张力自动控制系统,机械式浮动辊轴被用于产生恒定张力,通过控制料轴的转动位置和速度保证浮动辊处于平衡位置,从而保证张力稳定。Sakamoto 等[61]分析了包含浮动轴的张力控制卷绕系统。Choi 等[62]提出了以电磁制动器为执行元件的反馈式张力控制方法,采用滑模控制方法获得理想张力值。Lee 等[63]分析了高速凹版印刷设备料卷组件中转塔运动和浮动辊运动,将辊间基板的跨幅作为时变张力控制参

数进行考虑。Gassmann 等[64]论述了摆臂机构的开卷张力控制方法，将标准 H_∞ 方法引入到反馈控制中。

随着基于计算机的张力控制方法的发展，可减少张力控制过程中张力传感器的应用。Valenzuela 等[65~67]提出纸卷绕传动系统中无传感器张力控制方案，采用电控式制动双辊机构而非张力传感器作为张力观测器。Lynch 等[68]设计了非线性张力观测器，误差线性化、代数观测器和滑模观测器而非张力传感器对系统中张力进行计算和补偿。Song 等[69,70]提出了采用基于扭矩平衡的张力观测器反馈信号作为张力调整参数，直接控制卷绕电机的电流调整扭矩，其中电机驱动系统集中监测观测器输入、电流和速度变化，实现张力控制快速响应。此外，还设计了多幅卷绕系统的张力设计与控制的模拟器，避免采用张力传感器，而仅依靠辊轴的负载扭矩平衡实现张力稳定。Pagilla 等[71]综合考虑了累加器载体的动力学特性、基板动态平均张力、出料侧驱动辊的动力学性能等因素，设计了张力调节控制算法。

实际 R2R 系统包含大量辊筒、驱动电机和张力检测元件等，常采用分布式控制实现 R2R 输送系统分区控制。Sakamoto 等[72,73]提出了针对薄膜张力控制系统的分布式控制，实现高增益自适应控制和 H_∞ 控制。Pagilla 等[74]将整条 R2R 生产线分成不同张力区间，各区间参考主进给电机速度和参考张力值进行分区调整，对薄膜张力波动和进给速度的变化进行限制，考虑了收放卷半径变化和转动惯量变化，实现了生产线分布式控制方法，但在系统建模过程中忽略了速度与张力变化的耦合乘积项，并未对系统中的惰性辊轴做单独分析。

近年来，智能控制方法也逐渐应用于 R2R 系统中。Okada 等[75]提出了一种自适应模糊控制算法，使控制参数可以根据系统稳定性自动调整，以适应系统参数变化和结构不确定性。Baumgart 等[76]提出了针对非线性 R2R 系统的鲁棒控制方法。Chen 等[77]提出利用滑模控制抑制系统非确定因素影响的控制方法，采用神经网络方法估计系统中常见的非确定干扰因素，如系统参数、外界干扰、无法建模误差等。Giannoccaro 等[78]基于质量守恒定律、扭矩平衡和黏弹性理论，建立了利用多变量优化方法估算未知参数的张力控制方法。

如图 7.25 所示为凹印机 R2R 系统张力控制方案，由张力传感器进行张力检测，实施检测放卷后的纸张张力，并将实际测量数据反馈给张力控制器，调节磁粉制动器的电流、电压值，保证进入印刷区间的纸张张力稳定[79]。纸张印刷后需要通过烘干进入输纸辊，由磁粉离合器对卷在纸轴上的纸芯提供恒定的转矩，保持收卷后纸卷的松紧一致性，可以满足线速度 100m/min 的印刷工况。

从基板加工区域可以分为收卷张力、放卷张力、中间区域张力，通常各区域的张力需要单独张力控制，可以分为开环控制和闭环控制。①开环张力控制如图 7.26(a)所示，通过设定料卷速和其力矩乘积为常数，求出电机速度控制曲线，按此速度曲线来控制电机动作，适合于张力精度要求不高、无法测量张力信号的情

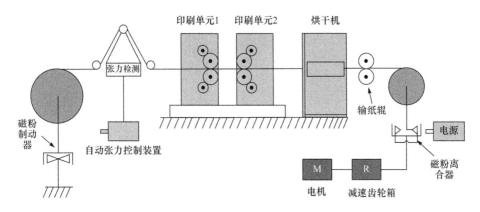

图 7.25　凹印机张力控制方案

况。这种控制方式通过控制辊轮速度来间接达到张力控制的效果,缺点是张力稳定性较差,无法对柔性基板的实际张力进行实时反馈和对多区段张力进行控制。②闭环张力控制,如图 7.26(b)所示,引入张力反馈信号与给定张力值相比较,然后利用其差值经调节器作用到被控对象上,使偏差尽可能的小,维持基板张力的稳定。需要确定所采用的反馈器件和浮辊/张力传感器辊。这种张力控制方式在输送环节加入张力传感器,通过张力传感器的反馈来调节放卷辊的速度,形成闭环控制系统,其优点在于除了原先具有的速度控制系统外,还包含了张力传感器反馈张力控制系统,速度和张力控制系统可以确保基板在传输过程中保持恒定张力和速度稳定,同时可以通过控制送料辊、转速得到所需张力值,具有控制精度高、抗干扰能力强的特点。

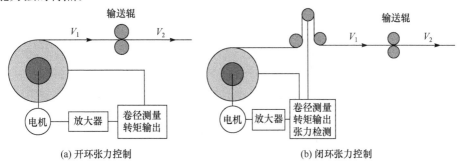

图 7.26　开环、闭环张力控制方式

7.3.3　基板张力分布控制

1. 张力场理论

基板张力导致基板输运过程中产生不期望的变形,降低了 R2R 制造精度。

Wagner 提出了张力理论，可以将褶皱问题处理为平面问题。张力理论的假定包括：①薄膜弯曲刚度为零，当膜上出现压应力时，薄膜立刻通过面外变形释放应力；②褶皱形成后，薄膜形成单轴拉应力状态，褶皱方向与张拉方向相同，垂直于褶皱方向的小主应力为零；③褶皱引起的面外变形由薄膜平面内的收缩代替，垂直于褶皱方向。张力场理论计算简单，可以计算出褶皱区域和方向，但无法获得褶皱波幅、波长、波数等具体信息，且迭代计算过程中收敛性无法保证。

张力场理论通常先计算应力分布，再根据屈曲准则判断是否出现褶皱。出现褶皱后，则修改褶皱区域的本构矩阵，通过"较大"面内变形来代替褶皱引起的面外变形。褶皱判据主要包括主应力准则、主应变准则、主应力-主应变准则。主应力-主应变准则适用范围最广，①当小主应力 $\sigma_2 > 0$ 时，薄膜处于纯拉伸状态；②当 $\sigma_2 < 0$，且主应变 $\varepsilon_1 > 0$ 时薄膜处于单向拉伸状态；③当 $\varepsilon_1 < 0$ 时薄膜处于双向褶皱状态。对于本构矩阵列的修改主要有可变泊松比法[80]、修改刚度矩阵法[81]、2-VP 模型[82]等。

根据主应力准则，当小主应力小于 0 时，薄膜交产生褶皱，即临界判据

$$\sigma_2 = \frac{\sigma_x + \sigma_y}{2} - \sqrt{\left(\frac{\sigma_x - \sigma_y}{2}\right)^2 + \tau_{xy}^2} = 0$$

式中，σ_x 为基板纵向张应力；σ_y 为横向应力（可能为拉力，也可能为压力）；τ_{xy} 为基板上的剪力。故当基板因各种因素（如辊轴不平行，基产生弯曲），产生在横向方向上的压应力或者剪力时，小主应力 σ_2 就有可能小于 0，使膜发生褶皱。另一方面，由于张应力 σ_x 恒为正值，由小主应力 σ_2 计算公式可知，增加 σ_x 能提高薄膜的抗褶皱能力。

2. 张力分布控制装置与方法

通过改善基板张力的分布情况，使其小主应力大于 0，避免褶皱。在实际 R2R 设备中，张力通常是在进给对辊拖动中产生。根据库仑摩擦定理近似认为基板张力与对辊压力成正比。对于如图 7.27(a) 所示对辊系统，芯轴在载荷作用下发生变曲变形，使得辊压力分布为两端大、中间小。可以采用以下方法有效解决：①采用凸度辊，以抵消因芯轴弯矩挠度产生的附加变形；②更改支承形式，如用图 7.27(b)，对辊形式使载荷对芯轴的作用点内移，可以有效地减小压力分布不均程度；③提高芯轴刚度，采用较软的胶层均可以获得更均匀的张力。

另一种常见的张力分布控制装置是展平辊，常用的展平辊有弧形展平辊、螺纹展平辊两种形式，展平辊对薄膜强制施加了横向方向的张应力，使薄膜小主应力大于 0。弧形展平辊轴线为一条弧形曲线，弧形轴线的凸出方向与薄膜运行的方向相同。并且展平辊上任意横截面仍保持为平面，且垂直于展平辊的中心曲线。因此当展平辊绕其中心曲线做转动时，除辊最高点外，基板与辊接触的各点线速度方

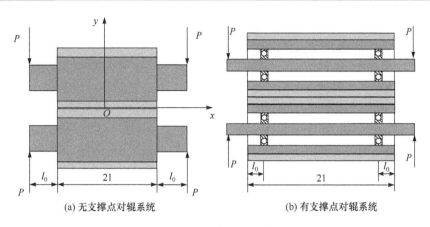

(a) 无支撑点对辊系统　　　　　　　　　　(b) 有支撑点对辊系统

图 7.27　对辊示意图

向都与基板的牵引运行速度方向成一定角度,越接近基板两端,两者间产生的角度越大。如图 7.28(a)所示[83],基板在展平辊上的线速度 V_{roller} 分解为与基板牵引运行方向相同的一个速度 V_{film},和与基板垂直的相对速度 V_r。在牵引张力的作用下,基板紧压在展平辊面上,同时辊面还对基板产生与 V_r 同向摩擦力,使基板展平。螺纹展平辊结构如图 7.28(b)所示[84],其沿轴线两侧对称地开有螺纹,通过摩擦力使基板张紧。

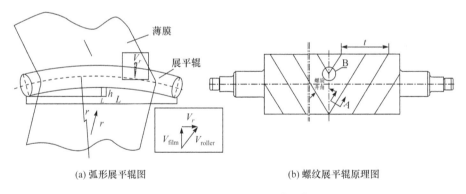

(a) 弧形展平辊图　　　　　　　　　　　(b) 螺纹展平辊原理图

图 7.28　展平辊原理图[83,84]

7.4　R2R 系统纠偏控制

7.4.1　基板横向动力学建模

基板传输运动要求基板穿过辊筒的进入角与辊筒旋转角方向平行,称之为平行进入法则,如图 7.29 所示。该法则依赖于基板和辊筒之间的摩擦力,要使基板在穿过辊筒时发生平移,辊筒表面必须有足够的摩擦力使基板产生弯曲。如果摩擦力过低,平行进入法则将不起作用。为分析影响基板横向运动的关键因素与进行纠偏控制,需要建立基板横向动力学模型,通常选取 R2R 系统中两个辊筒之间的基板(单跨度)作为基本单元进行建模。Campbell 首先提出基板横向动力学模型;Reid 等[85]将单跨度基板近似为欧拉梁,通过静力学及动力学分析分别建立了单跨度的一阶、二阶模型;Young 等[86]提出了多跨度横向动力学模型。横向动力学模型采取的假设包括:①忽略单跨度基板的质量;②基板是理想弹性体,材料密度和杨氏模量均匀;③基板与辊筒接触面没有相对滑动;④基板张力和进给速度都保持不变;⑤忽略基板与偏转辊筒间剪切力。

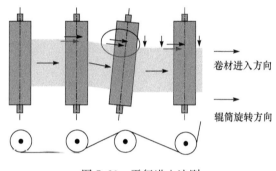

图 7.29　平行进入法则

1. 一阶模型

一阶模型忽略单跨度基板的切变强度,假设基板不发生弯曲,理想的基板横向偏移示意图如图 7.30 所示。

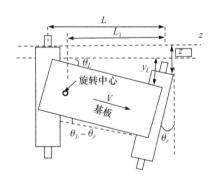

图 7.30　基板横向偏移示意图

θ_L.基板偏移角度;θ_r.辊筒偏转角度;L.两个辊筒之间基板长度;L_1.辊筒偏转中心距离;z.辊筒横向偏转距离;y_L.基板的横向偏移量

基板相对于辊筒的横向偏移量为 $\Delta y = (\theta_L - \theta_r)L$;基板相对于辊筒的横向速度为 $V_L = V(\theta_L - \theta_r)$。基板横向偏移速度由基板相对辊筒横向偏移速度和辊筒相对于地面横向速度两部分合成,基板横向偏移速度为$\frac{\mathrm{d}y_L}{\mathrm{d}t}=V(\theta_L-\theta_r)+\frac{\mathrm{d}z}{\mathrm{d}t}$。基板

相对辊筒的角度$(\theta_L-\theta_r)$为$\frac{Y_L}{L}-\frac{z}{L_1}$,进行 Laplace 变换可得纠偏系统的传递函数

为$\frac{y_L(s)}{z(s)}=\frac{(L/V)s+(L/L_1)}{(L/V)s+1}$。假定两边辊筒均固定不动时,基板进入第一个辊的

初始偏移量为y_0,经过第二辊的偏移量为y_L。则基板的横向偏移速度为$\frac{\mathrm{d}y_L}{\mathrm{d}t}=$

$-V\frac{y_L-y_0}{L}+\frac{\mathrm{d}z}{\mathrm{d}t}$。当两边辊筒固定不动时,辊筒横向偏移速度$\frac{\mathrm{d}z}{\mathrm{d}t}=0$,Laplace 变

换得$\frac{Y_L(s)}{Y_0(s)}=\frac{V/L}{s+V/L}$。

2. 二阶模型

一阶模型假定基板没有切变变形,基板在辊筒之间呈直线状延展和偏移,属于理想模型。实际基板经过偏转辊筒发生横向偏移时一般都伴随有弯曲行为,可将基板视为弹性欧拉梁进行分析。根据 Shelton 和 Reid 的动力学方程,基板的运动方程可简化为

$$\frac{\partial^4 y}{\partial x^4}-K^2\frac{\partial^2 y}{\partial x^2}=0, \quad K^2=\frac{T}{EI}$$

式中,T为基板张力;E为弹性模量;y为基板横向偏移量;I为基板横向偏移的惯性力矩。设定解析方程式为

$$y=C_1\sinh Kx+C_2\cosh Kx+C_2x+C_4$$

其中,C_1、C_2、C_3 和 C_4 是常量,其值由基板在前后辊筒处的边界条件决定。假定边界条件:基板在入口辊筒处的偏移量为y_0、基板与入口辊筒径向的夹角为θ_0、基板在纠偏辊处的横向偏移量为y_L、基板与纠偏辊筒法向的夹角为θ_L,即

$$y|_{x=0}=y_0, \quad \frac{\partial y}{\partial x}\big|_{x=0}=\theta_0, \quad y|_{x=L}=y_L, \quad \frac{\partial y}{\partial x}\big|_{x=L}=\theta_L$$

计算可以得到解析方程的各项系数

$$C_1=\frac{K\sinh(KL)(y_0-y_L)+[(KL)\sinh(KL)+1-\cosh(KL)]\theta_0}{K[(KL\sinh(KL)+2-2\cosh(KL)]}$$
$$+\frac{[\cosh(KL)-1]\theta_L}{K[KL\sinh(KL)+2-2\cosh(KL)]}$$

$$C_2=\frac{K[\cosh(KL)-1](y_L-y_0)-[KL\cosh(KL)-\sinh(KL)]\theta_0}{K[KL\sinh(KL)+2-2\cosh(KL)]}$$

$$- \frac{[\sinh(KL)-KL]\theta_L}{K[KL\sinh(KL)+2-2\cosh(KL)]}$$

$$C_3 = \theta_0 - C_1 K$$

$$C_4 = y_0 - C_2$$

可以计算出基板横向偏移的速度和加速度分别为

$$\frac{\mathrm{d}y_L}{\mathrm{d}t} = V\left(\theta_r - \frac{\partial y}{\partial x}|_L\right) + \frac{\mathrm{d}z_L}{\mathrm{d}t}$$

$$\frac{\mathrm{d}^2 y_L}{\mathrm{d}t^2} = V^2 \frac{\partial^2 y}{\partial x^2}|_L + \frac{d^2 z_L}{\mathrm{d}t^2}$$

对辊筒之间的基板而言，在随偏转辊筒偏移的过程中，基板相对于地面的横向偏移速度等于基板相对偏转辊 B 的横向速度与偏转辊 B 相对于地面的横向速度两者之和，由图 2.4 可得基板二阶模型的横向速度方程

$$\frac{\mathrm{d}y_L}{\mathrm{d}t} = v(\theta_B - \theta_L) + \frac{\mathrm{d}z}{\mathrm{d}t}$$

其中，θ_B 为偏转辊 B 的偏转角；$\theta_L = (\partial y/\partial x)|_{x=L}$ 为基板在偏转辊 B 处弯曲的斜率；z 为偏转辊 B 的横向位移。

将上式对 x 轴进行二次微分后，可得基板横向位移对 x 轴的曲率为

$$\frac{\partial^2 y_L}{\partial x^2} = \left[\frac{f_1(KL)}{L^2}(y_0 - y_L) + \frac{f_2(KL)}{L^2}\theta_L + \frac{f_3(KL)}{L^2}\theta_0\right]$$

式中，$f_1(KL) = \dfrac{(KL)^2[\cosh(KL)-1]}{KL\sinh(KL)+2[1-\cosh(KL)]}$；$f_2(KL) = \dfrac{KL[KL\cosh(KL)-\sinh(KL)]}{KL\sinh(KL)+2[1-\cosh(KL)]}$；

$f_3(KL) = \dfrac{KL[\sinh(KL)-KL]}{KL\sinh(KL)+2[1-\cosh(KL)]}$。

综合基板的横向速度方程、加速度方程、曲率方程，求得基板横向运动方程

$$\frac{\mathrm{d}^2 y}{\mathrm{d}t^2} = v^2 \left[\begin{array}{l} \dfrac{f_1(KL)}{L^2}(y_0 - y_L) + \dfrac{f_2(KL)}{L}\left(\theta_B - \dfrac{1}{v}\dfrac{\mathrm{d}y_L}{\mathrm{d}t} + \dfrac{1}{v}\dfrac{\mathrm{d}z_B}{\mathrm{d}t}\right) \\ + \dfrac{f_3(KL)}{L}\left(\theta_A - \dfrac{1}{v}\dfrac{\mathrm{d}y_0}{\mathrm{d}t} + \dfrac{1}{v}\dfrac{\mathrm{d}z_A}{\mathrm{d}t}\right) + \dfrac{d^2 z_B}{\mathrm{d}t^2} \end{array} \right]$$

上式即为基板横向动力学的二阶模型。从中可知，影响基板横向偏移量的输入量因素如下：基板在进料辊处的初始横向位移 y_0，进料辊的偏转角 θ_A 和横向位移 z_A，偏转辊的偏转角 θ_B 和横向位移 z_B。除此之外，基板的材料参数和工艺参数同样会影响横向偏移，如基板的跨距 L、速度 v 以及反应在 K 值中的基板材料特性（杨氏模量、宽度、厚度）和张力 T。

基板在卷绕传输过程中会经过多个辊筒，辊筒自身或基板质量等问题会造成基板发生横向偏移，导致收卷端卷筒两边参差不齐，中间加工区域定位精度下降，

套印误差增大等问题。辊筒表面材质的表面摩擦力及附着力形成牵引力使基板进给,需控制驱动电机的牵引力,使基板和辊筒间不出现打滑或表面抓痕。为消除基板横向偏移带来的不利影响,必须对基板进行纠偏控制。纠偏系统通常包括纠偏控制器、传感器、驱动及纠偏组件机构。纠偏控制器从放置在基板上的传感器中获取、处理和放大信号,与设定的基板位置比较,输出操作电机驱动纠偏组件定位,维持基板所需要的状态。

7.4.2　R2R 基板纠偏装置

基板加工生产线一般可以分为放卷、收卷及中间加工区域,相应纠偏装置也分为放卷纠偏(unwind web guide)、收卷纠偏(rewind web guide)、中间导向辊式纠偏(intermediate steering web guide)、中间位移式纠偏(intermediate displacement web guide)。

1. 放卷、收卷纠偏

放卷纠偏是确保通过预定的引导点来修正基板侧边使其平齐,用来保证进料基板的横向位置,常应用于成卷质量差的料卷。基板固定在放卷机架上,机架可沿横向导轨运动,侧边检测传感器通常固定在第一根辊筒之前,该辊筒为纠偏基板维持稳定的平面。通过传感器检测基板边缘位置的变化,控制放卷机架横向移动来保持基板在传感器处的横向位置。放卷机架通过侧向运动来保持基板侧边的位置,如图 7.31(a)所示。传感器位置是越靠近放卷移动支架越好,能提供更好的动态特性和精确度。

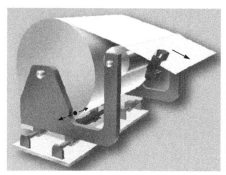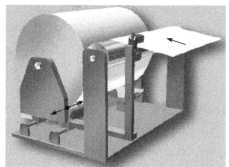

　　(a) 放料纠偏系统　　　　　　　　　　　　(b) 收卷纠偏系统

图 7.31　收卷料纠偏系统

收卷纠偏是为了保证成品料卷的侧边对齐,涉及卷筒半径及收卷扭矩或张力的控制,而张力控制及前段工位的纠偏控制是其质量保证。侧边检测传感器安装在收卷机架前的最后一个固定辊筒之前,通常固定在收卷支架的机械臂上。根据检测到基板边缘的移动轨迹,收卷机架相应地向侧边移动,让收料卷侧边对齐,如图 7.31(b)所示。如果传感器位于最后的固定辊筒之后,或基板与最后辊筒之间缺乏足够摩擦力,收料卷的侧边将参差不齐。收卷技术用于收集成品料卷,成品卷筒须保证外观良好、形状及结构,便于储存、运输和下游加工。

2. 中间辊纠偏

中间辊纠偏包括导向辊式纠偏和位移式纠偏。中间导向辊式纠偏装置通过一个长入口跨度穿料方式对基板进行横向误差纠正,导向辊式纠偏的示意图和实物图如图 7.32 所示,主要用于较长入口跨度的系统。中间导向辊由底座、辊筒和导杆组成,辊筒含旋转和平移两个自由度。

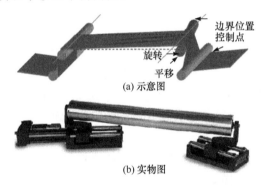

图 7.32　导向辊式纠偏示意图及实物图

图 7.33 为导向辊式纠偏装置的纠偏示意图,进料辊 A 处基板已偏移初始位置 y_A,于是纠偏辊往相反方向进行偏转,旋转角度为 θ。此时,进料区域内的基板也随之负向偏转,进料辊 A 处的张力分布如图 7.33 所示,其中 σ_1 为基板未偏转时的原始张力分布,沿横向分布均匀,σ_2 为发生偏转后张力分布发生的变化。张力分布不再一致,使进料端的基板也向负向偏转。经纠偏后,基板在出料辊处的横向位置得到纠正,此时,出料辊处的基板张力分布如图中 σ_1 和 σ_3 所示,基板在横向的张力分布得到平衡,此时不再产生偏转力矩。

旋转位移式纠偏由固定的底座和带有两根平行辊筒的旋转装置(摆动支架),平行辊架通过旋转来修正基板的横向位移,从而实现基板侧边修正,如图 7.34(a)所示。最大旋转角度通常设计为 $\pm5°$,旋转点理想位置是在入口范围或在纠偏过程中不超过 10% 的范围,保证基板在偏转时受到应力最小。位移式纠偏装置只需要非常小的空间,实物图如图 7.34(b)所示,能最大限度降低基板在入口和出口跨度的要求下实现位置修正,适用于基板需在较小距离和最小表面张力的情况下实现纠偏。平行辊架围绕着固定或者虚拟的中心旋转,旋转中心可根据需要设计在不同位置,如图 7.34(c)所示。由于平行辊架旋转作用,进料跨距内的基板张力分

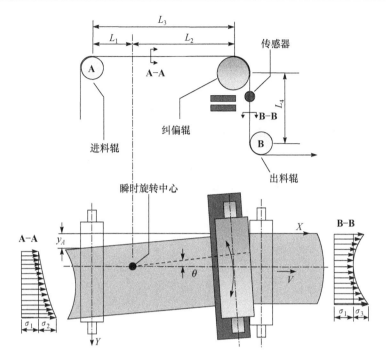

图 7.33　导向辊式纠偏示意及张力分布图

布发生变化(如 σ_1、σ_2 所示)形成负向偏转力矩,将基板整体向负向偏移。基板在出料跨距内横向位移得到纠正,其张力分布再次均衡(如 σ_1、σ_3 所示)。

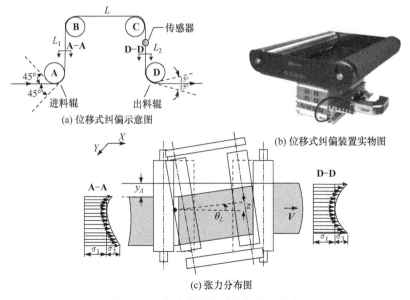

(a) 位移式纠偏示意图

(b) 位移式纠偏装置实物图

(c) 张力分布图

图 7.34　位移式纠偏系统与张力分布

3. 偏移量检测

基板横向偏移量检测包括：①对边检测，以检测基板的边缘位置作为基板横向位置的参考；②对线检测，以检测基板的标记线作为基板横向位置的参考；③对中心检测，将传感器布置在基板的两边，通过检测两个边缘的位置，计算出基板的中心位置，并以中心位置作为基板横向位置的参考。以上三种检测采用的传感器主要分为光电传感器、超声传感器(见图 7.35)、图像 CCD 传感器。光电传感器和超声传感器主要用于对边检测和对中心检测，而光电传感器适用于不透明基板，超声传感器适用于透明基板。图像 CCD 传感器主要适用于对线检测，对透明和不透明的基板均适用。

图 7.35　偏移量检测传感器

7.4.3　纠偏控制方法

工业纠偏控制常用 PID 控制、基于状态观测的反馈控制、基于系统辨识的前馈控制等，属于固定增益的控制器。PID 控制原理简单，在闭环控制系统中，通过比较参考值与反馈值求得误差 $e(t)$，再根据性能指标的控制要求，由比例、积分和微分单元共同确定控制器输出 $u(t)$。PID 控制律可以表述为如下形式：

$$u(t) = K_p \left[e(t) + \frac{1}{T_i} \int_0^t e(t) \mathrm{d}t + T_d \frac{\mathrm{d}e(t)}{\mathrm{d}t} \right], \quad t \approx kT_s, k = 0, 1, 2 \cdots$$

现代工业控制系统多为数字控制系统，故此需要将上式离散化，设计数字 PID 控制器。设定采样周期为 T_s，按连续域到离散域的变换规则，作出如下近似：$\int_0^t e(t) \approx T_s \sum_{j=0}^k e(jT_s), \frac{\mathrm{d}e(t)}{\mathrm{d}t} \approx \frac{e(kT_s) - e[(k-1)T_s]}{T_s}$。得到离散 PID 控制器的表达式

$$u(t) = K_p e(k) + K_i \sum_{j=0}^k e(j) + K_d (e(k) - e(k-1))$$

式中，$K_i = K_p T_s / T_i$，$K_d = K_p T_d / T_s$，K_i、K_d 分别为积分系数和微分系数。

PID 控制器参数调节就是在 K_p、K_i 和 K_d 之间寻求平衡，使控制性能指标满足设计要求。PID 参数整定方法主要分为两类：①理论计算法，根据系统的数学模

型,经过理论计算确定控制器的参数,但还需根据实际情况进行修正;②工程经验法,并不需要知道系统的内部结构和模型,只根据已有经验公式或方法进行调整,比较简单易行。PID参数整定的工程经验法主要有临界比例法、反应曲线法和衰减法,其中临界比例法使用较多,其整定步骤如下:①设定采样周期;②K_i 和 K_d 初值均设为 0,不断增加 K_p 直到系统的阶跃响应出现临界振荡,记下此时的 K_p 值和振荡周期;③根据经验公式计算新的 K_p、K_i 和 K_d 值,置入控制器。若仍有所偏差,再根据实际情况进行微调。

　　在实际工况下,模型参数较难准确获知,某些模型参数(如基板进给速度、基板张力、基板拓扑结构变化等)都会有波动,对基板横向动力学模型影响较大。典型纠偏装置的 PID 控制框图如图 7.36 所示,其中 y_{ref} 为预设的基板横向位置,y 为实际的基板横向位置,d 为扰动,$G_c(s)$ 为 PID 控制器的传递函数,$G_m(s)$ 为电机的传递函数,C_m 为纠偏旋转平台的横向传动比,通常为常数,$G_p(s)$ 为纠偏区域单跨度基板的横向动力学模型。电机模型如下:

$$C_m(s) = \frac{\theta(s)}{U(s)} = \frac{K_m}{s(s+a_m)}$$

式中,K_m、a_m 为电机常数;θ 为电机角位移;U 为电机输入电压;C_m 为纠偏支架横向位移与其旋转角位移的比值。

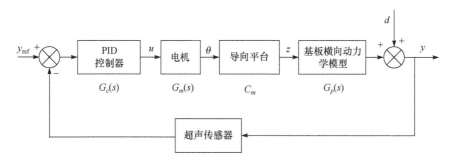

图 7.36　典型纠偏装置的 PID 控制框图

　　以 RFID 基板卷绕输送实验平台纠偏控制为例,如图 7.37 所示,系统仿真参数如表 7.2 所示,纠偏器 1 与纠偏器 2 分别为前、后纠偏装置,均为位移式纠偏。通过纠偏器 1 的正弦旋转摆动作为扰动,以纠偏器 2 为控制对象,使基板避免纠偏器 1 扰动的干扰,在收卷前端的横向位置保持稳定。在 Simulink 里面进行控制系统仿真,比较采用纠偏装置前后的基板横向位移,从图 7.38 中可以看出,采用纠偏装置后基板对于周期性干扰产生的横向位移减少了 50%。

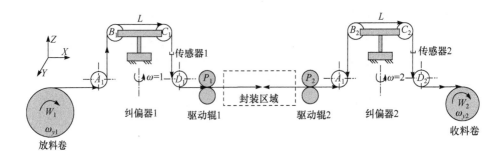

图 7.37　RFID 卷绕输送实验平台示意图

表 7.2　纠偏仿真参数

参数	符号	值
纠偏支架的跨距	L	380mm
基板宽度	W	200mm
基板厚度	h	$50\mu m$
基板杨氏模量	E	4000MPa
基板张力	T	50,100N
基板进给速度	v	0.4,1m/s
扰动频率	f	0.1Hz
扰动幅值	A	± 1cm

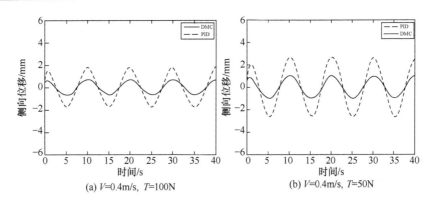

图 7.38　纠偏仿真结果

7.5　R2R 集成制造系统

7.5.1　R2R 薄膜沉积系统

R2R 系统与气相沉积(PVD、CVD、ALD)、印刷或喷印、纳米压印、微接触印刷等薄膜制备、微纳图案化工艺结合,实现大尺寸柔性电子器件的高效率、低成本制造。气相沉积(PVD 和 CVD)和液相沉积(精密涂布)是目前制备薄膜最广泛的方法,通过与 R2R 系统集成,可以有效提高薄膜制备工艺集成度和制造效率,已经广泛应用于阻隔层、ITO、光伏电池[87]、石墨烯薄膜的制备[88]。

Sony 公司设计了用于沉积石墨烯薄膜的 R2R-CVD 集成系统,基本组成包括不锈钢真空腔体、一对卷绕系统、一对馈电电极辊,如图 7.39 所示[88]。连续 R2R-CVD 集成系统采用了选择性焦耳加热系统对悬空的铜箔进行加热,铜箔位于两馈电电极辊轴之间,铜箔温度可达 1000℃,用于生长石墨烯。背面凹版涂层工艺将光引发环氧树脂喷涂到 PET 薄膜,用于紫外光照射实现石墨烯和铜箔贴合。最后利用 $CuCl_2$ 溶液对铜箔进行喷涂刻蚀。

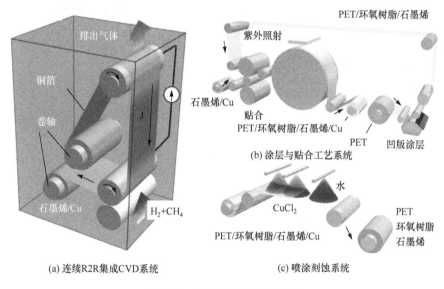

图 7.39 R2R 薄膜制备系统[88]

PVD 方法成膜面积大,沉积速度高,成膜结合能力强,十分适合制备功能膜。不论使用蒸发法还是溅射法,镀膜时基板受热,温度上升。温度太高,薄膜质量下降,甚至成为废品。一般使用冷却辊,与基板同步运转、不易擦伤,冷却效果相应提高。冷却辊中常用的冷却液有水、乙二醇及其混合物等。有些镀膜工艺要求深冷时应配备冷冻装置,同时必须备有加热装置,方便蒸镀膜室时可以升温,防止水蒸气在冷却辊表面凝结。真空系统为保证真空室达到适合蒸镀的真空度,主要基于两个气室的设计方法:卷绕真空室和镀膜真空室。早期单室系统镀膜机结构比较简单,真空系统也不太复杂,但不能镀放气量大的基板。双室镀膜机的镀膜和卷绕分别在上、下两个真空系统,基板的水分和放出的气体大部分在上室被除去,镀膜室的真空度比较稳定,蒸发源不会溅污卷绕机构。并且基板在镀膜室暴露的面积小,时间短,几乎不到 0.1s,不易受热损伤和产生热变形。薄膜卷绕时不会被划伤和减少产生针孔的概率,从而提高了良品率。

精密涂布工艺是功能性薄膜制备的主要工艺之一,运行速度为 $0.1\sim200\mathrm{m/s}$。这种方法由日本富士公司开发应用于磁带生产,即底层为非磁性层,上层为金属磁粉层(厚度仅为 $0.2\mu\mathrm{m}$)。条缝涂布和微凹版辊涂布工艺在柔性电子领域得到了广泛的应用,特别是平板显示器中所用的功能性光学薄膜,如防反射膜、防眩光膜等,其涂层厚度往往小于 $1\mu\mathrm{m}$。锂电池电极等厚膜涂层则要求采用间歇式涂布方法来生产[89]。条缝涂布原理如图 7.40(a)所示:①涂液输入条缝涂布模头的贮液分配腔中;②经过狭缝向横向的匀化作用,在出口唇片处以液膜状铺展到被涂基体上。条缝涂布是预计量的涂布方式,涂布量取决于输入液料量与基板运行速度之比,可预先精确设定。通常都采用高精度无脉冲计量泵来输送涂布液料,以保持涂液供料的稳定准确。通过控制涂布模头和被涂基板之间的间隙以及模头下方设置的负压,可以达到薄层涂布的目的。条缝涂布可分为背辊直接接触和基板张力控制两种工艺方式。在背辊直接条缝涂布方式中,背辊本身的平直度以及轴承的跳动量都对涂布间隙的恒定产生不利影响。由于涂布间隙很小,容易受到基板表面尘埃颗粒的影响,而产生涂布弊病。基板张力控制条缝涂布不用背辊支撑,是一种弹性流体动力学的涂布方式,如图 7.40(b)所示。条缝涂布工艺相对凹印、柔印等印刷工艺,对印刷工艺参数容忍性好,对承印基板的表面张力及表面能不敏感。条缝涂布主要用于连续制备给定宽度的薄膜,其图案化常限于一维条纹。

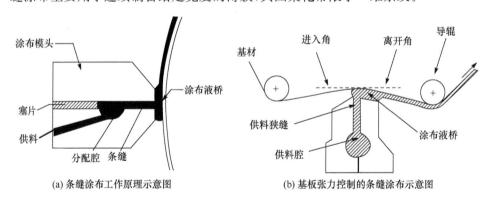

(a) 条缝涂布工作原理示意图　　　　(b) 基板张力控制的条缝涂布示意图

图 7.40　精密条缝涂布工艺

7.5.2　R2R 印刷制造工艺

随着材料制备技术的发展,功能材料大多可以溶液化,从而推动了溶液化制造工艺的发展,包括喷印、丝印、凹印、柔印等,以印刷手段形成电子、光电子器件或将金属、无机和有机材料转移到基板上形成无源、有源元器件及导线,从而实现全印刷电路。与气相沉积工艺相比中,印刷工艺无需真空条件,应用更为广泛。柔性电子的印刷装备与传统的纸张印刷装备基本兼容,使其在印刷电子、薄膜太阳能电池、柔性显示等行业等到了较成熟的应用。这些印刷工艺包括喷墨打印、丝网印刷、凹版印刷、柔印等。印刷电子采用与传统纸张印刷相似的工艺和设备,有效地避免了传统硅工艺因蚀刻造成的材料浪费、环境污染等问题。

在众多溶液化加工的微图案技术中,喷印技术被认为是最具有工业化前景的技术之一。早期喷墨系统受到带料输送速度以及分辨率的制约,但目前商用喷墨系统可以达到较高速度及分辨率,可兼容 R2R 的喷印方法已经可以达到 600DPI 的分辨率,带料运行速度可以达到 75m/min。在工业级应用上,喷印在处理速度及墨水配方上受到一定限制。利用喷墨打印机把纳米银油墨喷印到无铜箔的基板上形成平面线路层,然后在这个层平面上喷印连接凸块,用于层间连接,再形成层间的绝缘层,然后再在绝缘层上形成第二层线路,依次类推形成所需层数的线路板。目前,喷印技术已经应用于 OLED、OTFT、AMOLED 显示器、RC 滤波电路等有机电子器件。

近年来,发展了 R2R 微凹版涂布工艺以满足对膜厚精确控制的要求,其中凹版印刷中的印刷版辊通过机械、激光雕刻或照片蚀刻的方法形成许多微穴。凹版印刷原理如图 7.41(a)所示:①在版面的所有部分着墨;②利用刮刀沿空白部分表面将油墨刮掉;③通过压力及基板的表面张力的作用,将下凹的网穴内的油墨直接转移到承印物的表面。R2R 涂布过程中凹版辊凹槽中的涂液一部分被转移到被涂基板上,一部分则仍留在凹版辊的凹槽内。微凹版辊涂布工艺由于凹版的直径小,而且又没有压紧背辊,所以进入和离开涂布区的液桥量很小,比较稳定,从而有利于提高转移涂布的质量[89]。在固定凹版辊型号和涂液物性的条件下,微凹版辊的线速度与被涂基板的运行速度比决定涂布量。湿涂层厚度与微凹版辊线速度/基板速度比之间的相互关系如图 7.41(b)所示[89]。凹版印刷工艺技术比较复杂,工序相对较多,其制版、调试周期比较长,适合于大批量生产。日本富士通公司采用了微凹版技术开发了有机导电聚合物薄膜应用于触摸屏电极,可在聚酯表面形成非常均匀的导电膜,其厚度约为 100~200nm,耐用性优于传统 ITO 膜,使用寿命预期提高 10 倍以上。

柔版印刷属于凸版印刷,工艺原理如图 7.42 所示,印辊由柔性橡胶或树脂材料制成,印辊图文部分高于空白部分,通过印辊与基板接触来转移墨水。柔版印刷墨路较短,通常采用两根墨辊,或者一根墨辊配合油墨刮刀,实现电子油墨向印版表面均匀、定量的转移。油墨刮刀与网纹辊相配合,使得柔版印刷机可以适应不同黏度的电子油墨。当印刷速度提高时,网纹辊表面的动压力增大,借助油墨刮刀,使得输墨系统的输墨量与油墨动压力无关,不受电子油墨黏度影响。网纹辊所转移的电子油墨量主要取决于储墨系统以及网纹辊与印版表面间的油墨分离情况,而与输墨系统的运行速度无关。

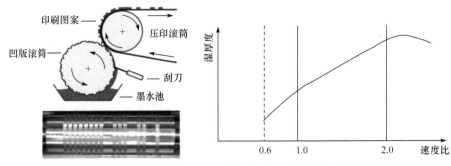

(a) 基板张力控制的条缝涂布示意图　　(b) 涂布量与微凹版辊线速度/基板速度比的关系曲线图

图 7.41　凹版印刷工艺

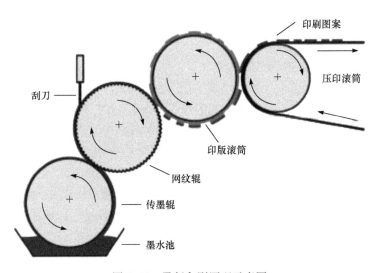

图 7.42　柔版印刷原理示意图

　　丝网印刷按其印刷方式可分为平面丝网印刷和滚筒丝网印刷。前者用步进方式实现 R2R 工艺，后者是用圆筒形丝网印版进行连续印刷，圆筒内装有固定的刮墨刀，圆筒印版与承印物作等线速度同步移动的印刷方法。在 R2R 丝网印刷过程中，影响到印刷质量的因素有基板种类、网版目数、刮板与网版的承印角、刮板施加给网版的压力、刮板移动速度、导电油墨的黏度、导电油墨的固化温度与时间等。印刷工艺参数实时监控依赖性强，为保证 R2R 制造的稳定性须优化其工艺参数[19]。丝网印刷通过变更网版规格、刮板规格或者工作台夹具提高工艺的适应性。生产滚筒全自动丝网印刷机的国际品牌有日本樱井（Sakurai）、日本美诺（Mino）、日本东海（Tokai Shoji）、德国 SPS、意大利 SIAS、瑞典 Svecia 以及美国 Merbec。

　　芬兰 VTT 研究中心与韩国卷到卷柔性显示研究中心共同提出了卷到卷全印刷的无芯片 RFID 标签。标签由一层线圈、一层绝缘层和调节电容及连接桥所组成,如图 7.43 所示[90],其中导线、绝缘层采用凹印方式印制,以展示其高速生产性能,连接桥采用喷印方式生产,作为快速原型测试。导线层采用纳米银粒墨水,绝缘层则采用了热联结介电墨水。印刷系统如图 7.44 所示,其包括开卷、上料进给、预热、印刷(直接凹印)、烘干(热风)、下料进给、冷却、收卷等模块。最大印刷速度可达 50m/min,最大工作张力可达 200N/m,油墨黏度适用范围为 100~300mPa·s。主要制造过程如下:①第一层导线层在 5m/min 的基板进给速度下印制,并在 150℃下烧结固化,最终形成约 2μm 厚薄膜,导电率约为 150MS/m,即面电阻低于 50mΩ/□;②将第二层介电凹印在线圈边缘附近的电容电极处,最后采用打印的方式制造出连接桥。标签被印刷在 300mm 宽,0.1mm 厚的耐热 PET 上,进给速度控制在 5m/min。基本张力取基板屈曲强度的 10%~25%。为保证两次印刷对准,在印刷模块前后均设有纠偏模块,并采用闭环张力控制系统。

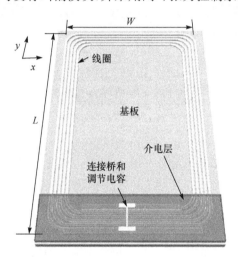

图 7.43　全印制 RFID 应答天线示意图[90]
天线包括线圈、电容底层电极、介电层、连接桥以及电容顶层电极

　　典型柔性有机太阳能电池结构由下至上依次其由 PET、ITO、ZnO、P3HT∶PCBM、PEDOT∶PSS、印刷导线层堆叠而成,这种结构十分适合采用涂布/印刷工艺制备[91]。Kreb 提出了基于 R2R 的柔性有机太阳能电池制造方法,主要工艺流程如下:①图案化的 PET-ITO 基板——在覆有整层 ITO 膜的 PET 膜上,通过丝网印刷印上 UV 固化的抗蚀层,利用蚀刻去除多余 ITO 后形成图案化并清洗表面;②通过条缝涂布,形成厚度为 28nm 的 ZnO 膜,干燥后继续利用条缝涂布制备 129nm 的 P3HT∶PCBM 膜,涂布速度为 2m/min;③采用柔印方法在整张膜上印

(a) R2R印刷系统

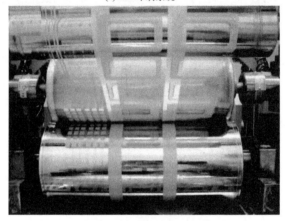

(b) 凹印版辊以及印制的线圈、介电层

图 7.44　无芯片 RFID 标签 R2R 印刷系统[90]

(1)开卷单元；(2)纠偏单元；(3)进给单元；(4)预热单元；(5)柔印单元；(6)直接凹印单元；
(7)热风烘干单元；(8)纠偏单元；(9)冷却单元；(10)无接触转移单元；
(11)凹印单元；(12)吸附辊；(13)热风单元

上正辛醇，对膜进行以预润湿处理，以提高膜的表面能，改善印刷性能；④接着以 0.3m/min 的速度条缝涂布上 PEDOT：PSS 膜；⑤最后通过圆网印刷，形成背电极，完成整个部件，同时印上后续工艺所需要标记线，印刷后背电极在 140℃下固化[91]。工艺主要由 Grafisk Maskinfabrik A/S 公司的涂布联合生产线完成，如图 7.45 所示[92]，包含了放料、纠偏/切割台、多面清洁、4 辊柔版印刷单元、带自动对齐功能的条缝涂布单元、第一烘道、圆网印刷单元、第二烘道、切割台、收卷单元。系统包含三个张力区，均可以实现单独张力控制：第一张力区为放料至柔版印刷单元之间、第二张力区为柔版印刷单元至切割台、第三张力区为切割台至收卷单元。

7.5.3　R2R 与纳米压印/微接触印刷

纳米压印、微接触印刷技术是非光刻类的微观图案化方法，由于其快速、可应

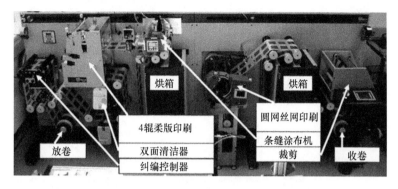

图 7.45　联合生产线,包含了三种不同的涂布/印刷方法[92]

用材料广泛、所得图案灵活和不需要特殊设备等特点,得到了迅速发展。纳米压印成功压印 10nm 图案,对微纳加工领域带来巨大冲击。早期纳米压印工艺的研究目标是实现 32nm 节点制造,用于半导体芯片光刻工艺,但是与半导体工艺兼容性差,同时存在难对准、材料变形、单层结构等问题,很难直接用于半导体工业。纳米压纳可低成本、高效率生产十纳米至数百微米的结构,在柔性电子制造领域具有广泛应用。大面积压印的稳定性对保压、真空排气、加热、冷却等环节要求极高,目前主要集中在平压、平热压印和 UV 压印设备的研制。随着柔性电子的发展,R2R 纳米压印技术应运而生,解决了传统紫外压印和热压印工艺不能大面积压印的难题,整个压印过程连续,大大提高压印效率,降低压印成本,是实现大幅面、低成本纳米结构制造的理想途径之一。

大面积滚筒压印技术有卷对卷[R2R,见图 7.46(a)]和卷对板[roll-to-plate,R2P,见图 7.46(b)]两种模式[93]。R2R 纳米压印将传统的平面整体压印工艺中的涂胶、加热、压印、固化、脱模等分时、分地进行的工艺过程集成到一套装置中连续完成。R2R 纳米压印工艺包括下面几个环节[94]。①辊面旋转涂胶,涂胶辊部分浸入光刻胶液中,通过旋转辊面将胶液转移到基底上。要求胶液与基底的粘附性大于胶液与辊面的粘附性,应选择表面能较低的材料制作涂胶辊面。②前烘,对涂有胶层的基板在进入压印辊下阶段之前进行前烘,但是像 PDMS 等热固化材料无需前烘。③旋转压印,柔性模板缠绕在旋转的压印辊上,在压印辊与支撑辊压力的作用下,连续压合涂有聚合物胶层的基板,胶层充分填充模板的空腔,通过塑性变形完成对模板图形的复制。④固化,压印胶层必须进行固化成型,否则胶层流动导致压印结构消失。紫外光固化材料通过后烘一段时间,再经紫外光源曝光进行固化,而热固化材料只需后烘固化即可。⑤旋转脱模,使模具从压印胶层上分离,决定了最终形成微纳结构的质量。

平面整体纳米压印和 R2R 纳米压印有明显区别。①平面整体纳米压印的模板和基底都是硬质材料,采用模板在垂直于基底面方向上整体平移实现与胶层分

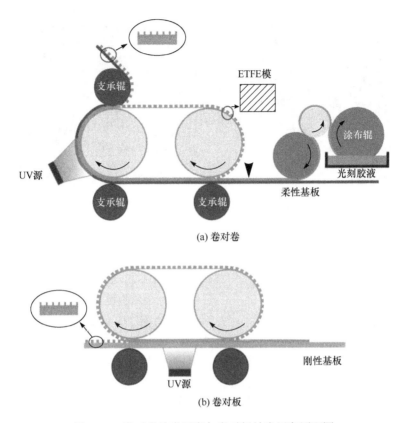

图 7.46　卷对卷纳米压印与卷对板纳米压印原理图

离。R2R 纳米压印采用柔性模板和基底,借助滚筒旋转使得模板与基底胶层分离。②平面整体纳米压印脱模需要较大脱模力,压印面积越大,深宽比越大,脱模阻力就越大,易导致压印面上各部分脱模不同步。R2R 纳米压印旋转脱模受压印面积的影响很小,得益于柔性模板与柔性基底的逐渐分离,脱模发生区面积和脱模阻力小。③平面整体纳米压印模板上微结构是平移出胶层结构,模板微结构与胶层压印结构之间主要是摩擦力和剪切力。R2R 纳米压印通过旋转方式脱模,模板微结构侧壁与胶层复制结构的侧壁之间除了有摩擦、剪切外,还有挤压作用。较小深宽比情况下,由角度偏差产生的挤压作用可以忽略,当深宽比达到一定值时,微结构轮廓之间的挤压对脱模的影响会远远大于侧壁之间的摩擦和剪切。④用于传统平面纳米压印的热塑性聚合物材料需要较高的压印压力和较长的填充时间,并不适应于 R2R 纳米压印。

　　R2R 压印效率比平压效率至少提高 60 倍,同时解决了平压方式的良率和稳定性不易控制的问题,是今后制备大尺寸微纳结构光学与电子器件的主要手段之一。由于具有直接在功能材料表面压印微结构和微图案的优势,热纳米压印技术逐步用于工业化生产。采用直接压印的超薄光导膜、光导板已经应用于手机键盘、笔记本背光模组等。采用 R2R 纳米压印制备的纳米蛾眼减反层,在显示屏幕(使屏幕界面折射率小于 $0.5\% \sim 1\%$)、薄膜太阳能电池(有望将电池效率提高 $2\% \sim 3\%$)和自清洁玻璃等方面有着很好的应用前景。苏大维格光电公司开发出了 R2R 纳米压印系统,在全息光学图像上得到工业级的应用。R2R 纳米压印技术进入实际应用必须解决一系列材料问题。①R2R 纳米压印模板需足够的柔韧性(以便能粘贴在支撑皮带上,及缠绕压印辊、脱模辊辊面)、足够大的弹性模量和强度(以压入胶层材料中)、较低的表面能(以顺利脱模和模板清洗)、能够持久耐用(以连续性地进行压印)。②胶层材料与柔性基底之间应有很好的粘附性(以便胶液通过辊面旋转的方式连续、均匀地涂覆在基底表面)、聚合物胶与模板之间的粘附性很小(以便于脱模)、聚合物胶能够快速固化(保证复制的图形不失真)。

μCP 可以很方便、快速和大批量地实现尺寸 $1 \sim 100\mu m$ 间自组装单层膜的图案化,目前最高精度可达到 35nm。当所需尺寸小于 $1\mu m$ 时,则需要对 PDMS 印章和墨水分子做出特殊的改进。R2R-μCP 设备示意图如图 7.47 所示,设备主要包括印刷模块和蚀刻、压力测量和调整、包角调整、基板压紧、连续上墨及清洁等模块,实现工艺参数的快速调整,使调试变得更便捷。μCP 模块是整个设备的核心,是基板与印章实际接触的区域。印刷模块包含三个子模块:进给模块、微接触印刷模块和收卷模块。PDMS 模板被包在印刷版辊上,由步进电机带动,使版辊与基板同速运行。模板辊筒旁边设有匀墨辊,为版辊边续上墨。模板辊筒上方设有压辊,并装有压力传感器和压力调节装置,以实际测量和控制微印刷中的压力。供料和收料模块一起控制基板进给,使其保持稳定匀速的进给速度。供料和收料模块都设有张力控制模块,使加工时基板的张力保持稳定,并提高收卷质量。

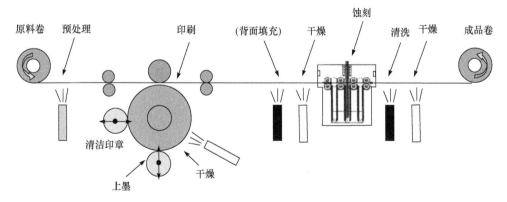

图 7.47 R2R-μCP 设备示意图[95]

7.5.4　R2R 流体自组装

　　流体自装配通过流体的输送和芯片的重力或流体中电化学方式产生的表面张力等,将批量的芯片固定在一种特制的转移基板上,再通过卷对卷的方式将芯片转移至预制基板(如天线基板)[96]。R2R 流体自组装为柔性电子提供了非常高效的生产方式。

　　Stauth 等[97]利用流体自组装实现了微尺度器件(如单晶硅 FET 和分布式电阻等)在柔性基板上的自组装。在基板上预制不同的形状图案,通过这些辅助图案实现形状识别,通过毛细力、流体和重力的综合作用在常规平台上实现多种器件的选择性自组装,如图 7.48(a)所示。不同的器件具有不同的形状,基板上预制相应的形状凹坑,在其中嵌入了互联结构和不同形状的低熔点焊料。将微器件和塑料基板都浸入液体中,通过振动诱导微器件运动到基板上方,当器件形状和基板凹坑形状吻合时,器件就会沉入凹坑,使得凹坑中的焊料与微器件底部金属电极相互接触,如图 7.48(b)所示。由于毛细力作用,微器件可以稳固地固定在凹坑中。如果微器件上下颠倒进入凹坑,则不会出现毛细连接,流体的流动会将器件从凹坑中带走。当完成整个自组装过程之后,将液体的温度降低,使得熔融合金能够固化,实现微器件与基板的永久电学和机械连接。

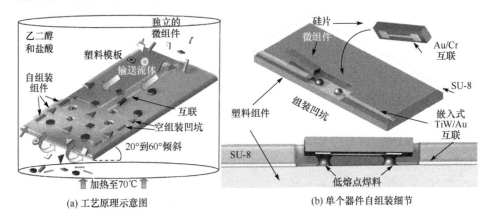

(a) 工艺原理示意图　　　　　　　(b) 单个器件自组装细节

图 7.48　各向异性流体自组装工艺

　　Park 等[98]首次报道了 R2R 流体自组装装备,其示意图如图 7.49 所示。通过集成 R2R 系统实现了连续组装,具有非常明显的组装效率和成本优势。例如,高端 RFID 倒装键合系统(纽豹 FCM 10000、华中科技大学 HZTAL-5000W)每小时的组装效率为~8000 片,贴装精度为~30μm。而微流体自组装 R2R 系统采用 2.5cm 宽的组装区域可实现 15000 片/小时,几乎是目前最快倒装键合系统的两倍。

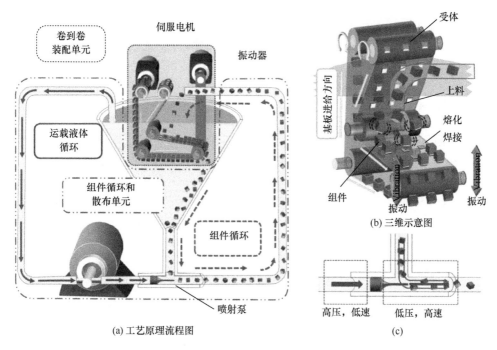

图 7.49 自动化 R2R 流体自组装工艺示意图

全自动 R2R 流体自组装装备包括 R2R 组装系统和电子部件循环回收和分配系统[见图 7.49(a)]。R2R 组装系统包括伺服电机、振动器、滚筒和基板,可实现搅拌力、基板速度和张力等工艺参数的精确控制。部件循环回收和分配系统主要利用喷射泵[见图 7.49(c)]驱动未组装完的部件回到指定的流体通道,并利用重力将部件重新铺放到基板上。图 7.49(b)描述了芯片在前进基板上的黏附过程。基板是 $50\mu m$ 厚的 PI 薄膜,并在其上利用传统光刻工艺进行了铜箔图案化,然后利用浸涂工艺涂覆了低熔点焊料。自组装过程在 80℃ 的水中发生,利用可控沉浸式热交换器熔化焊料。更高熔点的焊料也可以使用,但需要更高沸点的液体,例如乙二醇[99]。这种封装方式的效率极高,可达到 10 亿～30 亿/年,但目前这种技术仍存在很多问题,如功能模块的黏结控制等。另外,对封装过程的控制是间接通过控制"操作环境"来实现,不能直接控制单个芯片,易产生成品率不高、出现大批废品等问题。上述问题会影响实际生产效率,增加设备设计复杂性和装配成本。

参 考 文 献

[1] Morrison N, Stolley T, Hermanns U, et al. Roll-to-roll manufacturing of electronic devices. Proceeding of SPIE on Alternative Lithographic Technologies, 2012 8323: 83231H-83231H-16.

［2］Dhere N G. Toward GW/year of CIGS production within the next decade. Solar Energy Materials and Solar Cells, 2007, 91(15): 1376−1382.

［3］Dhere N G. Present status and future prospects of CIGSS thin film solar cells. Solar Energy Materials and Solar Cells, 2006, 90(15): 2181−2190.

［4］Lee C, Kang H, Kim C, et al. A novel method to guarantee the specified thickness and surface roughness of the roll-to-roll printed patterns using the tension of a moving substrate. Journal of Microelectromechanical Systems, 2010, 19(5): 1243−1253.

［5］李百刚. 分切机收卷轴摩擦力矩的研究［硕士学位论文］. 西安: 西安理工大学, 2008.

［6］李昕罡. 艾默生. TD3300 变频器在铝箔制造业中的改造. 变频器世界, 2007, (7): 82−84.

［7］成刚虎. 印刷机械. 北京: 印刷工业出版社, 2007.

［8］Sze S M. Semiconductor Devices: Physics and Technology. New York: John Wiley & Sons, 2008.

［9］Timoshevskii V, Ke Y, Guo H, et al. The influence of surface roughness on electrical conductance of thin Cu films: An ab initio study. Journal of Applied Physics, 2008, 103(11): 113705.

［10］Kim A, Lee H, Ryu C, et al. Nanoscale thickness and roughness control of gravure printed MEH-PPV layer by solvent printing for organic light emitting diode. Journal of nanoscience and nanotechnology, 2010, 10(5): 3326−3330.

［11］Chen K S, Ou K S, Liao Y M. On the influence of roller misalignments on the web behavior during roll-to-roll processing. Journal of the Chinese Institute of Engineers, 2011, 34(1): 87−97.

［12］Nishidate Y, Nikishkov G P. Generalized plane strain deformation of multilayer structures with initial strains. Journal of Applied Physics, 2006, 100(11): 1135181−1135184.

［13］Feng X, Huang Y, Rosakis A J. Stresses in a multilayer thin film/substrate system subjected to nonuniform temperature. Journal of Applied Mechanics-Transactions of the ASME, 2008, 75(2): 021022.

［14］陈建魁. 非连续卷绕系统动力学建模与张力/位置控制及其应用［博士学位论文］. 武汉: 华中科技大学, 2010.

［15］Noh J, Yeom D, Lim C, et al. Scalability of roll-to-roll gravure-printed electrodes on plastic foils. IEEE Transactions on Electronics Packaging Manufacturing, 2010, 33(4): 275−283.

［16］Li T C, Wu B H, Lin J F. Effects of pre-strain applied at a polyethylene terephthalate substrate before the coating of TiO_2 film on the coating film quality and optical performance. Thin Solid Films, 2011, 519(22): 7875−7882.

［17］Li T C, Hsieh P T, Lin J F. Effects of pre-strain applied at a polyethylene terephthalate substrate before the coating of Al-doped ZnO film on film quality and optical and electrical properties. Ceramics International, 2011, 37(7): 2467−2476.

［18］冯瑞乾. 印刷原理及工艺. 北京: 印刷工业出版社有限公司, 2005.

［19］何雪梅, 何为, 陈苑明, 等. 卷到卷丝网印刷 RFID 天线的工艺优化研究. 印制电路信息, 2011, (4): 117−120.

[20] Nguyen H A D, Hoang N, Shin K H, et al. Statistical analysis on the effect of calendering process parameters on the geometry and conductivity of printed patterns. Robotics and Computer-Integrated Manufacturing, 2013, 29(2):424—430.

[21] Freund L B, Suresh S. Thin Film Materials: Stress, Defect Formation, and Surface Evolution. London: Cambridge University Press, 2003.

[22] Huang Y A, Chen J K, Yin Z P, et al. Roll-to-roll processing of flexible heterogeneous electronics with low interfacial residual stress. IEEE Transactions on Components Packaging and Manufacturing Technology, 2011, 1(9):1368—1377.

[23] 滕林, 杨邦朝, 崔红玲, 等. 金属薄膜附着性的改进. 电子元件与材料, 2003, 22(6):41—44.

[24] 陶军磊, 安兵, 蔡雄辉, 等. 各向异性导电胶倒装封装电子标签的可靠性. 电子工艺技术, 2010,(5):249—252.

[25] Campbell D P. Proecess Dynamics. New York: John Wiely & Sons, 1958.

[26] King D. The mathematical model of a newspaper press. Newspaper Techniques, 1969, 1:3—7.

[27] Shin K H. Distributed control of tension in multi-span web transport systems[D]. Stillwater: Oklahoma State University, 1991.

[28] Lin C, Mote C. Eigenvalue solutions predicting the wrinkling of rectangular webs under nonlinearly distributed edge loading. Journal of Sound and Vibration, 1996, 197(2):179—189.

[29] Lin C, Mote C. The wrinkling of thin, flat, rectangular webs. Journal of applied mechanics, 1996, 63(3):774—779.

[30] Shimizu S. Tension buckling of plate having a hole. Thin-walled structures, 2007, 45(10): 827—833.

[31] Friedl N, Rammerstorfer F G, Fischer F D. Buckling of stretched strips. Computers & Structures, 2000, 78(1):185—190.

[32] Cerda E, Ravi-Chandar K, Mahadevan L. Thin films: Wrinkling of an elastic sheet under tension. Nature, 2002, 419:579, 580.

[33] Cerda E, Mahadevan L. Geometry and physics of wrinkling. Physical Review Letters, 2003, 90(7):074302.

[34] Jacques N, Potier-Ferry M. On mode localisation in tensile plate buckling. Comptes Rendus Mecanique, 2005, 333(11):804—809.

[35] Puntel E, Deseri L, Fried E. Wrinkling of a stretched thin sheet. Journal of Elasticity, 2011, 105(1-2):137—170.

[36] Nayyar V, Ravi-Chandar K, Huang R. Stretch-induced stress patterns and wrinkles in hyperelastic thin sheets. International Journal of Solids and Structures, 2011, 48(25):3471—3483.

[37] Lakshmikumaran A, Wickert J. Edge buckling of imperfectly guided webs. Journal of vibration and acoustics, 1998, 120(2):346—352.

[38] Beisel J, Good J. The instability of webs in transport. Journal of Applied Mechanics, 2011, 78(1):011001.

[39] Beisel J A. Single span web buckling due to roller imperfections in web process machinery [D]. Stillwater：Oklahoma State University，2006.

[40] Yurtcu H H. Development of nonlinear finite element codes for stability studies of web material with strain state dependent properties[D]. Stillwater：Oklahoma State University，2011.

[41] Harik I E，Andrade M G. Stability of plates with step variation in thickness. Computers & structures，1989，33(1)：257—263.

[42] Singh J，Dey S. Variational finite difference approach to buckling of plates of variable stiffness. Computers & structures，1990，36(1)：39—45.

[43] Cheung Y，Au F，Zheng D. Finite strip method for the free vibration and buckling analysis of plates with abrupt changes in thickness and complex support conditions. Thin-Walled Structures，2000，36(2)：89—110.

[44] Dawe D，Tan D. Vibration and buckling of prismatic plate structures having intermediate supports and step thickness changes. Computer methods in applied mechanics and engineering，2002，191(25)：2759—2784.

[45] Xiang Y，Wang C. Exact buckling and vibration solutions for stepped rectangular plates. Journal of sound and Vibration，2002，250(3)：503—517.

[46] Shimizu S，Yoshida S，Enomoto N. Buckling of plates with a hole under tension. Thin-Walled Structures，1991，12(1)：35—49.

[47] Gilabert A，Sibillot P，Sornette D，et al. Buckling instability and pattern around holes or cracks in thin plates under a tensile load. European journal of mechanics. A Solids，1992，11(1)：65—89.

[48] Brighenti R，Carpinteri A. Buckling and fracture behaviour of cracked thin plates under shear loading. Materials & Design，2011，32(3)：1347—1355.

[49] El-Sawy K M，Ikbal M M. Elastic stability of bi-axially loaded rectangular plates with a single circular hole. Thin-walled structures，2007，45(1)：122—133.

[50] Mallya S. Investigation of the effect of voids on the stability of webs[D]. Stillwater：Oklahoma State University，2007.

[51] Patil A M. Trough and wrinkling analysis of non-uniform webs[D]. Stillwater：Oklahoma State University，2010.

[52] Takei A，Brau F，Roman B，et al. Stretch-induced wrinkles in reinforced membranes：From out-of-plane to in-plane structures. Europhysics Letters，2011，96(6)：64001.

[53] Nguyen Q C，Hong K S. Stabilization of an axially moving web via regulation of axial velocity. Journal of Sound and Vibration，2011，330(20)：4676—4688.

[54] Shin C，Chung J，Kim W. Dynamic characteristics of the out-of-plane vibration for an axially moving membrane. Journal of sound and vibration，2005，286(4)：1019—1031.

[55] Banichuk N，Jeronen J，Neittaanmäki P，et al. On the instability of an axially moving elastic plate. International Journal of Solids and Structures，2010，47(1)：91—99.

［56］Banichuk N,Jeronen J,Kurki M,et al. On the limit velocity and buckling phenomena of axially moving orthotropic membranes and plates. International Journal of Solids and Structures,2011,48(13):2015—2025.

［57］Nguyen Q C,Hong K S. Transverse vibration control of axially moving membranes by regulation of axial velocity. Control Systems Technology,IEEE Transactions on,2012,20(4):1124—1131.

［58］Jain K,Klosner M,Zemel M,et al. Flexible electronics and displays:High-resolution,roll-to-roll,projection lithography and photoablation processing technologies for high-throughput production. Proceedings of the IEEE,2005,93(8):1500—1510.

［59］Uchiyama M,Ueda Y,Noguchi K,et al. A study on stability of VCR tape transport. Consumer Electronics,IEEE Transactions on,1993,39(3):313—319.

［60］Ludwicki J E,Unnikrishnan R,Automatic control of unwind tension in film finishing applications,Industrial Electronics,Control,and Instrumentation,1995. Proceedings of the 1995 IEEE IECON 21st International Conference on,1995 2:774—779.

［61］Sakamoto T,Fujino Y,Modelling and analysis of a web tension control system,Industrial Electronics,1995. ISIE'95. Proceedings of the IEEE International Symposium on,1995 1:358—362.

［62］Choi S,Cheong C C,Kim G. Feedback control of tension in a moving tape using an ER brake actuator. Mechatronics,1997,7(1):53—66.

［63］Lee B J,Kim S H,Kang C G,Analysis of a nonlinear web-tension control system of a high-speed gravure printing machine,SICE-ICASE,2006. International Joint Conference,2006:893—898.

［64］Gassmann V,Knittel D,Pagilla P R,et al. ,H$^\infty$ unwinding web tension control of a strip processing plant using a pendulum dancer. American Control Conference,2009. ACC'09. ,2009:901—906.

［65］Valenzuela M A,Bentley J M,Lorenz R D. Sensorless tension control in paper machines. Industry Applications,IEEE Transactions on,2003,39(2):294—304.

［66］Carrasco R,Valenzuela M A. Tension control of a two drum winder using paper tension estimation,Pulp and Paper Industry Technical Conference,2005. Conference Record of 2005 Annual,2005:169—178.

［67］Valenzuela M A,Carrasco R,Sbarbaro D. Robust sheet tension estimation for paper winders. Industry Applications,IEEE Transactions on,2008,44(6):1937—1949.

［68］Lynch A F,Bortoff S A,Röbenack K. Nonlinear tension observers for web machines. Automatica,2004,40(9):1517—1524.

［69］Song S H,Sul S K. A new tension controller for continuous strip processing line. Industry Applications,IEEE Transactions on,2000,36(2):633—639.

［70］Song S H,Sul S K. Design and control of multispan tension simulator. Industry Applications,IEEE Transactions on,2000,36(2):640—648.

［71］Pagilla P R，Singh I，Dwivedula R V. A study on control of accumulators in web processing lines. Journal of Dynamic Systems，Measurement and Control，2004，126(3)：453－461.

［72］Sakamoto T，Izunihara Y，Decentralized control strategies for web tension control system，Industrial Electronics，1997. ISIE'97. Proceedings of the IEEE International Symposium on，1997：1086－1089.

［73］Sakamoto T，Tanaka S. Interaction measures for the decentralized tension control system，IEEE International Symposium on Industrial Electronics (ISIE 2000)，Cholula，2002：649－654.

［74］Pagilla P R，Siraskar N B，Dwivedula R V. Decentralized control of web processing lines. Control Systems Technology，IEEE Transactions on，2007，15(1)：106－117.

［75］Okada K，Sakamoto T. An adaptive fuzzy control for web tension control system，24th Annual Conference of the IEEE Industrial-Electronics-Society，Aachen，1998 3：1762－1767.

［76］Baumgart M D，Pao L Y. Robust control of nonlinear tape transport systems with and without tension sensors. Journal of Dynamic Systems，Measurement，and Control，2007，129(1)：41－55.

［77］Chen C L，Chang K M，Chang C M. Modeling and control of a web-fed machine. Applied Mathematical Modelling，2004，28(10)：863－876.

［78］Giannoccaro N，Messina A，Sakamoto T，Updating of an experimental web tension control system model using a multivariable optimization method. International Symposium on Power Electronics，Electrical Drives，Automation and Motion，Ischia，2008：644－649.

［79］宋晓峰. 高精度卷绕真空镀膜设备张力控制技术研究［博士学位论文］. 上海：上海大学，2007.

［80］Stein M，Hedgepeth J M. Analysis of partly wrinkled membranes. United States：National Aeronautics and Space Administration，1961.

［81］Miller R K，Hedgepeth J M，Weingarten V I，et al. Finite element analysis of partly wrinkled membranes. Computers & Structures，1985，20(1)：631－639.

［82］Ding H，Yang B. The modeling and numerical analysis of wrinkled membranes. International Journal for Numerical Methods in Engineering，2003，58(12)：1785－1801.

［83］李欣兴. 流涎薄膜收卷机组的模块化和优化设计［硕士学位论文］. 南京：南京理工大学，2011.

［84］刘斌武，张巍. 正确使用展平辊轻松解决走料打皱. 印刷技术，2013，(18)：57，58.

［85］Reid K，Shelton J. Lateral dynamics of a real moving web. Preprint JACC，1969：964－976.

［86］Young G E，Shelton J J，Kardamilas C. Modeling and control of multiple web spans using state estimation. American Control Conference，7th. Atlanta，1988：956－962.

［87］Krebs F C，Gevorgyan S A，Alstrup J. A roll-to-roll process to flexible polymer solar cells：Model studies，manufacture and operational stability studies. Journal of Materials Chemistry，2009，19(30)：5442－5451.

［88］Kobayashi T，Bando M，Kimura N，et al. Production of a 100-m-long high-quality graphene transparent conductive film by roll-to-roll chemical vapor deposition and transfer process.

Applied Physics Letters,2013,102(2):023112.

[89] 谢宜风. 精密涂布工艺应用新进展. 信息记录材料,2010,11(1):28—37.

[90] Allen M,Lee C,Ahn B,et al. R2R gravure and inkjet printed RF resonant tag. Microelectronic Engineering,2011,88(11):3293—3299.

[91] Helgesen M,Sondergaard R,Krebs F C. Advanced materials and processes for polymer solar cell devices. Journal of Materials Chemistry,2010,20(1):36—60.

[92] Krebs F C,Fyenbo J,Jørgensen M. Product integration of compact roll-to-roll processed polymer solar cell modules:methods and manufacture using flexographic printing,slot-die coating and rotary screen printing. Journal of Materials Chemistry,2010,20(41):8994—9001.

[93] Ahn S H,Guo L J. Large-area roll-to-roll and roll-to-plate nanoimprint lithography:A step toward high-throughput application of continuous nanoimprinting. Acs Nano,2009,3(8):2304—2310.

[94] 汤启升. 卷对卷纳米压印实验平台的研制及其关键技术研究[硕士学位论文]. 合肥:合肥工业大学,2012.

[95] Lee H H,Menard E,Tassi N G,et al. Large Area Microcontact Printing Presses for Plastic Electronics,Organic and Nanocomposite Optical Materials. The 2004 MRS Fall Meeting,Boston:159—164.

[96] Srinivasan U,Liepmann D,Howe R T. Microstructure to substrate self-assembly using capillary forces. Journal of Microelectromechanical Systems,2001,10(1):17—24.

[97] Stauth S A,Parviz B A. Self-assembled single-crystal silicon circuits on plastic. Proceedings of the National Academy of Sciences of the United States of America,2006,103(38):13922—13927.

[98] Park S C,Fang J,Biswas S,et al. A first implementation of an automated reel-to-reel fluidic self-assembly machine. Advanced Materials,2014,26(34):5942—5949.

[99] Chung J,Zheng W,Hatch T J,et al. Programmable reconfigurable self-assembly:Parallel heterogeneous integration of chip-scale components on planar and nonplanar surfaces. Journal of Microelectromechanical Systems,2006,15(3):457—464.

第8章　柔性电子应用

8.1　概　　述

随着信息技术的高速发展,高性能芯片不断突破信息处理能力的极限,但是以硅芯片与玻璃基板为代表的传统微电子产品无法满足穿戴便利、柔软安全、自由卷曲、高移动性、多功能集成、高效制造的需求。柔性电子具有便携、透明、轻质、伸展/弯曲等特性,以及易于快速大面积打印等特点,创造出许多新奇的应用,是当今最令人激动和最有前景的技术平台之一,在日常生活、医疗、军事、能源、计算机和通讯等领域具有重要应用前景[1~9],主要包括柔性显示、柔性能源、柔性通信、柔性传感以及柔性医疗等领域。柔性电子发展迅速,从可安装在屋顶和墙壁上轻薄的太阳电池和显示器,发展到可实现弯曲和卷曲的柔性太阳电池和柔性显示器,具体应用实例包括 AMOLED、e-Paper、薄膜太阳电池、全打印电子标签、智能服饰、人造电子皮肤、图像扫描仪、表皮电子等。随着柔性电子技术进一步发展,可以实现可延展太阳电池和显示器,能够实现与服饰、皮肤的结合和多功能化,能够覆盖在复杂形状表面和运动部件表面。微电子系统在某些特殊应用中显得无能为力,如具有苛刻的空间、重量和功率等限制的应用,柔性电子为此提供了可能,如①航空航天飞行器大面积分布式诊断、控制和传感等功能的操作,在不增加空间和质量的条件下进行有效集成;②充气可展开式航天飞行系统,如超过 $400m^2$ 的天线、直径大于 10m 的光学望远镜和大面积柔性太阳电池;③软机器(soft machine)的基本构架包括通信模块、控制模块、驱动模块、感知模块、运动模块、能源模块等,都需要软性部件来实现,如皮肤传感器与肌肉驱动器。为电子器件增加可延展性是最令人感兴趣的挑战,主要包括如何制造出电互联,具有高传导性、良好延展性、大面积特性等,为今后实现人-机无缝交互提供保障[3,10~14]。

柔性电子系统集成了光、电、感测功能,可以设计成各种不同的形状,开创了全新的低成本电子产品。柔性电子技术整合了电子电路、电子器件、电子材料、平面显示、纳米技术等多学科,同时横跨结构设计、半导体、封装、材料、化工、印刷电路、显示面板等产业,将为信息产业和人类生活带来革命性变化。

8.2 柔 性 显 示

近年来,显示技术飞速发展,从最早的阴极射线管到有源矩阵液晶显示器(active-matrix liquid-crystal display,AMI-CD),进一步发展到柔性显示器。阴极射线管显示屏技术已发展到极限,在此之后,等离子、液晶相继成为热门,显示屏厚度只有几厘米甚至更薄。柔性显示器具有外形薄、质轻、可以弯曲、变形、卷曲、折叠,所有可视资料,包括书籍、报纸、杂志和视频都可以随时随地观看。柔性显示器通常在柔性玻璃基板、塑料薄膜和金属箔上进行制备,目前玻璃面板无法兼顾大尺寸显示与轻薄化需求。

美、欧、日、韩各国对柔性显示器研发最为积极。美国最早投入柔性显示器研究,经费主要来源于军方。欧洲以欧盟计划(FP6/FP7 计划)投入为主,主要集中在有机显示材料、有机半导体、印刷工艺技术等。2005 年,日本 12 家显示器面板和材料企业成立先进移动显示材料技术研究协会,整合产业上下游资源与科研研发能力,专注于 R2R 工艺与材料、器件技术研发。韩国以三星电子、LG 飞利浦两家世界最大显示器公司为主,全方位进行技术与产品整合。IBM、飞利浦、LG、索尼、夏普、三星等公司投入了大量的人力和资金开发相关的产品,有望在不久的将来将其普及到家庭应用[15]。除已有电子纸厂商,如 E-Ink、SIPIX、Fujitsu、Bridgestone 等外,2007 年,英国的 Plastic Logic 宣布已募得 1 亿美元资金,在德国兴建全球第一座柔性显示器量产工厂,为“随处携带随处阅读”的电子阅读器产品生产柔性有源矩阵显示模块。2007 年,荷兰 Polymer Vision 亦发布将在英国兴建柔性显示器卷到卷量产工厂。

柔性显示器技术主要分为液晶显示、电泳显示和全彩 OLED。前两者属于双稳态反射显示技术,适合于电子阅读,有望取代纸质打印媒介,而 OLED 显示器具有高对比度、超快切换速度和栩栩如生的色彩,将是高信息容量全彩视频应用的更好选择。OLED 结构简单,可采用有机薄膜进行制备,较容易制作成柔性显示器。双稳态反射性显示器和 OLED 显示器柔性化的发展路线如图 8.1 所示[16]。有机发光显示屏从其显示效果可以分为三类:单色屏——所有像素都为同一颜色;多色屏——含有多种颜色的像素,每个像素点则是一种颜色;全色屏——每个像素由红、绿、蓝三个单色子像素构成。目前柔性基板上的全色 OLED 显示器通过选择性沉积模仿红、绿、蓝三种颜色发光体,或者是白色 OLED 通过微型图像颜色过滤器得到三种主要颜色[17]。OLED 响应时间短,响应速度是目前液晶材料元件的 1000 倍以上,可实现高质量视频回放和 3D 游戏显示,可与 CRT 响应速度媲美[18]。随着磷光 OLED 技术的发展,OLED 显示器比 AMLCD 的功耗更低。

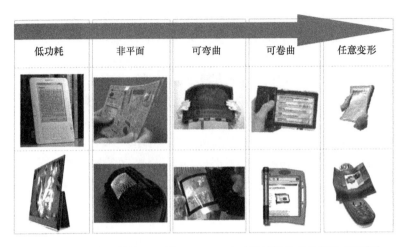

图 8.1　双稳态反射性显示器和 OLED 显示器柔性化的发展路线图[10]

8.2.1　电子纸

美国电影"Minority Report"预言的未来新科技中，电子报纸令人印象深刻，可以随时与互联网相连更新内容。电子纸（e-Paper）是类似纸张的显示器，可柔性/卷曲，能够重复删除写入，也能储存大量信息，但又如"纸"般轻软可携，无须插电状态下文字仍然可以长久保存在屏幕上，数据稳定不易流失，即 e-Paper 具有双稳态，具有记忆特性，在阅读时不耗电，只有在翻页刷新时才耗电，在阳光照射下具有优异光学对比度，在任何环境光与角度下都具可读性，不受阳光直射的影响。e-Paper 已发展了一段时间，直接的应用就是作为取代实体书本的电子书阅读器，可以想象e-Paper取代实体书本的巨大意义。

e-Paper 是由电子墨水（e-Ink）组成的塑料材质显示屏，而 e-Ink 可以用到常规显示技术所不能应用的对象，如纸、塑料、薄型金属和超薄玻璃基板等，具有书和报纸一样的显示效果，还可以打印到布料、非平面表面。e-Paper 又可区分为材料（电子纸）与成品（电子书），材料可以成卷制造，但若要实际应用，则需加入控制电路、记忆、电源、软件功能，才能成为实用的阅读工具。

近年来，e-Paper 已成为人们关注的焦点，E-Ink、Lucent、Philips、Samsung 等多家国际知名公司都在涉足电子纸显示器件的研发。1997 年，Xerox 和 3M 公司宣布合作开发研制电子纸，同年 E-Ink 公司和朗讯公司合作开发柔性电子纸显示屏。2000 年，美国 E-Ink 公司和美国朗讯科技公司展示了利用电子墨水和塑料晶体管制成的第一个 e-Paper 产品。2003 年，美国 Xerox 公司公布了可以反复使用的 e-Paper。2004 年，日本索尼、松下推出第一代电子书阅读器 eReader，但由于显示器画面不佳、内容建设未臻完善等原因,未能普及。目前索尼、iRex、亚马逊、Polymer Vision 等厂商均推出第二代电子书阅读器。2007 年,亚马逊推出 6 英寸 Kindle 电子书产品,从实体书店涉足提供数字内容产业。目前,亚马逊公司的 Kindle,OPPO 的 Enjoy,汉王公司的汉王 N 系列电子阅览器都是应用 E-Ink 的电子墨水技术[19]。在众多 e-Paper 技术中,美国 E-Ink 公司所开发的电泳显示技术 (electro-phoretic display,EPD)最受关注。韩国的三星、LG,日本的精工、爱普生,欧洲的 Polymer Vision、Plastic Logic,中国台湾的元太科技等公司均曾展示 EPD 电子纸。荷兰的 Polymer Vision 于 2007 年发布了配备 5 英寸可弯曲的单色 EPD 屏幕的概念手机 Readius。采用 E-Ink 技术的电子阅读器具有低电耗、保护视力的优势,2011 年销量超过 1100 万台。且自 2005 年起,开始出现以主动式的 TFT 背板驱动 EPD 技术的产品,目前显示面积可达到 A4 纸的尺寸,分辨率满足电子书显示文字的需求。其他电子纸技术如电子粉流体显示技术(quick response liquid powder display,QR-LPD)、胆甾相液晶显示技术(cholesteric liquid crystal display,Ch-LCD)、双稳态向列液晶显示技术(bistable twisted nematic liquid crystal display,Bi-TNLCD)则多使用被动式驱动,显示面积可达到 A4 大小,普利司通公司于 2007 年发布了 A3 大小的 QR-LPD 面板。2011 年,彩色 e-Paper 也已投入大量生产。

基于电泳技术的 e-Paper 在 20 世纪 70 年代初由施乐公司提出,并开发出 Gyricon 电子墨水。电子墨水是一种电泳悬浮液,由大量微胶囊组成,每个微胶囊中包含澄清液体,以及悬浮于其中的带正电荷的白粒子和带负电荷的黑粒子,但是 Gyricon 电子墨水亮度相对较低,分辨率难以提高,并且缺少色彩。20 年后,电泳显示电子纸才逐渐引起人们的关注,得益于将电泳液进行微封装处理,显著提高了电泳显示器的寿命。电子纸是一层墨水微囊或微腔被置于两个薄膜电极之间,如图 8.2(a)所示,上部为透明薄膜电极,底部薄膜电极被排列成正方形像素,每个像素含有半导体用于开关像素,由半导体控制的电场诱导白色微粒向微囊的底部或上部运动,使墨水在微囊内运动[19]。在没有电场作用时,带电微粒均匀分布在整个分散体系内,而当有电场作用时,带电微胶囊就会发生定向运动。正电场使得白粒子向微胶囊顶部移动而呈现白色,同时黑粒子被隐藏到微胶囊底部,如施加相反方向的电场,黑粒子在胶囊顶部出现,从而呈现黑色。

采用电子墨水制造的柔性显示器由 TFT 阵列背板和成百万微胶囊组成。在沉积绝缘体的 $75\mu m$ 厚钢箔基板上制备了 TFT 背板,晶体管栅极、源极和漏极金属通过溅射成型,铝与难熔金属复合材料作为栅极金属,以增强背板柔性[20]。电子墨水涂覆在聚酯/ITO 表面,整个显示器厚度不超过 0.3mm。背板晶体管受压状态下进行原位测量,得到三种不同弯曲半径条件下晶体管的漏电流,分别对应于绿色—200cm(应变 0.19%),蓝色—1.3cm(应变 0.29%)和红色 1.0cm(应变 0.38%)。从图 8.2(b)可以看出变形对显示器的影响可以忽略。由于钢弹性模量较大,通过选择薄基板来减小 TFT 电路到显示器中性面之间的距离,可减小电路平面内应变。TFT 背板上偏置温度应力在栅极电压 27V 时达到 80℃,使得柔性背板相对于传统玻璃 TFT 背板存在阈值电压漂移。图 8.2(c)为电子纸张解剖图[21],图 8.2(d)为弯曲状态的显示器,分辨率为 96dpi,显示器视角约为 180°,白色状态反射为 43%,对比度为 8.5:1[20]。墨液切换速度为 250ms,对于电子纸已经足够快了,但视频应用需要将切换速度提高到 15ms。

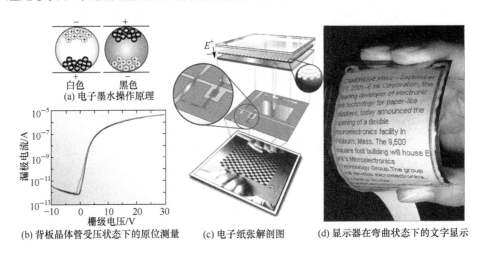

(a) 电子墨水操作原理

(b) 背板晶体管受压状态下的原位测量　　　(c) 电子纸张解剖图　　　(d) 显示器在弯曲状态下的文字显示

图 8.2　柔性有源矩阵电子墨显示器

　　几乎所有高信息容量的显示器都采用阵列化像素,通过纵横交错的电极进行驱动,例如无源矩阵、控制网格和有源矩阵设计等。并不是所有显示器技术都支持被动寻址,只有存在明显转变阈值才可以。无源矩阵显示器的分辨率和帧率受限于像素间串音等因素,难以满足高分辨率和视频显示的要求。有源矩阵驱动依赖于每个像素的 TFT,其中行电极连接到所在行中每个晶体管的栅电极,而列电极通过 TFT 连接到像素电极上。通过给行电极施加电压实现显示器逐行扫描,即将电压信号传递到这一行所有 TFT 栅极上。列电极电压或电荷通过激活的 TFT源极与 TFT 漏极相连的像素相互耦合。当行电极取消激活,TFT 就会一同取消激活,像素电极就与列电极解耦。所提供电压和电荷可以通过像素固有电容或附加电容让像素保持给定状态。

　　e-Paper 技术大致分为微杯式电泳、微胶囊电泳、旋转球和胆甾相液晶四类,如图 8.3 所示。胆甾相液晶显示技术已经出现较长时间,主要应用于高档电子纸和标签。当前 TFT-LCD 和等离子全彩色高分辨率平板显示技术并不适合制作成柔性显示器,胆甾相液晶显示器和 EPD 虽然具有双稳态、有记忆及省电的优点,但在没有光源条件下无法显示,而且目前只能单色或双色显示,即使对于低信息容量的应用,同样需带有源矩阵的背板[22]。EPD 使用反射光,背基板不需要透明,从而可以选择不锈钢和彩色塑料。

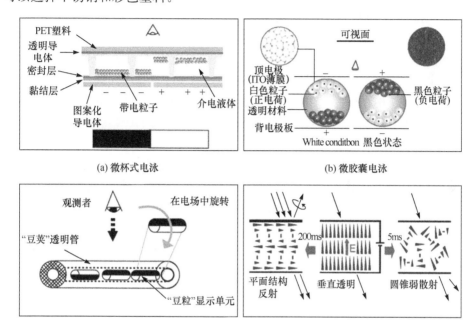

图 8.3　四类 e-Paper 技术

(1) 电泳显示技术:电泳显示技术系将黑、白两色的带电颗粒封装于微胶囊液滴结构中,由外加电场控制不同电荷黑白颗粒的升降移动,以呈现出黑白单色的显示效果,代表厂商是美国 E-Ink 公司与 SiPix 公司。目前韩国三星、LG、日本精工、爱普生、中国台湾元太科技等公司均与 E-Ink 合作,采用其 EPD 面板"Vizplex"开发各种电子纸显示器。

(2) 电子粉流体显示技术:电子粉流体显示技术为日本 Bridgestone 公司所发布,显示介质是将树脂经过纳米级粉碎处理后所产生的黑色与白色不同电荷的粉体。将粉体填充于空气介质的微杯结构中,利用上下电极电场使黑白粉体在空气中发生电泳动现象,所以 QR-LPD 具有高反应速度,但需要高电压来驱动电子粉流体。

(3) 胆甾相液晶显示技术:胆甾相液晶属于反射式显示器,利用外界环境光源来显示影像,无需背光源,同时具有双稳态特性,所以胆甾相液晶显示技术非常省电。该技术可以通过添加不同旋转螺距的旋光剂，调配出红、绿、蓝等颜色实现彩色显示，主要研发机构包括美国 Kent Display、日本富士通、日本富士施乐、中国台湾工业技术研究院等。

（4）双稳态向列液晶显示技术：使用向列型液晶，显示面板是两种底板，其液晶分子保持力不一致，当长时间施加某一额定电压时，液晶分子会垂直于底板，此时若立刻解除外部电压，强保持力底板周围的液晶分子便会倒下，而弱保持力底板周围的液晶分子则反方向倒下，而处于底板中间位置的液晶分子则会产生扭曲角度。如果分两步逐步解除外部电压，液晶分子便会因弹性能力减弱而倒向同一个方向，不会产生扭曲角度。在这两种状态下，一种显示为黑，另一种则显示为白，基本上形成了双稳态显示。通过第二步改变解除电压时的电压幅度，黑色区域和白色区域的比率就会发生变化，即可调制出中间色调。

尽管 e-Paper 具有诸多优点，但是高分辨率商业电子纸显示器的色彩和灰度还无法与打印媒介相提并论。初期 E-Ink 的电气泳动技术与 Bridgestone 的电子粉流体技术均搭配彩色滤光片，仅能发展至 4096 色，距高对比度、全彩显示仍有一段距离。Fujitsu 胆甾相液晶技术系是采用三原色胆甾相液晶重叠方式，能够做到高对比度、全彩显示的程度，目前仍是 4096 色显示为主。目前 EPD、Bi-TNLCD、QR-LPD 技术均以外贴彩色滤光片方式达到彩色化效果，但普遍存在反射率过低的问题，且黑色颗粒亦会导致色纯度降低。Ch-LCD 技术虽不需外贴彩色滤光片即可达成彩色化，但因反射率过低而使亮度、对比度无法提升，解决方法包括以 R、G、B 三层胆甾相液晶层堆栈，或同时添加左旋、右旋的旋光剂来提高反射率。2007 年 Bridgestone 采用自主开发 QR-LPD，发布亮度增至原开发品两倍的 A4 规格尺寸彩色电子纸。电子纸产品开发需要考虑面板解析度、输出解析度、长宽比、文字大小尺寸以及显示格式等因素。

8.2.2　柔性 AMOLED

OLED 具有主动发光、低功耗、无视角死角、响应速度快、高对比度、尺寸薄等特点，被公认为最有发展前途的显示技术之一。有机发光显示屏依据其驱动方式可分为 PMOLED 和 AMOLED。OLED 显示技术不断推陈出新，由 AMOLED 到整体矩阵寻址 OLED 技术，再发展到柔性 OLED 显示技术。AMOLED 显示器由于其轻薄、低功耗、易于柔性等特点，引起了广泛兴趣。随着 OTFT 性能不断提高，基于 OTFT 的有源矩阵显示技术得到蓬勃发展。PMOLED 由于驱动方式限制会导致发光器件的工作信号通常为脉冲信号，其占空比很小，因此要求发光器件的效率和亮度很高，相对于 AMOLED 色彩饱和度较差，图像不够清晰，对比度较低。随着无源显示屏分辨率的提高和发光面积的增加，细长电极引起的电压降会导致显示不均匀，当达到 10000 像素时难以实现均匀显示。AMOLED 显示屏通过集成的 TFT 来驱动每个像素上的发光材料,整个帧周期内都处于点亮状态,克服了小占空比脉冲信号所引起的驱动问题,也避免了细长电极引起的不均匀性问题,有利于实现大面积、高分辨显示,是大面积 OLED、高信息容量显示的最佳选择[17]。

柔性 AMOLED 样品如图 8.4 所示。柔性 OLED 显示器得益于有机薄膜结构和优异的光学和视觉性能,包括塑料基板 OLED 显示器[23]、金属箔基板低温多晶硅显示器[24]、塑料基板 OTFT 驱动 OLED 显示器[25]。柔性显示器技术目前在短期内无法撼动现有显示器技术,未来一段时间内仍然无法出现商业化的超大尺寸的显示屏,且价格偏高,寿命也有待提高。1992 年,Nature 首次报道了柔性 OLED,采用聚苯胺或聚苯胺混合物,利用旋涂法在柔性透明 PET 衬底上制成导电膜,作为 OLED 透明阳极,拉开了柔性 OLED 显示的序幕[26]。1998 年朗讯贝尔实验室首先制备了 OTFT 与 OLED 的集成器件,发光亮度接近 2300cd/m²,向 OTFT 驱动 AMOLED 迈出成功的第一步[27]。同年,剑桥大学 Cavendish 实验室报道了 OTFT 驱动的 OLED 性能接近非晶硅 TFT 驱动的 OLED。2000 年,Philips Research Eindhoven 公司报道了首次使用有机半导体在玻璃衬底上制备有源矩阵显示器,随后又在塑料衬底上制备了有机半导体有源矩阵显示器。2006 年,Zhou 等[28]展示了全有机有源矩阵柔性显示器,在聚乙烯基板上制造出并五苯 OTFT 驱动的 AMOLED,由 48×48 个底发射 OLED 像素,每个像素包含两个 OTFT。2007 年,SONY 公司首次推出了 TFT 驱动的 2.5 英寸柔性 OLED 样品,实现了 1670 万色的全彩显示。如图 8.4(b)所示,该 OLED 显示器上采用了顶部发光结构,即将驱动晶体管置于底部,从顶层 OLED 发光。2000 年,贝尔实验室、朗讯公司和 E-Ink 公司研制出了可弯曲显示器,在 13cm 见方的面积上容纳 256 个像素,像素的大小为 8.5mm×8.5mm,每个像素对应一个塑胶型晶体管,由可弯曲的塑料基底和活性材料组成,绝缘体和半导体材料都是有机物,其中带电荷的纳米粒子在电场的作用下可以往复移动,使屏幕产生两种颜色[29]。2000 年,Seiko-Epson 公司采用激光退火表面刻蚀技术(surface free technology by laser annealing,SUFTLA)技术制造出彩色 AMOLED 显示器(OLED 搭配转印法制作的低温多晶硅 TFT 塑胶背板),目前该公司也投入喷墨法制作高分子发光二极管的开发。随后,韩国庆熙大学和三星公司共同研发了柔性不锈钢箔基板的 4.1 英寸顶发射结构 AMOLED 显示器,其优势在于可以采用更高的工艺温度,将不锈钢箔加热到 900℃,以提高 TFT 背板中多晶硅质量。

AMOLED 的技术优势几乎让 LCD 难以企及,如:①屏幕非常薄、具有一定柔性、可以在屏幕中集成触摸层;②属于自发光,单个像素在显示黑色时不工作,不需使用背光板,显示深色时低功耗,在显示深色图像时更加省电;③对比度是 LCD 几百倍的、视角也较广、画面更鲜艳、色域非常广;④显示效能方面,AMOLED 反应

(a) 基于塑料基板的3英寸全彩柔性OLED显示器　　　(b) Sony首次展示1670万彩色柔性OLED

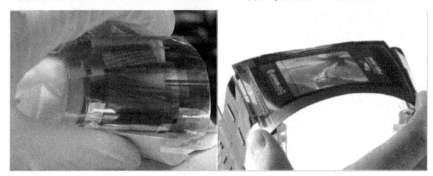

(c) 全有机有源矩阵柔性显示器　　　　　　　(d) 3英寸全彩柔性QVGA显示器

图 8.4　柔性 AMOLED 样品[30]

速度较快。这些是 AMOLED 天生就胜过 TFT-LCD 的地方，如果 AMOLED 的良率能够达到跟 TFT-LCD 一样水平，那取代 TFT-LCD 指日可待。AMOLED 优点非常明显，缺点同样明显，如：①偏色较为严重；②pentile 排列方式分辨率不到标称的 70%，在较低 dpi 的情况下颗粒感会比较重，三星公司提出的超级AMOLED 一定程度解决了这个问题；③强调绿色，会造成其过于鲜艳的效果，长时间观看会造成视觉疲劳；④自发光特性可能导致不同像素老化程度不一样，从而亮度不一样，产生更严重的偏色问题；⑤只在显示深色时省电，显示白色时耗电量比 LCD 还要大。AMOLED 和 TFT 显示器的比较如表 8.1 所示。

表 8.1　AMOLED 对比 TFT 显示器比较

	AMOLED	TFT
省电性	·省电 ·AMOLED 屏幕本身用电量是 TFT 屏幕的 60%，阅读时非常省电	·费电 ·AMOLED 比 TFT 显示器省电

续表

	AMOLED	TFT
色彩	• 颜色鲜艳,但有时过于鲜艳	• 色彩比较淡
日光下的阅读性	• AMOLED 在户外日照环境可视性较好	• TFT 显示器在户外日照环境难以辨认
清晰度	• AMOLED 屏字体显示模糊 • AMOLED 是主动发光,每个像素需要 3 个发光点。发光点不是矩形排列,采用了蜂巢型排列,造成实际上在纵向只有标称分辨率的 2/3 像素点	• TFT 屏分辨率和标称分辨率一致,小字细腻锐利
色彩	• AMOLED 色彩饱和过头,色彩有所失真	• TFT 屏色彩还原比较准确

柔性 AMOLED 显示器技术得益于磷光 OLED、柔性有源矩阵背板、薄膜封装等技术的发展。起初小分子 OLED 器件光发射仅来自于单线态量子激励,内部量子效应只占到 25%,其他 75% 激励都以三重态存在,而磷光 OLED 可以实现 100% 的量子效率,并只需要低的驱动电流。磷光 OLED 采用较低工艺温度在塑料基板上通过非晶硅或者有机材料制备背板 TFT,有效降低了显示器的工作温度,大幅提高显示器的使用寿命,为柔性显示器制造带来了巨大的优势[30]。多晶硅 TFT 背板的阈值电压变化会导致色差,需要色差校正技术进行弥补。

基于玻璃基板的 AMOLED 都是采用多晶硅背板,具有较高的迁移率。OLED 暴露在大气环境中,会导致金属电极的氧化和分层、有机层的电化学反应。OTFT 背板用于 LCD 和 OLED 已经得到了较大发展,高质量的显示器原型机已经面世,将成为今后显示器背板的主要解决方案,特别适合与柔性基板结合,但仍存在诸多挑战:①塑料薄膜具有自然柔性、制备简单、价格低廉等特点,但密封性能较差,与高温工艺不兼容;②柔性金属箔具有合理柔性、良好的热学/力学耐久性、密封性,但表面过于粗糙且不透明。塑料基板上的 OLED,两面都需要密封保护,而金属箔基板上的只需要对一面密封保护。AMOLED 下一个关键突破在于如何在柔性基板上进行制造,需要解决可靠、高性能的柔性背板技术和高效制造的薄膜封装工艺。基于玻璃基板的显示器中,只需要密封显示器的四周。柔性显示器不能采用刚性玻璃,须采用柔性密封解决方案。采用气体阻隔层和薄膜封装是目前柔性显示器制造的唯一解决方案。

高信息容量显示器逐渐转向有源矩阵寻址,增加了柔性显示设计和制造难度,须开发出晶体管和显示器的兼容处理工序。有源矩阵电路通常采用非晶硅技术,需在塑料衬底上直接制备非晶硅晶体管,其关键是在低工艺温度下形成高质量的保护性薄膜,以防止塑料衬底退化和晶体管性能降低。由于塑料薄膜的柔性、延展性及收缩性,对柔性薄膜进行光刻时会引起掩膜套准问题。在塑料衬底上直接制备晶体管的另一个办法是采用转移工艺,硅基 TFT 首先制作在刚性衬底上,然后再通过转移工艺转移到塑料衬底上，由于需要辅助衬底，造成工艺成本颇为昂贵[31]。

8.2.3　可延展 OLED

　　可延展 OLED 能够实现拉伸、弯曲、扭曲等复杂变形能力，通过对器件的材料、结构设计、热分析进行精确分析，可以与夹克、医学手套、"热学手术刀"等特殊应用结合。如果能够消除由半导体晶圆对机械和几何设计的约束，可进一步应用于生物医疗和机器人皮肤领域。

　　Someya 利用可打印弹性导体的导电性和良好延展性，制造了可延展 AMOLED 显示器，由 16×16 个驱动单元组成，包括有 2 个有机晶体管和 1 个电容（2T1C）、OLED、弹性导体，如图 8.5 所示[14,32]。每个驱动单元由选择晶体管（Tr_{select}）、驱动晶体管（Tr_{driver}）、电容和弹性导体组成。选择晶体管用于控制发光像素，驱动晶体管用于控制发光亮度，电容用于高频操作过程中稳定发光。OLED 和有机驱动单元在 PDMS 基板上独立制造，然后将两个基板层压到一起，得到可延展显示器，整个结构透明，最大拉伸率为 120%。16×16 的 OTFT 有源阵列的

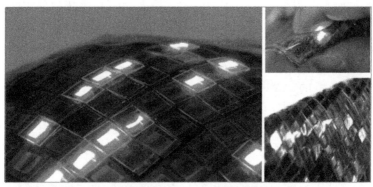

(a) 可延展显示器演示，可以铺在任意曲面

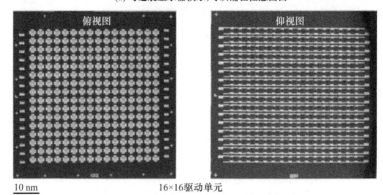

(b) 16×16 个驱动单元组成的晶体管阵列的俯视图和仰视图

图 8.5　可延展 AMOLED 显示器[14,32]

制作工艺可参考文献[14],[32]。OTFT 有源阵列与硅橡胶上的打印弹性导体集成。首先制备 $500\mu m$ 厚的 PDMS 片,然后利用丝网印刷在 PDMS 上印刷图案化弹性导体,形成宽度为 $500\mu m$ 的扫描线和接地线。16×16 有机驱动有源阵列制造好之后,薄膜没有与晶体管和电容接触的部分进行通孔。带有晶体管和电容器的带孔薄膜安装到 PDMS 片上,然后弹性导体实现机械和电学连接到每个 2T1C 单元,并将 16×16 有机驱动有源阵列均匀地分散到 PDMS 上。打印弹性导体形成数据线并连接到触点,在数据线与扫描/接地线交点通过绝缘 PDMS 进行电学隔离。OLED 触点通过微点胶机进行 Ag 胶涂覆,Ag 胶在 80℃ 干燥 3 小时的导电性高于 $10^3\,S/cm$。

图 8.6(a)就是塑料基板上的 OLED 及其截面示意图,其中弹性导体宽 $500\mu m$,为 OLED 的阴极提供偏置电压。整个 OLED 芯片尺寸为 $5mm\times5mm$,有效发光区面积为 $3mm\times4mm$。通过溅射方式沉积 150nm 厚 ITO 层(阳极),通过蒸发方法沉积 10nm 厚 TBADN:V_2O_3(空穴注入层)、10nm 厚 TBADN(空穴输运层)、70nm 厚 TCTA:TTPA(光发射层)、20nm 厚 TBADN(电子输运层)、10nm 厚 TBADN:喹啉锂(电子注入层)、100nm 厚 Al 层(阴极电极)[14]。整个 OLED 最后被封装在塑料阻隔层中,阴极和阳极裸露在塑料阻隔层之外,并在其上沉积 5nm 厚 Cr 涂层和 100nm 厚 Au 层,以提高打印弹性导体的黏结性。阴极连接到打印弹性导体上,充当 OLED 的偏置电压线,阳极连接到驱动单元的触点。相互独立 OLED 通过 PDMS 片上的打印弹性导体相互连接。可延展 2T1C 驱动

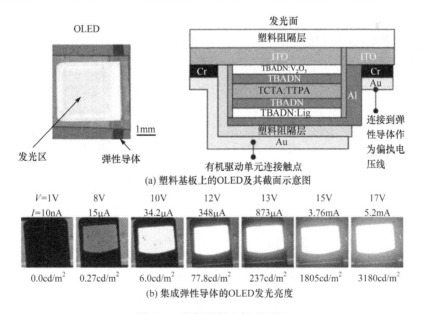

(a) 塑料基板上的OLED及其截面示意图

(b) 集成弹性导体的OLED发光亮度

图 8.6　塑料基板上的 OLED

单元有源矩阵和可延展 OLED 阵列分开制造，最后通过 PDMS 层压在一起，通过银胶将阳极连接到 2T1C 驱动单元的触点。图 8.6(b)为样品，可以布置到任意曲面上。由于打印弹性导体、OTFT 和 OLED 良好导电性和机械延性，整个器件的弯曲和扭曲不会导致其发生机械和电学损伤。

　　Kim 等[33]团队在柔性基板上构建了超薄无机 LED 和光电探测器互联阵列，通过优化设计，实现发光线、植入式薄片和被照明的等离子体完全与生物流体兼容，使得这项技术可用于生物医学领域，同时也为非传统的光电器件的发展带来机遇。由于具有防水特性，这种近距离光学传感器易集成到手套曲面上或者静脉传输系统的光学折射监视器中，不同变形情况下 LED 阵列的电学和力学性能如图 8.7 所示[33]，(a)为 PDMS 基板扭转不同角度的 LED 阵列，从上到下分别为 0、360°、720°；(b)为当扭转 360°时阵列的扫描电镜图片，红框标识的部分是互联结构的平面外变形，需要满足诱导变形要求；(c)为 0、360°、720°不同扭曲角度下的 I-V 特征曲线；(d)为 720°扭曲条件下，周向、宽度和剪切应力分布的三维有限元分析结果；(e)为 ILED 阵列的光学图片，紧贴在铅笔尖进行拉伸，左边的有外部照明，右边的没有外部照明，其中白色的箭头标明拉伸的方向；(f)为在棉拭子表面进行拉伸时的阵列光学图片；(g)为笔尖进行拉伸的 ILED 阵列的 I-V 特征曲线，分别为拉伸前、拉伸中和拉伸后。

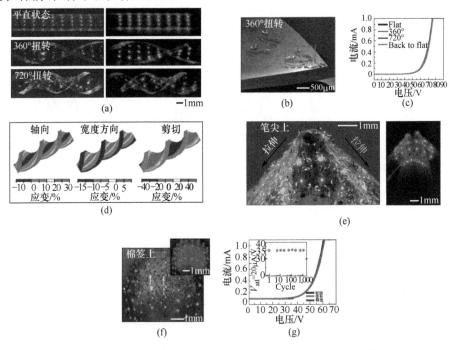

图 8.7　在扭曲和拉升状态下的 ILED 阵列的各种响应结果[33]

可延展 OLED 的技术挑战性在于器件结构延性,要求器件所有薄膜层都具有足够弹性,包括发光层、阴极、阳极、空穴/电子注入层、传输层和阻隔层。Filiatrault 利用可延展发光电化学电池(light-emitting electrochemical cell,LEEC)制备发光器件,有效降低了制造复杂性,并在室温下具有延性,非常适合于要求延性和舒适性光源的应用,可以得到大面积均匀的漫射光[34]。实验结果表明,器件可以实现非常大的发光面积(20~175mm²),并且能够成承受 27% 的应变,在 15% 应变条件下反复拉伸器件,性能退化非常小。集成 Ru/PDMS 发光层的 LEEC,在弯曲、扭曲和拉伸条件下依然能够工作。图 8.8(a)为器件在扭曲和拉伸成复杂形状后依然能够工作,图 8.8(b)是具有面积为 175mm² 金属阳极的器件能够均匀发光。

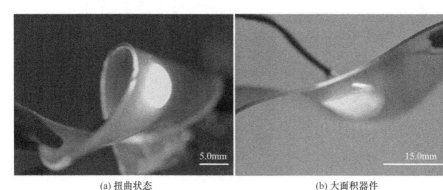

(a) 扭曲状态　　　　　　　　　　　　(b) 大面积器件

图 8.8　固有延性的 LEEC(包含可延展 Ru/PDMS 发光层、
可延展 Au/PDMS 阴极和阳极)[34]

8.3　柔 性 能 源

目前全球总能耗的 74% 来自煤、石油、天然气等化石能源,正在面临能源短缺和环境污染。图 8.9 显示了可再生能源在整个能源结构中的比例[35]。新能源和可再生能源是 21 世纪世界经济最具决定性影响之一。地球表面分布的太阳能大约有 120000 TW,远超过目前世界的平均能源消耗 13 TW。太阳能属于分布式能源,需要大面积电池捕获太阳能。薄膜太阳电池只需要一层极薄的光电材料,将太阳电池沉积到柔性基板上,并与卷到卷制造工艺结合,为低成本太阳能铺平了道路。目前,太阳电池只占整个能源结构非常小的份额。2004 年欧盟光伏研发路线图指出,2000 年常规能源和核能在能源结构中占 80%,可再生能源占 20%,其中主要是生物质能;2030 年可再生能源占 30%,其中太阳电池占 10%;2040 年可再生能源接近 50%,其中太阳电池占 20%;2050 年常规能源和核能的比例下降到

47％,可再生能源上升到53％,其中太阳能占据首位,占总能源的29％;2100年可再生能源超过80％,太阳能超过60％。从发展趋势看,薄膜太阳电池主要是非晶硅(a-Si)薄膜太阳电池、微晶硅薄膜太阳电池、铜铟硒(CIS)薄膜太阳电池、碲化镉(CdTe)薄膜太阳电池、染料敏化薄膜太阳电池(DSSC)和有机薄膜太阳电池。

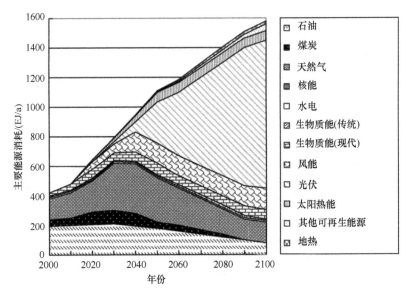

图 8.9　整个能源结构中可再生能源展望

资料来源:欧盟光伏研发路线图,欧盟联合研究中心,2004 EUR 21087 EN [35]

　　柔性电池具有很好的变形和抗震能力,易集成到个人服饰、帐篷、车辆外壳和包裹等物体上。美国宇航局正在研制可展开的空间飞行系统,需要配备超过400m² 的雷达、直径超过10m 的望远镜以及宽度接近1km 的太阳能帆板等[2] ,要求结构轻质、可展开、可膨胀的薄膜结构,实现分布式健康检测、形状检测和控制,其中太阳电池帆板需要控制在几克每平方米。"NanoSail-D"将是人类在太空中部署的第一个太阳帆,整个飞行器的重量不超过5公斤,太阳帆将会在太空中展开四个小型帆板,飞行器受光面积接近10平方米。由于太阳电池对透光性的要求,目前柔性电极的研究主要集中在透明高分子与透明无机导电氧化物的复合基底上,但是这类基底热稳定性差,易机械疲劳,并且成本很难降低,研发前景相对有限。

8.3.1　柔性薄膜太阳电池

　　柔性薄膜硅太阳电池是在柔性基板上制备的硅薄膜太阳电池,可以弯曲,便于携带、运输和保管,较玻璃基板太阳电池具有重量轻、挠性好、抗冲击、可实现变形等优点[36]。柔性太阳电池过去主要采用有机薄膜和纳晶硅薄膜制备,稳定性差和转换效率低,限制其商业化,可通过新的电池结构来改进太阳电池的性能,如背面局部扩散、发射极钝化、激光刻槽埋栅和双层减反射膜等。柔性有机薄膜太阳电池相对于硅基太阳电池具有成本低廉、易于集成、与卷到卷制造和快速旋涂工艺兼容,便于大面积生产,如图 8.10 所示[37~40]。

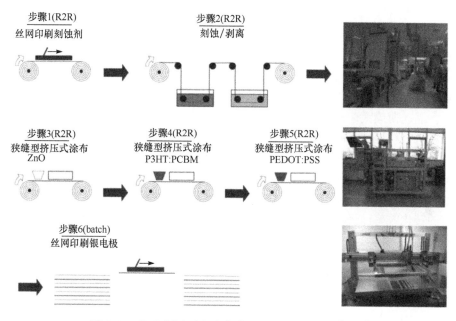

图 8.10　R2R 制造过程中集成了 6 个不同的工艺[37~40]

非晶硅薄膜太阳能:20 世纪 70 年代中期开发成功非晶硅薄膜太阳电池,目前非晶硅薄膜太阳电池产量占全球太阳电池总量的 10% 左右,是迄今最成功的柔性光伏模组。当前单结、双结、三结的非晶硅电池转换效率分别为 4%~5%、6%~7%、7%~8%,小面积的转换效率已接近 13%。从长远看单层 PIN 结构的转换效率可达 12%~14%,多层 PIN 结构可达 14%~24%。单晶硅太阳电池厚度为~200μm,而非晶硅太阳电池薄膜的厚度小于 1μm,同样质量的硅材料,非晶硅太阳电池转化的能量是单晶硅太阳电池 200 多倍[41]。非晶硅薄膜太阳电池具有很高的比功率,在不锈钢衬底上比功率达 1000 W/kg,在聚酯膜上可达 2000 W/kg,而单晶硅仅有 40~100 W/kg。非晶硅薄膜太阳电池因工艺相对成熟、成本低、节能环保、无原料瓶颈、可实现多层结构集成、高温性能好、且便于大规模生产而受到重视。尽管非晶硅薄膜太阳电池具有诸多优点,但效率和稳定性方面存在挑战。电池光电转换效率在强光作用下呈逐渐衰退态势,阻碍非晶硅薄膜太阳电池发展。

目前能够实现大规模、大面积、柔性衬底薄膜太阳电池研制生产的公司有日本 Fuji、Kaneka、Sharp、TDK、Sanyo,美国 United Solar,欧洲 Schott、VHF-technologies 等。技术研发主要集中在卷到卷制造,以降低产品成本作为主要目标,如

United Solar Ovonic、Fuji Electric、Akzo Nobel、XsunX 等。2003 年美国 United Solar 公司实现同时沉积六卷不锈钢衬底、三结叠层非晶硅太阳电池生产线,年产 30 MW,其小面积电池的初始效率和稳定效率分别达到 14.6% 和 12.6%,2010 年 达到 300 MW。日本 Sharp 和 TDK 已能生产面积为 $286cm^2$ 的模组,效率达 8.1%,小面积电池效率达 11.1%。2006 年 Neuchatel 大学报道聚酯膜衬底上非 晶硅叠层电池实验室效率达到 10.8%,联合 VHF-technologies 公司的年产能为 25 MW。瑞士 VHF 公司侧重于小规模集成光伏系统应用,在 $50\mu m$ 厚 PI 和 PET 基板上研发非晶硅模组,整个模组厚度为 $150\mu m$[42]。

多晶硅薄膜太阳电池:多晶硅薄膜太阳电池是在单晶硅太阳电池基础上发展 而来,起初目的是在廉价衬底上沉积多晶硅薄膜。实验证明利用多晶硅薄膜来替 代非晶硅薄膜,在长期强光照射下没有任何衰退现象,但通常需要采用长时间热处 理工艺,需要能够耐受高温的硼硅玻璃或陶瓷材料作为衬底。多晶硅作为窄带隙 材料与非晶硅组成叠层薄膜电池结构,可充分利用太阳光谱,有些多晶硅薄膜太阳 电池的转化效率已经接近单晶硅太阳电池,如日本三菱公司在 SiO_2 衬底上制备的 多晶硅薄膜太阳电池的光电效率达到 16.5%,而且成本远远低于单晶硅电池。

柔性单晶硅薄膜太阳电池:目前单晶硅太阳电池的光电转换效率约为 15%。 过去 20 多年太阳电池研究、开发和生产中,单晶硅太阳电池是当前开发最快、性能 最好的太阳电池,在大规模应用中占据主导地位。由于单晶硅本身的机械特点,通 常难以大面积制作在柔性基板上。Rogers 课题组利用转印工艺在高柔性、轻质聚 合物基板上集成单晶硅微太阳电池模组[43]。微太阳电池是在块体硅晶圆上采用 常规光刻和掺杂技术制备而成,厚度约为 100nm,宽度为几微米,利用湿刻蚀工艺 将微太阳电池下部牺牲层腐蚀,只保留极小部分用于支撑微太阳电池,先转移到弹 性图章上,然后转印到塑料、玻璃基板上,最后形成电互联完成整个模组,具体工艺 如图 8.11(a)所示。基板表面微硅太阳电池的覆盖率决定了转换效率和模组透明 度,而覆盖率可以通过微电池间距进行调节,例如将微电池间距从 $26\mu m$ 变化到 $170\mu m$,整个电池的透明度从 35% 变化到 70%,这种特性对透明度有特定要求的 应用非常重要,如窗户[44]等。所制备的柔性单晶硅太阳电池能够弯曲,图 8.11(b) 中的弯曲半径为 4.9mm。

柔性化合物薄膜太阳电池:化合物薄膜太阳电池主要包括铜铟硒(copper in- dium selenium,CIS)薄膜和铜铟镓硒(copper indium gallium selenium,CIGS)薄 膜太阳电池、碲化镉(CdTe)薄膜太阳电池和染料敏化太阳电池(DSSC)三类,其中 CIGS 电池具有最高的转换效率。$CuInSe_2$ 具有极高的吸收率,在材料表面 $1\mu m$ 厚度内就能够吸收 99% 的光,使之成为最优的 PV 薄膜材料。在 $CuInSe_2$ 添加少 量镓能够极大拓宽光吸收带隙,与光谱更加匹配,提高 PV 电池的电压和效率。 CIS 和 CIGS 薄膜太阳电池在玻璃基板上具有最高的性能,2005 年创造 19.5% 的 纪录[45],2008 年美国国家再生能源实验室研发的 CIGS 太阳电池薄膜能量转换效

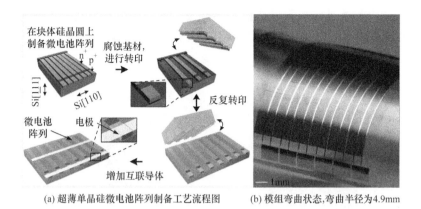

在块体硅晶圆上
制备微电池阵列
腐蚀基材，
进行转印
反复转印
微电池
阵列　电极
增加互联导体

(a) 超薄单晶硅微电池阵列制备工艺流程图　　(b) 模组弯曲状态，弯曲半径为4.9mm

图 8.11　超薄单晶硅微电池阵列

率达到 19.9%，基本接近硅基电池记录。钢箔基板上制备的柔性 CIGS 电池效率高达 17.4%，复杂的阻隔层堆叠用于保护 CIGS 异质结不受金属基板的影响[46]。由于 PI 基板的沉积温度不能超过 450℃，导致转换效率降低到~11%。CdTe 电池在集成光伏系统中的适应性还没有得到有效研究，但是 Tiwari 已经实现了柔性 CdTe 电池 8.6% 的转换效率[47]。目前，硫化镉(CdS)/CuInSe$_2$ 电池组件效率已达 11%，CdS/CuInGaSe$_2$ 电池组件效率已达 18%。该类电池具有较高的光吸收系数(>10^5/cm)，不到 $1\mu m$ 的厚度就可以吸收 90% 以上光子，生产成本不到硅太阳电池的一半。通过调节铟镓含量可以改变 CIGS 材料的光学带隙，可从 1.02 eV 变至 1.68 eV，这有利于制造高光电转换效率的多结叠层太阳电池。但是 CIS 薄膜和 CIGS 薄膜太阳电池的制造过程比较复杂，关键原料(如铟)的天然储量相当有限，太阳电池中必不可少的缓冲层材料 CdS 具有毒性。美国 Shell Solar 公司建立了世界上第一条 CIS 薄膜太阳电池生产线，组件效率达 11%。美国 REL 公司成功开发三级制造过程，在实验室获得了 19.2% 的光电转换效率，但其制造成本高且效率低。

CdTe 薄膜太阳电池由 CdTe、CdS 和 II-VI 族化合物沉积在衬底之后，经干燥和烧结而成，已实现规模化工业生产。典型的 CdTe 太阳电池结构是由约 $2\mu m$ p 型碲化镉层和 $0.1\mu m$ 厚 n 型硫化镉形成，光子吸收发生在碲化镉层，光的吸收系数>10^5 cm^{-1}，因此几微米厚的材料可吸收超过 90% 的光子，光电转化效率达到 16.5%。Global Solar Energy 公司在柔性 CIGS 薄膜太阳电池模组制造方面处于领先地位，2007 年已经销售相当于 4.2 MW 的 CIGS 材料，2009 年制造具有 10% 转换效率的太阳电池模组 75 MW，2010 年 175 MW，所采用的大部分都是 Power-Flex 太阳电池，可用于光伏一体化建筑，如作为屋面瓦、可卷曲屋顶材料和外墙覆盖材料，如图 8.12 所示[36]。DSSC 是利用染料作为吸光材料，染料的价电子受光激发后会跃迁到高能态，然后传导到纳米多孔二氧化钛电极上，失去电子的染料通过电池中的电解质获得电子，目前光电转化效率已高达11％。这类电池有三明治结构和三层式的单片电池结构两种结构，其衬底多为玻璃，导致易破碎等问题。

(a)　　　　　　　　　　　　(b)

图 8.12　Global Solar Energy 公司的 PowerFlex 太阳电池柔性薄膜光伏材料[36]

有机聚合物太阳能电池采用柔软塑料基板，以其低成本、轻重量、可进行分子设计、生产工艺简单、可实现大面积、柔性等优点，被学术界和工业界所重视。衡量有机太阳电池性能的关键是能量转换效率和器件寿命。目前有机太阳电池光电转换效率大约为1％～5％，但有望在未来几年内突破10％，需要解决光电转换效率、光谱响应范围、电池的稳定性等关键技术。有机太阳电池的优势之一是可以通过修饰有机物质，允许精确调节吸收范围、电荷输运特性、自组装等。此外，100nm有机薄膜几乎可以吸收所有光能，而标准晶体硅晶圆需要 $300\mu m$ 的厚度，多晶 $CuInSe_2$ 则需要 $1\mu m$。

8.3.2　智能服装

柔性太阳电池开辟出许多创新性应用，如将柔性电池集成到服装中为便携式电子产品提供电能。集成光伏系统具有易用性、舒适性和可靠性，以提供万能插座以适应于不同充电适配器。大多数便携式电子器件都属于低功率，与服装集成柔性太阳电池足以应付。显露在服装外部的系统部分器件需满足服饰的美观性，但连接线、充电控制器和电池灯应是不可见、质轻、易维护等，而且要尽可能与其他纺织品一样具有良好的可洗性。柔性电池技术仍没有很好解决最小总体厚度、最大柔性与可洗性、机械柔顺性、耐久性之间的协调性。

目前已有的塑料或金属箔能够有效保护电池，关键是如何实现与纺织品一样的柔软特性。太阳电池可以直接制备在铜丝上形成光伏纤维，也可以设计成纤维结构，通过编织工艺生产太阳电池布料[48]。由于没有连续的平面基板，纤维之间会任意移动，导线固定困难、相互遮挡和单根纤维断电等问题，短期内很难实现编制太阳电池模组。有机/染料敏化太阳电池目前主要挑战在于封装和耐久性,双面玻璃封装无法满足柔性电池的要求,只能采用有机-无机多层薄膜封装来阻隔水汽和氧气,要求水汽渗透性不超过 $10^{-8}\,g/(m^2 \cdot day)$,比 OLED 显示器低两个量级,但目前实现依然非常困难。

2000 年,Hartmann 等[49]为服饰流行趋势做出了预测,包括光伏电池的应用。2003 年,Werner 等[50]首次提出设计完整集成光伏系统的系统方法。此后,将太阳电池集成到服装的设计研究逐渐引起大家的兴趣,在展览会上出现了"智能纺织品"和"智能服装",例如德国法兰克福展览会和 Nixdorf 创新论坛。图 8.13 展示了德国 SOLARTEX 计划的部分原型样品,其中图 8.13(a)为 BOGNER/MUS-TANG 夹克,应用小面积光伏插件(转换效率超过 20%),为 USB 接口器件提供万能插座和能量缓冲,三小时充电可提供 40 小时 mp3 电量。两块模组(分别有 16 块电池)能够为手袖的 OLED 指示灯供电。图 8.13(b)为早期 TEMPEX 安全服上用来驱动警示 LED 的集成光伏系统,以保障环卫工人的安全。图 8.13(c)为 KANZ 外套的集成光伏系统,为 LED 灯提供能量,用来保护黑暗环境中儿童的安全[42]。图 8.13(d)是 Maier Sports 研发的带有太阳电池的夹克原型,在 2006 年份慕尼黑的 ISPO 首次展出,由 Akzo Nobel 公司生产的 9 块非晶硅太阳能模组组成,在阳光充足的条件下峰值输出功率为 2.5 W。这种薄膜太阳能电池可用于智能卡、电子标签、电子书、相机、手机、笔记本等电子产品的便携电源,还可应用在帐篷、屋顶、壁板、百叶窗等结构上。虽然消费者和工业界都对集成光伏电池服装表现出很大的兴趣,但其应用受限于柔性太阳电池的性能。低温非晶硅电池研发的主要目标是实现服装和纺织品的大面积集成式光伏模组。单晶硅转移技术可提供更高的转换效率,但其柔性受到限制,只能实现较小的面积。

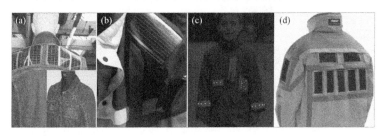

图 8.13　SOLARTEX7 样品的不同应用[42]

资料来源:www.mustang.de

8.3.3　可延展电池

可延展电子将电路和器件构建和嵌入到弹性橡胶材料中,基板和互联导体具有良好的延展性。有机光伏器件的效率和寿命得到了极大提高,单节和串联器件的转换效率达到 10%,在 $1.4\,\mu m$ 塑料薄板上制备电池实现功率比为 10W/g,但有机太阳电池机械性能和变形条件下光伏性能的变化一直没有得到足够重视。在 $100\mu m$ 基板上沉积 $100nm$ 薄膜可以实现弯曲半径 $1cm$，应变不超过 2%，但这并不能满足拉伸变形等应用，例如服装、软机器人、皮肤传感器[51]。作为可延展电子不可缺少的部分，可延展电池同样要求能够在大变形条件下保持功能[52]。目前已经取得了初步成果，包括可延展能量存储[53]和能量捕获[54]。可延展电池最明确的应用是与规律性变形的部件集成（如机器人肘部），以及随时间和环境随机变形的应用，如船帆、纺织品、卷曲显示器、人工血管、汽车和建筑的非平面表面等，如图 8.14 所示[54]。软机器人采用弹性材料作为静水压力驱动器，可以完成非常灵巧的任务。电子皮肤为多功能器件，需要集成触觉、拉伸应变、温度、生物和化学信号，满足人机交互的各种要求。

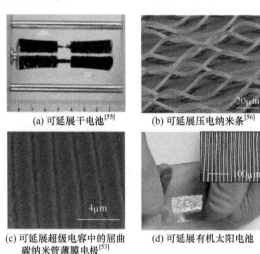

(a) 可延展干电池[55]　　　　　(b) 可延展压电纳米条[56]

(c) 可延展超级电容中的屈曲　　　(d) 可延展有机太阳电池
碳纳米管薄膜电极[53]

图 8.14　可延展电池的实例[54]

第一个基于单晶半导体的可延展光伏器件是波形 p-n 结光电二极管，当置于环境光中呈现出明显的光伏效应[57]。利用单晶半导体实现可延展的不足之处是机械效应会改变光电特性。脆性材料实现较大变形的方式：①将导电材料分散到弹性基体上；②在弹性基板上将硬性薄膜制作成蜿蜒 S 形薄膜，可实现良好的弹性，但基板拉伸时薄膜会出现褶皱；③利用屈曲不稳定性，在预应变弹性基板上制备图案化薄膜，当释放外部预应变时，硬性薄膜会出现近似于正弦的波纹结构。目前大多数基于晶体材料的光伏器件通常都采用屈曲结构，将电路嵌入到弹性基板中。

可延展无机/晶体太阳电池：Baca 利用超薄硅太阳电池实现 8% 转换效率，输出电压达到 $200\ V$，当弯曲半径小于 $4mm$、扭曲 $45°$、1000 次弯曲循环时 $I\text{-}V$ 特性曲线仍然保持不变。可延展砷化镓电池的基板设计如图 8.15 所示，孤立的突出岛结构通过凹下去的沟道隔离，通过软刻蚀工艺进行加工，可以控制弹性基板的尺寸[58]。图 8.15(a)为结构界面轮廓图,岛边长为 $800\mu m$,壕沟宽度和深度分别为 $156\mu m$ 和 $200\mu m$,底部 PDMS 基板厚度为 $200\mu m$,这种隔离岛结构设计的优点是可以实现应力隔离,当结构整体应变为 20% 时,沟槽部分的变形率达到 123%,而岛的应变只有 0.4%,两者相差 300 倍,如图 8.15(b)所示,可以使得固定在岛结构表面的无机器件不会产生较大的应力或者弯扭变形,可以使得可延展电池能够覆盖的面积远大于电池本身。首先制作超薄 GaAs 微太阳电池,并通过刻蚀技术,定

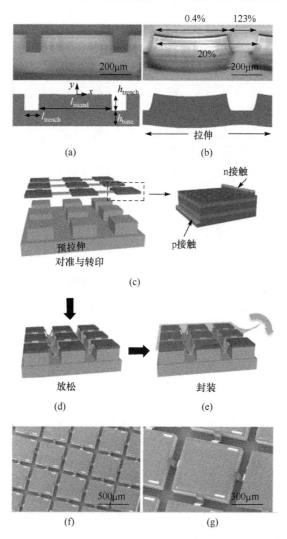

图 8.15　可延展 GaAs 光伏模组分析、制造与器件实物图[58]

(a)和(b)分别为 PDMS 平板松弛与拉伸状态下的光学图片与有限元分析;(c)为超薄 GaAs 微电池阵列粘贴到预拉伸的结构化 PDMS 基板;(d)为释放预应力基板,互联结构弯曲成拱桥结构,利用平板压向整个结构,使得互联结构向下屈曲;(e)为利用均匀的 PDMS 对整个结构进行封装;(f)和(g)为整个模组的 SEM 图

义电池的横向尺寸和间距,与 PDMS 基板双向拉伸状态相匹配,如图 8.15(c)所示。通过转印工艺,将制备好的 GaAs 太阳微电池阵列转印到预应变的结构化 PDMS 基板上,然后释放基板的预应变,沟槽上的桥状结构会凹陷到壕沟内部,如图 8.15(d)所示,然后利用弹性 PDMS 薄膜进行封装,如图 8.15(e)所示。制备好的微电池阵列实物图如图 8.15(f)和图 8.15(g)所示。图 8.16(a)为电池模组的松弛状态,图 8.16(b)为双轴拉伸状态,图 8.16(c)为单轴拉伸状态,图 8.16(d)为扭转状态,图 8.16(e)和图 8.16(f)分别为固定到织布和纸表面的变形状态,图 8.16(g)为极端弯曲状态。

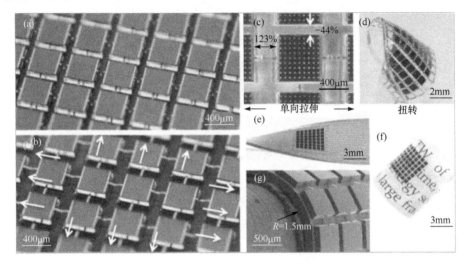

图 8.16 不同基板上各种变形状态下的可延展 GaAs 光伏模组[58]

(a)松弛状态下的模组的面积覆盖率为 70%;(b)模组在双向拉伸应变 20%状态,由于 PDMS 突起结构起到应力隔离作用,在壕沟出应变为 123%,而岛的应变可以忽略不计;(c) 模组在单向拉伸应变为 20%,由于泊松效应,在垂直于拉伸方向的壕沟宽度缩短了 44%;(d) 模组扭曲成复杂的形状;(e) 模组安装到布料之上,24mm 长度上扭转 90°;(f)模组安装在纸张上,卷曲成桶;(g)模组在卷曲状态,曲率半径为 1.5mm

可延展光电化学太阳电池中,PV 电池的存储非常重要,目前是通过研发新的材料将太阳光和水转换成氢燃料。许多纳米线森林器件已经用于光电二极管,在半导体-液体界面将水分解。纳米线嵌入 PDMS 中可以制备可延展太阳电池电极,如光电化学太阳电池(见图 8.17)[59]。

可延展有机太阳电池:有机太阳电池具有成本低廉、纯度要求不高,与溶液化、卷到卷工艺兼容,可以作为晶体硅或者其它薄膜材料的替代品。Wang 等[60]提出利用屈曲的聚吡咯薄膜制作可延展电池电极,采用了生物可吸收的镁合金(AZ61)磷酸盐缓冲盐水(phosphate buffered saline,PBS),并将其应用于生物兼容性电池系统。PPy 电极展现出非常优异的伸缩性,可以承受 2000 次 30%的应变循环。电池制作过程非常简单,在预应变 PDMS 基板上沉积有机材料薄膜,释放基板后

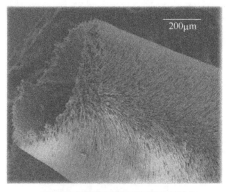

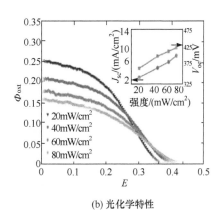

(a) 硅纳米线嵌入到可延展PDMS膜中　　　　　(b) 光化学特性

图 8.17　可延展光化学材料[59]

出现屈曲。Lipomi 等[61]利用类似的方法制作了可延展太阳电池,采用纯 PEDOT：PSS 作为透明、高功函电极,避免采用非常脆的 ITO 或者 ITO-PEDOT：PSS 混合物,防止在压缩屈曲时出现裂纹。图 8.18(b)是电流密度和电压之间的关系,分别是可延展电池反复 10 次从 0% 拉伸到 18.5% 的结果。得到 100nm 厚屈曲 PEDOT：PSS 薄膜电阻为 750Ω/sq,96% 的透明度,小于预应变的条件下反复拉伸 1000 次,性能没有下降。测试表明,有机半导体材料通常偏于刚性,例如利用基于屈曲测量方法得到 PEDOT：PSS 弹性模量为 2.3Gpa,P3HT：PCBM 按 1：1 混合材料的弹性模量从 P3HT 的 1.3GPa 增加到 6.0Gpa,都远大于 PDMS(2MPa) 和 Ecoflex 材料(60KPa)。对于 PEDOT：PSS 透明电极和 P3HT：PCBM 有源层制备的太阳电池,拉伸应变达到 20% 时,对太阳电池的光伏特性没有明显影响[62]。

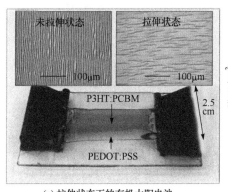

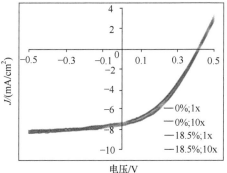

(a) 拉伸状态下的有机太阳电池　　　　　(b) 多次拉伸后,光伏特性变化微小

图 8.18　可延展有机太阳电池的变形能力及其光电特性[54,61]

澳大利亚和日本科学家研制出厚度仅 1.9μm 的太阳电池,甚至比蜘蛛网更薄,相当于现在最薄太阳电池的十分之一,电池非常柔韧,即使体型增大也不会因

弯折损坏,如图 8.19 所示[63]。这种超薄太阳电池由镶嵌在塑料薄片上的电极组成,可缠绕在一根头发上。由于这种太阳电池厚度小,弹性好,几乎感受不到重量,从而能够轻易吸附到衣服上。这种新型太阳能电池预计将在 5 年内投入使用,目前其主要的挑战是增加太阳光转换效率。

(a) 不同预应变弹性基板上制备的可延展电池,分辨为30%和50%的预应变

(b) 在弹性基底支撑下呈现出复杂的三维变形

图 8.19 不到 2μm 厚有机太阳电池[63]

可延展有机干电池:Kaltenbrunner 展示了可延展干电池,可以承受 100% 应变而不损伤,开路电压接近 1.5V,短路电流为 30mA,使用寿命超过 1000h,电容量达到 $3.5mA \cdot h/cm^2$ [55],通过集成打印和层压工艺实现卷到卷批量生产。通过柔顺互联导体,干电池可以通过串联和并联形式形成电池阵列,为可延展电子的自供给电源提供了解决方案。超柔顺和鲁棒性的干电池设计概念是将高弹性炭黑硅油掺杂到可延展丙烯酸橡胶,实现材料导电性,如图 8.20 所示。为了避免拉伸导致电池内部短路,将 $1cm^2$ Zn 和 MnO_2 通过 0.3cm 间距隔开。可延展电源通过丙烯酸橡胶层进行密封,整个单元厚度为 2mm。将阳极和阴极分开的电池较易形成阵列,并通过弹性导体进行串联和并联来增加输出电压和电流,可用于驱动可延展电子器件。有些电子器件需要不同功率级别的电源,如闪存至少需要三个电源,一个用于读取,另外两个用于写入和擦除内存。

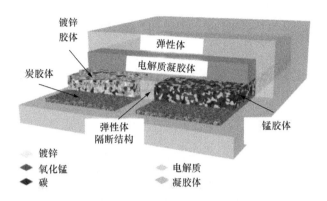

图 8.20　可延展干电池结构示意图：电池单元利用糊剂作为电极、化学活性单元，
电解质胶体包裹整个电路；利用弹性材料将电极隔开以避免短路[55]

单个橡胶基质上的电池阵列示意图如图 8.21 所示[55]。图 8.21(a)为两个胶体电池串联结构示意图，用于增加电压。两块电池驱动一块表面贴片 LED，LED 的操作电压为 2～2.6V，电流消耗在 3～20mA。整个电路单轴拉伸如图 8.21(b)～(e)所示，双轴拉伸如图 8.21(f)所示。图 8.21(b)为器件未拉伸时的原始状态，图 8.21(c)是干胶体电池拉伸 25%，图 8.21(d)证明器件的机械鲁棒性，当镊子挤压电池的阳极时并不影响 LED 的发光。图 8.21(e)显示极限拉伸 100%的状态，图 8.21(f)显示双轴拉伸状态。当拉伸 20%时，100 次循环下依然有效。

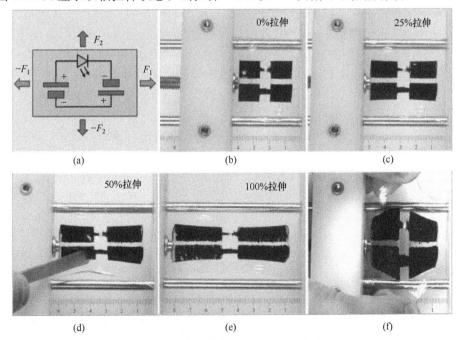

图 8.21　单个橡胶基质上的电池陈列[55]

8.4　柔性通信

柔性通信是指用柔性电子技术制作通信设备，具有较好的移动特性、轻量化、可变性等特点，具体应用包括 RFID 标签、机动性雷达、太空天线等。

8.4.1　柔性 RFID

RFID 赋予每个物体唯一的标识，利用射频信号及其空间耦合和传输特性进行双向通信，实现对静止和移动物体的多目标非接触式自动识别和信息采集[6]。RFID 起源于第二次世界大战时期，用于识别双方的飞机和军舰，后来逐渐应用到公路收费等民用领域。RFID 不仅可以实现自动、批量化信息采集，而且可对人和物品进行有效的识别、管理和跟踪，用于防伪、安全和公共服务等领域，在军事、物流和贸易中扮演重要角色。RFID 是物联网的核心环节，是实现海量信息采集的关键，为云计算提供大量的目标采集信息。随着 RFID 与生物特征识别、MEMS、低功耗无线网络（ZigBee）、近场短距通信（near field communication，NFC）、超宽频（ultra wideband，UWB）、机器人定位等新技术的融合，其应用领域在不断扩大。无源 RFID 标签接收到读写器发出的射频信号后，将部分微波能量转化为直流电以供驱动电路使用，具有成本低、寿命长、体积小等优点，但其读写距离较有源 RFID 标签短。

随着电子制造技术的发展和生物医疗等应用的驱动，对 RFID 的低成本制造和柔性化提出了更高要求。RFID 的组成元件（包括印刷晶体管、传感器、电池、天线等）都可以通过印刷方式制造，成为最有可能首先实现规模化应用的柔性电子产品之一。2006 年，荷兰 Phillips 宣布使用数千颗印刷式晶体管制备出无线射频智能型卷标，并首次展示了利用塑料电子技术实现 13.56MHz 的 RFID 标签，如图 8.22(a) 所示，基于塑料电子技术的标签芯片直接被安装在塑料表面，节省了很多复杂的装配过程。2006 年，德国 PolyIC 利用使用印刷和卷对卷技术，P3AT 作为半导体材料，制备了可以存储 8 位/64 位数据，工作频率为 13.56MHz 的 RFID 标签，如图 8.22(b) 所示。2004 年，OrganicID 公司使用有机电子技术制造完全标准化的可打印标签，包括在 13.56MHz 频率下工作的 RFID 标签，如图 8.22(c) 所示。OrganicID 公司总裁兼首席执行官 Klaus 说："我们将打破 RFID 标签不可能降到 0.05 美元的预言，并希望能制造出成本为 0.01 美元的标签"。2004 年，3M 公司采用并五苯作为半导体材料，制备出 RFID 标签，可在几个厘米范围被识别，如图 8.22(d) 所示。

目前的 RFID 标签通常采用卷到卷制造工艺，采用聚合物基板（如 PET、PI 等），厚度约为 100μm，具有一定的弯曲性能，但是还不能实现反复拉伸变形，难以满足完全贴合复杂形状表面的要求。可穿戴式柔性天线是一种新概念天线，利用

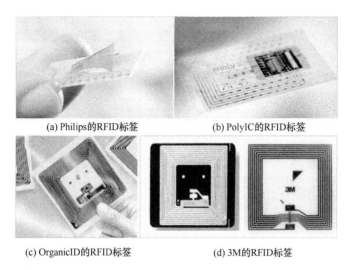

(a) Philips的RFID标签   (b) PolyIC的RFID标签

(c) OrganicID的RFID标签   (d) 3M的RFID标签

图 8.22 印刷 RFID

柔性材料的特点使得整个天线结构具有柔软和易弯曲性。由于天线弯曲产生的天线谐振频率的波动和输入匹配带宽的变化,天线弯曲对可穿戴式编织材料天线性能的具有一定的影响,需分析天线对辐射方向图畸变和辐射效率的影响。一般可穿戴式系统没有平展型天线表面,要求天线被频繁弯曲的同时应保持功能。由于编织材料天线能够很好地满足这种属性,这种新概念的可穿戴式柔性天线就应运而生。Kim 等[64]制备出可直接粘贴在皮肤表面、具有射频通信功能的表皮电子器件,能够与皮肤同步变形,具有良好的伸缩能力。整个器件通过水溶性 PVA 薄膜固定到表皮,将电子面朝向皮肤,然后溶解 PVA,利用范德华力将电子器件与表皮紧密贴合。

8.4.2 可延展流体天线/导体

在可延展电子中集成天线可实现许多新颖的应用,如可重构天线、有限空间或非平面空间的天线、可穿戴传感器等,具备弯曲、拉伸、扭转等变形能力,可调节响应谱或感知外部作用力,以实现毫米波应用,如汽车雷达、安保、监视系统等。目前主要有两种方法制造天线:利用钣金工艺将金属片戳孔、弯曲和焊接成所设计的结构;或者利用化学刻蚀和电镀工艺制备小尺度金属图案,可以在柔性基板上制备柔性天线,但无法制造出可延展天线。

将微流体技术引入电子领域,可以有效解决上述难题,制备可延展射频天线、导电互连等。Siegel 等[65]研究了微流体电子器件,采用低熔点焊料。随后有报道利用镓铟共晶(EGaIn)液态金属填充弹性流道实现多轴拉伸互联[66],弹性基板定义了天线的几何形状,液态金属保证了电学连续性。盐水、焊料和水银等导电材料可以作为天线的导电单元，但盐水易蒸发且电导性较差，水银有毒且表面能高，难以形成机械性能稳定结构。Cheng[67]首次制备了基于镓填充微流道的高性能可延展流体天线，随后 So 利用 EGaIn 实现了同样的可延展流体天线[68]。可延展天线为实现可延展无线射频电子器件铺平了道路，提供非常吸引人的功能，如通信和遥感。相对于传统铜质天线，流体天线具有如下优势[68]：天线可以反复变形，耐久性良好；流体天线能够通过机械拉伸对天线频率进行调节，但频率对应变的敏感度固定不变；液态金属能够在室温下不需要焊接直接与电子器件形成接触；基于软刻蚀工艺制作天线的过程非常简单，能够通过一个母版制备大量的天线。充分利用 PDMS 基板和液态金属，可显著提高天线变形能力。液体天线变形性能主要受 PDMS 基板的变形能力限制，不同于常规天线受金属变形能力的限制[68]。

采用 EGaIn 作为流体天线导电单元具有许多优点，包括低黏性、在室温下具有高电导性（3.4×10^4 S/cm），高热传导性、低毒性、低蒸发压力、质轻等。EGaIn 注入流道之前不需要加热，注射后还保持流体状态，对变形后依然保持连续性非常关键。EGaIn 表面具有非常薄的固态氧化层，适用于微流道中形成导电的、机械稳定的结构。流体偶极子天线制作工艺过程非常简单[68]：利用负光刻胶在硅晶圆上光刻偶极子天线图案的母版；在母版中浇筑 PDMS，产生图案化基板，经过氧等离子体处理后再利用平面 PDMS 基板进行密封；将液态金属输入微流道中形成可延展天线，液态金属在室温下充满整个微流道。一旦液态金属进入微流道，表层将会重新成型，为低黏性和高表面张力液体提供机械稳定性。上述制备工艺简单，具有良好的扩展性，不涉及刻蚀和电镀，避免造成浪费，可与其他可延展二维或三维器件集成实现一体化。

偶极子天线的共振频率会随着天线的拉伸状态而变化。如图 8.23(a)所示，在松弛（54mm）与拉伸状态下（58mm、62mm、66mm）所测量的反射系数随频率的变化关系，天线频率可通过机械方式进行调节，因此可以利用天线感知应变[68]。偶极子天线有两根等长、一字排开的导电沟道组成，通过绝缘间隙隔开。在没有夹持和拉伸的自由状态下，天线共振频率为 1962MHz，回波损失大约为消音室中远场测量射频的 90%，表明 PDMS 流道中 EGaIn 电损失并不明显。流体天线在反复变形状态下依然保持稳定电学特性，包括拉伸 40%、扭转 90°、折叠一半和卷曲，如图 8.23(b)和(c)所示，表明流体天线能够反复变形，而且没有迟滞行为，具有更好的耐久性。流体天线在切断之后具有自愈合功能，如图 8.23d 所示，但需要保持周围 PDMS 基板的完整性。

利用 PDMS 制作的流体天线只能承受 40% 的应变，远小于 PDMS 所能承受的 160% 应变[68]。这是由于 PDMS 在拉伸状态下结构应变较为均匀，而在较为薄弱的环节容易断开，如微流道的入口和出口、弹性和刚性部件界面等。Kubo 采用不同弹性模量硅橡胶的混合结构来制造微流道，其中弹性模量大的 PDMS 用于满

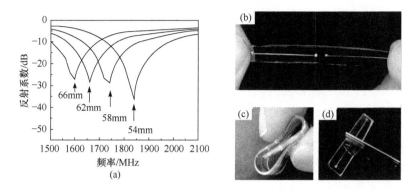

图 8.23　可拉伸偶极子天线[68]

(a) 偶极子在松弛与拉伸状态下所测量的反射系数随频率的变化关系；
(b) 拉伸状态下的偶极子天线；(c) 卷曲状态下的偶极子天线；
(d) 利用锋利的刀片切断之后会自动愈合

足机械稳定性，弹性模量小的 Ecoflex 用于满足可延展，这种混合结构流体天线能够承受超过 100％的应变[13]。图 8.24(a) 所示的混合结构可延展天线，每根天线尺寸为：长 32.5mm、宽 3mm、厚 0.2mm，调节长度得到共振频率约为 1GHz，调节宽度和厚度得到合理的电阻(小于 1Ω)。液态金属为 75.5％镓和 24.5％铟的共晶合金。偶极子共振的波长为 λ，近似于天线总长度 L 的 2 倍，即 $\lambda=2L$，并与共振频率成反比，即 $\lambda=c\nu^{-1}$，式中，ν 为共振频率，c 为光速。如天线的总长为 54mm，共振频率为 2GHz。

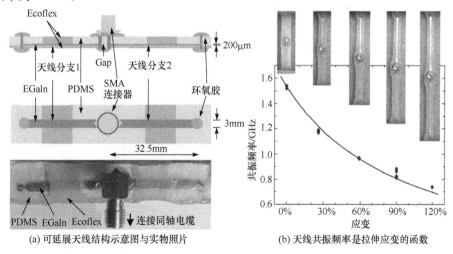

(a) 可延展天线结构示意图与实物照片　　(b) 天线共振频率是拉伸应变的函数

图 8.24　混合结构可延展天线

Ecoflex 与 PDMS 都能较好的从母版上剥离，可采用软刻蚀的方式进行加工，固化温度为 60℃。完全固化的 Ecoflex 与完全固化的 PDMS 黏结性较差，因此将半固化 Ecoflex 和 PDMS 进行黏结，固化后形成复合结构。图 8.24(b)为不同应变条件下的共振频率曲线，当应变从 0% 增加到 120%，共振频率从 1.53GHz 降低到 0.738GHz，实验结果与理论预测非常吻合。当释放应变后，共振频率又恢复原值。半波长偶极子天线的共振频率通过公式 $f = \dfrac{143}{l}\dfrac{1}{\sqrt{\varepsilon_{eff}}}$ 计算，式中，f 为共振频率 (MHz)，l 为天线长度(m)，ε_{eff} 为介质的介电常数。通过反复 50% 拉伸应变 100 次，共振频率基本保持不变，误差在 1% 以内。通过数据拟合，得到介电常数 $\varepsilon_{eff} = 2.1$。

　　目前晶体管和二极管等半导体器件还不能直接通过现有微流体技术创作。可以将常规的半导体器件分散到大面积弹性基板上，然后通过可延展流道中的液态合金实现互联，整个器件仍然具有良好的可延展和可折叠性[69]。由于基本物理机理得限制，天线提高集成度须以牺牲性能为代价。为保持射频性能，在无线通信和遥感中天线必须保持足够大面积。天线通过微流道实现，常规 IC 和无源部件是通过小尺寸柔性层状结构组装而成。每个引脚一端与半球形焊球连接，以提高与液态合金的连通性。将柔性印刷电路嵌入到天线基板上，引脚插入微流道中与液态合金连接，然后将未固化的 PDMS 涂覆在柔性印刷电路表面进行封装[69]。图 8.25 为可延展射频辐射传感器，LED 探测器在受到射频辐射的情况下亮起。沿着 x 轴或 y 轴方向拉伸 15%，或者折叠或扭曲条件下，不会导致任何机械损伤和射频辐射感知失效。在射频发生前关闭或者用身体遮挡射频辐射时，探测器会立即停止[69]。Khan 等[70]研究了形状可变化的天线，整个天线由注入微流道中的液态金属构成，实现频率对压力的可控、快速响应。Cheng 等[71]利用多层微流体可延

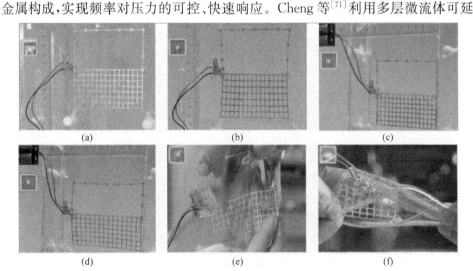

(a)　　　　　　　　　(b)　　　　　　　　　(c)

(d)　　　　　　　　　(e)　　　　　　　　　(f)

图 8.25　可延展 RF 辐射传感器，辐射源处于 5m 远的距离[69]

(a)和(c)是没有被拉伸状态；(b)和(d)是沿着 x 轴和 y 轴方向拉伸 15% 应变；

(e)人工双向加载状态；(f)严重扭曲状态

展无线射频电子的技术制备了大面积无线应变传感器,工作频率约为 1.5GHz。
由于采用微流道和液态金属技术,整个天线结构可机械重构。这种集成式应变传
感器通过遥感方式感知高强度张拉,无需外部存储和信号处理设备,工作频率对机
械应变非常敏感,可作为射频信号的发射和接收器,也可作为大面积应变传感器,
已成功用于检测人体周期性运动,并通过无线方式实时地将数据传输到 5 米外的
接收器上。

8.4.3　柔性通信雷达

　　军事和空天领域电子应用受到空间、重量、功率等限制,要求质量轻、易携带,
以提高机动性和降低发射负载。航空电子设备的空间、重量、功率和成本的限制越
来越高,譬如目前无人机机身设计已经接近极限,而通信和附属电子设备并不希望
因为上述因素限制而降低性能要求,必需寻找到能够将天线和其他电子设备与无
人机集成的方法。柔性电子需要将 TFT 技术扩展到 RF 水平,以满足大面积、轻
质、分布式、低成本、有源电子扫面天线要求,用于国防通信和监测系统。要实现
RF 电路,频率必须超过 500MHz,才有可能实现大面积有源天线系统在超高频或
更高频域进行工作。

　　目前通信天线被视为独立单元,作为二级装置固定在飞行器上,如整流罩或突
出表面装置。下一代军事 RF 监测系统需要大面积、有源天线阵列,要求天线阵列
具有柔性、能保形,以便集成到无人机、飞艇和空间系统。图 8.26 列举了这项技术
在军事中的应用,包括无人驾驶预警机、飞艇、太空/空间运输编队等[2]。对于无人
机,可以将天线固定在机翼表面,或者与机身蒙皮结合形成智能蒙皮。而飞艇和空
间系统需要天线固定装置,要求在发射过程的体积很小,当进入轨道后展开成非常
大的面积。这些系统需要天线尺寸达到 5000 平方英尺或者更大,并要求质量非常

图 8.26　需要大面积有源天线的军事应用[2]

小，天线有源电路包括低噪声放大器、RF 开关、RF 组合器、数控电路等，柔性塑料天线集成柔性有源电路可以很好地满足上述要求。许多系统需要工作在超高频(500MHz)范围、S 波段(5GHz)或 X 波段(8～12GHz)，此类超高频系统需要天线直径达到 45m。

干涉合成孔径雷达(interferometric synthetic aperture radar, InSAR)可对地球表面进行精确测量，能够在几百平方公里领域内的几平方米范围提供厘米级的表面位移测量，有助于科学理解地震相关的地壳变形。下一代大型 InSAR 面积超过 400 平方米，以提供足够的数据揭示全球地震机理，为地震预报提供依据。目前相阵雷达的质量和体积巨大，无法借助于已有的运载工具进行发射[2]。美国喷气推进实验室研制的轻质薄膜天线是理想的解决方案，利用可膨胀阵列天线最大程度的减轻质量、减小运载火箭的体积和宇宙航行成本。目前有三种可膨胀阵列天线用于航天器，分别是 3.3m×1.0m 的 L 波段合成孔径雷达、1.0m 直径的 X 波段远距离通信反射阵列、3m 直径的 Ka 波段远距离通信反射阵列，如图 8.27 所示[72]。三种天线结构相似，均含有可膨胀管状结构支撑和张拉，具有打印的微波传输带的多层薄膜辐射面，但这种膨胀结构也面临大规模电子元器件集成的可靠性、高成本等问题。

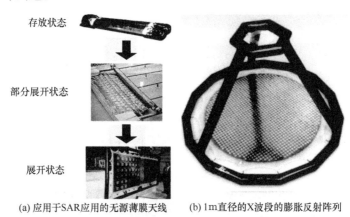

存放状态

部分展开状态

展开状态

(a) 应用于 SAR 应用的无源薄膜天线　　　(b) 1m 直径的 X 波段的膨胀反射阵列

图 8.27　可膨胀阵列天线[72]

将微波调频天线印制在柔性 PDMS 基板上，利用气压调节悬空高度和天线共振频率。将悬空高度从 $200\mu m$ 调节到 $575\mu m$ 时，频率从 55.35GHz 连续变化到 51GHz，变化范围 8%[73]。Tang 利用真空过滤和转印工艺将柔性均匀多壁碳纳米管嵌入到 PDMS 薄板中，制造出频率可调天线，如图 8.28 所示[74]。拉伸实验表明镀金薄板比原始薄板更加稳定，经历 $2500\mu m$ 位移，电阻只变化了 0.5%。通过气体膨胀天线证明频率的可调能力，在位移 $1500\mu m$ 时，工作频率可以调节 6.5%，高于静电力可调天线。Tiercelin 等[75]利用 PDMS 膜作为基板实现超柔性毫米波印刷天线，制备大变形天线和柔性保形天线。在 V 和 W 波段的实验中，对 PDMS 材料的表征显示高损耗角正切值,其中 PDMS 薄板悬空在充气空穴上方,利用气体膨胀方法测试天线性能,如图 8.28 所示。

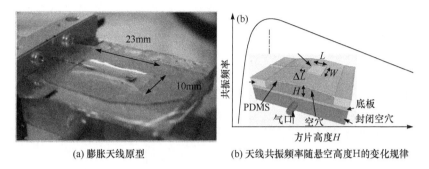

(a) 膨胀天线原型　　　　　　(b) 天线共振频率随悬空高度H的变化规律

图 8.28　印制在柔性 PDMS 基板的微波调频天线[74]

8.5　柔 性 传 感

20 世纪 80 年代开始研究检测接触点和区域、接触截面形状、压力分布的触觉阵列,研制出能检测对象形状、尺寸、有无、位置、作用力模式和温度的传感器。90 年代发展到高密度多阵列,柔性材料也成为重要的研究方面。此后,从单纯的传感器设计研制发展成为对涉及触觉传感、控制、信息处理等复杂系统及其过程的研究,并在传感器柔性力敏材料、新型制造工艺和多功能传感器等方面取得了较大进展。

柔性传感器通过在复合材料或金属结构中集成分布式传感网络,为结构健康监测提供新颖可行的技术,其基本思想是将分布式压电传感/驱动网络嵌入到介电承载薄膜上,对结构进行连续监测、检测和探测,以检测和评估结构的完整性,更重要的是对物理损伤提供早期预警[2]。现有技术难以实现大型结构监测急需的网络化传感器阵列。当传感器数量越来越大,需要更多的电线和电子器件相互连接,在提高结构损伤检测的分辨率的同时,增加了信号的噪声,扩展性差。通过 TFT 技术建立嵌入式开关,目的是研发可用于任何几何或构形的结构健康监测系统,利用驱动器和传感器的嵌入式控制增强损伤监测。如美国 NASA 正在研制用于未来空间任务的可展开飞行系统,其中包括大孔径雷达、光学望远镜、太阳帆等巨型结构。目前可行的方法是发射轻质、小体积的薄膜系统,然后在空中通过膨胀实现,这需要集成健康监测的柔性传感器、形状控制的柔性感测器等。

8.5.1　人造电子皮肤

人类通过视觉、听觉、嗅觉、味觉和触觉直接感知环境,利用电子技术对各种感知进行模拟,实现人-机无缝衔接,是人工智能发展的关键。视觉和听觉的模拟最为成熟,已经在图像获取和处理、声音综合与识别方面取得了显著的进展。从电子角度而言，电子鼻和化学传感器研究取得了显著进展，但敏感度和辨识度仍然有较大差距。相对于视觉和声音感知而言，压力感知的研究进展非常缓慢，一直受制于传感器在大面积制造、机械柔韧性方面的技术瓶颈，而且触觉的模拟仍然非常艰难，如难以辨识机械阻力与静态载荷能量转换机制之间的差异。触觉模拟需要发展高空间分辨率、压力敏感的人工智能皮肤，并能辨识纹理表面的局部激励[76]。

　　柔性传感器具有大面积、可变形、质轻、便携等特点，可实现传统传感器无法实现的功能。电子皮肤是将多种传感器和导电体集成在柔性基板上，形成与皮肤类似的高柔韧性和弹性传感器，将压力、温度、湿度、硬度等外界刺激转换为电信号后传递给计算机进行处理，甚至能识别常见的物体，对陌生的物体也能大致判断。具有类似功能的电子皮肤是未来机器人的必要特征，使得它们可以在非结构化的环境中进行操作。电子皮肤可使机器人能够像真人一样行动灵活和敏捷，敏锐感觉到外界环境的变化[77]。电子皮肤基本原理并不复杂，但是如何将电子皮肤覆盖到机器人表面具有相当的挑战性，主要原因在于：电子皮肤需要感受机器人全身的外界环境，必须具有整体性；同时电子皮肤作为外表部件，易于损坏，特别是关节部分，需要能够经受大的拉伸和压缩变形。为实现电子皮肤实用化，需要突破以下技术：①材料选择，传感功能的实现依赖于传感器材料的功能特性，如压电性、热电性或半导性；②多重传感信号处理，电子皮肤上集成相当数量的感受微元，每个微元都具备感知外界环境的功能，每个微元同时对力和热等多重信号进行响应；③力学性能优化，电子皮肤必须满足强度和柔韧性，在不产生破坏前提下实现最轻质量优化设计。

　　基于有机晶体管的大面积压力传感器已经用于电子皮肤。王树国等提出了基于红外传感器的电子皮肤设计方法，提高了机器人对未知环境的感知能力，以便及时避让障碍物[78]。Lumelsky[9]展示了电子皮肤模块（见图8.29），集成了8×8个红外线传感器，柔性基板材料是杜邦公司的Kapton聚酰亚胺。Wagner等[79]将金薄膜附着在预拉伸的柔性基板上，实现金属薄膜伸长一倍仍可导电，避免额外连接电线，有效减小电子皮肤的重量，并能具有良好的变形能力。

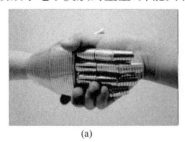 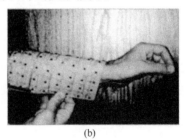

(a)　　　　　　　　　　　　　　(b)

图8.29　人造电子皮肤实例[9]

(a) 人造电子皮肤，采用晶体管实现柔性有源阵列，从传感器中读取压力图，可以实现弯曲，
所有层均有软材料构成[14]；(b) 人造电子皮肤模块，8×8＝64红外探测器，固定在Kapton基板上

Someya 等[80]发明了柔性、大面积压力传感器阵列,OTFT 有源阵列用于从二维压力传感器阵列读入压力分布,成功试制了大约有 1000 个痛点的电子皮肤。这种电子皮肤通过感知压力作用下感压橡胶的电阻变化,晶体管阵列周围安装的解码器等外部电路逐个扫描有机晶体管后,读取其电阻值,直到感觉过程结束。在此基础上,研发出具有较高一致性、柔性、大面积网状、集成温度和压力传感能力的电子皮肤,如图 8.30 所示[7]。可延展电子皮肤中包含有多个热、压力传感器,然后通过 OTFT 读取数据。利用精细掩膜,在 $75\mu m$ 厚的聚亚酰胺薄膜基板上制备出 12×12 的阵列并五苯场效应晶体管[见图 8.30(e)],晶体管沟道长度和宽度分别为 $50\mu m$ 和 $1800\mu m$,阵列周期为 $4mm$[14]。橡胶片顶部到底部的电阻值是机械压力的函数,当有压力作用在橡胶片上,电阻从 100Pa 时的 $1M\Omega$ 降低到 10000Pa 时的 100Ω。热传感器阵列是基于有机二极管,制备在表面涂覆 ITO 的 PEN 上。OTFT 和二极管薄膜分别单独转移到真空腔体中,都在表面形成一层 $2\mu m$ 钝化层。利用数控切割机对这些薄膜进行机械切割,制备网状结构,然后网状薄膜通过层压结合在一起,完成热传感器阵列的制备。压敏橡胶片和铜电极分别被切割成网状结构,然后两层薄膜层压在晶体管薄膜的顶部完成压力传感器阵列。最后将压力

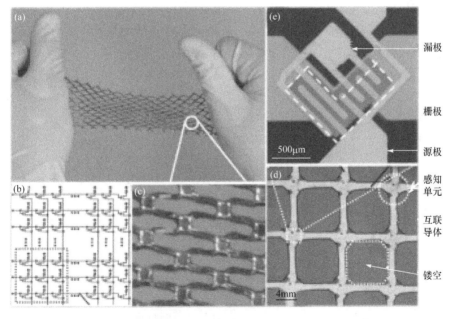

图 8.30　可延展压力和热传感器(有极晶体管有源阵列)[7]

(a) 集成有极晶体管、压力敏感橡胶、热传感器的塑料薄膜制备成独特的网状结构,可以拉伸 25%;

(b) 压力和热传感器阵列的电路示意图;(c) 被拉伸网状结构局部放大图,有极晶体管位于交错区;

(d) 3×3 个传感器单元;(e) 单个晶体管的局部放大图

传感器和热传感器层压到一起。聚对二甲苯保护层置于有机半导体层上，充当柔性气体阻隔层，使器件寿命从几天延长到几周，而且避免测试过程中对晶体管和二极管造成机械损伤。传感器原始状态时空格是方形的，拉伸之后变成菱形，拉伸25%依然能够保持良好的电学特性。

8.5.2　柔性光电传感器

柔性光电传感器是指利用柔性电子技术制作光电子器件，具有较好的移动性、轻量化、可变形等特点，用于柔性图像扫描仪、可调焦透镜、人造电子眼等，在生物、工业和军事领域具有广泛的应用。

柔性扫描仪：扫描仪作为计算机外部设备，用于捕获图像，并将图像转换为计算机可以显示、编辑、存储和输出的信息。扫描对象可包括照片、文本、图纸、照相底片、印制板等二维/三维物体，甚至在复杂曲面零件的数字建模过程中也需要用到扫描仪，将原始的点云、线条、图形、文字、照片、平面实物转换成可以编辑的数据文件。扫描仪大体可分为滚筒式扫描仪和平面扫描仪，近年来还出现了笔式、便携式、胶片、底片、名片等扫描仪，但是这些扫描仪通常不能变形，在获取图像过程中，必须进行机械运动。

柔性图像扫描仪避免了传统扫描仪所需的机械运动，以并行方式扫描图片，具有质量轻、耐冲击、柔软性、易携带等优点[81]。柔性图像扫描仪是通过在塑料基板上集成有机晶体管和光电二极管，利用有机光电探测器对纸张上白色和黑色部分的反射差进行区分，并生成图像。图 8.31 所示扫描仪有效感应面积为 5cm×5cm，分辨率为 36dpi，采用了薄膜并五苯晶体管，其沟道长度为 18μm，电子迁移率为 0.7cm^2/(V·s)，有 5184 个传感单元，器件总体厚度为 0.4mm。传统扫描仪需

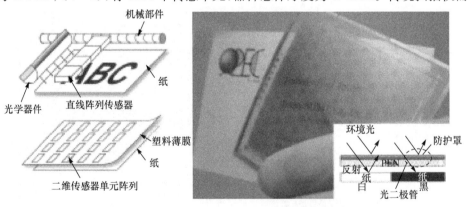

(a) 传统图像扫描仪与片式　　　　(b) 扫描仪及其图像扫描仪原理图
图像扫描仪的比较示意图

图 8.31　大面积、柔性、轻质柔性图像扫描仪[81]

要将线形传感器阵列从被扫描物体的一端移动到另一端,形成需要覆盖整个被扫描物体。柔性图像扫描仪和传统图像扫面仪工作原理上截然不同,无需机械和光学部件,采用了有机晶体管和有机二极管的二维阵列,不需要机械扫描过程,二极管的信号直接来源于有机晶体管的电信号。如果所有的入射光直接到达活性有源层,光电探测器就不能区分白色和黑色。因此,增加遮光层以避免光电探测器直接暴露在入射光中。入射光通过透明区域,在纸张的白色区域进行反射并到达活性有源层,然而,黑色区域的光直接到达活性有源层,通过这种方式区分白色和黑色。

可调焦显微透镜:镜头系统对显微镜起着至关重要的作用,随着系统的微小化,传统显微镜头受到视场和对焦系统的极大限制。Zhu 在半球形圆顶上制作液态显微透镜阵列,在实现大视野同时,每个显微透镜都具有单独可调焦功能,从几毫米到无穷大[82]。采用具有热响应的凝胶实现调焦,无需复杂的驱动系统。显微透镜之间通过聚合物桥结构连接,结构非常薄,可有效降低显微透镜的应变。图 8.32(a)为散光和聚光状态下的显微透镜结构示意图与实物图。圆形 PDMS 片确定了透镜孔径,并与凝胶驱动器和下方聚合物基板构成了水容器。利用等离子体放电对孔径侧壁进行化学亲水性处理,而顶部是自然疏水。作为显微透镜的弯月面通过水与油的曲线界面形成,通过 H-H 键连接到一起。在高压状态下,向上突出形成散光;在低压状态下,向下突出形成聚光。可通过温度进行调节,如在 50℃ 时形成散光(上图),而在 30℃ 时形成聚光(下图)。图 8.32(b)是在半球形玻璃球上制造可调焦显微透镜阵列的工艺流程图[82]:①在玻璃载片上图案化 IBA 层;②加高的 IBA 层作为 PDMS 基板的模具;③在另外一块玻璃载片上图案化第二层 IBA 层,作为 PDMS 孔径层;④将两块图案化的 PDMS 层粘贴到一起,形成孔洞;⑤在孔洞内进行 NIPAAm 凝胶环图案化,充当驱动器,而且孔径侧壁进行亲水和疏水性处理,形成水-油弯月面;⑥在孔径边缘形成水-油界面作为显微透镜,将显微透镜阵列套在半球形穹顶。图 8.32(c)为半球形玻璃基底上显微透镜阵列的实验测试结果,来自于显微透镜阵列中某一透镜的聚焦图片序列。起初显微透镜聚光,得到实像。由于热损失,焦距逐渐增加,实像不断放大。然后显微透镜切换到散光状态,重新聚焦后得到图像倒置虚像。随着进一步热损失,负焦距增加,导致虚像尺寸增加。

半球形电子眼摄像机:眼睛是非常了不起的光学成像设备,具有独特的视网膜成像功能,最突出的特点是几何轮廓为半球形的检测器,具有宽广的视场和非常低的畸变。将传感器阵列安装到曲面,类似于某些昆虫的眼睛,像视网膜一样,具有自动调节功能。曲面设计的光学探测器阵列的光学系统在非平面图像系统中具有非常重要的应用,如佩兹伐曲面。非平面电子和光电子系统不仅用于半球面摄像机或其他仿生器件设计,而且用于生物系统的检测和修复等。传统微纳加工过程

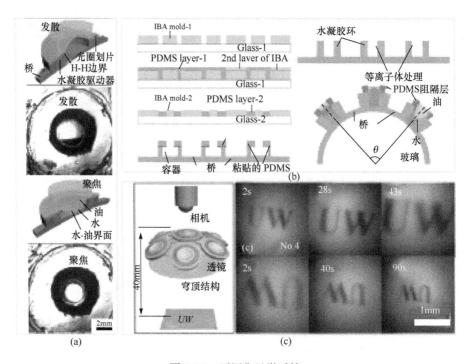

图 8.32　可调焦显微透镜

(a) 散光和聚光状态下的微棱镜结构示意图与实物图；(b) 在半球形玻璃球上制造可调焦显微镜阵列的
工艺流程图；(c) 半球形玻璃基底上显微透镜阵列的实验测试结果[82]

中的图案化、沉积、刻蚀、材料生长和掺杂等工艺都是基于平面，而电子眼摄像机中检测器为半球形，利用已有的光电子制备技术难以直接制备。Ko 研发出基于单晶硅技术的高性能半球形电子眼摄像机，如图 8.33 所示[83]。目前已有技术主要是针对刚性表面的半导体晶圆或玻璃平板，甚至平面塑料基板或橡胶厚板等都不适用于电子眼等非平面器件，主要由于存在平面到半球面几何形状的转变。紧凑型眼状照相机应变超过 40%，远大于目前所有的电子材料，特别是无机电子材料。采用了非常规制作工艺和二维压缩阵列的晶圆级光电子，系统包含有弹性体转换单元，在系统制备过程中保持平面，加工完成后可转换为半球形，能够更好地将工艺成熟的平面器件集成到复杂曲面上。

　　基于单晶硅技术的高性能半球形电子眼摄像机，能够采集真实感图片，相对于传统平面相机具有诸多优势，但是由于探测器本身曲率固定，难以满足佩兹伐曲面的变化。Jung 等[84]报道了全新的数字相机设备，将探测器阵列制备在弹性膜上，以可恢复方式变化成半球形，其中曲率是通过液压技术进行调节，有效克服了常规摄像机的问题。将这种可调光学探测器阵列与相似可调平凸结构的液体镜头组合，实现具有可调焦功能的半球形相机，能够获取高质量图像。图 8.34 为可变焦

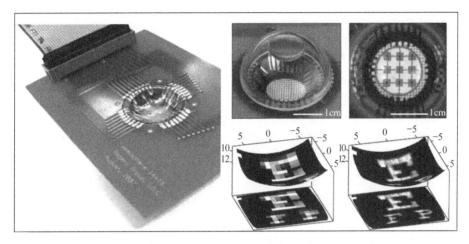

图 8.33 半球形电子眼摄像机及其输出的图像结果[83]

半球形相机完整的实物图与部件示意图[84]，以及不同放大倍数下的探测器阵列图片。镜头由 0.2mm 厚 PDMS 膜和 1.5mm 厚玻璃组成，中间充满的液体形成平凸形状的镜头。探测器阵列由 16×16 个探测器组成，固定在 0.4mm 厚 PDMS 膜上，通过蜿蜒导线互联。整个探测器阵列通过液压进行曲率控制。可调焦功能得益于光学探测器阵列的曲率可调节性，在体积受限的系统中具有广泛应用。

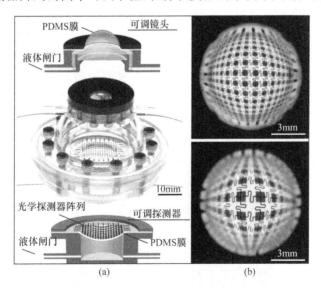

图 8.34 可变焦半球形相机[84]

(a) 可变焦半球形相机完整的实物图与部件示意图，包括可调镜头（上）、可调探测器阵列（下）；(b) 通过调节镜头可以获得不同放大倍数的探测器阵列图片，分别在镜头曲率半径为 5.2mm 和 7.3mm 时获得，此时探测器阵列的曲率保持为 11.4mm

8.5.3　柔性驱动

相对于压电陶瓷、形状记忆合金等驱动器，电活性聚合物具有大应变、柔软、轻质和生物兼容性等特点，广泛应用于生物组织工程、晶片实验室、药物输送、机器人等领域。

人工肌肉：肌肉具有能量传递、信息传递、新陈代谢、能量供给、传动以及自修复功能，为研究者开发驱动器提供灵感和目标，"人工肌肉"的研发也成为目前学术界和工业界的重要研究方向。McKibben 首次研制了气动驱动器，并发展成为商业化的 McKibben 驱动器，但由于体积和辅助系统的限制，并不适合作为人工肌肉材料。形状记忆合金曾被尝试用作人工肌肉材料，具有高能量密度和低比重等特点，但存在形变不可预知、响应速度慢、使用尺寸受限等不足。传统驱动器所采用的压电陶瓷可以承受较大载荷，响应速度较形状记忆合金快，但断裂应变小于 1%。

介电弹性体(dielectric elastomer，DE)是制造智能驱动器最有潜力的电活性聚合物材料(electroactive polymers，EAP)，能够在电流、电压或电场作用下产生物理形变，将电能转化为机械能，在外加电场诱导下改变材料内部构造，产生多种形式的力学响应，具有特殊的机械性能和电学性能，可用于制造驱动器和传感器、人工假肢和人造器官、增力外骨架、机器人肌肉，以及用于细胞操作的细小尺寸器件等领域。EAP 在外加电场下能够产生 400% 应变和非常大的作用力(3.4J/g 的高弹性能密度)，所产生的应变比电活性陶瓷大两个数量级，并且较形状记忆合金，其响应速度快、密度小、回弹力大，具有与生物肌肉相似的高抗撕裂强度和动力学性能等，使得人工肌肉研究突飞猛进[85]。随着材料制备和理论建模的发展，已研制出不同材料与结构的人工肌肉。应用 EAP 制备的薄膜和纤维具有良好的柔性、弯曲性与生物兼容性。EAP 在机器人领域同样具有广泛的应用(见图 8.35)，正在研发用于仿生机器人的类似肌肉性能的介电橡胶驱动器。将 EAP 贴装在聚合物

图 8.35　假想中的 EAP 人工肌肉

基板上制作成薄膜结构,作为大面积驱动器在临床及康复医学中应用前景广阔,如制造人工器官、人工驱动关节、人工假体等[86]。人工肌肉的成功研制将成为康复医学的里程碑,在医疗器械、康复医疗、仿生、智能机器人等领域具有广泛应用前景。

EAP根据变形产生机制可以分为电子型和离子型,前者也被称为干驱动体系,即电场活性材料,通过电场和静电作用进行驱动,主要包括电介质弹性体、压电/铁电聚合物、电致伸缩聚合物、液晶弹性体和电致黏弹性弹性体;后者即电流活性材料,主要通过离子的运动引起变形,包括碳纳米管复合材料、聚合物电解质凝胶、离子聚合物和导电聚合物等。由于电子比离子移动速度快,电子型聚合物的反应时间较短,其能量密度也较大,并可在空气中长时间运行,而离子材料在必须浸浴在溶剂中。

肌肉不仅仅是能量输出器,在运动中还可以作为能量吸收器、变刚度悬挂单元、位置传感器等。人工肌肉必须能够复制生物肌肉的重要特征,如力量、柔韧性、响应速度和可控性等。实验证实,基于EAP的人工肌肉确实能够复制自然肌肉的若干重要特性。

柔性夹持:机器人操作是通过驱动器驱动骨骼(杆和铰)等被动系统,改变系统的姿势。Kofod等[87]利用结构构形的最小自由能原理设计夹持系统,仅通过平面化的制造工艺,将预拉伸的橡胶板与弹性框架进行组合,实现复杂的非平面结构。橡胶由高卷曲和交联网络的聚合物链组成,如图8.36(a)所示,具有较高的构形熵,较低的自由能。拉伸橡胶板会拉长聚合物链,降低构形熵和增加自由能[见图8.36(b)]。橡胶板收缩释放的能量将以弯曲能的形式存储在弹性框架中,拉伸的橡胶板与弹性框架的组合结构可实现复杂的结构形式[见图8.36(c)]。通过附加外部激励,这种自组织系统改变形状,实现驱动[见图8.36(d)]。最小能量化结构具体应用如图8.36(e)所示,可实现柔性夹持,初始状态时在结构上作用高电压(3.0kV),结构张开可以包裹较大的物体,当电压消失后,结构收缩,三只钳子就会将力传递到物体,将可以运送物体。

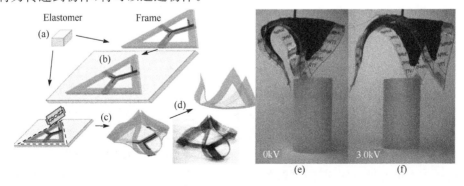

图8.36　柔性夹持原理示意图:最小能量结构,实现夹持动作[87]

　　柔性盲文显示器：Braille 点字是一种盲人使用的触觉语言，称之为盲文或点字、凸字，通过点字板、点字机、点字打印机等在纸张上制作出不同组合的凸点而组成。Braille 点字由若干凸起的点按照不同的组合进行排列而成，每种排列都代表一个符号。一个 Braille 胞元就表示一个单个字符，由 2×3 或 2×4 点阵组成。通过特定组合的突出和降低点的位置实现特定含义，通过指尖理解不同的字母和数字。国际 Braille 点标准如图 8.37(a)所示，每个点的直径为 1.5mm，间距为 1mm，高度为 0.6mm。可刷新 Braille 胞元显示器是将文本信息从计算机传输到 Braille 显示器，显示器符号可以通过电学激励的方式升高，可作为屏幕阅读器，便于盲人阅读电子媒体，如 email 和浏览网站，借助于 Braille 键盘可向计算机输入信息。由于制造成本高，需要双压电驱动，大多数 RBD 仅包含单排 25~80 个 Braille 胞元。柔性电子与电活性介电橡胶材料可实现大规模制造、轻质、低能耗和集成驱动器，为研发便携式多排 RBD 提供可能。Kato 等[88]在塑料基板上集成带有柔性驱动器的高性能有机晶体管，制造出柔性、轻质薄片式盲文显示器。这种显示器分三层加工而成：有机晶体管薄层、聚合物驱动器薄层和覆盖层。除电极外，所有的材料都是软物质构成，整个系统非常薄、轻质、可变形[见图 8.37(b)]。这种全页面、便携式、低成本、可刷新 Braille 显示器，在盲人和计算机之间架起一座桥梁，为他们提供便利的信息交流。

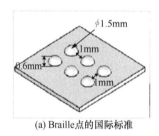 

(a) Braille 点的国际标准　　　(b) Braille 点字法薄片显示器

图 8.37　Braille 点的国际标准，Braille 点字法薄片显示器图像[88]

8.6　柔性医疗

　　柔性医疗以采用柔性的生物医疗器械为主要特征，具有大面积、可变形、质轻、便携带等特点，可实现穿戴式医疗设备、植入式人工器官等传统设备无法实现的特殊功能，开创出许多创新应用。随着心血管疾病、冠心病、糖尿病等犯病率的不断提高，健康监护已成为重要课题。如把感应材料涂在柔性基板，通过柔性电子方式将感应器贴在身体或衣服上，感测血压、血糖等生命信号。穿戴式生理检测仪器无需在医护人员监护下使用，同时患者可以从事正常活动。在目前已有可移植医疗器件，如起搏器、脑深部刺激器、癫痫治疗器件等，每个电极单独连接到独立控制系统。Viventi 等[89]展示了柔性硅电子用于人体软组织三维动态表面信号的测量，传感器由 2016 个 TFT 组成，具有瞬态亚毫米和亚毫秒分辨率，已经成功用于猪心脏表面的原位直接记录。

8.6.1　柔性智能服饰

尼葛洛·庞帝在《数字化生存》中预言穿戴式计算机："未来数字化服装的材料是有计算能力和记忆能力，不必携带计算机，而是穿在身上"。穿戴式计算机已经应用到军事、医疗、急救等特殊领域，但进入日常生活还不成熟。目前穿戴式计算机并不具有柔性，大多由刚性离散器件集成。正在开发的柔性穿戴式产品已经实现了原型系统和应用。柔性穿戴式生理检测产品需要具有良好的移动性、仪器结构紧凑、能量消耗低、无线数据交换等，在正常工作时具有可变形、安全性、可靠性、易使用、智能性等[90]。

随着更高集成度的多功能可穿戴系统的研发与实现，使得针对个体的生理学、生物化学和物理监测成为可能。已有的商业化便携式/穿戴式设备只限于单个生理信号的检测，测量结果不完全。目前穿戴式检测仪器的研究主要集中在功能集成与自动化，以及增强仪器的友好性和多参数检测能力。衣服和纺织物与 90% 的皮肤表面直接接触，集成无创传感器的智能衣服对于健康监测非常具有吸引力。目前主要有智能生物医疗服和智能信息通信等两类智能衣服，如图 8.38 所示[91]。前者将传感器集成到衣服中，通常将压电阻抗纺线、光纤等传感器封装在纤维层，与皮肤近距离接触，用于生物医疗；后者将传感器封装在衣服上，不直接与皮肤接触，包括微型计算机、柔性显示器、太阳能电池、柔性键盘等，通常用于通信、显示

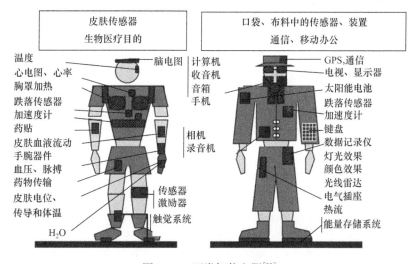

图 8.38　两类智能衣服[91]

和发送信息等，与整个人体构建成交互式通信网络，直接通过非常自然的方式与身体接触。目前已开发出 VTAMN、WEALTHY、magIC、SmartShirt 和 LifeShirt 等原型系统[91]。

　　为提高运动成绩和个人舒适度，运动产业驱动了纺织工业的研究，已开发出商业化产品，如可透气防水纺织品 Gore-Tex® 和吸汗纺织品 Coolmax®，在布料中集成传感器，用于监控脉搏、血压、体温等。压电材料制造的应变传感器可用于生物力学分析，提供一种穿戴式的肌肉运动感知接口用于检测姿势，提高运动成绩并降低运动伤害。利用织物的导电性受纤维应力应变的影响来感知生理运动，如图 8.39(a) 所示[92]。Lorussi 等[93]将应变传感器集成到织物上，制作成检测手的各种姿势的智能手套，可推广到衣物、座椅等应用，以检测身体的各种姿态。这类传感器具有良好的柔软特性，与身体保持良好的贴合性，如图 8.39(b) 所示。

(a) 比萨大学研发的运动感知外套[92]　　　　(b) 集成传感器的手套[93]

图 8.39　智能服装和穿戴式织物

　　柔性电子与衣服集成可开创许多新应用，但在纤维上构造电路非常复杂。Rossi[94]通过在纤维上涂层生成电极，在纤维交叉点形成晶体管。纤维构造出 OFET 工作原理为：①在栅电极电场作用下，通过聚合物沟道中积累的电荷来切换 OFF 状态到 ON 状态；②在栅电极电压作用下，聚合物半导体沟道中的离子通过固态电解质电扩散而耗尽后，实现 ON 状态到 OFF 状态的 WECT（wire electrochemical transistors）切换。WECT 是对称结构，源漏极纤维和栅电极纤维可以相互交换，为电路设计增加了灵活性[94]。可延展体温计作为穿戴式健康检测系统，由绷带、可延展电路、温度传感器组成。如图 8.40 所示，包括 LM92 贴片式嵌入温度计、精度 0.33℃ 的 I²C 串口温度传感器、625μA 的电源、8 个衬垫，以及解耦电容、电阻和开关 LED。

　　穿戴式生理检测系统的架构由四部分组成[90]：①穿戴式传感器，用于测量生理参数，包括心电、心率、血压、呼吸速率、体温等；②数据记录器，收集来自传感器的信号，并对信号进行处理和分析，通过无线技术传送到基站；③基站，通常为联网的计算机、手机等；④远程监护中心，能够及时地显示患者各种生命信息。作为非创伤传感器，用于测量活组织生理学参数，包括[91]：①热参数，主要是体温、皮肤温度和身体热流等，通过上述参数可推断出许多生理现象，如新陈代谢、热舒适度、发

(a) 体温计器件结构　　　　　　(b) 体温计制作
　　　　　　　　　　　　　　　　成可穿戴式

图 8.40　可伸缩体温计

资料来源 National Semiconductors 公司

烧、皮肤感染等；②电参数，主要是电势和电导率测量，用于研究心电图、肌电图、脑电图、心率等；③几何与机械参数，包括体积描述仪、加速度计、测角度仪、界面压力传感器、触觉界面传感器等，通过几何参数测量得到呼吸率、血压、肺活量、心率等；④机械参数，包括由软物质构成的活细胞界面压力测量系统，通过电子传感器、气动传感器和电气转换传感器实现测量。

8.6.2　柔性植入式器件

柔性植入式器件包括人造柔性可移植性假体和柔性神经信号探测系统，如视网膜假体和神经假体[95]。最为众人所知的植入式器件是心脏起搏器和人工耳蜗。人工耳蜗是一个比较复杂的系统，由语音处理器、传输单元、麦克风、植入式激励器和取代损伤毛细胞的管状电极阵列等组成。

电极是植入式器件的核心部分，直接与生物组织(肌肉或神经)接触，用于建立生物世界和技术世界的交互接口。神经探针是连接神经假体与大脑最常用的装置，实现大脑的记录与激励，使得细胞记录大脑特定区域神经单元的活动成为可能，有助于对大脑深层次的理解。而目前的记录和激励电极都需要插入体内[95]。密西根大学 Wise[96] 研发出用于神经修复的各种布局的尖锐电极，如图 8.41 所示，实现活体内神经活动的长期监测，并将电信号输入到神经网络。电极阵列与芯片电路、信号处理、无线接口集成，成为神经假体的基础，但其非常脆且易破损。密西根大学研究人员将硅微探针与柔性聚合物缆线集成，用硅探针模拟和记录神经组织和肌肉的信息，已经成功在动物活性组织上进行了大量实验[95]。

弗朗霍夫生物医疗工程研究所研发出微型柔性互联，利用光刻进行金属图案化，并嵌入到聚酰亚胺基板中，与生物医疗移植体兼容[97]。这种基板通过 ISO 10993 的细胞毒性测试，在盐溶液中浸泡了 4 年以上，并移植到老鼠身体 10 个月以上。MIT 研发出视网膜下植入式器件，以实现视觉假体功能。聚酰亚胺基板承载了系统的所有部件，部件间通过 $50\mu m$ 宽的 Cu/Ni/Au 金属线互联，芯片间通过

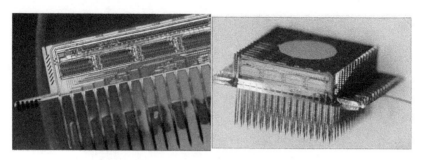

图 8.41　128 通道神经电子接口视图[96]

柔性互联衔接,整个系统利用 PDMS 进行封装,如图 8.42 所示。

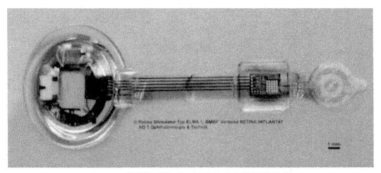

(a) 移植体由聚对二甲苯和硅橡胶封装组成

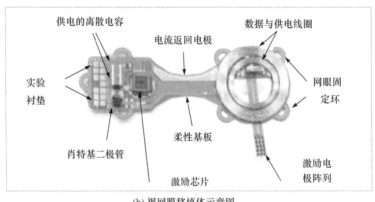

(b) 视网膜移植体示意图

图 8.42　可移植微型柔性互联电视

8.6.3　表皮电子

20 世纪 20 年代末,已经开始利用皮肤作为物理测量和刺激接口,如从头皮进行脑电图测量。虽然这项技术得到持续发展,但设计原理依然没有本质上突破,主要是利用胶带、机械夹持、捆扎、针刺等方式将为数不多的块状电极固定在皮肤表面，通过导电胶将皮肤和电极紧密接触，最后将电极连接到一个非常大的测量、供电和通信箱体。这种系统不适用于实验室或医务室之外的地方应用，其关键技术在于如何在不刺激皮肤的条件下建立较长使用寿命、良好鲁棒性的电学接触，并要求总体尺寸、重量和形状并不会因持续使用中而带来不舒适。

表皮电子是固定在皮肤表面的电子器件，能够与皮肤完美贴合，不需要导电胶和穿透针，能够感知皮肤的温度、应变与动态响应，潜在应用包括生理状态检测、伤口检测或处理、生物/化学感知、人机交互界面、隐蔽通信等，以完全不同的方式集成测量装置中的所有器件，包括电极、电子、传感器、电源、通信部件等。表皮电子具有超薄、低弹性模量、质轻、可延展等特点，能够方便地通过软接触工艺转移到皮肤表面，整个过程中看不见这些测量装置，就如同电子文身一样[64]。表皮电子系统可以直接测量脑电图、心电图和肌电图。利用表皮电子系统在胸部测量心电图，提供了高质量的信号数据，全面反映了心跳各个阶段的信息。表皮电子系统还可作为人机接口：首先剥离前额的角质层，然后将表皮电子系统贴于前额，通过透明胶进行固定，可以得到高质量、可重复的结果。

图 8.43 为表皮集成电子器件原型，集成了多种功能传感器（如温度、应变、电生理学）、微尺度 LED、有源/无源电路单元（晶体管、二极管、电阻）、无线供电线圈、无线射频通信器件（高频电感、电容、振荡器和天线），上述器件都固定在约 $30\mu m$ 厚、气密性的弹性薄膜上[64]。器件基于超薄中性面结构设计，应用硅、砷化镓等较为成熟的电子材料，采用蜿蜒形状的细丝纳米带或微纳米薄膜形式，这使得系统能够承受较大的弹性变形：系统等效模量小于 150kPa，弯曲刚度小于 1nNm，面密度小与 $3.8mg/cm^2$，比常规微电子小几个量级。采用水溶性聚合物作为临时性承托，将整个器件固定到皮肤表面，电子面向皮肤，类似于临时转帖文身。将水溶性聚合物冲洗之后，器件通过范德华力完全贴合皮肤，而不需要机械夹具或者胶带等。可以利用镊子剥离粘贴的器件如图 8.43(b) 所示，表皮电子系统部分（上图）完全（下图）从皮肤表面剥离，从插图中可以看到期间处于中间层。当完全剥离后，由于其极端的变形能力，器件会收缩并卷曲成团，在皮肤拉伸或压缩时，器件可以随同皮肤一同变形，图 8.43(c) 从左到右依次为未变形、压缩和拉伸。器件的弹性模量、厚度等物理特性参数与表皮非常接近，这有利于表皮电子贴合在皮肤表面，可利用商业化的文身帖图作为备选基板，图 8.43(d) 从左至右依次为文身帖图的背面、电子集成到表面有电子器件的一面粘贴到皮肤、压缩器件。揭示器件的力学特性，对研究皮肤的力电生理学和非生物-生物系统的耦合行为非常重要。皮肤近似为双层结构，包括表皮和真皮层，前者的弹性模量为 $140\sim600$kPa，厚度为 $0.05\sim1.5$mm；后者弹性模量为 $2\sim80$kPa，厚度为 $0.3\sim3$mm。应变小于 15% 时，呈现线弹性应变，增加应变就会出现非线性行为，当超过 30% 就会出现不可逆行为。皮肤的褶皱、凹陷区的幅值和特征尺寸分别为 $15\sim100\mu m$ 和 $40\sim1000\mu m$[64]。

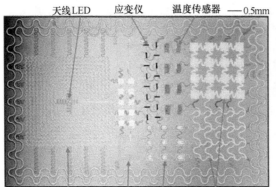

天线LED　　　应变仪　　温度传感器 —— 0.5mm

无线供电线圈　射频线圈射频二极管 ECG/EMG传感器

(a) 多功能表皮电子系统实物图

—— 5mm

从皮肤上脱开

贴到皮肤

从皮肤部分脱开后

—— 3mm

MP
PI
device 7μm
PI
PE (−50 kPa)
30μm

褶皱的电路
聚酯

从皮肤完全脱开之后

(b) 从皮肤表面剥离电子系统

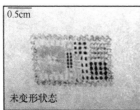

0.5cm

未变形状态

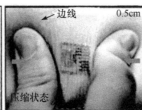

边线　0.5cm

压缩状态

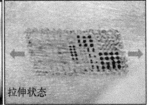

拉伸状态

(c) 表皮电子系统粘贴在皮肤表面经受各种变形

0.5cm　纹身

纹身背面　→

电子器件　电子器件

转移之后　→　继承到皮肤之后　→　纹身正面

变形之后

(d) 商业化文身贴图作为备选基板

图 8.43　表皮电子系统及应用[64]

表皮电子的关键功能是监测与脑电图、心电图和肌电图等相关的电生理学过程。放大的传感器电极与 MOSFET 实现一体化，所有电路都采用蜿蜒结构[64]。MOSFET 的栅极连接到扩展的单纤维蜿蜒结构电极上，通过皮肤接触实现与身体电势耦合。利用输入电容测量频率响应，其中电容值由栅极电容、封装层 PI 电容、栅极与体表面的电容串联而成。表皮电子系统还包括半导体器件和传感器：与弯曲电极 Pt 连接的热电阻传感器、基于炭黑掺杂硅的平面内应变传感器、基于 AlInGaP 的 LED 和光电探测器、单纤维硅蜿蜒结构光伏电池等。系统电感、电容和射频之间相互影响，将这些器件连接在一起会得到期望的共振频率，但随着变形状态而改变，这主要由于射频感应依赖于天线的几何形状。例如当应变达到 12% 时，共振频率会漂移 30% 左右，在无线供电线圈中也出现类似结果，上述影响在表皮电子系统设计时都需考虑。

参 考 文 献

［1］Wong W S,Salleo A. Flexible Electronics:Materials and Applications. New York:Springer,2009.

［2］Reuss R H,Chalamala B R,Moussessian A,et al. Macroelectronics:Perspectives on technology and applications. Proceedings of the IEEE,2005,93(7):1239－1256.

［3］Kim D H,Ahn J H,Choi W M,et al. Stretchable and foldable silicon integrated circuits. Science,2008,320(5875):507－511.

［4］Jang J. Displays develop a new flexibility. Materials Today,2006,9(4):46－52.

［5］Mayer A C,Scully S R,Hardin B E,et al. Polymer-based solar cells. Materials Today,2007,10(11):28－33.

［6］张智文. 射频识别技术理论与实践. 北京:中国科学技术出版社,2008.

［7］Someya T,Kato Y,Sekitani T,et al. Conformable,flexible,large-area networks of pressure and thermal sensors with organic transistor active matrixes. Proceedings of the National Academy of Sciences of the United States of America,2005,102(35):12321－12325.

［8］Madden P G A. Development and modeling of conducting polymer actuators and the fabrication of a conducting polymer based feedback loop［D］. Cambridge:Massachusetts Institute of Technology,2003.

［9］Lumelsky V J,Shur M S,Wagner S. Sensitive skin. IEEE Sensors Journal,2001,1(1):41－51.

［10］Carta R,Jourand P,Hermans B,et al. Design and implementation of advanced systems in a flexible-stretchable technology for biomedical applications. Sensors and Actuators A-Physical,2009,156(1):79－87.

［11］Khang D Y,Rogers J A,Lee H H. Mechanical buckling:Mechanics,Metrology,and stretchable electronics. Advanced Functional Materials,2009,19(10):1526－1536.

［12］Kim D H,Rogers J A. Stretchable electronics:Materials strategies and devices. Advanced Materials,2008,20(24):4887－4892.

［13］Kubo M,Li X F,Kim C,et al. Stretchable microfluidic radiofrequency antennas. Advanced Materials,2010,22(25):2749－2752.

［14］Sekitani T,Someya T. Stretchable,large-area organic electronics. Advanced Materials,2010,22(20):2228－2246.

［15］Rutherford N,彭增辉. 有机显示器和电子器件的柔性基板和封装. 现代显示,2006,59-60(1):24,29.

［16］Ma R,Hack M,Brown J J. Flexible AMOLEDs for low-power,rugged applications. SID Information Display,2010,26(2):8－14.

［17］Zyung T,Kim S H,Chu H Y,et al. Flexible organic LED and organic thin-film transistor. Proceedings of the IEEE,2005,93(7):1265－1272.

［18］刘雪强. 薄膜晶体管驱动 OLED 技术中关键问题的研究［博士学位论文］. 长春:吉林大学,2008.

［19］段晓霞,徐征,滕枫,等. 基于电泳技术的电子纸研究进展. 液晶与显示,2004,19(5):

380-385.

[20] Chen Y, Au J, Kazlas P, et al. Flexible active-matrix electronic ink display. Nature, 2003, 423 (6936):136.

[21] Rogers J A. Electronics: Toward paperlike displays. Science, 2001, 291(5508):1502, 1503.

[22] 洪志明. 呼之欲出的软性电子. 电子技术, 2007, 34(2):8—12.

[23] Sugimoto A, Ochi H, Fujimura S, et al. Flexible OLED displays using plastic substrates. IEEE Journal of Selected Topics in Quantum Electronics, 2004, 10(1):107—114.

[24] Chwang A, Hewitt R, Urbanik K, et al. Full color 100 dpi AMOLED displays on flexible stainless steel substrates. SID Symposium Digest of Technical Papers, 2006, 37 (1): 1858—1861.

[25] Yagi I, Hirai N, Miyamoto Y, et al. A flexible full-color AMOLED display driven by OTFTs. Journal of the Society for Information Display, 2008, 16(1):15—20.

[26] Gustafsson G, Cao Y, Treacy G M, et al. Flexible light-emitting diodes made from soluble conducting polymers. Nature Biotechnology, 1992, 357(6378):477—479.

[27] Dodabalapur A, Bao Z, Makhija A, et al. Organic smart pixels. Applied Physics Letters, 1998, 73(2):142—144.

[28] Zhou L S, Wanga A, Wu S C, et al. All-organic active matrix flexible display. Applied Physics Letters, 2006, 88(8):083502.

[29] Rogers J A, Bao Z, Baldwin K, et al. Paper-like electronic displays: Large-area rubber-stamped plastic sheets of electronics and microencapsulated electrophoretic inks. Proceedings of the National Academy of Sciences of the United States of America, 2001, 98(9): 4835—4840.

[30] Ma R Q, Hewitt R, Rajan K, et al. Flexible active-matrix OLED displays: Challenges and progress. Journal of the Society for Information Display, 2008, 16(1):169—175.

[31] Sun Y G, Rogers J A. Fabricating semiconductor nano/microwires and transfer printing ordered arrays of them onto plastic substrates. Nano Letters, 2004, 4(10):1953—1959.

[32] Sekitani T, Nakajima H, Maeda H, et al. Stretchable active-matrix organic light-emitting diode display using printable elastic conductors. Nature Materials, 2009, 8(6):494—499.

[33] Kim R H, Kim D H, Xiao J L, et al. Waterproof AlInGaP optoelectronics on stretchable substrates with applications in biomedicine and robotics. Nature Materials, 2010, 9(11):929—937.

[34] Filiatrault H L, Porteous G C, Carmichael R S, et al. Stretchable light-emitting electrochemical cells using an elastomeric emissive material. Advanced Materials, 2012, 24(20):2673—2678.

[35] Liu L Q, Wang Z X, Zhang H Q, et al. Solar energy development in China-A review. Renewable & Sustainable Energy Reviews, 2010, 14(1):301—311.

[36] Pagliaro M, Ciriminna R, Palmisano G. Flexible solar cells. Chemsuschem, 2008, 1(11): 880—891.

[37] Krebs F C, Gevorgyan S A, Alstrup J. A roll-to-roll process to flexible polymer solar cells: Model studies, manufacture and operational stability studies. Journal of Materials Chemis-

try,2009,19(30):5442—5451.

[38] Hamers E A G,van den Donker M N,Stannowski B,et al. Helianthos:Roll-to-roll deposition of flexible solar cell modules. Plasma Processes and Polymers,2007,4(3):275—281.

[39] Sondergaard R,Hosel M,Angmo D,et al. Roll-to-roll fabrication of polymer solar cells. Materials Today,2012,15(1-2):36—49.

[40] Krebs F C,Gevorgyan S A,Gholamkhass B,et al. A round robin study of flexible large-area roll-to-roll processed polymer solar cell modules. Solar Energy Materials and Solar Cells,2009,93(11):1968—1977.

[41] 李轶. 激光在非晶硅薄膜太阳能电池制造中的应用. 半导体行业,2009,21(2):49—51.

[42] Schubert M B,Werner J H. Flexible solar cells for clothing. Materials Today,2006,9(6):42—50.

[43] Yoon J,Baca A J,Park S I,et al. Ultrathin silicon solar microcells for semitransparent,mechanically flexible and microconcentrator module designs. Nature Materials,2008,7(11):907—915.

[44] Fan Z Y,Javey A. Solar cells on curtains. Nature Materials,2008,7(11):835—836.

[45] Contreras M A,Ramanathan K,AbuShama J,et al. Diode characteristics in state-of-the-art ZnO/CdS/Cu(In1-xGax)Se2 solar cells. Progress in Photovoltaics:Research and Applications,2005,13(3):209—216.

[46] Kessler F,Herrmann D,Powalla M. Approaches to flexible CIGS thin-film solar cells. Thin Solid Films,2005,480(12):491—498.

[47] Tiwari A N,Romeo A,Baetzner D,et al. Flexible CdTe solar cells on polymer films. Progress in Photovoltaics,2001,9(3):211—215.

[48] Bedeloglu A,Demir A,Bozkurt Y,et al. A photovoltaic fiber design for smart textiles. Textile Research Journal,2010,80(11):1065—1074.

[49] Hartmann W D,Steilmann K,Ullsperger A. High-Tech Fashion. Heimdall:Witten,2000.

[50] Werner J,Wagner T,Gemmer C,et al. Recent progress on transfer-Si solar cells at ipe Stuttgart. Osaka,Japan,2003:1272—1275.

[51] Wang X L,Hu H,Shen Y D,et al. Stretchable conductors with ultrahigh tensile strain and stable metallic conductance enabled by prestrained polyelectrolyte nanoplatforms. Advanced Materials,2011,23(27):3090—3094.

[52] Krebs F C,Nielsen T D,Fyenbo J,et al. Manufacture,integration and demonstration of polymer solar cells in a lamp for the "Lighting Africa" initiative. Energy & Environmental Science,2010,3(5):512—525.

[53] Yu C,Masarapu C,Rong J,et al. Stretchable supercapacitors based on buckled single-walled carbon-nanotube macrofilms. Advanced Materials,2009,21(47):4793—4797.

[54] Lipomi D J,Bao Z A. Stretchable,elastic materials and devices for solar energy conversion. Energy & Environmental Science,2011,4(9):3314—3328.

[55] Kaltenbrunner M,Kettlgruber G,Siket C,et al. Arrays of ultracompliant electrochemical dry

Gel cells for stretchable electronics. Advanced Materials,2010,22(18):2065—2067.

[56] Qi Y,Kim J,Nguyen T D,et al. Enhanced piezoelectricity and stretchability in energy harvesting devices fabricated from buckled PZT ribbons. Nano Letters,2011,11(3):1331—1336.

[57] Khang D Y,Jiang H,Huang Y,et al. A ftretchable form of single-crystal silicon for high-performance electronics on rubber substrates. Science,2006,311(5758):208—212.

[58] Lee J,Wu J,Shi M,et al. Stretchable GaAs photovoltaics with designs that enable high areal coverage. Advanced Materials,2011,23(8):986—991.

[59] Spurgeon J M,Boettcher S W,Kelzenberg M D,et al. Flexible,polymer supported,Si wire array photoelectrodes. Advanced Materials,2010,22(30):3277—3281.

[60] Wang C Y,Zheng W,Yue Z L,et al. Buckled,stretchable polypyrrole electrodes for battery applications. Advanced Materials,2011,23(31):3580—3584.

[61] Lipomi D J,Tee B C K,Vosgueritchian M,et al. Stretchable organic solar cells. Advanced Materials,2011,23(15):1771—1775.

[62] Lipomi D J,Chong H,Vosgueritchian M,et al. Toward mechanically robust and intrinsically stretchable organic solar cells:Evolution of photovoltaic properties with tensile strain. Solar Energy Materials and Solar Cells,2012,

[63] Kaltenbrunner M,White M S,Glowacki E D,et al. Ultrathin and lightweight organic solar cells with high flexibility. Nature Communications,2012,3(4):770—777.

[64] Kim D H,Lu N S,Ma R,et al. Epidermal electronics. Science,2011,333(6044):838—843.

[65] Siegel A C,Shevkoplyas S S,Weibel D B,et al. Cofabrication of electromagnets and microfluidic systems in poly (dimethylsiloxane). Angewandte Chemie,2006,118(41):7031—7036.

[66] Kim H J,Son C,Ziaie B. A multiaxial stretchable interconnect using liquid-alloy-filled elastomeric microchannels. Applied Physics Letters,2008,92(1):011904.

[67] Cheng S,Rydberg A,Hjort K,et al. Liquid metal stretchable unbalanced loop antenna. Applied Physics Letters,2009,94(14):144103.

[68] So J H,Thelen J,Qusba A,et al. Reversibly deformable and mechanically tunable fluidic antennas. Advanced Functional Materials,2009,19(22):3632—3637.

[69] Cheng S,Wu Z G. Microfluidic stretchable RF electronics. Lab on a Chip,2010,10(23):3227—3234.

[70] Khan M R,Hayes G J,So J H,et al. A frequency shifting liquid metal antenna with pressure responsiveness. Applied Physics Letters,2011,99(1):013501.

[71] Cheng S,Wu Z G. A microfluidic,reversibly stretchable,large-area wireless strain sensor. Advanced Functional Materials,2011,21(12):2282—2290.

[72] Huang J. The development of inflatable array antennas. IEEE Antennas and Propagation Magazine,2001,43(4):44—50.

[73] Hage-Ali S,Tiercelin N,Coquet P,et al. A millimeter-wave inflatable frequency-agile elastomeric antenna. IEEE Antennas and Wireless Propagation Letters,2010,9:1131—1134.

[74] Tang Q Y,Pan Y M,Chan Y C,et al. Frequency-tunable soft composite antennas for wire-

less sensing. Sensors and Actuators A-Physical,2012,179:137—145.

[75] Tiercelin N,Coquet P,Sauleau R,et al. Polydimethylsiloxane membranes for millimeter-wave planar ultra flexible antennas. Journal of Micromechanics and Microengineering,2006, 16(11):2389—2395.

[76] Boland J J. Flexible electronics within touch of artificial skin. Nature Materials,2010,9 (10):790—792.

[77] 许巍,卢天健. 柔性电子系统及其力学性能. 力学进展,2008,38(2):137—150.

[78] 王树国,曹政才,付宜利,等. 基于红外传感器的新型机器人敏感皮肤. 上海交通大学学报, 2005,39(6):923—927.

[79] Wagner S,Lacour S P,Jones J,et al. Electronic skin:Architecture and components. Physica E:Low-dimensional Systems and Nanostructures,2004,25(2-3):326—334.

[80] Someya T,Sekitani T,Iba S,et al. A large-area,flexible pressure sensor matrix with organic field-effect transistors for artificial skin applications. Proceedings of the National Academy of Sciences of the United States of America,2004,101(27):9966—9970.

[81] Someya T,Kato Y,Iba S,et al. Integration of organic FETs with organic photodiodes for a large area,flexible,and lightweight sheet image scanners. IEEE Transactions on Electron Devices,2005,52(11):2502—2511.

[82] Zhu D,Li C,Zeng X,et al. Tunable-focus microlens arrays on curved surfaces. Applied Physics Letters,2010,96(8):081111.

[83] Ko H C,Stoykovich M P,Song J Z,et al. A hemispherical electronic eye camera based on compressible silicon optoelectronics. Nature,2008,454(7205):748—753.

[84] Jung I,Xiao J,Malyarchuk V,et al. Dynamically tunable hemispherical electronic eye camera system with adjustable zoom capability. Proceedings of the National Academy of Sciences, 2011,108(5):1788—1793.

[85] Wallace G G,Spinks G M,Kane-Maguire L A P,et al. Conductive Electroactive Polymers: Intelligent Materials Systems, Second Edition ed. Boca Raton: Taylor & Francis Group,2003.

[86] Lacour S P,Prahlad H,Pelrine R,et al. Mechatronic system of dielectric elastomer actuators addressed by thin film photoconductors on plastic. Sensors and Actuators A-Physical,2004, 111(2-3):288—292.

[87] Kofod G,Wirges W,Paajanen M,et al. Energy minimization for self-organized structure formation and actuation. Applied Physics Letters,2007,90(8):081916.

[88] Kato Y,Sekitani T,Takamiya M,et al. Sheet-type Braille displays by integrating organic field-effect transistors and polymeric actuators. IEEE Transactions on Electron Devices, 2007,54(2):202—209.

[89] Viventi J,Kim D H,Moss J D,et al. A conformal,bio-interfaced class of silicon electronics for mapping cardiac electrophysiology. Science Translational Medicine,2010,2(24):22—24.

[90] 汪朝红,吴凯,吴效明. 穿戴式生理检测技术的研究及应用. 中国组织工程研究与临床康

复,2007,11(22):4384—4387.

[91] Axisa F,Schmitt P M,Gehin C,et al. Flexible technologies and smart clothing for citizen medicine,home healthcare,and disease prevention. IEEE Transactions on Information Technology in Biomedicine,2005,9(3):325—336.

[92] Coyle S,Wu Y Z,Lau K T,et al. Smart nanotextiles:A review of materials and applications. MRS Bulletin,2007,32(5):434—442.

[93] Lorussi F,Scilingo E P,Tesconi M,et al. Strain sensing fabric for hand posture and gesture monitoring. IEEE Transactions on Information Technology in Biomedicine,2005,9(3):372—381.

[94] Rossi D D. Electronic textiles:A logical step. Nature Materials,2007,6(5):328—329.

[95] Huang R K-J. Flexible neural implants[Ph D Dissertation]. Pasadena:California Institute of Technology,2011.

[96] Wise K D,Anderson D J,Hetke J F,et al. Wireless implantable microsystems:High-density electronic interfaces to the nervous system. Proceedings of the IEEE,2004,92(1):76—97.

[97] Stieglitz T,Beutel H,Meyer J U. "Microflex"- A new assembling technique for interconnects. Journal of Intelligent Material Systems and Structures,2000,11(6):417—425.

[98] Stieglitz T. Development of a micromachined epiretinal vision prosthesis. Journal of Neural Engineering,2009,6(6):065005.

[99] Theogarajan L S. A low-power fully implantable 15-channel retinal stimulator chip. IEEE Journal of Solid-State Circuits,2008,43(10):2322—2337.

附录 中英文对照表

中文	英文	缩写
8-羟基喹啉铝	8-Hydroxyquinoline aluminum salt	Alq$_3$
α-ω 双己基四噻吩	α-ω-dihexylquaterthiophene	
α 噻吩	α-sexthiophene	α-6 T
凹版印刷	gravure printing	
苝衍生物	perylene derivatives	per
苯并环丁烯	benzocyclobutene	BCB
表面模压	embossing	
并四苯	tetracene	
并五苯	pentacene	
薄膜晶体管	thin film transistor	TFT
步进闪烁压印光刻	step and flash imprint lithography	
采用激光退火表面刻蚀技术	surface free technology by laser annealing	SUFTLA
场效应晶体管	field effect transistor	FET
超级视频传输标准	super video graphics array	SVGA
超宽频	ultra wideband	UWB
超越摩尔定律	more-than-Moore	
氚传输速率测量	tritium transport rate	TTR
带有活性羧基表面	OTSox	
胆甾相液晶显示技术	cholesteric liquid crystal display	Ch-LCD
氮化硅-氧化硅-氮化硅-氧化硅-氮化硅	NONON	
氮化硅系列	Si$_x$N$_y$	
氮氧化物	AlO$_x$N$_y$	
等离子增强化学气相沉积	plasma enhanced chemical vapor deposition	PECVD
低功耗无线网络	ZigBee	
低压化学气相沉积	low pressure chemical vapor deposition	LPCVD
碲化镉	CdTe	

电半导体氧化物场效应晶体管	piezoelectronic oxide semiconductor field effect transistor	POSFET
电点喷	E-jetting	
电镀蘸笔直写	electroplate pen nanolithography	EPN
电纺丝	electrospinning	
电荷耦合器件	charge-coupled device	CCD
电化学蘸笔纳米刻蚀	electrochemical dip pen nano	EDPN
电活性聚合物材料	electroactive polymers	EAP
电流体动力喷印	electrohydrodynamic printing	
电喷涂	electrospraying	
电泳显示技术	electro-phoretic display	EPD
电子粉流体显示技术	quick response liquid powder display	QR-LPD
电子墨水	e-Ink	
电子书	e-Paper	
多环烯烃	polycyclic olefin	PCO
多晶硅	poly-Si	
二苯基䓛	613-diphenylpentacene	DPP
二苯乙烯基苯	distyrylbenzene	DSB
二苯乙烯基萘衍生物	bis-styryl naphthalene derivative	BSN
二氧化硅	SiO_2	
二氧化钛	TiO_2	
二氧化锡	SnO_2	
发光电化学电池	light-emitting electrochemical cell	LEEC
法热丝化学气相沉积	hot wire chemical vapor deposition	HWCVD
芳基取代蒽	aryl substituted anthracene	ADN
放卷纠偏	unwind web guide	
非晶硅	amorphous silicon	a-Si
分子层沉积	molecular layer deposition	MLD
分子束外延	molecular beam epitaxy	MBE
氟树脂	Cytop	
负温度系数	negative temperature coefficient	NTC
复制模铸	replica molding	REM

干涉合成孔径雷达	Interferometric Synthetic Aperture Radar	InSAR
固体薄膜激光固化工艺	laser consolidation of thin solid film	
光辅助化学气相沉积	photo assisted chemical vapor deposition	PACVD
红荧烯	rubrene	
宏电子	macro electronics	
互补金属氧化物半导体	complementary metal oxide semiconductor	CMOS
化学气相沉积	chemical vapor deposition	CVD
环烯烃	cyclic olefin copolymer	COC
基质辅助脉冲激光蒸发	matrix assisted pulsed laser evaporation	MAPLE
激光化学气相沉积	laser chemical vapour deposition	LCVD
激光诱导固相反应沉积	laser-induced solid reactive deposition	LSRD
激光诱导化学镀技术	laser-induced electroless plating	LEP
激光诱导转移法	laser induced forward transfer	LIFT
激光直写技术	laser direct writing	LDW
极紫外光	extreme ultraviolet	EUV
集成电路	integrated circuit	IC
镓铟共晶	eutectic gallium-indium EGaIn	
截止频率	cut-off frequency	
介电弹性体	dielectric elastomer	DE
介质层阻挡放电增强化学气相沉积	dielectric barrier discharge plasma enhanced chemical vapor deposition	DBD-PECVD
金属-绝缘层-金属	metal-insulator-metal	MIM
金属-氧化物-半导体	metaloxide semiconductor	MOS
金属半导体场效应晶体管	metal semiconductor field effect transistor	MESFET
金属氧化物半场效应晶体管	metal-oxide-semiconductor field effect transistor	MOSFET
金属有机化合物化学气相沉积	metal organic compounds vapor deposition	MOCVD
近场电纺丝	near field electro spinning	NFES
近场短距通信	near field communication	NFC
静电调幅光刻	amplitude modulated electrostatic lithography	AMEL
静电喷雾辅助气相沉积	electrostatic spray assisted vapor deposition	ESAVD
聚 3-辛基噻吩	poly3-octylthiophene	P3OT
聚 γ 甲基-L 谷氨酸脂	poly γ methyl -L glutamate	PMG

聚苯胺	polyaniline	PAN
聚苯硫醚	polyphenylene sulfide	PPS
聚苯乙烯	polystyrene	PS
聚吡咯	polypyrrole	PPY
聚代对二甲苯	poly-2-chloro-p-xylylene	PCPX
聚对苯撑	polyparaphenylene	PPP
聚对苯撑乙炔	polypara-phenylene vinylene	PPV
聚对苯二甲酸乙二酯	polyethylene terephthalate	PET
聚对二甲苯	poly-p-xylylene	PPX
聚二氟乙烯	polyvinylidene difluoride	PVF_2
聚二甲基硅氧烷	polydimethylsiloxane	PDMS
聚芳酯	polyarylate	PAR
聚氟乙烯	polyvinyl fluoride	PVF
聚合体电子	polymer electronics	
聚甲基丙烯酸甲酯	polymethylmethacrylate	PMMA
聚氯乙烯	polyvinyl chloride	PVC
聚醚砜树脂	polyethersulfone resin	PES
聚醚酰亚胺	polyetherimide	PEI
聚萘二甲酸乙二醇酯	polyethylene naphthalate two formic acid glycol ester	PEN
聚偏二氟乙烯	polyvinylidene fluoride	PVDF
聚噻吩	polythiophene	PT
聚四氟乙烯	polytetrafluoroethylene	PTFE
聚碳酸酯	polycarbonate	PC
聚烷基芴	polyfluorene	PF
聚酰亚胺	polyimide	PI
聚乙炔	polyacetylene	PA
聚乙烯苯酚	poly4-vinylphenol	PVP
聚乙烯醇	polyvinyl alcohol	PVA
卷到卷	roll-to-roll	R2R
卷对板	roll-to-plate	R2P
力控电纺丝工艺	master electrospinning	MES

联苯乙烯	distyrylarylenes	DSA
临界温度系数	critical temperature coefficient	CTC
磷酸盐缓冲盐水	phosphate buffered saline	PBS
硫化镉	CdS	
六甲基二硅氮烷	hexamethyl-disilazane	HMDS
毛细微模铸	micromolding in capillaries	MIMIC
美国国家电视标准委员会	National Television Standards Committee	NTSC
摩尔定律	Moore's Law	
纳米转移印刷	nano-transfer printing	nTP
纳米自来水笔直写工艺	nanofountain pen	NFP
盘状酞菁衍生物	HPc	
平版印刷	planographic printing	
氢-氚-氧	hydrogen- tritium- oxygen	HTO
氢化非晶硅	hydrogenated amorphous silicon	a-Si：H
氰基取代的苯乙炔	cyano-substituted phenylene vinylene	CN-PPV
巯基十六烷基酸	mercapto hexadecanedioic acid	MHA
染料敏化太阳能电池	dye sensitized solar cell	DSSC
热化学纳米光刻	thermochemical nanolithography	TCNL
热激活化学气相沉积	thermally activated chemical vapor deposition	TA-CVD
热膨胀系数	coefficient of thermal expansion	CTE
热压印	hot embossing nanoimprint lithography	
热蘸笔直写	thermal dip pen nanolithography	tDPN
热转移印刷	thermal transfer printing	tTP
溶剂辅助微模铸	solvent-as-sisted micromolding	SAMIM
柔性电子	flexible electronics	
柔印技术	flexography printing technique	
软机器	soft machine	
软接触层压工艺	soft contact lamination	ScL
软接触分层	soft contact lamination	
三苯膦	ortetraphenylporpline	TPP
射频等离子体增强化学气相沉积	radio frequency plasma enhanced chemical vapor deposition	RF-PECVD

射频识别	radio frequency identification	RFID
甚高频等离子体增强化学气相沉积	very high frequency plasma enhanced chemical vapour deposition	VHF-PECVD
十八硫醇	octadecanethiol	ODT
十八烷基三氯硅烷	octadecyltrichlorosilane	OTS
收卷纠偏	rewind web guide	
叔丁基取代苝	tert butyl substituted perylene	TBP
双稳态向列液晶显示	bistable twisted nematic liquid crystal display	Bi-TNLCD
水汽渗透率	water vapor tract ratio	WVTR
丝网印刷	screen printing	
四分之一视频传输标准	quarter video graphics array	QVGA
四甲基硅烷	tetramethylsilane	TMS
四噻吩	quaterthiophene	4T
塑料电子	plastic electronics	
钛酸钡	$BaTiO_3$	
碳酸钡	$BaCO_3$	
铜铟镓硒	copper indium gallium selenium	CIGS
铜铟硒	copper indium selenium	CIS
透明导电氧化物	transparent conducting oxide	TCO
凸版印刷	relief printing	
微接触印刷	micro contact printing	μCP
微接触印刷技术	micro contact printingμ	CP
微转移模铸	microtransfer molding	μTM
物理气相沉积	physical vapor deposition	PVD
系统封装	system in package	SiP
系统芯片	system on chip	SoC
线电化学晶体管	wire electrochemical transistors	WECT
肖特基势垒	Schottky barrier	
信息技术	information technology	IT
亚阈值摆幅	sub-threshold swing	
氧氮化硅	SiON	
氧化钡	BaO	

氧化钙	CaO	
氧化锶	SrO	
氧化锌	ZnO	
氧化铟锡	indium tin oxide	ITO
氧气渗透率	oxygen tract ratio	OTR
液晶显示器	liquid crystal display	LCD
印刷电子	printed electronics	
有机薄膜晶体管	organic thin film transistor	OTFT
有机场效应晶体管	organic field-effect transistor	OFET
有机电子	organic electronics	
有机发光二极管	organic light-emitting diode	OLED
有机光伏	organic photo voltaics	OPV
有机光伏电池	organic photovoltaic cell	OPV cell
有机金属化合物化学气相沉积	organic metal compound vapor deposition	OMCVD
有源矩阵液晶显示器	active-matrix liquid-crystal display	AMI_CD
有源矩阵有机发光二极管	active matrix organic light emitting diode	AMOLED
原子层沉积	atomic layer deposition	ALD
原子层化学气相沉积	atomic layer chemicalvapor deposition	ALCVD
原子层外延	atomic layer epitaxy	ALE
原子力显微镜	atomic force microscope	AFM
增强化学气相沉积	enhanced chemical vapor deposition	PECVD
蘸笔纳米刻蚀	dip pen nanolithography	DPN
正硅酸乙酯	tetraethoxysilane	TEOS
正温度系数	positive temperature coefficient	PTC
中间导向辊式纠偏	intermediate steering web guide	
中间位移式纠偏	intermediate displacement web wide	
铸模	molding	
紫外固化压印	ultraviolet nanoimprint lithography	
自组装单分子层	self-assembled monolayer	SAM
最低未占轨道	lowest unoccupied molecular orbital	LUMO
最高已占轨道	highest occupied molecular orbital	HOMO

索　引

中文	英文	英文缩写	页码
半导体	semiconductor		1
薄膜	thin film		5
薄膜沉积	thin film deposition		8
薄膜电极	thin film electrode		43
薄膜封装	thin film encapsulation		11
薄膜晶体管	thin film transistor	TFT	5
残余应力	residual stress		135
磁控溅射	sputter coating		43
电纺丝	electrospinning		26
电流体动力学	electrohydrodynamics		263
电容	capacitor		8
电子皮肤	e-skin		10
发光二极管	light emitting diode		6
光电效应	photoelectric effect		100
光刻	lithography		1
激光直写	laser direct writing	LDW	26
界面应力	interfacial stress		10
聚二甲基硅氧烷	polydimethylsiloxane	PDMS	9
卷到卷	roll-to-roll	R2R	1
临界应变	critical strain		16
膜-基结构	film-on-substrate structure		10
纳米粒子	nanoparticle		12
纳米压印	nanoimprint		1
喷墨打印	inkjet printing		1
迁移率	mobility		5
屈曲	buckling		10
软刻蚀	soft lithography		1
柔性传感器	flexible sensor		2
柔性电池	flexible cell		2
柔性电子	flexible electronics		1
柔性基板	flexible substrate		1

柔性显示器	flexible display		2
渗透率	permeability		194
丝网印刷	screen printing		1
太阳能电池	solar cell		5
碳纳米管	carbon nanotube		6
微接触印刷	micro-contact printing		204
压电传感器	piezoelectric sensor		119
异质结	heterojunction		58
印刷电子	printed electronics		279
有机电子	organic electronics		1
有源矩阵有机发光二极管	active matrix organic light emitting diode	AMOLED	35
原子层沉积	atomic layer deposition	ALD	94
转印	transfer printing		2